电力化学试验技能培训教程

主　编　　陆国俊　王　勇　黄青丹

副主编　　罗健斌

华南理工大学出版社
SOUTH CHINA UNIVERSITY OF TECHNOLOGY PRESS

·广州·

图书在版编目(CIP)数据

电力化学试验技能培训教程/陆国俊，王勇，黄青丹主编. —广州：华南理工大学出版社，2014.12

ISBN 978 - 7 - 5623 - 4200 - 7

Ⅰ.①电… Ⅱ.①陆… ②王… ③黄… Ⅲ.①高压设备 - 高压化学 - 化学实验 - 技术培训 - 教材 Ⅳ.①0643.4 - 33

中国版本图书馆 CIP 数据核字(2014)第 187454 号

电力化学试验技能培训教程

陆国俊　王勇　黄青丹　主编

出 版 人：韩中伟

出版发行：华南理工大学出版社

（广州五山华南理工大学 17 号楼，邮编 510640）

http://www. scutpress. com. cn　E-mail：scutc13@ scut. edu. cn

营销部电话：020 - 87113487　87111048（传真）

策划编辑：赖淑华

责任编辑：方　琅　骆　婷

印 刷 者：广州市怡升印刷有限公司

开　　本：787mm×1092mm　1/16　**印张：**24.25　**字数：**621 千

版　　次：2014 年 12 月第 1 版　2014 年 12 月第 1 次印刷

印　　数：1～3 000 册

定　　价：65.00 元

《电力化学试验技能培训教程》编辑委员会

主　编：陆国俊　王　勇　黄青丹

副主编：罗健斌

参　编：谭春林　李　刚　王　劲　于文静　刘　静

　　　　宋浩永　张德智　吴培伟　李　聃　陈于晴

　　　　何彬彬　赵崇智　李柳云　林志勇　徐诗颖

　　　　黄慧红　熊　俊　黄炎光　叶建斌　王志军

　　　　张亚茹　李　聪　徐　策　陈　博　杜堉榕

　　　　练穆森　卢　青　陈　俊　栾　乐　易满成

　　　　商国东　刘广辉　潘慧文　饶　锐　顾　乐

　　　　覃　煜　许　中　陈　雁　张显聪　杨　柳

　　　　曹浩恩　夏永强　邓剑平　邓杞绍　黄展帮

　　　　郑服利　吕慧媛　裴利强　许诗琪　李助亚

　　　　沈伟民　罗道芳　孟祥强　庞　彪

前　　言

化学试验是电力企业试验专业的重要组成部分，在电网设备技术监督中发挥了重要作用。如，根据广州电网 2001—2010 年预防性试验发现缺陷的数据统计，变压器缺陷的约 45%，油纸绝缘互感器缺陷的约 72% 是通过化学试验发现的；又如，对于 SF_6 气体绝缘设备而言，多数缺陷都可以直接或间接地通过化学试验予以发现。随着电力系统的快速发展，化学检测技术将扮演着越来越重要的角色。

过去几年，配合创建国际先进企业工作的开展，广州供电局系统引进了大量先进的检测技术和仪器，进行了大量新技术的应用研究与实践，由于这些测试仪器比较昂贵，对测试人员的技术水平要求也较高，而国内关于这方面的培训教材又相对滞后，因此加快开发满足现场工作需要、符合现代培训发展趋势的技能培训教材就显得极为必要，它既是电网企业全面推进状态检测体系建设的需要，又是实现一体化、大培训建设的需要。为此，广州供电局有限公司电力试验研究院精心组织编写了本套培训教材，以期同电网企业同仁共勉，开展这方面的经验交流。

本培训教材是广州供电局有限公司试验研究院承编的系列试验专业培训教材的第二本。本教材具有以下特点：一是内容完整，是一本体系化的培训教材，从绝缘油及 SF_6 气体理论知识、常见试验方法、测试仪器、现场设备故障诊断方法及典型案例分析到实验室安全管理、考评试题等都进行了介绍；二是现场应用价值大，对电力系统、大用户变电站及设备制造企业，以及高校从事化学试验的技术、技能人员都有参考价值；三是同类型的培训教材少，现场案例介绍多。

本教材由广州供电局有限公司电力试验研究院组织相关技术人员编写而成。在编写过程中，华南师范大学谭春林老师协助对 1～2 篇相关内容进行了编写，广东电网公司生产设备管理部、广东电网公司电力科学研究院及广东电网下属的东莞、佛山、肇庆、惠州、湛江、揭阳、潮州、清远、茂名、阳江等多家供电局，以及深圳供电局有限公司、广州供电局有限公司相关部门、单位给予了大力支持并提供了部分素材。编写时还引用了相关书籍中的内容，参考了有关专著、文献、标准、规程等。在此，对相关单位、作者表示衷心的感谢。

由于作者水平有限，书中难免有错误和不足之处，恳请读者批评指正。

编　者
2014 年 1 月 12 日

目　　录

第一篇　电力用油化学基础知识及试验方法

第二篇　六氟化硫化学基础知识及试验方法

第一篇　电力用油化学基础知识及试验方法

第一章 电力用油概论

第一节 石油及其产品

一、石油

石油是一种液态的，以烃类化合物为主要成分的矿产品。原油是天然石油，而人造石油是从煤或油页岩中提炼出的液态烃类化合物。组成原油的主要元素是碳（83%～87%）、氢（11%～14%），此外还有硫（0.06%～0.8%）、氮（0.02%～1.7%）、氧（0.08%～1.82%）及微量金属元素。其中，主要元素 C、H 共占96%～99%，次要元素 O、N、S 合计小于1%，非金属元素包括 Cl、S、I、P 等，微量金属元素包括 Fe、Cu、Zn、Ca、Mg、K 等。

二、石油中的烃类化合物

石油及其成品油主要是链烷烃（饱和烃，通式为 C_nH_{2n+2}）、环烷烃（饱和烃，通式为 C_nH_{2n}（$n \geqslant 3$））、烯烃（不饱和烃，通式为 C_nH_{2n}（$n \geqslant 2$））、炔烃（不饱和烃，通式为 C_nH_{2n-2}（$n \geqslant 2$））、芳香烃（通式为 C_nH_{2n-6}（$n \geqslant 6$），如苯 C_6H_6、甲苯 $C_6H_5CH_3$）等，这些烃类的组成和含量在不同石油及其馏分中各不相同。

1. 链烷烃

链烷烃为饱和烃（saturated group），是只有碳碳单键和碳氢键两种键的烃，除烃分子里的碳原子之间以单键结合成链状（直链或含支链）外，其余化合价全部为氢原子所饱和。烷烃是最简单的一类有机化合物（图 1-1-1 为甲烷的结构），链烷烃分子中，氢原子的数目达到最大值，链烷烃的通式为 C_nH_{2n+2}，见图 1-1-2。

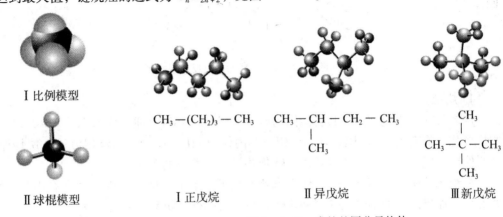

Ⅰ 比例模型

Ⅱ 球棍模型

图 1-1-1　甲烷的结构

Ⅰ 正戊烷 $CH_3—(CH_2)_3—CH_3$

Ⅱ 异戊烷 $CH_3—CH—CH_2—CH_3$ ∣ CH_3

Ⅲ 新戊烷 $CH_3—C—CH_3$ （上下 CH_3）

图 1-1-2　戊烷的同分异构体

常温下，$C_1 \sim C_4$ 的烷烃是气体，$C_5 \sim C_{17}$ 的烷烃是液体，C_{18} 以上的烷烃为固体。固体烷烃通常称为石蜡。在绝缘油的烃类中，烷烃的热稳定性是最差的，链烷烃的抗氧化安定性比环烷烃差，但对抗氧化剂的感受性较好，它仍是作为绝缘油的良好成分。

2. 环烷烃

环烷烃的通式为 $C_nH_{2n}(n \geqslant 3)$，碳原子之间以单键结合并首尾相连成环状，其余化合价全部为氢原子所饱和。环烷烃的稳定性与其环的几何形状和角张力有关。因此，三元和四元环的环烷烃化学性质比较活泼，五元以上的环烷烃的性质与链烷烃相似，比较稳定。图1-1-3和图1-1-4分别为环丙烷和环戊烷的结构图。

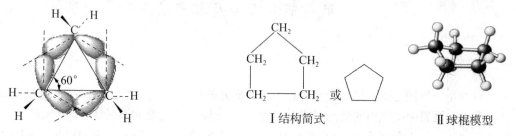

图1-1-3　环丙烷中的"弯曲键"　　　　　　　图1-1-4　环戊烷的结构

绝缘油中环烷烃的存在使油具有良好的介电性能及抗氧化安定性，同时，它对抗氧化剂也有良好的感受性。

3. 烯烃

石油原油中几乎不含烯烃，但它在石油高温裂解过程中会大量产生。烯烃的结构特征是分子中含有碳碳双键（C=C），是一种不饱和烃，其化学通式为 $C_nH_{2n}(n \geqslant 2)$，最简单的烯烃是乙烯（$H_2C=CH_2$）。

烯烃的化学性质活泼，易燃，可以发生多种反应。双键基团是烯烃分子中的官能团，双键中有一根易断，所以会发生加成反应（图1-1-5）。例如，可发生氢化、卤化、水合、卤氢化、次卤酸化、硫酸酯化、环氧化、聚合等加成反应；还可氧化发生双键的断裂，生成醛、羧酸等。

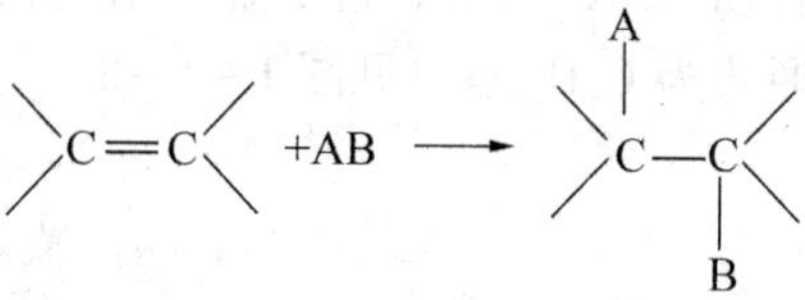

$$\text{C}=\text{C} \quad +AB \longrightarrow \quad \overset{A}{\underset{B}{\text{C}-\text{C}}}$$

图1-1-5　烯烃的加成反应示意图

4. 炔烃

炔烃是一类不饱和烃，其官能团为碳碳三键（C≡C），通式为 $C_nH_{2n-2}(n \geqslant 2)$。简单的炔烃化合物有乙炔（$C_2H_2$，HC≡CH）、丙炔（$C_3H_4$，$CH_3$—C≡CH）等。炔烃原来也被叫作电石气，电石气通常也被用来特指炔烃中最简单的乙炔。

在绝缘油中一般不含炔烃，但在电弧作用下，油的分解产物中往往会有小分子炔烃，如乙炔。如果绝缘油中存在烯烃和炔烃，将大大降低其抗氧化能力。

5. 芳香烃

芳香烃简称芳烃(aromatic hydrocarbons),为苯及其衍生物的总称,是指分子结构中含有一个或者多个苯环的烃类化合物。苯(图1-1-6)是最简单的一种芳香烃,芳香族化合物皆由其衍生而成。

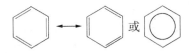

图1-1-6　苯的共振结构

芳香烃的苯环在1000℃以上才开始发生开环分解反应,其热稳定性较好。它在绝缘油中起到天然抗氧化剂的作用,有利于改善油的抗氧化安定性与介电稳定性,并具有析气性能,对改善绝缘油的析气性有重要的作用。但是,油中芳香烃成分过多时,将使油的安定性变差。因此,使绝缘油氧化最少且无析气性的芳香烃含量为最佳含量。

第二节　电　力　用　油

一、电力用油的分类标准

石油及其产品的种类繁多,这里仅介绍电力用油部分。按烃类组成的含量多少,可将石油产品分为石蜡基油(烷烃含量超过50%)、环烷基油(环烷烃含量超过50%)、混合基油(含链烷烃、环烷烃和芳香烃)。我国国标 GB/T 498—2014 中参照国际标准 ISO 8681—1986 关于石油产品和润滑剂分类方法(表1-1-1)中的分法,将电力用油归为"润滑剂、工业润滑油和有关产品"(Lubricants industrial oils and related products)的 L 类。

表1-1-1　ISO 8681—1986《石油产品和润滑剂的分类方法和类别的确定》

类别	相应含义
F	燃料(Fuels)
S	溶剂和化工原料(Solvents and raw materials for the chemical industry)
L	润滑剂、工业润滑油和有关产品(Lubricants industrial oils and related products)
W	蜡(Waxes)
B	沥青(Bitumen)

电力用油按用途又可划分为:绝缘油、汽轮机油、抗燃油。其中,汽轮机油可归为润滑油,抗燃油可归为液压油。本书介绍的电力用油主要为电气设备的绝缘油。

关于绝缘油的分类,国际电工委员会(IEC)制定了绝缘油的一般分类标准(IEC 1039—1990),按照燃点和热值划分了绝缘油的分类标准,我国等效采用 IEC 1039—1990,制定了绝缘液体分类标准 GB/T 7631.15—1998(表1-1-2)。每个品种由两个字母和数字组成的代号表示。第1个字母 N 表示该油品所属组别,即绝缘液体;第2个字母表示该产品的主要应用范围,其中 C 表示用于电容器,T 表示用于变压器和开关,Y 表示用于电缆。

表 1 - 1 - 2　电气绝缘油分类标准（GB/T 7631. 15 — 1998）

类别	组别	IEC 号	IEC 出版物小分类	参考资料
L	NT	296	Ⅰ，Ⅱ，Ⅲ	IEC296，矿物油
	NT	296	ⅠA，ⅡA，ⅢA	IEC296，加抑制剂矿物油
	NY	465	Ⅰ，Ⅱ，Ⅲ	IEC465，电缆油
	NC	588	C - 1，C - 2	IEC588，电容器用氯化联苯
	NT	588	T - 1，T - 2，T - 3，T - 4	IEC588，变压器用氯化联苯
	NY	867	1	IEC867，第 1 部分，烷基苯
	NC	867	2	IEC867，第 2 部分，烷基二苯基乙烷
	NC	867	3	IEC867，第 3 部分，烷基萘
	NT	836	1	IEC836，硅液体
	NY	963	1	IEC963，聚丁烯

二、电力用油的作用及名称

在充油电气设备中，绝缘油主要具有绝缘、散热和灭弧的作用。

1. 绝缘作用

绝缘油的介电常数为 2.25，而空气的介电常数为 1.0，同样情况下，油的绝缘强度远大于空气。因此，在相同的电场强度下，油绝缘变压器的体积远远小于空气绝缘变压器。充油电气设备采用油作为绝缘的重要原因是其介电性能高，随着油品质量的提高，设备的安全系数就越大。

2. 散热作用

电气设备在带电运行过程中，由于有电流通过，必然因各种损耗产生发热，如果热量蓄积导致电气设备内部温度上升过高，会损坏电气设备。对于变压器更是如此，温度过高会损坏变压器绕组的固体绝缘，导致绕组烧毁。同时，变压器绝缘纸在 90℃ 左右就会加速劣化。油的循环可以使热量散发出来，起到冷却的作用，保证设备各个部分的温度在允许值以下。目前，变压器的冷却方式有自然循环冷却、自然风冷、强油循环风冷和强油循环水冷等多种方式。

3. 灭弧作用

在开关设备中，绝缘还可起到灭弧的作用。当油浸开关切断或者切换电力负荷时，触头间会产生电弧。由于电弧温度很高，很容易将设备烧毁。绝缘油通过自身气化和剧烈的热分解，吸收大量热量；同时，绝缘油分解产生的气体中，氢气含量约为 70%，氢气的导热系数较大，可以吸收大量热量，冷却开关触头，达到消弧、灭弧的目的。

由于充电电气设备对绝缘油的性能特点要求不同，绝缘油又可分为：变压器油、超高压变压器油、电容器油、断路器油、高压充油电缆油。我国目前生产的变压器油按其低温流动性（凝固点和倾点）分为 10 号、25 号、45 号 3 个牌号。10 号和 25 号变压器油的凝固点不低于－45℃。我国按照变压器的规格又将其分为超高压变压器油(500kV)、普通变压器油(330kV 及以下)。选用变压器油的依据是以极低气温不低于且靠近牌号的凝固点的油品为标准。如牌号为 25 号，适用于极低气温低于－10℃且不低于－25℃的地区；45 号适用于极低气温低于－25℃的地区。

汽轮机油在设备中主要起润滑、冷却散热、调速和密封作用，按其 40℃时的运动黏度将汽轮机油分为 32 号、46 号、68 号、100 号 4 个牌号。

电力系统中使用的抗燃油为合成磷酸脂，具有难燃性和抗压性，其某些特性与绝缘油和汽轮机油不同，本书不再介绍。

电力用油的分类及名称见表 1－1－3。

表 1－1－3　电力用油的分类及名称

类别	组别	名称
绝缘油	变压器油	10 号、25 号、45 号 3 个牌号变压器油
	超高压变压器油	按 SH 0040—1991《超高压变压器油》标准分为 25 号、45 号 2 个牌号
	电容器油	按 GB 4624—1988《电容器油》依据用途分为 1 号和 2 号 2 个牌号
	断路器油	按 SH 0351—1992《断路器油》标准只有一个牌号
	高压充油电缆油	只有企业标准一种牌号
润滑油	汽轮机油	32 号、46 号、68 号和 100 号 4 个牌号汽轮机油
抗燃油	重油	60 号、100 号和 200 号 3 个牌号重油
	渣油	渣油

第三节　电力用油添加剂

我国石油化工行业标准 SH/T 0389—1992《石油添加剂的分类》中按应用场合的不同，将石油添加剂分为润滑剂添加剂、燃油添加剂、复合添加剂和其他添加剂 4 种，类编名称用汉语拼音字母"T"表示，石油添加剂的种类及分组情况见表 1－1－4。电力用油中添加剂大部分都属于润滑剂添加剂，其名称用代号表示，名称第一个(或前两个)数字表示该品种所属组别。例如常用的 T501 抗氧化剂，其中"T"表示类别，即石油添加剂类，"501"表示品种，即抗氧化剂和金属减活剂中的 2，6－二叔丁基对甲酚，而"5"表示润滑剂添加剂部分中抗氧化剂和金属减活剂的组别号。再如，常见的汽轮机防锈剂，十二烯基丁二酸代号为 T746，抗泡沫剂甲基硅油的代号为 T901。

而在电力用油的制备和处理过程中，为了改善某一项指标特性，满足电力用油的性能需要，也需要添加适量的添加剂。电力用油的常用添加剂包括抗氧化剂、抑制剂、改性剂、破乳化剂、防锈剂，等等。但是在绝缘油中，这些添加剂可能会影响其电气性能，已有标准规定，除抗氧化剂外，变压器油中不得加任何添加剂。

表 1 - 1 - 4　石油添加剂的种类及分组情况

组别		组号	组别		组号
润滑剂添加剂	清洁剂、分散剂	1	燃料添加剂	消烟剂	20
	抗氧防腐剂	2		助燃剂	21
	极压抗磨剂	3		十六烷值改进剂	22
	油性剂、摩擦改进剂	4		清洁分散剂	23
	抗氧化剂、金属减活剂	5		热安定剂	24
	黏度指数改进剂	6		染色剂	25
	防锈剂	7	复合添加剂	汽油机油复合剂	30
	降凝剂	8		柴油机油复合剂	31
	抗泡沫剂	9		通用汽车发动机油复合剂	32
	其他润滑剂添加剂	10		二冲程汽油机油复合剂	33
燃料添加剂	抗爆剂	11		铁路机车油复合剂	34
	金属钝化剂	12		船用发动机油复合剂	35
	防冰剂	13		工业齿轮油复合剂	40
	抗氧防胶剂	14		车辆齿轮油复合剂	41
	抗静电剂	15		通用齿轮油复合剂	42
	抗磨剂	16		液压油复合剂	50
	抗烧蚀剂	17		工业润滑油复合剂	60
	流动改进剂	18		防锈油复合剂	70
	防腐蚀剂	19			

1. T501 抗氧化的作用机理

目前电力系统防止油质劣化措施之一，是采用油中添加抗氧化剂的方法，其目的是减缓油品老化速度，使油在设备中长期稳定运行。

抗氧化剂的种类很多，目前电力系统广为采用的抗氧化剂是 2，6 - 二叔丁基对甲酚，亦称烷基酚。石油部统一代号为 T501，一般新油在出厂时皆添加，一般添加量为 0.3%。

T501 抗氧化剂之所以能延缓油的氧化，主要是它能与油中在自动氧化过程中生成的活性自由基（R·）和过氧化物（ROO·）发生反应，形成稳定的化合物，从而消耗了油中生成的自由基，阻止了油分子自身的氧化进程。具体反应式见图 1 - 1 - 7、图 1 - 1 - 8。

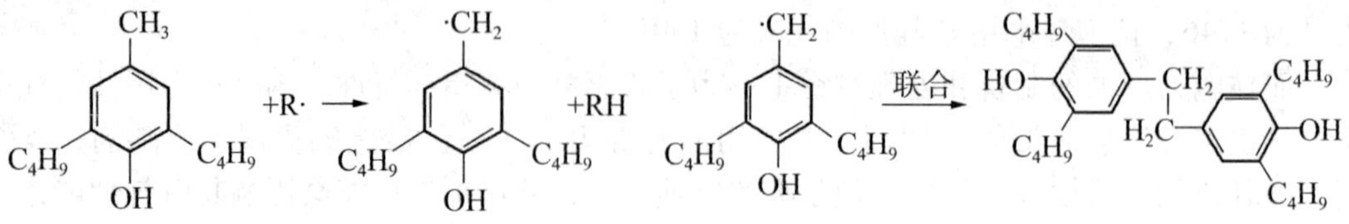

图 1 - 1 - 7

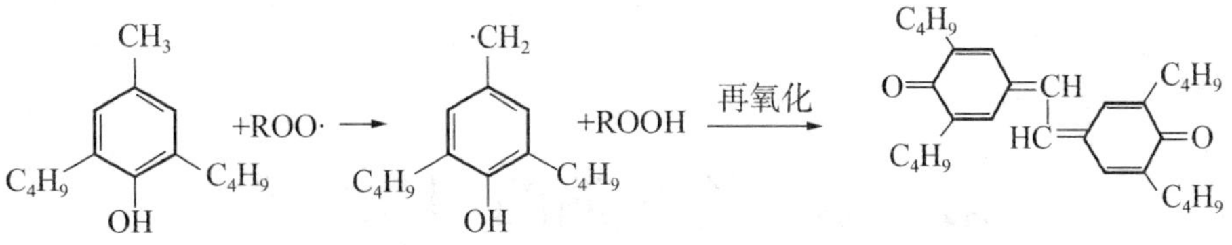

图 1 - 1 - 8

而抗氧化剂自身的过氧化物，又可以进一步相互联合和再氧化，最终形成稳定的化学产物。

2. T501 含量分析

油中添加抗氧化剂，主要是为延长油的诱导期；在油氧化的自催化阶段加入氧化剂，主要是为中断其链式反应，抑制油的继续氧化。因此，抗氧化剂本身是不断消耗的。

运行中采用添加 T501 抗氧化剂作为防劣措施时，由于抗氧化剂在运行中逐渐消耗，因此要定期测定油中 T501 的含量。实践证明，要保持运行中油质良好，即使油的氧化速度缓慢，则 T501 在油中的余量不能低于 0.15%（质量分数），也就是说，油中 T501 含量下降到接近 0.15% 时，就要及时补加，一般补加到油中 T501 的含量为 0.3%。

T501 含量检测方法主要为：

(1) 分光光度法（GB 7602、3—2008）。此方法是以石油醚、乙醇作溶剂，磷钼酸作显色剂，基于 T501 在碱性溶液中生成钼蓝络合物，利用其溶于水的性质，根据钼蓝水溶液的颜色深浅，用分光光度计进行比色测定其含量。

(2) 薄层层析法。该法是依据层析原理，用硅胶层析板将试油中被测组分与其他组分分离后，以磷钼酸显色，按被测组分斑点颜色深浅及大小，与标准油样斑点比较来确定其含量。该法为半定量，能粗略测出油中 T501 含量，常被现场采用。

(3) 红外光谱法。变压器油、汽轮机油中 T501 抗氧化剂含量测定法（红外光谱法）系等效采用 ASTMD 2668 - 67(77：82) 方法。该法是利用变压器油和汽轮机油中添加的 T501 抗氧化剂后，在 $3650 cm^{-1}(2.74 \mu m)$ 处出现酚羟基伸缩振动吸收峰，该吸收峰的吸光度与其浓度成正比关系，通过绘制标准曲线，从而求出其质量分数。该法准确度高，但仪器较昂贵，目前只被科研部门采用。

检测方法的具体流程将在本篇第四章第八节详细介绍。

第二章 绝缘油的理化性质

由于绝缘油在运行中受温度、空气、金属、电场等影响，会逐渐氧化（或称劣化、老化），如遇高温过热等设备故障，则油质老化加速，因此电力系统对绝缘油油品的性能、质量和运行前及运行中的状况监控严苛，要求油品具有良好的物理性能、化学性能及电气性能等。通常油的理化性质有：颜色、透明度、水分、密度、黏度、凝点和倾点、闪点和燃点、酸值、活性硫、钠试验、液相锈蚀、破乳时间、泡沫特性、空气释放值、氧化安定性等；电气性能有：相对介电常数、击穿电压（绝缘强度）、介质损耗因数、体积电阻率、析气性、油流带电等。

每种油品是由不同分子组成的混合物，物理性质并不恒定，与石油分馏过程有关，如果原馏分油切取的温度偏高，含重油成分多，则炼出成品油的密度、黏度等性质偏高。但经过电气设备运行过程的多年经验证明，油品在运行中的变化呈一定规律。

第一节 外观色泽

新油一般为浅黄色，国产绝缘油，特别是 45 号变压器油，由于馏分温度较低，并采用过度精制加抗氧化剂的工艺，其颜色较浅，近无色。油品在运行中受环境的影响和自身氧化生成的树脂等因素，其颜色会逐渐加深。一般情况下，油品颜色的急剧变化是由发生电弧时产生碳质造成的。所以，油品颜色的迅速变化，是油质变坏或设备存在内部故障的表现。

透明度是对油品外观的自观鉴定，优良油品清澈透明。影响油质透明度有内在和外在两种因素。

1. 内在因素

油品在低温下呈现浑浊现象，主要是油品部分凝固影响透明度。因此，标定油品时应该在常温（20±5）℃下目测。

2. 外在因素

如果油品中混入杂质、水分等污染物，也会出现浑浊。一般新油在运输、储存过程中经常发生，所以在新油注入设备前，必须进行净化处理，直至清澈透明。

第二节 密度和相对密度

油品的密度与温度有关，如规定油在20℃时的密度为标准密度，可用 ρ^{20} 表示；测定油在 t℃时的密度，则用 ρ^t 表示。在实际应用中必须标明温度，或计算成标准密度。

相对密度是物质与同体积纯水在4℃时质量之比，故相对密度以符号 d 表示。油的相对密度是指，油在一定温度下的密度与4℃时纯水密度之比，以 d_4^t 表示。纯水在3.98℃时的密度最大，其值为 0.999 97 g/cm³。工程上可以近似认为4℃纯水的密度为 1g/cm³，所以通常以4℃纯水为基准，相对密度通常以 d_4^{20} 表示。事实上，油的相对密度 d_4^{20} 与标准密度 ρ^{20} 的数值是相同的，故工业上相对密度与密度没什么区别，是1。

国外表示油品密度的方法较多，常用的有：

（1）ρ_4^{20}：为苏联和部分东欧国家采用，即以20℃时油品的密度与4℃时纯水密度之比表示；

（2）$d_{15.6}^{15.6}(R_1 = d_{60}^{60}℉)$：为英、美等国采用，即以15.6℃时油品的密度与15.6℃时纯水密度之比表示；

（3）密度指数（API°）：为欧美各国采用，是美国石油协会（API）制定的一种方法，其与 $d_{15.6}^{15.6}$ 的关系可用下式换算。

$$密度指数（API°）= \frac{141.5}{d_{15.6}^{15.6}} - 131.5 \qquad (1-2-1)$$

密度指数与相对密度成反比，即相对密度越大，则密度指数越小。表1-2-1表明了石油及其产品的密度指数与相对密度的关系。

表1-2-1　石油及其产品的相对密度及密度指数范围

油品	相对密度（$d_{15.6}^{15.6}$）	密度指数（API°）
原油	0.65～1.06	86～2
汽油	0.70～0.77	70～50
煤油	0.75～0.83	50～39
柴油	0.82～0.83	41～31
润滑油	>0.85	<35

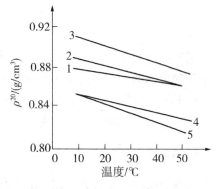

图1-2-1　绝缘油密度与温度的关系
1，2—国产变压油；3—苏联绝缘油；
4，5—捷克绝缘油

油品在任意温度 t℃时，相对密度 $d_{15.6}^t$ 与相对密度 d_4^t 的换算关系如下：

$$d_4^t = 0.9990 d_{15.6}^t \qquad (1-2-2)$$

温度对油品密度的影响较大，温度升高时，体积膨胀，因而密度减小，反之则增大，如图1-2-1所示。对于油品密度的测定，具有以下意义：

（1）鉴定油品的密度是否合格。国际电工委员会及国家关于矿物绝缘油的标准中规定密度不大于0.895g/cm³，考虑了在极低温度下，室外设备中油会出现结晶浮冰的最小可能性。另外，油品密度小有利于变压器自然循环散热。

（2）计算容器中油品的质量需要先测定油品的密度与体积。

（3）鉴别不同密度的油品是否相混。

第三节　黏度及黏温特性

一、黏度

流动液体内部产生一种流动阻力，这种阻力是由液体中分子之间的摩擦力产生的，这种阻力称为黏度或内摩擦。任何液体都具有黏度和内摩擦，黏度的大小视液体的成分、温度、外压力及运动速度等因素而定。构成液体的分子的相对分子质量越大，其液体的黏度也越大。石油馏分的沸点越高，相对分子质量越大，其相应黏度也越大，换言之，石油馏分的黏度随沸点的升高而增大。黏度是石油产品的重要指标之一。

一般情况下，黏度的测定方法分为三种：

（1）动力黏度。又称绝对黏度，用 η 表示。即面积各为 $1m^2$ 并相距 $1m$ 的两液体薄层，当其以 $1m/s$ 的速度相对移动时，所产生的摩擦力称为动力黏度。动力黏度单位为 $Pa \cdot s$（帕秒）。

（2）运动黏度。又称内摩擦系数，以 v 表示。定义为：温度为 $t℃$ 时的动力黏度与其密度的比值。可用式 $1-2-3$ 表示：

$$v_t = \frac{\eta_t}{\rho^t} \qquad\qquad (1-2-3)$$

运动黏度的单位是 m^2/s（二次方米每秒）。运动黏度普遍用于工业计算润滑油管道、油泵和轴承内的摩擦等。电力用油也采用运动黏度作为其质量特征之一。

（3）条件黏度。在规定条件下，$50℃$ 时，$200mL$ 油流出的时间与温度为 $20℃$ 时 $200mL$ 水的流出时间的比值，以恩格勒度表示，或称恩氏黏度。

二、黏温性

黏度是油品的重要性能之一，对注入变压器中的油，要求其黏度尽可能低。因油在变压器运行过程中产生对流，使绕组散热。黏度越低，变压器的冷却效果越好。

油开关内的油也要求黏度低。黏度低则油的流动性大，否则，接触点断开时电弧火花将不能及时被熄灭，从而导致开关损坏。

在任何情况下，都要求绝缘油的黏度低。但是，油的闪点也随黏度的降低而降低的，油的炼制降低黏度的同时不能影响闪点的标准。另外，黏度大小还取决于温度，黏度是随温度的升高而下降的，如图 $1-2-2$ 所示。

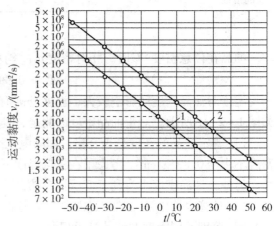

图 $1-2-2$　油的黏度随温度的变化关系

1—变压器油；2—透平油

第四节　凝点、倾点和低温流动性

在相同大气压下，纯净物都具有固定的凝点(亦称凝固点)。如在一个标准大气压下，纯水结冰(凝固)的温度是0℃(273K)。石油产品是多种烃分子组成的复杂混合物，其中的单组分都具有一定的凝点及倾点。但石油产品从一种相(物态)转变成另一种相时，没有固定的温度，而是一个温度缓慢变化过程。油品经过失去流动性的中间期。液体在低温下其流动性逐渐减小的特性，称为低温流动性。同理，固体石油产品熔化成液体，也没有固定的倾点(亦称熔点)，而要经过一段较长的熔化期。

凝点和倾点的定义如下：

凝点：在标准状况下($p°$)，油品开始失去其流动性变为固态的最高温度。如图1-2-3中N点对应于纵坐标的温度T_1，即为凝点。

倾点：在标准状况下($p°$)，固态油品开始具有流动性的最低温度。如图1-2-3中Q点对应于纵坐标的温度T_2，即为倾点。

凝点与倾点差值范围较宽，一般为$-1 \sim +5$℃。国际上某些国家采用倾点作为油品的物理特性之一。

油品的凝点取决于石蜡的含量，含蜡越多，凝点越高。含蜡的油品在降温时，蜡将逐渐结晶，开始产生少量的极微细的结晶，分散在油中，使油品出现云雾状浑浊，透明度降低。如继续降低温度，蜡的结晶就逐渐增长并连接成石蜡结晶网络。石蜡结晶网络处于液态的油包中，使正体油品丧失流动性，这种现象称为"构造凝固"，该温度即为凝点。事实上，这种"凝固"并非全部变为固体，因为在石蜡结晶网络中包含液态油品。

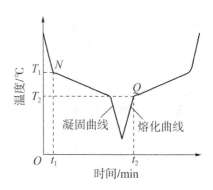

图1-2-3　石油产品的凝点与倾点

另一种凝固机理：当油品中含蜡很少或几乎不含蜡时，黏度将随温度的降低而逐渐增大，当黏度达到一定值，油品变成凝胶，失去流动性，这种现象通常称为"黏温凝固"。

油品的凝点对其使用、贮存和运输都具有重要的意义，特别是在寒冷地区使用的绝缘油，对其凝点有较严格的要求。根据我国的气候条件，变压器油是按低温性能划分牌号的，如10号、25号、45号三种牌号系指凝点分别为-10℃、-25℃、-45℃。所以对新油的验收以及不同牌号油的混用，凝点的测定是必要的。

在我国北方冬季，在户外的用油设备如变压器油失去流动性，可能会使整个循环油路不畅而不能正常散热，造成局部过热。断路器油如果油在低温时失去流动性，可能会延迟跳闸时间或跳了闸而产生的电弧不能及时熄灭，且热量得不到及时扩散，造成局部过热。当汽轮机启动时，如果油品凝点高，低温流动性差，会影响其润滑性能。

第五节　闪点、燃点、自燃点

当环境温度升高时，石油产品蒸发作用加速，空气中油蒸气含量增加，当油蒸气和空气混合达到一定比例时，便形成一种爆炸性的混合气体，如有火焰接近，则发生闪光，但火焰不久就熄灭，这种现象称为石油产品的闪火。如继续将油品加热至更高温度，不但油蒸气发生燃烧，液体也同时燃烧。当温度达到很高时，油品无需点火而自行燃烧的现象，称为油品的自燃。

在一定的仪器和条件下，当加热到一定温度，油蒸气和空气混合达到一定比例时，如接近规定的火焰即发生闪火，并伴随有短促的爆破声（并无液体燃烧），此时的最低温度称为闪点。

闪点表示石油产品着火性之难易及其中含轻质馏分的多少。如汽油的蒸气在0℃以下亦能发生爆燃，说明汽油很容易着火。较重的石油产品所需的温度比汽油高，如柴油约为90℃，航空润滑油约为270℃等。

在一定的测定条件下加热油品，使其蒸气接触火焰时，燃烧时间不少于5s时的温度，称为油品的燃点。如油品加热到更高的温度，其蒸气和空气的混合物，无需点火而自行燃烧的温度，称为油品的自燃点。自燃点和闪点的温度相差约数百度。

对于新充入设备及检修处理后的油，测定闪点，可以防止或发现是否混入轻质油品，闪点对运行油监督也是一个重要的项目。闪点低表示油中有挥发性可燃物产生，这些低分子碳氢化合物，往往是由于电气设备局部故障造成过热，使绝缘油及绝缘材质受高温裂解产生的。因此通过闪点测定，可及时发现电气设备严重过热故障，以防止由于油品闪点降低导致设备火灾，以致爆炸事故的发生。

虽然近几年来，采用气相色谱测定油中气体组分，对检查充油电气设备内部潜伏性故障是行之有效的，能够更快地判断设备内部过热的问题。但对在常温下不易挥发的轻质碳氢化合物，则难以用气相色谱检测出来，而测定油品的闪点却可以较容易地进行判断。故气相色谱法并不能完全代替闪点的测定。

油在运行中如遇高温时，会发生热裂解反应，油中较大分子烃经热裂解后，产生挥发性小分子烃，而使油的闪点下降。在运行中绝缘油质量指标中规定：闪点（闭口）不比前次测定值低5℃，不比新油标准值低5℃。运行中汽轮机油质量指标中规定：闪点（开口）不比前次测定值低8℃，不比新油标准值低8℃。

当发现运行中油闪点降低时，应及时查找原因。如果是因设备过热而引起的，应采取相应的措施；如果是混入其他油品，应取样进行油质全分析，以判断是否还影响其他指标。如果只是影响闪点降低，则可采用真空滤油法，将油中低分子组分除去，直到闪点符合标准为止。如真空处理后闪点仍达不到标准，或还影响其他指标时，应考虑换油。

对于新油、新充入设备及检修处理后的油，测定其闪点可防止或发现是否混入轻质馏分的油品，以确保充油设备安全运行。因此，闪点是电力用油的一项较重要的物理性能指标，它与密度、黏度有密切的关系。一般密度大、黏度大的油品，闪点也相应的高，说明油组分的平均相对分子质量大。从运行意义上来说，闪点是一项安全指标，要求油在长期高温下运行，应安全稳定可靠。通常闪点越低，挥发性越大，安全性越小，故把闪点作为控制指标之一。

第六节 机械杂质(颗粒度)

在油品生产、运输、使用的过程中,可能因为种种原因,油品中混入不溶于溶剂的沉淀或悬浮状态的物质,如沙子、黏土、铁屑、纤维、尘埃、游离碳、金属粒子等。这些杂质和物质统称为油中机械杂质。绝缘油中如含有机械杂质,会引起油质的绝缘强度、介损及体积电阻率等电气性能变坏,也威胁电气设备的安全运行,所以机械杂质也是运行中绝缘油的控制指标之一。测定油中机械杂质的方法主要通过测量油中颗粒度的方法来实现。

绝缘油中杂质颗粒是指油中侵入不溶于油的颗粒状物质,又称颗粒污染度,主要是纤维、碳和各种金属杂质。主要有以下几种形式:

1. 固有杂质颗粒

绝缘油在炼制、灌装、运输和施工过程中混入的杂质。炼油厂生产的新变压器油,颗粒含量是很高的,又经过装桶、运输和施工等环节,可能混入一些杂质,这部分杂质称为油中固有杂质颗粒。

2. 介质的污染

变压器在制造和装配过程中混入的杂质,如制造过程中空气中粉尘对器身的污染,绝缘材料加工时因摩擦产生的碎屑,绕组、铁芯及引线等固体部件上脱落的碎屑及由于电磁线生产、绝缘漆膜及焊接等工艺过程中引入的杂质等。

3. 变压器运行过程中产生的杂质

变压器运行过程中,如内部放电、油泵和分接开关触头等机械部件腐蚀、磨损、撞击和纸板上的纤维因老化被高速油流冲走等产生的杂质。

第七节 界 面 张 力

绝缘油的界面张力是指测定油与不相溶的水之间界面产生的张力。通常油品的界面有油 – 气、油 – 液、油 – 固等,绝缘油的界面张力是属于油 – 液范围。

物理学分子运动论认为,液体的表面存在一层厚度均匀的表面层,而位于液体表面层上的分子和位于液体内部分子的受力状况是不同的。这是因为在液体内部的每个分子都被同类分子所包围,即其所受周围分子的吸引力是相等的,所受的力可彼此互相抵消,也就是所受的合力等于零。而位于液体表面或两相交界面上的分子,所受的引力是不相等的,因其力场的一部分是位于表面层外面,一般表面层外分子的引力往往小于内部分子的引力,所以它们的力场是不平衡的,或说是不相同的。由于接近表面或界面液体分子所受的力不同,而使液体表面产生自动缩小的趋势,即界面层上油分子受到油内部分子的吸引力大于水分子对它的吸引力,而使油表面产生了一种力图缩小的自由表面能,如图 1 – 2 – 4 所示。

欲使液体表面缩小的力 F 的大小与交界面的长度 L 成正比。习惯上将被试液体表面与空气接触时(气 – 液相),所测得的数值称为表面张力;将被试液体与其他液体相接触(液 – 液相,如油 – 水)时,所测得的数值称为界面张力,单位为 mN/m。

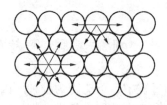

图 1-2-4　表面能产生的示意图

　　绝缘油是多种烃类的混合物，其在精制过程中，一些非理想组分，包括含氧化物等极性分子应全部被除掉。故新的绝缘油具有较高的界面张力，一般可以高达 40～50mN/m，甚至 55mN/m 以上。目前，国际上某些国家将界面张力列为鉴定新绝缘油质量的指标之一。我国提出的超高压用绝缘油技术标准中，界面张力的指标为不小于 40mN/m。

　　运行中的绝缘油受温度、空气、光线、水分、电场等因素的影响，油质将逐渐老化、变坏，油质老化后生成各种有机酸（—COOH）及醇（—OH）等极性物质，因而影响油质的界面张力也将逐渐下降。故测定运行中绝缘油的界面张力，就可判断油质的老化深度。实践证明，油老化后产生的酸值、油泥等与其界面张力有着密切的关系。1971 年美国材料试验协会通报曾提出运行油质界面张力与油泥不合格率的统计关系曲线，1971 年《电力和机械制造》[（奥）88 卷第 7 期]也发表了类似曲线，两条曲线如图 1-2-5 所示。

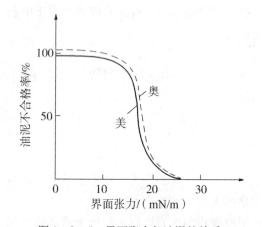

图 1-2-5　界面张力与油泥的关系

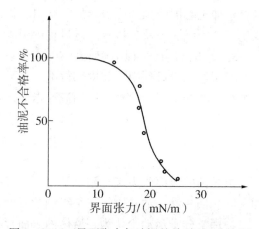

图 1-2-6　界面张力与油泥的关系（国内数据）

　　1982—1985 年在制定运行中变压器油质量国家标准时，负责此项目的有关单位曾用同样的方法，搜集了我国 20 个省市的 600 多台变压器、互感器、断路器、套管等设备用油的实际运行数据，综合统计其油泥不合格率与界面张力的变化关系曲线（图 1-2-6）。比较图 1-2-5 及图 1-2-6 可见，曲线的变化趋势是一致的。

　　由于界面张力是反映油中亲水性极性分子的总量，因此凡属于这一类的添加剂，均能降低油-水的界面张力。如绝缘油中添加降凝剂（聚甲基丙烯酸酯），汽轮机油中添加防锈剂（十二烯基丁二酸）等，因其均含有羧基（—COOH），故油的界面张力随其添加量而变化。即添加量愈多，界面张力下降愈快。利用界面张力还可监督变压器热虹吸器的运行情况，一般来说，如热虹吸器运行正常，吸附剂未失效，油的 pH 值大于 4.6，则油的界面张力在 30～40mN/m；如热虹吸器失效，油的 pH 值低于 4.6，则油的界面张力在 25～

30mN/m。如运行中绝缘油(特别是配电变压器油)界面张力低于20mN/m，就有可能有油泥析出。

矿物绝缘油在采用硫酸或选择性溶剂精制及白土补充精制后，还应过滤将其残留物清除掉。故新的、纯净的绝缘油具有较高的界面张力，一般都在40mN/m以上。

第八节　苯　胺　点

油品的苯胺点是试油与同体积的苯胺混合，加热至两者能互相溶解，成为单一液相的最低温度，称为油品的苯胺点，用摄氏温度表示。

在油品中各种烃类的苯胺点是不同的，各种烃类苯胺点的高低顺序是：

(1)芳香烃＜环烷烃＜烷烃。

(2)多环环烷烃的苯胺点远比相应的单环环烷烃低。

(3)对于同一烃类其苯胺点均随相对分子质量和沸点的增加而升高。

油品中芳香烃含量越低，油的苯胺点越高。所以，可以采用苯胺点来控制芳香烃的含量。油品的苯胺点一般为63～84℃，此范围内，油品能够溶解氧化产物，防止堵塞变压器油路。苯胺点的测定原理是基于油品中各种烃类在极性溶剂中有不同的溶解度。当在油品中加入同体积苯胺时，两者在试管内分两层，然后对混合物加热至分层消失，呈现透明，再冷却至透明溶液刚开始呈现浑浊，并不再消失的一瞬间，此时的温度，即为所测得的苯胺点。

根据各主要烃类的苯胺点有明显差别这一特点，在测得油品苯胺点的高低后，可粗略判断油品中含那种烃类的多少。通常油品中芳香烃含量越低，苯胺点越高。因此，将新油的苯胺点定为控制指标之一，目的就是为了控制芳香烃的含量，从而得到气稳定性较好的绝缘油。

第九节　油中溶解气体

一、产气原理

1. 油品的分解

油品是由许多不同相对分子质量的碳氢化合物分子组成的混合物，分子中含有—CH_3、—CH_2和—CH化学基团并由C—C键键合在一起。由于电或热故障的结果可以使某些C—H键和C—C键断裂，伴随生成少量活泼的氢原子和不稳定的碳氢化合物的自由基如：CH_3·、CH_2·、CH·或C·(其中包括许多更复杂的形式)。这些氢原子或自由基通过复杂的化学反应迅速重新化合，形成氢气和低分子烃类气体，如甲烷、乙烷、乙烯、乙炔等，也可能生成碳的固体颗粒及碳氢聚合物。故障初期，所形成的气体溶解于油中；当故障能量较大时，也可能聚集成自由气体。碳的固体颗粒及碳氢聚合物可沉积在设备的内部。

低能量故障，如局部放电，通过离子反应促使最弱的键 C—H 键(338 kJ/mol)断裂，大部分氢离子将重新化合成氢气而积累。对 C—C 键的断裂需要较高的温度(较多的能量)，然后迅速以 C—C 键(607 kJ/mol)、C＝C 键(720 kJ/mol)和 C≡C(960 kJ/mol)键的形式重新化合成烃类气体，依次需要越来越高的温度和越来越多的能量。

乙烯是在大约为500℃（高于甲烷和乙烷的生成温度）下生成的（虽然在较低的温度时也有少量生成）。乙炔的生成一般在800～1200℃的温度，而且当温度降低时，反应迅速被抑制，作为重新化合的稳定产物而积累。因此，大量乙炔是在电弧的弧道中产生的。当然在较低的温度下，低于800℃也会有少量的乙炔生成。

油起氧化反应时伴随生成少量的CO和CO_2；CO和CO_2能长期积累，数量显著。

油碳化生成碳粒的温度在500～800℃。

2. 固体绝缘材料的分解

纸、层压纸板或木块等固体绝缘材料分子内含有大量的无水右旋糖环和弱的C—O键及葡萄糖甙键，它们的热稳定性比油中的碳氢键要弱，并能在较低的温度下重新化合。聚合物裂解的有效温度高于105℃，完全裂解和碳化高于300℃，在生成水的同时生成大量的CO和CO_2以及少量烃类气体和呋喃化合物，同时油被氧化。CO和CO_2的形成不仅随温度而且随油中氧的含量和纸的湿度增加而增加。

不同的故障类型产生的主要特征气体和次要特征气体可归纳为表1-2-2。

分解出的气体形成气泡在油里经对流、扩散，不断地溶解在油中。这些故障气体的组成和含量与故障的类型及其严重程度有密切关系。因此，分析溶解于油中的气体，就能尽早发现设备内部存在的潜伏性故障并可随时监视故障的发展情况。

表1-2-2　不同故障类型产生的气体

故障类型	主要气体组分	次要气体组分
油过热	CH_4，C_2H_4	H_2，C_2H_6
油和纸过热	CH_4，C_2H_4，CO，CO_2	H_2，C_2H_6
油纸绝缘中局部放电	H_2，CH_4，CO	C_2H_2，C_2H_6，CO_2
油中火花放电	H_2，C_2H_2	
油中电弧	H_2，C_2H_2	CH_4，C_2H_4，C_2H_4
油和纸中电弧	H_2，C_2H_2，CO，CO_2	CH_4，C_2H_4，C_2H_4

注：进水受潮或油中气泡可能使氢含量升高。

在变压器里，当产气速率大于溶解速率时，会有一部分气体进入气体继电器或储油柜中。当变压器气体继电器内出现气体时，分析其中的气体，同样有助于对设备的状况做出判断。

3. 气体的其他来源

某些气体的存在，不是设备故障造成的，例如油中含有水，可以与铁作用生成氢气，过热的铁芯层间油可膜裂解也生成氢。新的不锈部件中也可能在钢加工过程中或焊接时吸附氢而慢慢释放到油中。特别是在温度较高，油中溶解有氧时，设备中有些油漆（醇酸树脂），在一些不锈钢的催化下，甚至可能生成大量的氢。一些改型的聚酰亚胺型的绝缘材料也可生成一些气体而溶解于油中。油在阳光照射下也可以生成一些气体。设备检修时暴露在空气中的油可吸收空气中的CO_2等。这时，如果不真空注油，油中CO_2的含量则与周围环境的空气有关。

另外，某些操作也可生成故障气体，例如：有载调压变压器中切换开关油室的油向变压器主油箱渗漏，或极性开关在某个位置动作时，悬浮电位放电的影响；设备曾经有过故障，而故障排除后绝缘油未经彻底脱气，部分残余气体仍留在油中，或留在经油浸渍的固体绝缘中；设备油箱带油补焊；原注入的油就含有一些气体等。

这些气体的存在一般不影响设备的正常运行，但当利用气体分析结果确定设备内部是否存在故障及其严重程度时，要注意加以区分。

第十节　水　溶　性　酸

石油产品的水溶性酸，是指油品加工及贮存过程中，油中形成的水溶性矿物酸。矿物性酸主要是硫酸及其衍生物，包括磺酸和酸性硫酸酯。如从新油中检测出有水溶性酸，表明油品在酸精制处理后，酸没有完全中和或洗后用水冲洗得不完全。当生产、使用或贮存时，这些矿物酸的存在能腐蚀与其接触的金属部件。水溶性酸对绝大多数金属有较强烈的腐蚀作用。另一方面，油品中含有水溶性酸，会促使油品老化，因油品与空气接触时，会与空气中的氧、水互相作用，如在受热的情况下，时间一长就会引起油品的氧化、胶化及分解，故要求新油不含水溶性酸，其 pH 值应为 $6.0 \sim 7.0$（中性）。

国产变压器油在运行中的初级老化阶段，产生低分子有机酸较多，如甲酸（HCOOH）、乙酸（CH_3COOH）等，因其均溶于水，可用水抽出液的方法测定其 pH 值。故油品的水溶性酸碱，被定为新油和运行中油的监控指标之一。

运行中油出现低分子有机酸，说明油质已开始老化。这些有机酸不但直接影响油的使用特性，并对油的继续氧化起催化作用，将影响油品的使用寿命。

水溶性酸的活度较大，对金属有强烈的腐蚀作用，如在有水的情况下，则更加严重。其化学反应如下：

$$2Fe + 2H_2O + O_2 \longrightarrow 2Fe(OH)_2$$
$$Fe(OH)_2 + 2RCOOH \longrightarrow (RCOO)_2Fe + 2H_2O$$

油在氧化过程中，不但产生酸性物质，同时也有水分生成。因此，含有酸性物质的水滴，会严重降低油的绝缘性能。

油中水溶性酸对变压器的固体绝缘材料老化影响很大。根据有关资料介绍，同种油如没有水溶性酸时，在温度 95℃，720 h 的情况下，进行绝缘老化试验，棉织物的强度仅降低 1%；而含有 0.01mgKOH 水溶性酸的油，在同样条件下进行绝缘老化试验，则棉织物强度降低 30%～40%。因此，油中水溶性酸的存在，就会直接影响变压器运行寿命。

新油中不允许有无机酸或低分子有机酸的存在（油的 pH 值应为 $6.0 \sim 7.0$），否则油品即为不合格，不能购买或使用。运行中油出现低分子酸，或接近运行标准时，应及时采取相应的措施，如往变压器投入热虹吸器，或采用粒状吸附剂过滤除酸等，以提高运行中油的 pH 值，消除或减缓水溶性酸的影响，延长油品和设备的使用寿命。

第十一节　酸　值

中和油品中含有的酸性组分，每克油品中所需要氢氧化钾的毫克数，称为酸值，以 mg/g 表示。从试油中所测得的酸值，为有机酸和无机酸的总和，故也称总酸值。

在通常情况下，新油中不应存在无机酸，除非因操作不当或精制、清洗不完善，而使油中有残留的无机酸。一般所测定的酸值几乎都代表有机酸（即含有 —COOH 基团的有机物）。油中所含的有机酸主要是环烷酸，是环烷烃的羧基衍生物，通式为 $C_nH_{2n-1}COOH$。此外还有在贮存、运输时因氧化生成的酸性物质，在重质馏分中也含有高分子有机酸，某些油品中还含有酚、脂肪酸和一些硫化物，以及沥青质等酸性化合物。

酸值是评定新油品和判断运行中油质氧化程度的重要化学指标之一。酸值表示油品中含酸性物质的量。一般来说，酸值愈高，油品中所含的酸性物质就愈多，新油中含酸性物质的数量，随原料与油的精制程度而变化。国产新油一般几乎不含酸性物质，其酸值常为 0.00。而运行中油因受运行条件的影响，油的酸值随油质的老化程度而增长，因而可由油的酸值判断油质的老化程度和对设备的危害性。油中的高分子酸通常有两种腐蚀方式：一种是金属首先被油中具有腐蚀性的酸性物质，或油老化生成的过氧化物氧化为金属氧化物，再溶于高分子酸中，其化学反应通式如下：

$$M + ROOR \longrightarrow ROR + MO$$
$$MO + 2RCOOH \longrightarrow (RCOO)_2M + H_2O$$

式中　M——金属；

　　　ROOR——过氧化物；

　　　RCOOH——有机酸；

　　　ROR——酮或其过氧化物的还原产物；

　　　MO——金属氧化物。

另一种腐蚀方式是，当有水存在时，空气中的氧就可直接把金属氧化为氢氧化物，再与有机酸起作用，其化学反应通式如下：

$$2M + O_2 + 2H_2O \longrightarrow 2M(OH)_2$$
$$M(OH)_2 + 2RCOOH \longrightarrow (RCOO)_2M + 2H_2O$$

油的酸值升高后，不但腐蚀设备，同时还会提高油的导电性，降低油的绝缘性能。如遇高温时，还会促使固体纤维绝缘材料也产生老化现象，进一步降低电气设备的绝缘性能，缩短设备的使用寿命，故对运行中绝缘油的酸值有严格的指标限制。

运行中油品如酸值增大，说明油已深度老化，油中所形成的环烷酸皂等老化产物，能降低油的破乳化性能，促使油质乳化（在有水的情况下），破坏油的润滑性能，如运行中油的酸值接近运行指标时，应及时进行降低酸值的技术处理，如变压器投入热虹吸器，汽轮机投入运行中连续再生装置，或采用移动式吸附剂过滤器，进行运行中净化再生处理，保证油的酸值保持在合格状态。

第十二节　水　　分

油品在出厂前一般不含水分。油品中水分的来源，笼统地说有外部侵入和内部自身氧化产生两个方面。

(1) 在运输和贮存过程中，因管理不当水分进入油中。

(2) 用油设备在安装过程中，由于干燥处理不彻底，或在运行中由于设备缺陷 (如汽轮机轴封不严密)，而使水分侵入油中，或变压器呼吸系统漏入潮气，即称为油的吸潮 (湿) 性。

(3) 油品的吸潮性与油的化学组成有关，不同化学组成的油品，其吸收水分的特性可能有数十毫克每升之差。如油品内芳香烃成分愈多，油品的吸潮性愈强。油内存在某些极性杂质的分子 (如醇、酸、金属皂化物等)，也会显著增加油的吸潮性，即油老化后吸潮能力会迅速增大。

(4) 油品在使用过程中，由于运行条件的影响，会逐渐氧化，油在自身的氧化过程中，也伴随有水分产生。

水在油品中存在的形态，通常有下列几种情况。

(1) 游离水。多为外界侵入的水分，如不搅动不易与油结合，常以水滴形态游离于油中，或沿器壁沉降于设备、容器的底部。虽然通常不影响油的击穿电压，但这也是不允许的，因这表明油中可能存在溶解水分。沉降于设备或容器底部的水分，要及时处理掉。

(2) 溶解水。这种形态的水是以极度细微的颗粒溶于油中，通常是从空气中进入油内的，在油中分布较均匀，这表明油已被污染。溶解水能急剧降低油的击穿电压，使油的介质损耗因数增大。当变压器绕组和铁芯之间产生高温时，溶解水会转变为蒸汽状态；当水蒸气与冷油接触时，又形成溶解水。欲除去溶解水，可在一定的温度下，用高度真空雾化法除掉，即通常所谓"真空"滤油。

(3) 乳化水。油品精制不良，或长期运行造成油质老化，或油被乳化物污染，都会降低油水之间的界面张力，如油水混合在一起，便形成乳化状态，使油水难以分离，这种水称为乳化水。油水乳浊液因乳化剂的不同分为两类：

① 油滴悬浮在水中时，为亲水性的乳浊液。当油水界面层聚结可溶于水而不溶于油的物质时，例如油用碱处理时生成的钠皂，便可能形成这样的乳浊液。

② 水滴悬浮在油中时，为憎水性乳浊液，通常是由于有可溶于油中的表面活性物质，例如沥青质、树脂质等，会促使油水产生这种乳浊液。这种乳浊液的稳定性较高，要将油水分开，用机械方法是相当困难的。可在一定的条件下，通过小型试验，添加适宜的破乳化剂，以促使油水分开。

油品中水分的含量与油品的化学组成、温度、暴露于空气中的时间，以及油的老化深度等有密切的关系。油品中含各种烃类的量不同，其能溶解水的量就不同。一般链烷烃、环烷烃溶解水的能力较弱，芳香烃溶解水的能力较强，即油中芳香烃含量愈高，油的吸水能力愈强，如图 1-2-7 所示。

油品中的含水量与温度的变化关系也非常明显，即温度升高时油中含水量增大；温度下降时，溶于油中的水分会过饱和而分离出来，沉至容器底部。不同温度时，研究 3 种不同相对密度、黏度、破乳化度的油品 (表 1-2-3) 中水的溶解情况，如图 1-2-8 所示。

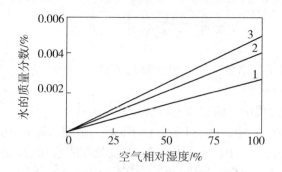

图 1-2-7　绝缘油水分与空气湿度的关系
1—油中芳香烃的质量分数为 3.00%；
2—油中芳香烃的质量分数为 13.78%；
3—油中芳香烃的质量分数为 17.42%

表 1-2-3　研究水分溶解度的油品油质参数

油质	1	2	3
15℃的相对密度/(g/cm³)	0.905	0.847	0.916
38℃的黏度(恩氏度)	2.56	1.57	2.17
破乳化度(s)	45	13	105

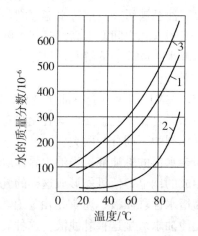

1-2-8　水在油中的溶解度随温度变化的关系

　　油品在空气中暴露的时间愈长，大气中相对湿度愈大时，则油吸收的水分就愈多，故测定绝缘油中含水量时，必须密封取样，密闭测定。其目的就是避免试油与空气接触，以测定出试油中的真实含水量。油品从空气中吸收水分与暴露时间的关系，如图 1-2-9 所示。

　　新绝缘油对水的溶解能力还与其精制程度有关，如精制比较粗糙，而油中含有未除尽的酚类、酸类、树脂、皂化物等，会增加油品的吸湿性，使油品中含水量增高。反之，则含水量降低。

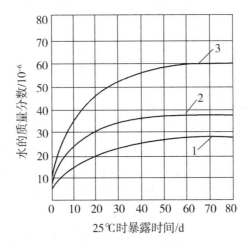

图 1 - 2 - 9　油中水分的质量分数与暴露时间的关系

1—相对湿度 25%；2—相对湿度 40%；3—相对湿度 80%

运行中油在自身氧化的同时，会产生一部分水分，如以 C_nH_{2n+2} 型的纯烷烃的氧化为例，其化学反应如下：

$$2C_nH_{2n+2} + 3O_2 \longrightarrow 2C_nH_{2n}O_2 + 2H_2O$$

即反应的结果得到脂肪酸和水，也就是说随着油的深度氧化，酸值的升高，所产生的水分也增加。油品深度氧化后，不仅生成酸和水，还有酮、醛、醇等，并在一定的条件下，进行聚合、缩合等反应，而生成树脂质、沥青质等，这些物质能增加油的吸潮性，故一般旧油对水的溶解能力要比新油大。

有关水分含量通常有以下几种表示方法：

(1)体积分数。即水分与试油的体积比(V/V)，单位为 1，也可这样表示，如 mL/L、μL/L 等，主要用于气体样品中水分的含量，如 $1m^3$ 油中有 1mL 水分。

(2)质量分数。即水分与试油的质量比(m/m)，单位为 1，也可这样表示，如 mg/kg、μg/kg 等。此表示方法主要用于液体、固体样品。

(3)质量浓度。即在一定体积的试样中，含有水分的质量，以 m/V 表示之，如 μg/L、mg/L 等，多用于液体样品。

(4)露点体积分数。即露点与气体中水分含量的关系。露点是在一个大气压下，在气体流中的水蒸气达到饱和而凝固时的温度，其与液态水相平衡的叫露点，与固态相平衡的叫霜点。由于各露点的水蒸气压是恒定的，所以给出露点的温度，即表明气体中的水蒸气分压为该温度的饱和水蒸气压。在一些生产水分测试仪的厂家，常以露点表示更为方便，并附有露点和水分含量的换算图表。

(5)相对湿度。指在同一温度下，气体样品中水蒸气压与饱和水蒸气压之比，以百分数表示。

众所周知，油中含有水分的危害性是非常大的。绝缘油中的水分对绝缘介质的电性能、理化性能，以及用油设备的使用寿命等都有极大的危害。现分述如下：

(1)降低油品的击穿电压。绝缘油中的含水量是影响击穿电压的主要因素。实践证明当油中含水量(质量分数)超过 0.01%～0.02% 时，油的击穿电压即大幅度下降到一个极小值(约 1.0kV)。这是由于油中纤维类杂质,极易吸收水分,在电场的作用下,在电极间成导电的"小桥",因而容易击穿。

(2)使介质损耗因数升高。由于水分在油中存在的状态不同,而对介质损耗因数的影响也不一样。实践说明悬浮的乳化水使油品的介损升高最明显。而溶解状的水,只要是在溶解度的范围内对介损影响不明显。另外水分的腐蚀产物,如环烷酸皂类是极易使介损恶化,会急剧地使介损升高,这是水分影响介损的间接后果。

(3)促使绝缘纤维老化,并使它的介损升高,因为绝缘纤维的分子结构是葡萄糖($C_6H_{12}O_6$)分子。当水分进入纤维分子后,会降低纤维分子间的引力,促使其水解成低分子的物质。当油中的低分子酸多时,就更增强了纤维素的水解。这是因为酸性水溶液是纤维水解的必要条件之一。因此,水解也降低了纤维的机械强度和聚合度。

试验证明在 120℃ 以下,如绝缘纤维中的水分,每增加一倍,则纤维的机械强度就下降一半。而纤维中的水分,又与油中含水量有关。其一般规律是,当温度升高时油中含水量增加,纤维中含水量减少;温度下降时,则反之。可见测定油中含水量对监督绝缘纤维老化的意义了。

(4)水分助长了有机酸的腐蚀能力,加速了对金属部件的腐蚀,而金属腐蚀产物,如金属皂类,又会促使油质迅速老化,即对油质老化起催化作用。

综上所述,油中含水量愈多,则油质本身老化、设备绝缘老化以及金属部件的腐蚀速度就愈快,它将影响设备的安全运行,缩短设备的使用寿命。因此,对绝缘油中水分含量的测定和控制,愈来愈引起人们的重视。

第十三节　油　　泥

油泥是油质老化或变质后产生的沉淀物。在设备运行一段时间后,绝缘油中的含水量、酸价和灰分都有增加,大量油泥从油中析出,这些都会严重影响电力变压器的运行,这样的绝缘油即为老化。绝缘油是从石油中制取的,它是各种烃、树脂、酸和其他杂质的混合物,这些物质不都是稳定的,在温度和其他因素的作用下,会不断地氧化。温度对绝缘油的影响很大,温度愈高,油的氧化愈严重,当温度达 110℃ 以上时,由于高温的热分裂作用,将使油受到破坏。此外,光线、电场和混入油中的金属、杂质、气体等对油的氧化都起着触媒作用,会加速氧化作用的发展。氧化使得油各项性质变坏,甚至达到不能继续使用的地步。

对于老化的绝缘油,可采用再生方法处理,使其性质恢复后方可继续使用。通过测定绝缘油中油泥析出,检查绝缘油老化情况,监视充油电气设备的运行状况。

第十四节　活性硫(腐蚀性硫)

硫通常是从原料石油中转移到油品中来的,它可能是很稳定的化合物,或者是不稳定的化合物,后者在油品中是不允许有的。所谓不稳定的硫化物即能腐蚀金属的活性硫化物或游离硫。

活性硫化物包括:硫化氢、低级硫醇(如 CH_3SH)、二氧化硫、三氧化硫、磺酸和酸性硫酸酯等。二氧化硫多数是用硫酸精制及再蒸馏时，残留的中性及酸性硫酸酯分解生成的。

用一定规格和质量的铜片，在一定条件下，试验油品中是否有活性硫，是一个非常灵敏的试验。一般油品中含有十万分之一至百万分之一，或更少一些的活性硫，在规定的条件下，可经铜片试验检测出其不合格。

绝缘油中不允许有活性硫，哪怕只有十万分之一，都会对绝缘发生腐蚀作用。因此，对新绝缘油及硫酸白土再生后的再生油，必须进行活性硫试验，合格后方能使用。

第十五节　氧化安定性

油品的氧化安定性是其最重要的化学性能之一。因油在使用和贮存过程中，不可避免地会与空气中的氧接触，在一定的条件下，油与氧接触就会发生化学反应，而产生一些新的氧化产物，这些氧化产物在油中会促使油质变坏。通常称油与氧的化学反应为氧化（或老化、劣化）。油品抵抗氧化作用的能力，称为油的氧化安定性。影响油氧化安定性的因素主要有温度条件、氧化时间、油的化学组成、金属及其他物质的催化作用等。

由于矿物油是由许多不同结构的烃类组成的混合物，其氧化过程是十分复杂的。油的氧化过程一般可分为几个时期，开始时期即所谓"诱导期"（或称"感应期"），新油温度不高时有之。在此时期内，油吸收少量的氧，氧化非常缓慢，油中生成的氧化产物也极少，这是因为油品内含有天然的抗氧化剂，阻止其氧化。但如果温度升高（且在催化剂的影响下），诱导期便会迅速减短，如表1-2-4所示。

表1-2-4　油品氧化诱导期与温度的关系

温度/℃	45	80	90	100	120
诱导期/h	116	49	27	12	0

油品氧化的诱导期过后，便是油氧化的发展期，油内渐渐地开始生成稳定的氧化产物，如相对分子质量较低的有机酸、水和某些过氧化物。氧化过程在不断地进行并加剧，所有的氧化产物都可溶于油和水，并具有较强烈的腐蚀作用。如果再继续氧化，便生成固体聚合物和缩合物，它们在油中达到饱和状态后，便从油中沉淀出来，即通常称之为油泥沉淀物。

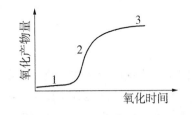

图1-2-10　矿物油氧化的一般规律
1—诱导期；2—发展期；3—迟滞期

在油品氧化的第三期，或称迟滞期，这时油的氧化反应受到一定的阻碍，由树脂氧化生成的某些具有酚的特性的氧化物，开始发生阻止氧化过程的负催化作用。在这个时期内氧化速度减慢、氧化产物也比前期减少。上述油品的一般氧化过程曲线，如图1-2-10所示。

关于油品的氧化机理问题，根据最新的观点，烃类液相氧化反应是以自由基链式反应机理来解释的，氧化反应包括三个阶段，即链的引发、链的延续和发展，以及链的中断和反应的熄灭。

在烃类液相氧化过程中，通常链式反应是靠氧化中间产物来作为新链的引发中心，不是所有的初次氧化产物都分解为自由基，而是有一大部分分解为氧化二次产物，并由于氧化的最初产物——烃基过氧化氢（ROOH）的分解需要足够的能量，还需要一段积累（停滞）时间，不像气相氧化那样剧烈，通常把这叫作"退化分支"。从链反应的开始至退化分支的形成所需的时期，就是诱导期。一般油品的诱导期愈长，其抗氧化安定性愈好。

烃类氧化过程中，当链的退化分支形成后，反应便自动加速进行，但随着反应的加深，自由基的浓度增加，因而自相结合使链中断的机会也增多，同时某些氧化中间产物会起阻化剂的作用使链中断。链中断的速度愈来愈大，反应总的加速度愈来愈小，以至迟滞。

如以 RH 代表烃类，R·、RO·、H·及 RO$_2$·等分别代表各种自由基，ROOR 和 ROOH 分别代表烃基过氧化物和烃基过氧化氢，将上述三个阶段以化学反应式表示如下：

（1）链的引发：

$$RH + O_2 \longrightarrow \begin{cases} R\cdot + H_2O \\ RO\cdot + HO\cdot \\ RO_2\cdot + H\cdot \end{cases}$$

反应中所生成的自由基，可引发链式反应。

（2）链的增长：

$$R\cdot \xrightarrow{O_2} ROO\cdot \xrightarrow{RH} \begin{cases} R\cdot \xrightarrow{O_2} ROO\cdot \xrightarrow{RH} ROOH + R\cdot \\ ROOH \longrightarrow \begin{cases} RO\cdot \xrightarrow{RH} ROH + R\cdot \\ HO\cdot \xrightarrow{RH} H_2O + R\cdot \end{cases} \end{cases}$$

此反应中除生成稳定产物 ROH 和 H$_2$O 外，还生成了新的自由基 R·，可进一步发生链式反应。

（3）链的终止：

$$R\cdot + R\cdot \longrightarrow R-R$$
$$R\cdot + H\cdot \longrightarrow RH$$
$$R\cdot + ROO\cdot \longrightarrow ROOR$$
$$\cdots$$

此反应均生成稳定化合物，从而使链式反应中断。

油品烃类的几种主要组分中，以芳香烃最不易氧化，环烷烃次之，链烷烃在高温时抗氧化安定性最小。现将烃类的氧化及其生成物，概述如下。

（1）芳香烃。带侧链的芳香烃比无侧链的芳香烃氧化作用大，随芳香烃环数的增加，侧链的增加和侧链碳原子数目的增加，氧化作用就愈大。无侧链芳香烃氧化产物为酸及其聚合物，带侧链芳香烃随着侧链长度的增加而聚合产物减少，生成酸性和中性产物，如酸、醇、醛、酮、酯等的数量就增加。

（2）环烷烃。环烷烃的氧化倾向也随其分子增大和复杂而增加，如有侧链也会增加氧化倾向，氧化产物大部分是由环断裂生成羧基酸和羟基酸，少部分由于缩合生成胶质和沥青质。

（3）链烷烃。链烷烃在低温下是比较稳定的，其氧化作用是随温度的升高而急剧增加。氧化产物为醇、醛、酮、酸、酯等。只有在深度氧化时，并有分支结构的链烷烃氧化时会生成羟基酸，以及羟基酸缩合的产物和少量的胶质。

（4）烃类混合物的氧化。上述芳香烃、环烷烃、链烷烃的氧化规律，是它们呈单体形态氧化时的规律。如是烃类混合物，则其氧化规律就不一样，而是随各种烃类的结构不同，各种烃类的数量比例不同，则其氧化作用及规律也就不同。

综上所述，烃类的氧化反应过程是很复杂的，其氧化产物也是多样性的，粗略可归纳为下列图式：

链烷烃、环烷烃及带侧链的芳香烃──→过氧化物
$\begin{cases} 酸—羟基酸—外酯—沥青酸—油焦质 \\ 酮酸—缩合物 \\ 酮—缩合物—沥青质 \\ 醛—酸 \\ 醇 \begin{cases} 和酸生成酯 \\ 和羟基酸生成醚酸 \\ 自身氧化成酸 \end{cases} \end{cases}$

温度、氧气及金属催化物是促进油品老化的重要因素。故油的氧化安定性试验就是人为地提高温度（一般温度提升 8 ～ 10℃，油品的氧化速度增加一倍），以氧代替空气，目的是使氧化速度加快，再加一定量的铜、铁等金属催化剂，便可使油品氧化几小时，就相当于在设备中运行几年。油品的氧化安定性试验就是基于上述原理，在规定的条件下，进行人工老化后，测定其有关项目的变化程度，判断油品是否具有优良的抗氧化安定性。如油品的抗氧化安定性好，则氧化后油的酸值和沉淀物就少；反之，则油品的抗氧化安定性就差。氧化安定性好的油品，一般其使用寿命就长。

第三章 绝缘油的电气性质

绝缘材料电气性能的好坏直接影响电气设备运行的可靠性和安全性。当绝缘材料电气性能变坏时，可能导致电气设备的绝缘击穿，引起设备损坏事故。所以，早期预测绝缘材料电气性能的变化可以防止事故发生。油品的电气性能一般针对绝缘油（变压器油）而言，绝缘油不同于汽轮机油，它有优良的电气性能。表征绝缘油电气性能的参数较多，主要有相对介电常数（系数）、体积电阻率、击穿电压、介质损耗因数、析气性等，但通常主要的参数有击穿电压和介质损耗因数。近几年来，随着电压等级的升高和电气设备容量的增大，对绝缘油的电气性能评定又增加了油的体积电阻率、析气性等参数，以保证充油电气设备的安全运行。

第一节 绝缘油的相对介电常数（系数）

一、绝缘材料的极化（polarization）

绝缘介质的分子结构可分为中性、弱极性和极性的，但从宏观来看都是中性不带电的。绝缘材料也是由带正电及带负电的质点构成，在外加电场的作用下，这些带电质点将沿着电场方向作有限的位移或有规律的排列，并对外显示出极化。当外电场消失时，又恢复原状，这种现象就称为电介质极化。而各种绝缘材料的极化特性是不一样的，其极化的强弱、快慢各不相同。根据极化是否消耗能量，可分为无损极化和有损极化两种。

无损极化即极化过程中不消耗能量，它包括电子式（位移）和离子式（位移）极化两种形式。有损极化是在极化过程中消耗能量，它包括热离子位移极化、偶极松弛极化、夹层介质界面极化、空间电荷极化，极化的基本形式如图 1-3-1 所示。

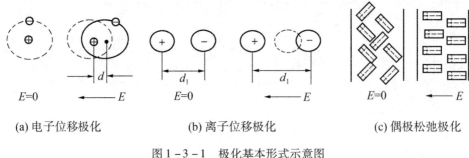

(a) 电子位移极化   (b) 离子位移极化   (c) 偶极松弛极化

图 1-3-1 极化基本形式示意图

1. 电子位移极化

当物质原子里的电子轨道受到外电场的作用时，它将相对于原子核随着外电场的增强而增大，它有两个特点：①形成极化所需产生位移，这就是电子式极化，其极化强度的时间极短，为 $10^{-15} \sim 10^{-14}$ s，且不随频率而变化；②它具有弹性，当外电场去掉后，依靠正、负电荷间的吸引力而整个呈现非极性，所以这种极化没有损耗。温度对电子式极化影响不大。

2. 离子位移极化

固体无机化合物多数属离子式结构，如云母、陶瓷材料等，无外电场作用时，不呈现极性。在外电场作用下，整个分子呈现极性。离子式极化也属弹性极化，几乎没有损耗。形成极化所需时间也很短，为 $10^{-13} \sim 10^{-12}$ s。

温度对离子式极化的影响存在着相反的两种因素，即离子间结合力随温度升高而降低，使极化程度增加，但离子的密度随温度升高而减少，则使极化程度降低。通常前一种因素影响比较大，所以这种极化随温度的升高而增强。

3. 偶极松弛极化

具有偶极矩的分子或基团在无电场作用时，它们的分布是混乱的，宏观地看，电介质不呈现极性。在电场的作用下，部分偶极子顺电场方向扭转（分子间联系较紧密的），或顺电场排列（分子间联系较松散的）。整个电介质也形成一种特殊的分子，好像分子的一端带正电荷，另一端带负电荷似的，这种极化是非弹性的，因而形成一个永久的偶极矩。此种极化所需的时间较长，进行缓慢，为 $10^{-12} \sim 10^{-2}$ s，故称为"松弛极化"。具有这种永久性偶极子的电介质称为极性电介质。例如，蓖麻油、橡胶、胶木、纤维素等均是常用的极性电介质绝缘材料。

4. 夹层介质界面极化

上面均是单一均匀介质的情况，实际上高压电气设备的绝缘往往又有几种不同的材料组成，或介质是不均匀的，这种情况下会产生"夹层介质界面极化"现象。由两层或多层不同材料组成的不均匀介质叫夹层电介质。当施加外加电场后，其中联系较弱的离子将沿电场反方向移动，并聚集在交界面上形成夹层极化。在交流电场的作用下，其极化程度将加强，极化过程特别缓慢，所需的时间可由几秒到几分钟或更长，有能量损耗，而且伴随有介质损坏。

5. 空间电荷极化

介质内的正、负自由离子在电场作用下改变分布状况时，便在电极附近形成空间电荷，称为空间电荷极化。它和夹层介质界面极化现象一样都是缓慢进行的，所以假使加上交变电场，则在低频至超低频阶段都有这种现象存在，而在高频时因空间电荷来不及移动，就没有这种极化现象。极化会增大电容器的电容量，产生绝缘的吸收现象。

二、相对介电常数（系数）（relaive dielectric constant）

极化是电介质在电场（气体、液体、固体电介质加上电压后就存在电场）作用下发生的一种物理过程。此物理过程虽在电介质内部进行，但可通过此物理过程的外在表现来证实极化过程的存在。图 1 - 3 - 2 中两个平行平板电容器，它们的结构尺寸完全相同。图 1 - 3 - 2a 电容器极板间为真空，而图 1 - 3 - 2b 电容器极板间为电介质。实验表明，由于极间介质的不同，两者电容量是不同的，而且尺寸结构相同的电容器，真空电容器的电容量是最小的，即图 1 - 3 - 2b 电容器的电容量要大于图 1 - 3 - 2a 电容器的电容量。

图 1-3-2a 中，施加直流电压 U 后，两极板上分别充上电量 $Q = Q_0$ 的正、负电荷。此时

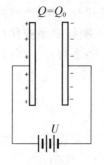

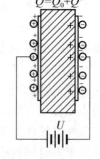

$$Q_0 = C_0 U \quad (1-3-1)$$

$$C_0 = \frac{\varepsilon_0 A}{d} \quad (1-3-2)$$

式中　ε_0——真空的介电系数；

　　　A——金属极板的面积；

　　　d——极板间距离；

　　　C_0——极板间为真空时的电

(a) 极板间为真空　　　(b) 极板间为电介质

图 1-3-2　电介质的极化

容量。

　　然后，在极板间放入一块厚度与极板间距离相等的电介质，就成为图 1-3-2b 所示的电容器，此时电容器的电容量变为 C，极板上的电荷量变为 Q，有

$$C = \frac{\varepsilon A}{d} \quad (1-3-3)$$

$$Q = CU \quad (1-3-4)$$

式中，ε 为固体电介质的介电系数。

　　由于 $C > C_0$，而 U 不变，所以 $Q > Q_0$。这表明放入固体电介质后，极板上的电荷量有所增加。若放入的电介质材料不同，电介质极化的强弱程度也不同，极板上的电荷量 Q 也不同，因此，Q/Q_0 就表征了在相同情况下不同电介质的不同极化程度，即

$$\frac{Q}{Q_0} = \frac{CU}{C_0 U} = \frac{C}{C_0} = \frac{\varepsilon}{\varepsilon_0} = \varepsilon_r \quad (1-3-5)$$

式中，ε_r 为电介质的相对介电常数（系数），简称介电常数（系数）。它是表征不同电介质在电场作用下极化程度的物理量，其物理意义为金属极板间放入电介质后的电容量（或极板上的电荷量）相对于极板间为真空时的电容量（或极板上的电荷量）的倍数。

　　ε_r 值由电介质的材料所决定。气体分子间的间距很大，密度很小，因此各种气体电介质的 ε_r 均接近于 1；常用的液体、固体介质的 ε_r 大多在 2～6 之间；不同电介质的 ε_r 值随温度、电源频率的变化规律一般是不同的。表 1-3-1 为在工频电压下 20℃ 时，一些常用介质的相对介电常数（系数）。

表 1-3-1　常用介质的相对介电常数

介质		名称	ε_r（工频电压，20℃）
气体介质	中性	氦气	1.000074
		氢气	1.00026
		氧气	1.00051
		氮气	1.00058
		氩气	1.00056
		空气	1.00058
	极性	硫化氢	1.004
		二氧化硫	1.009

介质		名称	ε_r(工频电压，20℃)
液体介质	弱极性	变压器油	2.2
		硅有机液体	2.2～2.8
		油漆	3.5
		煤油	2～4
		松节油	2.2
	极性	蓖麻油	4.5
		氯化联苯	4.6～5.2
	强极性	乙醇	33
		水	81
固体介质	中性或弱极性	石蜡	2.0～2.5
		聚苯乙烯	2.5～2.6
		聚四氟乙烯	2.0～2.2
		橡胶	2～3
		纸	2.5
		松香	2.5～2.6
		沥青	2.6～2.7
	极性	胶木	4.5
		纤维素	6.5
		聚氯乙烯	3.0～3.5
	离子性	云母	5～7
		电瓷	5.6～6.5
		超高频瓷	7～8.5

第二节 击穿电压(绝缘强度)

在强电场作用下，也即外加电压很高时，绝缘材料内的电场强度超过某一极限值，就会使绝缘材料失去绝缘性能而成为导体，这种现象称为绝缘材料的击穿。发生击穿时的电压就称为击穿电压(breakdown voltage)，也称为绝缘材料的耐电强度或绝缘强度。

一、电介质击穿

1. 气体介质的击穿

气体在正常情况下是良好的绝缘材料，但当电极间电压超过一定临界值时，气体介质就会突然失去绝缘能力而击穿。气体间隙之所以会击穿而产生火花放电通道，是由于在强电场作用下产生了强烈的游离过程。气体击穿现象和规律可以用电子崩及流柱理论来描述，简单地讲就是气体中的带电质点（主要是电子）在电场中获得巨大的能量，在和气体中性粒子碰撞时会引起碰撞游离，被碰撞游离出来的新电子在强电场加速下又将产生新的碰撞游离，这种连续不断的碰撞游离过程便产生了电子崩。电子崩向前发展，不断有新的电子崩汇入，进一步形成高电导的等离子体通道——流柱。在长间隙不均匀电场中还将发展成先导和主放电通道，当高电导通道贯穿电极时，相当于气体间隙短路，从而失去绝缘性能而击穿。

工程上所遇到的大多是空气绝缘，空气电介质的击穿电压与气压、温度、湿度、电极形状及气间隙距离等有关。另外，不同性质的电压作用于空气间隙，其击穿电压也不同。由于气体放电理论还很不完善，气体间隙的击穿电压还无法精确计算。工程上大多是参照一些典型电极的击穿电压试验数据来选择绝缘距离。

2. 液体介质的击穿

液体介质（比如常用的变压器油等）的绝缘和灭弧性能比较好，同时通过热油循环它又具有良好的散热性，因此在工程中得到广泛的应用。施加于液体电介质上的电压升高到一定数值后，将引起介质击穿。关于纯净液体电介质的击穿机理有各种理论。这里主要介绍"小桥"理论、气泡理论及电击穿理论。使用中的绝缘油总含有各种杂质，特别是极性杂质在强电场作用下会发生极化，并沿着电场方向排列起来，在电极间形成导电的"小桥"，从而导致油被击穿，这就是击穿的"小桥"理论。气泡击穿理论是指运行绝缘油在高压电场作用下会首先电离，电离时产生的电子能量较大，碰撞时使部分油品分子离解成气体，或在电场作用下因其他原因而产生气泡，如此反复，直到气泡连通两极，形成气体"小桥"时，也导致绝缘油的击穿。油品电击穿是在高压电场作用下，阴极发射出的电子撞击而产生游离，导致油中电子倍增，电导增大，最后被击穿。

工程上用的绝缘油或多或少总会有杂质，在电场作用下，油中的杂质如水泡、纤维等聚集到两电极之间，由于它们的介电常数比油的大得多，被吸到电场较集中的区域，并顺着电场方向排列而形成"小桥"。小桥的介电常数比油大，使其周围的场强更为集中，从而使其周围的变压器油更易于游离；小桥的电导也比油大，这样若杂质较多，构成一贯穿整个电极间隙的小桥时，就会有较大的电导流使小桥发热，形成油或水分局部汽化。生成的气泡也沿着电场方向排列形成击穿。

3. 固体介质的击穿

固体介质的击穿常见的有电击穿、热击穿及电化学击穿等。固体介质击穿后，出现烧焦或熔化的通道、裂缝等，即使去掉外施电压，也不像气体、液体介质那样能自己恢复绝缘性能。影响固体介质击穿电压的主要因素有电压作用时间、温度、受潮等。

二、测定绝缘油击穿电压的实际意义

测定绝缘油击穿电压的实际意义如下：

（1）击穿电压可以衡量介质耐受电压而不被破坏的能力，是检验变压器油性能好坏的主要指标之一，干燥清洁的油品具有相当高的击穿电压值。

（2）击穿电压还可用来判断绝缘油含水和其他悬浮物污染的程度，以及对注入设备前油品干燥和过滤程度的检验。

（3）击穿电压还是表征绝缘油电气强度的一项重要指标，是衡量绝缘油在变压器内部耐受电压能力的尺度，它反映了油中是否存在水分、杂质和导电微粒及其对绝缘油影响的严重程度。油浸变压器在运行过程中因种种原因，绝缘油的品质会变化和老化，造成绝缘性能下降，影响变压器的安全运行和维护。因此，对变压器绝缘油的电气强度要定期进行试验，以检查其绝缘性能是否合格。

第三节　介质损耗因数

一、介质损耗因数(dielectric loss factor)的含义

绝缘材料在电场的作用下会产生泄漏电流和极化现象，因而也就会引起绝缘材料的发热及能量的损失。绝缘油是一种电介质，即能够耐受电应力的绝缘体。当对介质油施加交流电压时，所通过的电流与其两端的电位相差并不是90°角，而是比90°要小的一个 δ 角，此 δ 角称为油的介质损耗角。所通过的电流分解为 I_q、I_i、I_r。I_q 为充电电流，取决于电容，是无功电流，不造成任何损失；I_i 为传导电流，是有效电流，它造成离子传导电流；I_r 为吸收电流，仅发生在交流电压时，它是由极化和偶极的转化所导致的，此种电流造成偶极损耗。

由于油内含有不平衡电荷或极性分子而导致电阻性传导电流，引起功率损失，称为绝缘油的"介质损耗"。介质损耗用线路消耗的瓦数来测量，通常用油的介质损失角 δ 的正切值 $\tan\delta$ 来表示，即称为介质损耗因数。据国标 GB/T 5654—2007 的方法：在交流电压作用下，电介质存在能量消耗，通过绝缘油的电流分为两部分，一是无能量损耗的无功电容电流(充放电)I_C；二是有能量损耗的有功电流 I_R。其合成电流为 I，从相量图 1-3-3 和图 1-3-4 可看出，介质损失角为外施交流电压与介质流过的电流之间相位角的余角，即电流 I 与无功电流间的夹角 δ。

如果取得试样的电流相量 i 和电压相量 $\dot{U}$，则可以得到相量图 1-3-3 和图 1-3-4。

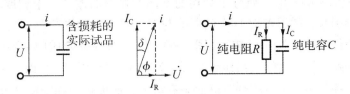

图 1-3-3　介质损耗因素测试原理

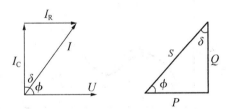

图 1-3-4　绝缘油在交流电压作用时的
电流相量图和功率三角形

因绝缘油的损失功率与介质损耗角的正切值成正比,所以绝缘油的介质损耗通常不用损耗功率 P 表示,而用 $\tan\delta$ 即介质损耗因素表示。

$$P = K\tan\delta \tag{1-3-6}$$

二、影响介质损耗因数的因素

影响介质损耗因数的因素主要有水分和湿度、温度、氧化产物与杂质、施加的电压及频率等。

1. 水分和湿度

油中的水分是影响介质损耗的主要因素。即使是没有被氧化的新油,只要其中有微量的水分就可使其 $\tan\delta$ 增大。这是因为水分的极性较强,受电场作用很容易极化而增大油的电导电流,促使油的介质损耗因数明显增大。介质损耗因数与测量时的湿度也有关,通常湿度增大,会使油样的溶解水增加而增大介质损耗因数。因此,应在规定的相对湿度下进行测定(图 1-3-5)。

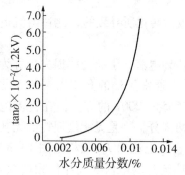

图 1-3-5　油中水分含量与 $\tan\delta$ 的关系

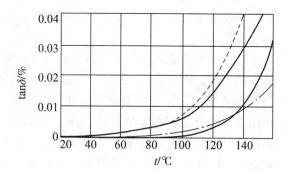

图 1-3-6　$\tan\delta$ 与油温的关系

2. 温度

温度对 $\tan\delta$ 值的影响随电介质分子结构的不同有显著的差异。中型或弱极性电介质的损耗主要由电导引起,故温度对 $\tan\delta$ 的影响与温度对电导的影响相似,即 $\tan\delta$ 随温度的升高而按指数规律增大,且 $\tan\delta$ 较小(图 1-3-6)。极性电介质(如变压器)中,极化损耗不能忽略,$\tan\delta$ 值与温度的关系如图 1-3-7 所示。温度在 $t < t_1$ 时,由于温度较低,电导损耗与极化损耗都小,电导损耗升高而略有增大,而极化损耗随温度升高也增大(黏性减小,偶极子转向容易),所以 $\tan\delta$ 随温度升高而增大。

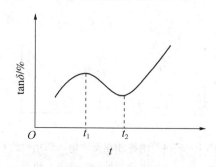

图 1-3-7　极性电介质中 $\tan\delta$ 与温度的关系

当温度在 $t_1 < t < t_2$ 时，温度已不太低，此时分子的热运动反而妨碍偶极子沿电场方向做有规则的排列，极化损耗随温度升高而降低，而且降低的程度又要超过电导损耗随温度升高的程度，因此 $\tan\delta$ 随温度升高而减少。当温度在 $t > t_2$ 时，温度已很高，电导损耗已占主导地位，$\tan\delta$ 又随温度升高而增大。

绝缘油是弱极性电介质，它的介质损耗主要由电导引起。由于介质的导电系数随温度变化而变化，所以当温度升高时，介质的电导随之增大，漏泄电流也会增大，故介质损耗因数也增大（见表 1-3-2）。实践证明，温度愈高，好油与坏油之间的差别愈表现得明显。如 60℃ 时各油样之间几乎没有差别，而 100℃ 时它们的差别就会明显地表露出来，所以油介质损耗因数的测量要在 80～100℃ 进行。故"国标试验方法"中将测试温度由原"部标方法"的 70℃ 改为 90℃。当然从理论上是温度愈高，介质损耗因素愈大，但温度过高时能促进油质老化，也会影响测试结果。故温度也绝不能无限制地升高。

表 1-3-2　运行变压器油的 tan δ 与温度的关系

介质损耗		DB—10	DB—25	DB—45
$\tan\delta$（工频电压下测定）/%	29℃	0.04	0.21	0.62
	70℃	0.17	1.08	2.76
	90℃	0.35	2.52	5.95

3. 施加的电压及频率

一般在电压较低的情况下，进行介质损耗因数测量时，电压对介质损耗因数没有明显的影响。但当试验电压提高时，因介质在高电压作用下产生了偶极转移而引起电能的损失，则介质损耗因数会有明显增加。故介质损耗因数随电压的升高而增加，因此在测定时，应按规定加到额定电压。测介质损耗因数时的电压要加到 3～10kV 才能测出真实值，否则误差较大。

介质损耗因数与施加电压的频率也有关，见图 1-3-8，因为介质损失角正切值的变化是频率的函数，即介质损失角随频率的改变而变化，故一般规定测量介质损耗因数时，采用 50Hz 的交流电压，这样规定也符合电气设备的实际使用情况。

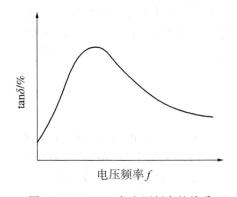

图 1-3-8　tan δ 与电压频率的关系

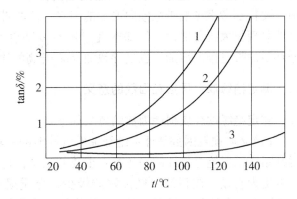

图 1-3-9　油净化程度不同的 tan δ 与温度的关系
1—净化过度的油；2—净化不够的油；3—正常净化的油

4. 氧化产物和杂质

油的介质损耗因素与油的净化程度和老化深度有关。由于油净化不完全或老化程度深时，油中所含的有机酸类等在电场的作用下会增大油电导电流，使油的介质损耗因数增大，见图 1 − 3 − 9。

(1)油中侵入溶胶杂质。变压器在出厂前残油或固体绝缘材料中存在着溶胶杂质，注油后使油受到一定的污染；在进行热油循环干燥过程中，循环回路、储油罐内不洁净或储油罐内有被污染的残油，都能使循环油受到污染，导致油中再次侵入溶胶杂质。

(2)微生物细菌感染。变压器油中的微生物细菌感染问题受到广泛重视，是目前变压器油研究的关注点之一。通常认为，微生物细菌感染主要是在安装和大修中苍蝇、蚊虫和细菌类的侵入所造成的，在吊罩检查时发现有一些蚊虫附着在绕组的表面上。它们也有滤过的特性，大致可分为微小类、细菌类、霉菌类等，它们大多生活在油的下部沉积层中。由于污染所致，在油中含有水、空气、碳化物有机物、各种矿物质及微量元素，因而构成了菌类生长、代谢、繁殖的基础条件。变压器油在运行时的温度也是微生物生长的重要条件。故温度对油中微生物的生长及油的性能有一定影响，试验发现冬季的 $\tan\delta$ 值较稳定。另外，温度对油中微生物的存在也有明显影响。试验表明，某油样中的细菌平均数为 0.3 个/mL，经升温至 70℃ 且保持 30min 后，测定油样中的细菌数为 0。环境条件对油中微生物的增长有着直接的关系，而油中微生物的数量又决定了油的电气性能。由于微生物都含有丰富的蛋白质，因此微生物对油污染实际是一种微生物胶体的污染。其影响是使油的电导增大，所以电导损耗也增大，致使 $\tan\delta$ 增大。

5. 油的黏度偏低使电泳电导率增加，导致 $\tan\delta$ 值升高

油单位体积中的溶胶粒子数 n 增加、黏度 η 减小，均使电泳电导率 γ_c 增加，从而导致总的电导率 γ 增加，即总介质损耗因数增加，分散性也明显增加。

6. 热油循环使油的带电倾向增加，导致 $\tan\delta$ 值升高

大型变压器安装结束之后，要进行热油循环干燥。一般情况下，制造厂供应的新油带电频向很小，但当注入变压器以后，有些仍具有新油的低带电倾向，有些带电倾向则增大了。经过热油循环之后，加热将使所有油的带电倾向均有不同程度的增加。油的带电倾向与变压器内所用的绝缘材料、油品及油的流速、温度等因素有关，所以在处理油的过程中，要特别考虑影响带电倾向增加的因素。油的带电倾向与其介质损耗因数有密切关系，虽然呈现很大的分散性，但基本规律是 $\tan\delta$ 随着油带电倾向的增加而上升。因此，热油循环后油带电倾向增加，也是导致油 $\tan\delta$ 升高的原因之一。

三、测定绝缘油介质损耗因数的意义

测定绝缘油介质损耗因数的意义如下：

(1)介质损耗因数是评定绝缘油电气性能的一项重要指标。测定油品的介质损耗因素对判断变压器绝缘特性的好坏有着重要的意义，特别是油品劣化或被污染对介质损耗因数影响更为明显，在新油中极性物质极少，介质损耗因数一般在 0.0001 ~ 0.001 范围内。$\tan\delta$ 增大，会严重引起变压器整体绝缘特性的恶化。介质损耗使绝缘内部产生热量，介质损耗愈大，则在绝缘内部产生的热量愈多，从而又促使介质损耗越发增加，如此继续下去，就会在绝缘缺陷处形成击穿，影响设备安全运行。

（2）测定运行中油的介质损耗因数，可表明油在运行中的老化程度。油的介质损耗因数是随油老化产物的增加而增大的，故将油的介质损耗因数作为运行监控指标之一。运行油介质损耗因数主要是反映油中泄漏电流而引起的功率损失，介质损耗因数的大小对判断变压器油的劣化与污染程度很敏感，特别是对极性物质，如经常使用的防锈剂、清净剂等。

（3）对于新油而言，介质损耗因数只能反映出油中是否含有污染物质和极性杂质，而不能确定存在于油中极性杂质的类型。当油氧化或过热而引起劣化或在储运过程混入其他杂质时，随着油中极性杂质或充电的胶体物质含量增加，介质损耗因数也会随之增加。一般变压器油经过真空过滤脱气加入变压器前，其介质损耗因数都能达到 0.001 以下。

tanδ 也能明显地反映油品精制的程度，一般来讲，新油的极性杂质含量甚少，所以其介质损耗因数也很小。正常精制的油品当温度升高时，tanδ 升高不大，而对于精制过度与精制不够的油，当温度升高时，tanδ 则升高很快。

总之，介质损耗因数测量作为一种有效手段，可判断样油的完好性，可表明运行中油的脏污程度或者油的处理结果如何。有缺陷的油样常常可以通过其他的电气和化学试验，却难以通过此试验。介质损耗因数测量可反映油的好坏，若决定油品是否继续投入运行，还需与其他参数配合。

第四节　绝缘油的体积电阻率

一、绝缘材料的泄漏电流（电介质的电导）

从物质结构来看，物质由原子构成，而原子是由带正电的原子核及带负电的电子构成的，导电材料就是其中存在着可以自由移动的带电质点，如金属中的自由电子、液体中的离子（失去部分电子而带正电或捕获了多余电子而带负电的"原子"），电子或离子的定向移动就形成了电流。

绝缘材料是由于原子中的原子核与电子间的束缚力强，不能形成自由电子或离子，因此不导电。但是绝对不导电的材料是不存在的，在绝缘材料中总是存在着一些联系较弱的带电质点（主要是正负离子）。在电场作用下这些带电质点沿电场方向运动就形成了泄漏电流。

这种泄漏电流与金属导体中的电流有本质区别，其中之一体现在导体的电阻率很小，例如，金属电阻率为 $10^{-8} \sim 10^{-4}\Omega \cdot m$，而绝缘材料的电阻率很高，达 $10^7 \sim 10^{20}\ \Omega \cdot m$。

泄漏电流的大小与绝缘材料本身有关，与外加电场大小有关，而与外电场的变化频率无关。

固体绝缘材料的泄漏路径，一是通过材料内部，二是通过材料表面。通过材料内部的泄漏电流的大小与温度有关，温度越高，材料中的导电离子数越多，则泄漏电流越大；同时它与材料内部是否受潮有关，受潮后泄漏电流显著增大。而表面泄漏电流大小也与绝缘材料是否受潮、是否脏污有关。当天气潮湿，材料表面有脏污时，其表面泄漏电流显著增大。在绝缘预防性试验中，应把绝缘材料内部的泄漏与表面泄漏区分开，以便采取不同的处理方法。比如对电流互感器、开关等有瓷套的设备，发现其泄漏电流大时，若判断为表面泄漏大，则只需轻擦其瓷质绝缘表面即可解决；若判断为内部泄漏大，则需解体干燥或滤油等。

二、绝缘油的电导

当对绝缘油施加一定的直流电压后，其中会有极微弱的电流通过。在施加电压的初瞬间，由于各极化的发展，油中流过的电流将随时间的延长而减少，经过一段时间后，极化过程结束，其电流趋于稳定。绝缘油之所以有微弱的导电能力，主要由离子电导和电泳电导引起。

1. 离子电导

由绝缘油中烃分子和杂质分子离解为离子所产生的电导。油品烃分子在高温作用下，因热离解而形成离子（本征离子），产生本征离子电导；由外界掺入杂质所形成的离子（杂质离子），产生杂质离子电导。以上两种统称为离子电导。杂质离子是引起绝缘油离子电导的主要因素，因此，导电系数是判断绝缘油纯净程度的灵敏指标之一。

2. 电泳电导

运行的绝缘油中往往存在微量的水分、游离碳和某些表面活性剂等杂质，易形成胶体。胶体颗粒吸附电荷后，形成带电质点。在电场作用下，这些带电质点作定向运动，构成了电泳电导。

此外，绝缘油在高压电场的作用下，可以各种形式（如阴极发射等）产生初始电子，而这些电子作为载流子，可使绝缘油形成电子电导。在强电场（100MV/m 以上）中，因绝缘油自身的碰撞电离所产生的电子也能形成电子电导。

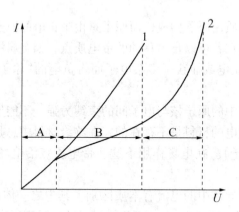

图 1 - 3 - 10　绝缘油的电流 - 电压特性曲线
1—杂质较多的绝缘油；2—杂质较少的绝缘油

图 1 - 3 - 10 为两种绝缘油在平板电极中的电流 - 电压特性曲线。图中 A 区电流随电压升高而成正比地增大，符合欧姆定律，绝缘油的电阻率就根据此范围来定义。B 区电流随电压升高而缓慢地增大，含杂质较少的绝缘油电流增大且有不太明显的饱和趋势；而含杂质较多的绝缘油的电流与电压几乎为直线关系，属 A 区曲线。C 区电压增至很高时，电流急剧增加，此区为绝缘油被击穿之前的区域，也称为"高电场电导区"（电场强度 ≥104kV/m）。在该区域内除离子电导外，还有电子电导，因此，流出的电流按指数规律随电压增加而急

剧增高。相对于 C 区而言，A 区和 B 区是在比较低的电压下形成的电导，故称为"低电场电导区"，以离子电导和电泳电导为主。

三、绝缘油的体积电阻率

1. 绝缘电阻和吸收比

如前所述，绝缘材料在电压作用下会产生泄漏电流。绝缘电阻反映绝缘油在一定的直流电压作用下通过它的泄漏电流的大小，电流越小，绝缘电阻就越大；电流越大，绝缘电阻越小。显然，在同一绝缘结构中泄漏电流大，绝缘电阻小，表示绝缘状态不良；反之，绝缘良好。实践证明，测定绝缘电阻的大小可以有效地发现设备绝缘的普遍受潮、局部严重受潮和贯穿性缺陷。在测量大电容量电力设备的绝缘电阻时，可以明显地看到绝缘电阻数值和加压的时间有关。加压时间越长，绝缘电阻数值越高，这种现象叫作绝缘的吸收现象。

吸收现象产生的原因可作如下简介。如前所述，绝缘材料总可以用电容与电阻的串并联来描述其外特性，实际上可用图 1 – 3 – 11a 电介质的等值电路来描述。

在直流电压下，图中的 i_c 是电容的充电电流，衰减很快，i_a 是吸收电流，它需要较长时间才趋于零。实际上它是绝缘材料缓慢极化过程的反映。I 为泄漏电流，它反映绝缘电阻的大小。i_c、i_a、I 及其总电流 i 与时间的关系曲线如图 1 – 3 – 11b 所示。在直流电压作用下，介质内产生的各电流对时间的变化曲线（i – t 曲线）称为吸收曲线。当绝缘受潮时，I 增加很多，i_c 不变，故三曲线下降变得较平缓。由于吸收现象的存在，必须加压一定时间后才能测得真正的泄漏电流，即绝缘电阻。有的设备需加很长时间（理论上是无限长）才能稳定。一般规定以第 60 秒的读数为绝缘电阻值，而将第 60 秒的读数和第 15 秒的读数之比称为吸收比。

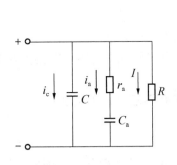

(a) 直流电压作用下等值电路

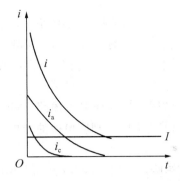

(b) 直流电压下三种电流对时间变化曲线

图 1 – 3 – 11　绝缘介质在直流电压作用下等值电路及电流随时间变化曲线

i_a—吸收电流；i_c—电容的充电电流；I—泄漏电流；i—总电流

2. 绝缘油的体积电阻率的含义

在恒定电压的作用下，介质传导电流的能力称为导电系数。也就是说，绝缘油的导电系数是表示在一定压力下，油在两电极间传导电流的能力。导电系数的倒数则称为电阻率。某些常用电介质的导电系数，见表 1 – 3 – 3。

表 1 - 3 - 3　某些常用电介质的导电系数

液体名称	结构特性	20℃的导电系数／（S·cm⁻¹）
苯		$10^{-13} \sim 10^{-14}$
变压器油	中性或弱极性	$10^{-12} \sim 10^{-15}$
硅有机液体		$10^{-14} \sim 10^{-15}$
苏伏油	极性	$10^{-10} \sim 10^{-12}$
蓖麻油		$10^{-12} \sim 10^{-13}$
乙醇	弱极性	$10^{-6} \sim 10^{-7}$
蒸馏水		$10^{-5} \sim 10^{-6}$

绝缘油的体积电阻率是表示两极之间绝缘油单位体积内电阻的大小，通常以 ρ_v 表示，单位为 $\Omega \cdot cm$。ρ_v 值越大，表示绝缘油绝缘性越强，反之则弱。新绝缘油的体积电阻率为 $10^{12} \sim 10^{13} \Omega \cdot cm$。

$$\rho_v = \frac{R \times \pi d^2}{4h} \qquad (1-3-7)$$

式中，ρ_v 为绝缘油体积电阻率，$\Omega \cdot cm$；R 为两极间电阻，Ω；d 为电极直径，cm；h 为两极间距离，cm。

3. 测定方法及注意事项

将放在专门电极杯里的被试油样加热到规定的试验温度后，用体积电阻率的测量仪器测出电阻值，再用公式计算。

测定油品体积电阻率的方法同液体介质体积电阻率测定方法。测定时应注意以下几点：

（1）必须使用专用的油杯，使用前一定要清洗干净并干燥好。

（2）计算油杯的 K 值时油杯的电容应减去屏蔽后的有效电容值。

（3）注油前油样应预先混合均匀，注入油杯的油不可有气泡，也不可有游离水和颗粒杂质落入电极，否则将影响测试结果。

（4）油样测试后，将内外电极短路 5min 释放电荷后再复测，否则测试结果偏差大，如短路后结果偏差仍大时，则应更换油样再测。

4. 影响因素

（1）温度的影响。一般绝缘油的体积导电系数随温度的升高而下降。因此，测定时，必须将温度恒定在规定值，以免影响测定结果。

（2）与电场强度有关。同一试油，电场强度不同，所测得体积导电系数也不同。

（3）与施加电压的时间有关。一般在室温下进行测量时，施加电压的时间要长一些（不少于 5min）；高温测量时，加压时间可缩短一些（一般 1min）。总之，应按规定的时间进行加压。

5. 测定意义

绝缘油的体积电阻率可以判断变压器绝缘特性的好坏，在某种程度上能反映出油的老化程度和受污染程度。绝缘油的体积电阻率对油的离子传导损耗反应最为敏感，因此能可靠而有效地监督油质,很多情况下可达到与测定介质损耗因素几乎同样的效果。而电阻率的测定比电压精确,比介质损耗因数简单,所以近几年越来越多的国家开始应用测电阻率来评定绝缘油的质量。

　　绝缘油的体积电阻率,近年被用来作为鉴定油质的绝缘性能的重要指标之一,以便综合评定绝缘油的电气性能。

　　(1)变压器油的体积电阻率对判断变压器绝缘特性的好坏,有着重要的的意义。纯净的新油绝缘电阻率很高,装入变压器后,变压器绝缘特性不受影响;反之,将会影响变压器的绝缘特性,电阻率越低,影响越大。

　　(2)油品的体积电阻率在某种程度上能反映出油的老化和受污染程度。当油品受潮或者混有其他杂质时,降低油品的绝缘电阻。老化油由于产生一系列的氧化物,其绝缘电阻率受到不同程度的影响,油老化越深,则影响程度越大。

　　(3)一般说来,电气用油的体积电阻率高,其油品的介质损耗因数就很小,击穿电压就高,否则反之,见图 1 - 3 - 12。

　　体积电阻率与介质损耗因素关系(经验公式)如下:

$$\tan\delta = \frac{1.8 \times 10^{12}}{\varepsilon f \rho_v} \qquad (1-3-8)$$

式中,ε 为油的介电常数(30℃,$\varepsilon = 2.23$);f 为电场的频率,Hz。

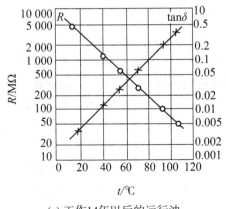

(a) 工作14年以后的运行油

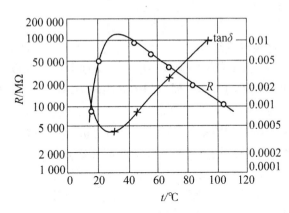

(b) 新炼的高压用油

图 1 - 3 - 12　油的 R 与 $\tan\delta$ 之间的关系

第五节　析 气 性 质

　　绝缘油的析气性(亦称气稳定性)是指油品在高电场作用下烃分子发生物理、化学变化时,吸收气体或放出气体的特性。通常吸收气体以"－"表示,放出气体以"＋"表示。经分析,这种气体主要是氢气。一般认为超高压用油析气性较好。

　　绝缘油在高压电场作用下是吸收气体还是放出气体,与其化学组成有关。如一般芳香烃吸收气体,而链烷烃和环烷烃放出气体。

　　超高压用绝缘油在高压电场的作用下,要求不放出气体,还能溶解和吸收气体。若油为放气性的,会形成气穴存于油中,发生局部过热或放电,严重时会导致油品被击穿。故国外一些国家将析气性定为绝缘油的质量指标。

在电场作用下,当析气油的电离区内存在大量高能电子和离子时,表面油不时受到剧烈撞击,使油分子的 C—H、C—C 键断裂,产生活性的氢及烃基团。活性基团又继续与油中的烷烃及烯烃分子作用,形成甲烷等低等分子烃类气体。另外,活性基团如与芳香烃相遇,则芳香烃的双链被打开而吸收氢原子的烃基基团有可能聚合,形成高分子的胶状物。

绝缘油的析气性不单与芳香烃的含量有关,而且与芳香烃的结构有更为密切的关系。一般芳香烃含量高的析气性能好,芳香烃的环数增加(双环以上),析气性能减弱;但双环芳香烃气稳定性比单环好。侧链增长和环烷烃的存在使析气性减弱。

对于超高压用绝缘油,除了要具有良好的理化、电气性能外,还应具有较好的气稳定性,即要求油品在高压电场的作用下不放出气体,还能溶解和吸收气体;否则,如油为放气性的,会形成气体穴存于油,会发生局部放电或过热,严重的会导致击穿。

绝缘油中的气泡能够影响绝缘油功能的发挥,并危及电气设备的安全运行。主要表现在以下几个方面:

(1)一般情况下电极附近的场强最强,因此电气元件附近产生的气体最多。气泡附着在电气元件周围或游离于电气元件附近,由于气体导热性能差而降低了绝缘油的冷却效果,有可能会产生过热现象。

(2)气泡是造成局部放电的一大原因。局部放电会影响绝缘的长期寿命,气泡减弱了绝缘油的绝缘和消弧作用,当气泡聚集过多时可能会发生短路击穿的现象。

(3)在密闭的绝缘系统中,例如电缆、电容器或大容量全封闭变压器等,绝缘油中析出和积累的气体会使封闭体系内压力增高,严重时造成设备爆裂。研究表明,绝缘油的析气过程可能是自持性的。因此,为了减弱这种危害,对 500kV 及以上电压等级的超高压输变电设备使用的绝缘油提出了"析气性"这一指标要求,即要求油品在高电压电场下,不仅不放出气体,而且还能溶解和吸收气体。

我国在超高压变压器油标准中规定了析气不大于 $+5\mu L/min$,而在一般变压器油中无此项要求。为改善绝缘油的析气性,获得析气性指标合格的绝缘油,有以下三种思路可以达到目标。

(1)合理选择绝缘油精制深度,在绝缘油中保留适量结构适宜的芳香烃。例如,20 世纪 60 年代,美国采用此法控制变压器油饱和烃为 73%~76%,总芳香烃为 24%~27%(其中单环为 19%~21%,双环为 3%~6%,三环为 0.1%~0.8%);英国控制变压器油饱和烃为 78%~91.5%,总芳香烃为 8.5%~22%。但是对日渐升高的输变电压来讲,单纯采用此法生产析气性合格的绝缘油已经十分困难。

(2)采用合理的合成工艺。我国采用石蜡裂解烯烃聚合工艺生产 45 号变压器油,其析气性指标可以达到 $-18\mu L/min$。

(3)在以饱和烃为主要组分的绝缘油中加入析气性改进剂。目前可供选择的析气性改进剂有精制浓缩芳香烃、烷基苯和合成烃润滑油。精制浓缩芳香烃、烷基苯和合成烃润滑油均与天然绝缘基础油有极佳的互溶性,且对绝缘油中常用的 T501 抗氧化剂有良好的感受性。烷基苯不仅能改善绝缘油的电气性能,还具有较低黏度、低凝固点和良好低温流动性,对改善绝缘油的冷却效果有明显作用。目前，我国烷基苯产量大、工艺成熟、质量稳定使其成为首选析气性改进剂。但要注意随烷基苯调入量增大，调和油中水分含量会稍有增大。

随着对绝缘油性能要求的日益提高，前两种思路已经逐渐满足不了析气性指标的要求，对绝缘油析气性能的研究逐步集中于寻找更好的析气性改进剂。

第六节　油流带电倾向性

在强迫油循环的大型变压器中，由于变压器油流过绝缘纸及绝缘纸板的表面时，会发生油流带电现象，简称油流带电。油流带电引发的静电放电是威胁大型变压器安全运行的重要因素之一，变压器油流放电故障在国内外均有发生，变压器油流放电除了与变压器的绝缘结构、油的流速、油温等因素有关外，还与变压器油本身的带电倾向性（带电度）有很大的关系。对变压器油进行带电倾向性测量，以便对带电倾向性超标的变压器油采取措施并及时改善变压器运行条件以防止变压器在运行中发生油流放电故障造成变压器损坏的现象。"过滤法"测变压器油带电度，以判断变压器油的带电倾向性，是变压器油质量控制的重要指标。

带电度（electrostatic charging tendency）是油在变压器内流动时，与固体绝缘表面摩擦会产生电荷，用油流带电度来表征其产生电荷的能力。油流的带电度以电荷密度即单位体积油所产生的电荷量来表示，单位是 $\mu C/m^3$ 或 pC/mL。

变压器油在变压器油箱中起着良好的绝缘和散热作用。在低压变压器中，变压器的冷却是靠油层上下的温差形成的对流效果，将热量带给散热器，再靠空气把器壁的热量带到大气中，从而使变压器油温维持在一定的额定值。此时，由于变压器油流速度较低，不存在油流带电现象。但是，随着超高压、大容量变压器产品的制造和应用，以及实现变压器体积小型化的要求，在变压器的绝缘结构、冷却条件、防潮管理等方面相应引进并采取了一些新的技术措施，从而使变压器油流带电现象日趋明显化。

一定流速下的变压器油会使变压器内部出现静电放电现象，其结果使变压器油受热分解。同时，也使固体绝缘物热解，在变压器油中出现有害气体（如氢、烃类等）并形成其他杂质。长此下去，油质劣化，固体绝缘物绝缘性能下降，埋下火灾隐患。此外，油纸绝缘在强交流电场作用下，很容易被极化，使油纸绝缘内部发生局部放电，加速油的劣化进程。所以，分析超高压、大容量变压器油流带电现象对变压器防火具有现实意义。

一、油流带电规律

变压器油流带电现象与石油、化工生产贮运工艺过程中的液流介质带电现象有所不同，其主要特点是：

（1）变压器油箱中的变压器油和固体绝缘物都是一种绝缘介质；

（2）变压器油和固体绝缘介质都处于强交流电场中；

（3）由变压器绝缘结构形成的油路结构比较复杂；

（4）变压器油流带电现象发生在油箱这个特定的闭路循环系统中，油在油箱中周而复始地循环流动着。

根据国内外有关资料介绍，对变压器油流带电现象，无论是实验室模拟实验，还是以实际变压器为样本做实地实验，其结果都表明变压器油流带电现象具有如下一些特性：

1. 温度特性

变压器油流带电的温度特性，如图 1 – 3 – 13 所示。温度特性是在一定流速下，对变压器油升温，然后测量其泄漏电流得出的。显然可见，油温开始上升时，由于油发生热解使油分子离解度增加，油中的离子浓度增加，泄漏电流随温度的升高而上升。当油温上升到 55℃ 左右时，泄漏电流达到最大，曲线上升到最高点。如果温度再升高，由于油中正负离子复合速率大于离解速率而使泄漏电流也随之减少，曲线又呈下降特性。

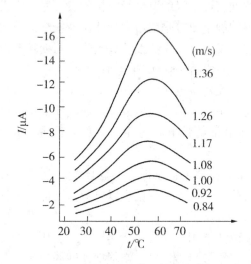

图 1 – 3 – 13　油流带电的温度特性

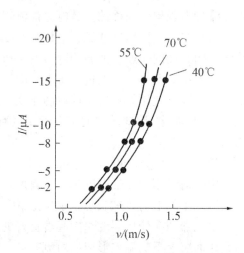

图 1 – 3 – 14　油流带电的流速特性

2. 流速特性

变压器油流带电的流速特性，如图 1 – 3 – 14 所示。由图可见，泄漏电流大小与流速呈指数关系。流速特性可以根据温度特性用作图法得出，也可用实验方法直接测试得出，实践证明二者是相一致的。

3. 油流放电区域下限和部位

与流速特性一样，可根据图 1 – 3 – 13 确定出油流静电放电区域下限范围，如图 1 – 3 – 15 所示。该图是以 1m/s 流速为基准作出的，呈 V 形曲线且 V 形曲线的谷点出现在 55℃ 油温左右。基准流速的选取与变压器的构造和使用的油种有关。显然，不同构造和油种下的变压器油流静电放电区域下限范围是不一样的。

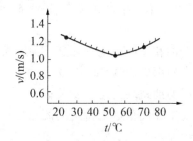

图 1 – 3 – 15　油流静电放电区域下限范围

测试表明，变压器油带正电，固体绝缘物带负电。变压器油在强迫循环中所形成的油流会将正电荷带到油道上部，在油道出口处形成电荷积聚，而固体绝缘物上的负电荷则会在油道入口处形成电荷积聚，它们在油道中呈指数规律分布。所以，静电放电现象最易在油道出入口处发生。

二、影响油流带电的其他因素

油流带电现象除受油温、流速影响较大外，还与下列因素有关：

1. 油种

利用不同油田的原油生产的变压器油，由于原油成分不一样和加工精制情况的不同，变压器油的电阻率、介电常数、黏度和所含杂质成分等也都会不一样，从而影响到油流带电量的多少。

2. 固体绝缘物的表面状况

固体绝缘物表面的粗糙程度，如有毛刺、伤痕等都会使带电量大幅度上升。

3. 油道结构

油道结构与变压器设计制造工艺有关，当油道不规则时，会使变压器油在油道中出现紊流、截流现象，从而使局部油道中的油流速度过快，增加带电量。

4. 交流电场

变压器油在交流电场中，当电场强度 $E \geq 10^7 \mathrm{V/m}$ 时，油分子活化能明显下降，促进了油分子的离解和电荷的分离，从而使油流中的带电离子浓度增加，带电量也增加。

5. 油质劣化

变压器油在强交流电场作用下，游离放电现象加速了油的老化，会使产生的不溶于油的树脂质沉淀在固体绝缘上，从而导致散热不良和绝缘恶化，析出氢(H_2)，加速绝缘击穿过程，增加了变压器油的酸值、黏度、密度和 $\tan\delta$ 等，结果使带电量增加。

三、减少油流带电的措施

减少油流带电的措施如下：

(1)通过实验研究确定变压器固体绝缘物的选材标准。

(2)变压器制造中应将液–固界面处固体绝缘物出现的角形改为圆形，或将油流分散以防止因油流混乱或截面不一造成局部油流速度过快，从而达到抑制和降低油流带电的效果。

(3)控制强迫油循环的流动速度。

(4)加强油质监视，防止油质劣化。

(5)向油中添加热稳定性高的烷基苯，以降低带电度。

第七节　变压器油纸绝缘性能

变压器的绝缘形式主要采用油纸绝缘结构，即利用绝缘油浸渍绝缘纸，消除绝缘纸纤维孔隙所产生的气隙，提高其绝缘的电气强度。其中，绝缘纸分植物纤维纸和合成纤维纸两类，而广泛使用的是植物纤维纸。松杉科的针叶木材纤维素含量高且纤维较长，是用于制造绝缘纸的主要原料，一般采用硫酸盐法制浆。

电力变压器绝缘纸常采用电力电缆纸、高压电缆纸和变压器匝绝缘纸，相应的标准为：

（1）GB 7969—2003《电力电缆纸》；

（2）QB/T 2692—2005《110～330 kV 高压电缆纸》；

（3）QB/T 3521—1999《500 kV 变压器匝间绝缘纸》。

电力电缆纸用于 35 kV 及以下的电力电缆、变压器及其他电器产品的绝缘；高压电缆纸一般用于 110～330 kV 变压器和互感器的绝缘；变压器匝绝缘纸是性能更好的一种电气绝缘纸，可用于 500 kV 的变压器、互感器和电抗器。本书中提到的绝缘纸未加说明的，一律为变压器匝间绝缘纸。

一、绝缘纸的性能

绝缘纸的特殊用途要求其必须具备一些不同于其他纸种的特性，主要包括机械性能、电气性能和热稳定性。

（一）机械性能

制造绝缘纸的浆料主要是纯针叶木浆，纤维素的相对分子质量较大，以保证绝缘纸具有较高的机械强度。标准规定，厚度为 75 μm 的高压电缆纸的纵、横向抗张强度应分别大于 6.00 和 2.60 kN/m，纵、横向伸长率应分别大于 2.2% 和 6.5%；厚度为 75 μm 的变压器匝绝缘纸的纵、横向抗张强度应分别大于 6.00 和 2.60 kN/m，纵、横向伸长率应分别大于 2.0% 和 6.0%；厚度为 80 μm 的电力电缆纸，优等品纵、横向抗张强度应分别大于 6.20 和 3.10 kN/m，纵、横向伸长率应分别大于 2.0% 和 5.4%。

（二）电气性能

绝缘纸作为用于电器中的绝缘介质，除了满足一定的物理和化学性能要求外，还必须满足电气性能要求。绝缘纸的电气性能就是指其在电场作用下发生的极化、电导、介质损耗和击穿特性。

1. 极化

绝缘纸中纤维素大分子含有羟基，具有一定的极性，因此介电常数 ε_r 较大。在工频电压下，20℃时，纤维素的 ε_r 值为 6.5。在变压器的油纸绝缘结构中，绝缘纸的介电系数是指油浸纸复合体的 ε_r 值，它与绝缘纸的吸油率有关。

由于变压器油是介电系数较小的液体电介质，因此在变压器设备中，一般要求绝缘纸的吸油率要大，这就要求其浸渍性能好。而绝缘纸的浸渍性能与制浆、打浆和抄纸的工艺密切相关。

2. 电导

电介质的绝缘性能与电导性能是对立的，导电性能越差则绝缘性能越好。表征不同电介质电导过程强弱程度的物理量是电导率 γ。绝缘材料的电导率很小，20℃时，纤维素的电导率约为 10^{-14} S/cm，因此，从导电这个角度可以评价电介质的绝缘性能。与导电的导体相比，在绝缘材料电导过程中所流过的电导电流非常小，一般以 μA 计，此电导电流称为泄漏电流，泄漏电流在直流电压下对应的电阻称为绝缘电阻。绝缘电阻、泄漏电流等绝缘的特性参数是用来判断电介质材料绝缘性能好坏的主要参数。

当绝缘纸中杂质和水分含量高时，其导电性能会增大，导致泄漏电流值增大（绝缘电阻值减小），这在绝缘纸的生产过程中应极力避免，因此要求严格控制绝缘纸成品中的杂质和水分含量。标准规定电力电缆纸中灰分含量小于 0.7%，水分控制在 6.0% ～ 9.0% 范围内。

3. 介质损耗

一般来说，无机绝缘材料和非极性有机绝缘材料的介质损耗角 $\tan\delta$ 值较小，而极性的有机绝缘材料的 $\tan\delta$ 值较大。对于变压器所用的绝缘纸来说，介质损耗是一个非常重要的指标。标准规定，在 100℃时电力电缆纸、高压电缆纸和变压器匝绝缘纸的 $\tan\delta$ 值应分别小于 0.7、0.22 和 0.23。对绝缘纸介质损耗影响最大的是电导损耗，而金属离子的存在会增加电导损耗，因此减少纸中金属离子的含量可以降低绝缘纸的介质损耗。标准规定高压电缆纸和变压器匝绝缘纸灰分中的钠离子质量分数应分别小于 34 mg/kg 和 30 mg/kg。

4. 击穿强度

用于变压器的绝缘纸具有较高的击穿强度，标准规定这 3 种绝缘纸的工频击穿强度均要大于 8.0 kV/mm。

绝缘纸的击穿强度受其紧度和透气度的影响最大。绝缘纸的紧度过大或过小都会降低其击穿强度。当绝缘纸的紧度相同时，其透气度越小，击穿强度越大。因此，在抄纸的过程中，可借助降低绝缘纸的透气度来提高击穿强度。标准规定电力电缆纸的紧度为 0.90g/cm³，高压电缆纸和变压器匝绝缘纸的紧度为 0.95g/cm³；电力电缆纸、高压电缆纸和变压器匝绝缘纸的透气度应分别小于 0.510、0.425 和 0.255μm/(Pa·s)。

另外，要制造出击穿强度大的绝缘纸，还需要尽可能地清除纸张中残留的杂质、气泡和水分等，消除纸张定量分布的差异，使绝缘纸的结构均匀致密。

（三）热稳定性

绝缘纸长时间在温度比较高的环境下使用，其热稳定性的大小决定了它的使用寿命。纯纤维素的热稳定性较差，在 100℃ 以上就会慢慢分解释放出 H_2O、CO 和 CO_2。长时间在这种环境下，绝缘纸就会因热老化而发脆，逐步丧失它的机械和电气性能。

二、绝缘纸绝缘老化的影响因素

变压器绝缘系统主要包括变压器油绝缘和油纸绝缘。变压器油纸的主要成分是变压器油和绝缘纸纤维素，纤维素是由长链的葡萄糖单糖组成的有机物，当发生绝缘故障时，绝缘纸纤维素裂解产生低分子烃类物质和 CO_x 等。

变压器油纸绝缘老化的影响因素有：温度、水分、氧气、电场及油纸的老化产物等，其中最主要的因素是温度和水分。

1. 温度对油纸老化的影响

温度是影响油纸绝缘热老化的主要因素之一。变压器绝缘系统内各部位温度分布不同，即变压器运行过负载、线圈不正确换位引起的环流及短路事故或结构缺陷等因素都可能导致局部过热。另外，油泥沉聚在线圈上或油的黏度增加，也可能导致线圈温度升高。变压器的绝缘故障多是由热作用开始，运行局部温度升高，降低了绝缘油纸的电气性能和机械性能，加速了绝缘老化过程，即油纸发生裂解，生成水、酸性有机物质和气体等，使油纸绝缘寿命降低。绝缘寿命与温度之间的经验关系适用10℃规则，即温度每升高10℃则绝缘寿命约减少50%。IEEE Std C57.91.1995 提出了老化速率和温度之间的关系（图

1 - 3 - 16）：

$$绝缘寿命 = A\exp\left(\frac{B}{T_h + 273}\right) \qquad (1 - 3 - 9)$$

式中　A，B——常数；

　　　T_h——绕组热点温度，℃。

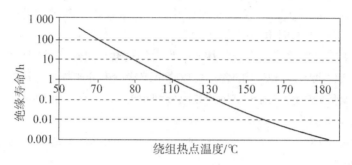

图 1 - 3 - 16　绝缘寿命与绕组温度之间的关系

　　在油纸热绝缘老化过程中，绝缘纸纤维素长链的断裂速度，主要取决于其最热点温度。高温下，纤维素发生热降解使纤维素分子链解环或断裂，断键位置可能是纤维素分子的任何部位。C—O 键的热稳定性比油中的 C—H 键要弱得多，即使在正常温度下，纤维素分子中 C—O 键也可能被打开。

　　当变压器温度升高时，油纸中的纤维素就容易断开配糖键和葡萄糖链，纤维素长链断裂生成糠醛、CO、CO_2、水分和有机酸等。纤维素绝缘老化，纤维结构链的断裂主要取决于热点温度。例如，绝缘纸纤维素的热降解过程中，加热至 100℃时，纤维素就会缓慢降解；加热至 200℃左右时，油纸中有氧化物、水等存在。

　　2. 水分对油纸老化的影响

　　水分是变压器油纸绝缘老化过程中的重要因素。水分会加快油纸的降解速度，而在降解过程中其本身并不消耗，所以水分在油纸老化中起到关键作用。纤维素具有很强的吸水性，所以水分在变压器油和油纸中并不是平均分配的，油纸中的水分含量比油中大得多。0～120℃之间，水分在纸中的动态变化（A_{wp}）与纸中游离水（WCP_A）及油温之间的关系，见图 1 - 3 - 17。当油和绝缘纸中水分达到平衡状态时，绝缘纸纤维素中水分含量甚至达到油中含水量的百倍以上，可见水分对油纸老化的影响主要体现在对绝缘纸纤维素老化的影响。

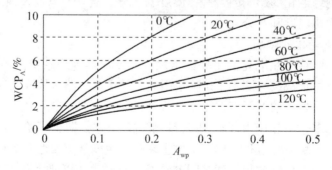

图 1 - 3 - 17　A_{wp} 与 WCP_A 及油温之间的平衡关系

油纸绝缘含水量越高，水分对纤维素降解的催化加速作用越明显。干燥的绝缘纸纤维素暴露在空气中时，会通过化学方式形成氢键结构吸收水分或者以物理吸附方式吸附水分。水分的存在会加速油纸老化的速度，研究表明，含 1% 水分的绝缘纸老化速度比含 0.1% 水分的绝缘纸老化速度快 10 倍；含 4% 水分的绝缘纸比含 0.5% 水分的绝缘纸的老化速率快 20 倍；绝缘纸纤维素中含水量每升高 0.5%，则绝缘纸寿命就呈现减半的规律。但现实变压器运行中，油纸中很难避免水分的存在。纤维素老化降解过程产生的水分又作为催化剂，促进了纤维素的进一步裂解，绝缘纸纤维素的裂解表现为绝缘纸脆化、碳化程度加剧。

水分对绝缘纸的危害是导致出现绝缘击穿的主要因素之一，在冲击电压存在下，水分可能降低绝缘纸冲击强度。水分对绝缘纸的另一破坏是使油纸绝缘介质损耗因数增高，绝缘纸老化碎裂或油道中出现纤维素，都可能进一步使绝缘介电性能下降。

3. 氧对油纸老化的影响

氧对油纸绝缘老化降解的影响与水分作用相当。变压器中氧的来源可以从大气中进入，也可以由纤维素受热作用而放出氧。当变压器油在有氧环境下受到氧化作用以后，会生成一些极性的化合物，如酸类和过氧化物类，当这些物质与水分共存时，会使纤维素的氧化过程加速。

绝缘纸纤维素具有多孔性，能吸附注入变压器内油中 10% 的油和氧，使得从注油时就开始了对纤维素的氧化降解。更可怕的是油纸可以选择性地吸附油氧化生成物中的有机酸（即低分子酸），在氧和水存在时，低分子酸对纤维素具有强烈的破坏作用。这些低分子酸在劣化初期完全被纤维素吸附，使得劣化过程的速度变快。而氧化反应则会浸入到纤维素分子的分子链中，这种化学变化结果导致更多的极性基团形成，并生成更多的水分，进一步促进纤维素的老化降解。这种恶性循环的结果是导致纤维素的降解加速。

4. 电场对油纸老化的影响

目前，固体绝缘纸在电场中的老化行为还没有形成成熟或者公认的理论。通常认为是绝缘内部和绝缘交界处的气泡在非均匀电场强度下出现"电子雪崩"，产生自由电子，这些电子在电场强度下做自由运动而获得能量，当这些能量刚好与 $C = C$ 或 $C \equiv C$ 的化学键能相近时，就会破坏有机物的分子结构。电场可能加速油的降解，形成酸性物质，并沉聚在绝缘纸的表面，进而加速油纸的绝缘老化。

5. 其他杂质的影响

变压器内部的固体杂质也被称为异物，可分为导电性杂质、导磁性杂质与非导电性杂质两种。导磁性杂质主要指铁粉，导电性杂质包括铜粉、铝粉、碳粉等，非导电性杂质主要指绝缘纸屑、纤维、漆皮及用于净化油的硅胶等。

油中有导电性颗粒存在时，油的击穿电压会降低 30% 左右。非导电性杂质对油纸绝缘的影响可以用"小桥理论"的含义来解释。水分与纤维素都是极性很强的物质，相对介电常数较高（分别是 81、6～7），极易沿着电场方向排列成"小桥"杂质，使其附近区域的变压器油电离，产生气泡，进而引发局部放电或造成油隙间隙减小或击穿，引发变压器故障。

6. 机械力老化

绝缘纸受到的机械应力来自于机械作用力、温度突变和电场力等。当绝缘纸受到机械应力后，力学性能发生不可逆降低直至产生裂痕或气隙导致局部放电，这种现象称为机械力老化。在变压器的生产运行中，绝缘纸会受到各种应力的同时作用，因此绝缘纸的机械力老化是其绝缘老化不可忽视的一个方面。

7. 多因素联合老化

绝缘纸的绝缘老化并不是以上单个因素的老化，在变压器的运行过程中，绝缘纸往往受到多个因素的同时作用。因此，要想探究绝缘纸绝缘老化的规律，就需要在多种组合因素的协同作用下深入研究。

第四章　绝缘油试验方法

第一节　油中溶解气体组分和含量的测定

一、测定意义

分析油中溶解气体的组分和含量是监视充油电气设备安全运行的最有效的措施之一。利用气相色谱法分析油中溶解气体，监视充油电气设备的安全运行在我国已有 30 多年的使用经验。1987 年由原国家标准局颁发的 GB/T 7252—1987《变压器油中溶解气体分析和判断导则》，在电力安全生产中发挥了重要作用，并积累了丰富的实践经验。随着电力生产的发展和科学技术水平的提高，对所使用的分析方法和分析结果的判断及解释均需要加以补充和修订。

绝缘油中溶解气体的相关定义如下：

1. 特征气体（characteristic gases）

对判断充油电气设备内部故障有价值的气体，即氢气（H_2）、甲烷（CH_4）、乙烷（C_2H_6）、乙烯（C_2H_4）、乙炔（C_2H_2）、一氧化碳（CO）、二氧化碳（CO_2）。

2. 总烃（total hydrocarbon）

烃类气体含量的总和，即甲烷、乙烷、乙烯和乙炔含量的总和。

3. 自由气体（free gases）

非溶解于油中的气体（包括继电器中和设备内油面上的气体）。

二、检测周期

1. 出厂设备的检测

66 kV 及以上的变压器、电抗器、互感器和套管在出厂试验全部完成后要做一次色谱分析。制造过程中的色谱分析由用户和制造厂协商决定。

2. 投运前的检测

按表 1－4－1 进行定期检测的新设备及大修后的设备，投运前应至少做一次检测。如果在现场进行感应耐压和局部放电试验，则应在试验后停放一段时间再做一次检测。制造厂规定不取样的全密封互感器不做检测。

3. 投运时的检测

按表 1－4－1 所规定的新的或大修后的变压器和电抗器至少应在投运后 1 天（仅对电压 330kV 及以上的变压器和电抗器，或容量在 120MV·A 及以上的发电厂升压变）、4 天、10 天、30 天各做一次检测，若无异常，可转为定期检测。制造厂规定不取样的全密封互感器不做检测。套管在必要时进行检测。

表1-4-1 运行中设备的定期检测周期

设备名称	设备电压等级和容量	检测周期
变压器和电抗器	(1)电压330kV及以上 (2)容量240MV·A及以上 (3)所有发电厂升压变	3个月一次
	(1)电压220kV及以上 (2)容量120MV·A及以上	6个月一次
	(1)电压66kV及以上 (2)容量8MV·A及以上	1年一次
	(1)电压66kV以下 (2)容量8MV·A以下	自行规定
互感器	电压66kV及以上	1～3年一次
套管		必要时

注：制造厂规定不取样的全密封互感器，一般在保证期内不做检测；在超过保证期后，应在不破坏密封的情况下取样分析。

4. 运行中的定期检测

对运行中设备的定期检测周期按表1-4-1的规定进行。

5. 特殊情况下的检测

当设备出现异常情况时(如气体继电器动作，受大电流冲击或过励磁等)，或对测试结果有怀疑时，应立即取油样进行检测，并根据检测出的气体含量情况，适当缩短检测周期。

三、绝缘油取样

(一)从充油电气设备中取油样

1. 概述

取样部位：应注意所取的油样能代表油箱本体的油。一般应在设备下部的取样阀门取油样，在特殊情况下，可由不同的取样部位取样。

取样阀门：设备的取样阀门应适合全密封取样方式的要求。

取样量：对大油量的变压器、电抗器等可取50～80mL，对少油量的设备要尽量少取，以够用为限。

取样时间：应充分考虑到气体在油中扩散的影响。没有强油循环的设备，试验后应停放一段时间后再取样。

2. 取油样的容器

应使用经密封检查试验合格的玻璃注射器取油样。当注射器充有油样时，芯子能按油体积随温度的变化自由滑动，使内外压力平衡。

3. 取油样的方法

从设备中取油样的全过程应在全密封的状态下进行，油样不得与空气接触。

　　一般对电力变压器及电抗器可在运行中取油样。对需要设备停电取样时，应在停运后尽快取样。对于可能产生负压的密封设备，禁止在负压下取样，以防止负压进气。

　　设备的取样阀门应配上带有小嘴的连接器，在小嘴上接软管。取样前应排除取样管路中及取样阀门内的空气和"死油"，所用的胶管应尽可能地短，同时用设备本体的油冲洗管路(少油量设备可不进行此步骤)。取油样时油流应平缓。

　　用注射器取样时，最好在注射器和软管之间接一小型金属三通阀，如图1-4-1所示。按下述步骤取样：将"死油"经三通阀排掉；转动三通阀使少量油进入注射器；转动三通阀并推压注射器芯子，排除注射器内的空气和油；转动三通阀使油样在静压力作用下自动进入注射器(不应拉注射器芯子，以免吸入空气或对油样脱气)。当取到足够的油样时，关闭三通阀和取样阀，取下注射器，用小胶头封闭注射器(尽量排尽小胶头内的空气)。整个操作过程应特别注意保持注射器芯子的干净，以免卡涩。

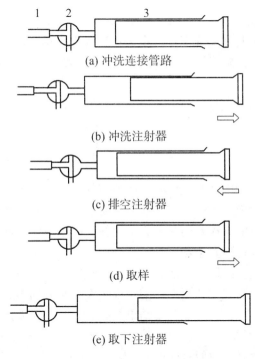

(a) 冲洗连接管路

(b) 冲洗注射器

(c) 排空注射器

(d) 取样

(e) 取下注射器

图1-4-1　用注射器取样示意图

1—连接管；2—三通阀；3—注射器

(二)从气体继电器放气嘴取气样

　　1. 概述

　　当气体继电器内有气体聚集时，应取气样进行色谱分析。这些气体的组分和含量是判断设备是否存在故障及故障性质的重要依据之一。为减少不同组分有不同回溶率的影响，必须在尽可能短的时间内取出气样，并尽快进行分析。

　　2. 取气样的容器

　　应使用经密封检查试验合格的玻璃注射器取气样。取样前应用设备本体油润湿注射器，以保证注射器滑润和密封。

3. 取气样的方法

取气样时应在气体继电器的放气嘴上套一小段乳胶管,乳胶管的另一头接一个小型金属三通阀与注射器连接(要注意乳胶管的内径与气体继电器的放气嘴及金属三通阀连接处要密封)。操作步骤和连接方法如图 1 - 4 - 1 所示:转动三通阀,用气体继电器内的气体冲洗连接管路及注射器(气量少时可不进行此步骤);转动三通阀,排空注射器;再转动三通阀取气样。取样后,关闭放气嘴,转动三通阀的方向使之封住注射器口,把注射器连同三通阀和乳胶管一起取下来,然后再取下三通阀,立即改用小胶头封住注射器(尽可能排尽小胶头内的空气)。对继电器的取气管已引到地面的设备,要注意先排掉取气管内的油再取气样。

取气样时应注意不要让油进入注射器并注意人身安全。

(三)样品的保存和运输

油样和气样应尽快进行分析,为避免气体逸散,油样保存期不得超过 4 天,气样保存期应更短些。在运输过程及分析前的放置时间内,必须保证注射器的芯子不卡涩。

油样和气样都必须密封和避光保存,在运输过程中应尽量避免剧烈振荡。油样和气样空运时要避免气压变化的影响。

(四)样品的标签

取样后的容器应立即贴上标签。

四、油中脱气

(一)脱气方法分类

利用气相色谱法分析油中溶解气体必须将溶解的气体从油中脱出来,再注入色谱仪进行组分和含量的分析。目前常用的脱气方法有溶解平衡法和真空法两种。

真空法由于取得真空的方法不同又分为水银托里拆里真空法和机械真空法两种。通常用的仲裁方法是水银托里拆里真空法。

机械真空法属于不完全的脱气方法,在油中溶解度越大的气体脱出率越低,而在恢复常压的过程中气体都有不同程度的回溶。溶解度越大的组分回溶越多。不同的脱气装置或同一装置采用不同的真空度,将造成分析结果的差异。因此,使用机械真空法脱气,必须对脱气装置的脱气率进行校核。

在线监测中也有用薄膜真空脱气法的。

(二)脱气装置的密封性

脱气装置应保证良好的密封性,真空泵抽气装置应接入真空计以监视脱气前真空系统的真空度(一般残压不应高于 40 Pa),要求真空系统在泵停止抽气的情况下,在两倍脱气所需的时间内残压无显著上升。用于溶解平衡法的玻璃注射器应对其密封性进行检查。

(三)脱气率

为了尽量减少因脱气这一操作环节所造成的分析结果的差异,使用不完全脱气方法时,应测出所使用的脱气装置对每种被测气体的脱气率,并用脱气率将分析结果换算到油中溶解的各种气体的实际含量。各组分脱气率 η_i 的定义是:

$$\eta_i = \frac{U_{gi}}{U_{oi}} \qquad\qquad (1 - 4 - 1)$$

式中　U_{gi}——脱出气体中某组分的含量[①]，$\mu L/L$；

　　　U_{oi}——油样中原有某组分的含量，$\mu L/L$。

可用已知各组分的浓度的油样来校核脱气装置的脱气率。因受油的黏度、温度、大气压强等因素的影响，脱气率一般不容易测准。即使是同一台脱气装置，其脱气率也不会是一个常数，因此，一般采用多次校核的平均值。

（四）常用的脱气方法

1. 溶解平衡法——机械振荡法

溶解平衡法目前使用的是机械振荡方式，其重复性和再现性能满足实用要求。该方法的原理是：在恒温条件下，油样在和洗脱气体构成的密闭系统内通过机械振荡，使油中溶解气体在气、液两相达到分配平衡。通过测试气相中各组分浓度，并根据平衡原理导出的奥斯特瓦尔德（Ostwnld）系数计算出油中溶解气体各组分的浓度。

奥斯特瓦尔德系数定义为：

$$k_i = \frac{\varphi_{oi}}{\varphi_{gi}} \tag{1-4-2}$$

式中　φ_{oi}——在平衡条件下，溶解在油中组分 i 的浓度，$\mu L/L$；[②]

　　　φ_{gi}——在平衡条件下，气相中组分 i 的浓度，$\mu L/L$；

　　　k_i——组分 i 的奥斯特瓦尔德系数。

各种气体在矿物绝缘油中的奥斯特瓦尔德系数见表 1-4-2。奥斯特瓦尔德系数与所涉及的气体组分的实际分压无关，而且假设气相和液相处在相同的温度下。由此引入的误差不会影响判断结果。

表 1-4-2　各种气体在矿物绝缘油中的奥斯特瓦尔德系数 k_i

标　准	$t/℃$	H_2	N_2	O_2	CO	CO_2	CH_4	C_2H_2	C_2H_4	C_2H_6
GB/T 17623—1998*	50	0.06	0.09	0.17	0.12	0.92	0.39	1.02	1.46	2.30
IEC 60599—1999**	20	0.05	0.09	0.17	0.12	1.08	0.43	1.20	1.70	2.40
	50	0.05	0.09	0.17	0.12	1.00	0.40	0.90	1.40	1.80

注："＊"国产油测试的平均值。

　　"＊＊"这是从国际上几种最常用的牌号的变压器油得到的一些数据的平均值。实际数据与表中的这些数据会有些不同，可以使用表中给出的数据，而不会影响从计算结果得出的结论。

2. 真空法——变径活塞泵全脱气法

真空法——变径活塞泵全脱气法是利用大气压与负压交替对变径活塞施力的特点（活塞的机械运动起了类似托普勒泵中水银反复上下移动多次扩容脱气、压缩集气的作用），借真空与搅拌作用并连续补入少量氮气（或氩气）到脱气室，使油中溶解气体迅速析出的

---

① 结合行业实际情况，考虑培训教程的实用性，依据电力行业标准及 GB/T 7252—2001，本节中气体组分采用"含量"或"浓度"表示。

② 浓度的单位为 mol/L，但结合行业实际情况，考虑培训教程的实用性，依据电力行业标准及 GB/T 7252—2001，本节中浓度以体积分数表示，单位为 $\mu L/L$。

洗脱技术。连续补入少量氮气(或氩气)可加速气体转移，克服了集气空间死体积对脱出气体收集程度的影响，提高了脱气率，基本上实现了以真空法为基本原理的全脱气。

(五)脱气装置的操作要点

脱气这一环节是油中溶解气体分析结果差异的主要来源。故要达到 GB/T 7252—2001 所要求的平行试验的一致性，必须首先保证脱气结果的重复性。

因脱气装置的结构不同，容量不同，故用油量不作统一规定，但同一装置的每次试验应尽可能使用同样的油量。必须测出使用油样的体积和脱出气体的体积，至少精确到两位有效数字。

为了提高脱气效率和降低测试的最小检知浓度，对真空脱气法一般要求脱气室体积和进油样体积相差越大越好。对溶解平衡法在满足分析进样量要求的前提下，应注意选择最佳的气、液两相体积比。

脱气装置应与取样容器连接可靠，防止进油时带入空气。

气体自油中脱出后应尽快转移到储气瓶或玻璃注射器中去，以免气体与脱过气的油接触时，因各组分有选择性回溶而改变其组成。脱出的气样应尽快进行分析，避免长时间的储存而造成气体逸散。

要注意排净前一个油样在脱气装置中的残油和残气，以免故障气体含量较高的油样污染下一个油样。

五、气体分析方法

(一)分析对象

从油中得到的溶解气体的气样及从气体继电器所取的气样，均用气相色谱仪进行组分和含量的分析。分析对象为：

(1)氢(H_2)；

(2)甲烷(CH_4)、乙烷(C_2H_6)、乙烯(C_2H_4)、乙炔(C_2H_2)；

(3)一氧化碳(CO)、二氧化碳(CO_2)。

一般对丙烷(C_3H_8)、丙烯(C_3H_6)、丙炔(C_3H_4)(以上三者统称为 C_3)不要求做分析。在计算总烃含量时，不计 C_3 的含量。如果已经分析出结果来，应做记录，积累数据。

氧(O_2)、氮(N_2)虽不做判断指标，但可为辅助判断，应尽可能分析。

(二)对气相色谱仪的要求

气相色谱仪应满足下列要求：

(1)色谱柱对所检测组分的分离度应满足定量分析要求。

(2)仪器基线稳定，有足够的灵敏度。对制造厂而言，由于新设备含气量较低，所用的色谱仪灵敏度要求较高；而运行中的设备通常含气量较高，色谱仪不需要和制造厂试验时同样高的灵敏度。对油中溶解气体各组分的最小检知浓度的要求，见表 1-4-3。

(3)用转化法在氢火焰离子化检测器上测定 CO、CO_2 时，应对镍触媒将 CO、CO_2 转化为甲烷的转化率做考察。可能影响转化率的因素是镍触媒的质量、转化温度和色谱柱容量。

推荐适合上述分析要求的气相色谱仪流程图举例见表 1-4-4。

表1-4-3　色谱仪的最小检知浓度　　　　　　　单位：$\mu L/L$

气体组分	最小检知浓度	
	出厂试验	运行中试验
C_2H_2	≤0.1	≤0.1
H_2	≤2	≤5
CO	≤25	≤25
CO_2	≤25	≤25

表1-4-4　色谱仪流程图举例

序号	流　程　图	说　明
1	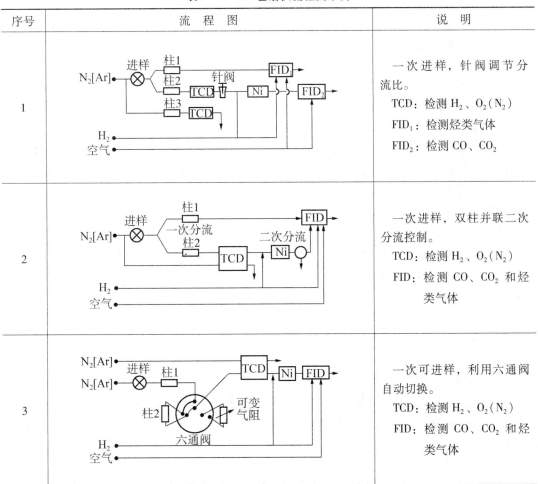	一次进样，针阀调节分流比。 　TCD：检测 H_2、O_2(N_2) 　FID_1：检测烃类气体 　FID_2：检测 CO、CO_2
2		一次进样，双柱并联二次分流控制。 　TCD：检测 H_2、O_2(N_2) 　FID：检测 CO、CO_2 和烃类气体
3		一次可进样，利用六通阀自动切换。 　TCD：检测 H_2、O_2(N_2) 　FID：检测 CO、CO_2 和烃类气体

注：TCD 为热导检测器；FID 为氢火焰离子化检测器；Ni 为甲烷转化器。

（三）符号标志

本节中使用下述符号：

A_i——组分 i 在积分仪上给出的峰面积，$\mu V \cdot s$；

A_{is}——外标物组分 i 在积分仪上给出的峰面积，$\mu V \cdot s$；

φ_i——油中组分 i 的浓度，$\mu L/L$；

φ_{is}——外标物中组分 i 的浓度，$\mu L/L$；

φ_{ig}——被测气体中组分 i 的浓度，$\mu L/L$；

k_i——组分 i 的奥斯特瓦尔德系数；

P——脱出气体压力（脱气时的大气压），kPa；

t——试验时的室温，$℃$；

V_g——脱出气体在压力为 101.3 kPa、温度为 20℃ 时的体积，mL；

V'_g——脱出气体在试验压力下，温度为 t 时的实测体积，mL；

V''_g——试验压力下，50℃ 时的平衡气体体积，mL；

V_o——被脱气油在温度为 20℃ 时的体积，mL；

V'_o——被脱气油在温度为 t 时的实测体积，mL；

V''_o——被脱气油在温度为 50℃ 时的体积，mL；

V_d——自配标准气样时所用底气体积，mL；

V_{is}——自配标准气样时所取纯组分 i 气体的体积，mL；

η_i——脱气装置对组分 i 的脱气率。

（四）气体分析步骤

1. 进样

通常使用注射器进样。应选择气密性好并经校准的注射器，以保证良好的进样体积的准确性。对怀疑有故障的设备，至少应两次进样，取其平均值。

2. 仪器的标定

用外标法对各组分进行定性和定量分析。用测量每个组分的保留时间对各组分定性。用测量其色谱峰面积或峰高进行定量。

影响色谱仪灵敏度的因素很多，为保证测试结果的准确性，应在仪器稳定的情况下，在分析的当天，用外标气样进行两次标定，取其平均值。两次标定的误差应符合 GB/T 7252—2001 的要求。

外标气样要求：

（1）有国家计量部门认证的单位专门配制并经准确标定的混合气样；

（2）对各测定组分有适当浓度；

（3）在有效期内使用。

自配标准气：是指用已知浓度的"纯气样"自行配制的"标准气样"。一般用于对氢气的标定。自配标准气样可以用特制的大容量配气瓶或 100 mL 玻璃注射器。以载气为底气，注入定量的"纯气"，混合均匀后即可使用。配气用的所有容器及注射器的真实容积都必须用蒸馏水称重法精确校准。

配好的气样一般不宜在配气容器中长时间储存，以免因气体逸散而影响标定的准确性。

自配标准气样的浓度按下式计算：

$$\varphi_{is} = \frac{V_{is}}{V_d + V_{is}} \times 10^6 \qquad (1-4-3)$$

为了提高分析的准确度，除氢以外，一律采用混合标准气样进行标定。

用注射器进样时，仪器的标定和组分测定必须用同一注射器，并且进样体积应相同，以减少误差。

3. 色谱峰面积的测量

各组分峰面积最好用积分仪测量，也可以用测量峰高和半高峰宽来计算。为保证半高峰宽测量的准确性，应采用较快的记录纸速，并最好采用读数放大镜。如果同一组分的半高峰宽在标定气体和所分析的样品浓度范围内变化不大，则可以只测量若干个该组分的半高峰宽，以其平均值作为计算的依据。

在使用工作站积分仪测量峰面积时应注意色谱峰处理参数设置要合理，要定期用外标气样校验保留时间。

4. 分析结果的表示方法

(1)油中溶解气体分析结果用在压力为 101.3 kPa，温度为 20℃下，每升油中所含各气体组分的微升数，以 μL/L 表示。

气体继电器中的气体分析结果用在压力为 101.3 kPa，温度为 20℃下，每升气体中所含各气体组分的微升数，也以 μL/L 表示。

(2)分析结果的记录符号：

"0"表示未测出数据(即低于最小检知浓度)；

"—"表示对该组分未作分析。

(3)实测数据记录两位有效数字。

(4)对于脱出的气体应换算到压力为 101.3 kPa，温度为 20℃时的体积 V_g。换算公式为

$$V_g = V'_g \frac{P}{101.3} \times \frac{293}{273 + t} \qquad (1-4-4)$$

(5)对所用油样的体积也应换算到压力为 101.3kPa，温度为 20℃时的体积 V_o。换算公式为

$$V_o = V'_o [1 + 0.0008(20 - t)] \qquad (1-4-5)$$

式中，0.0008 为油样的热膨胀系数。

(五)气体组分计算

1. 理想气体组分

气体组分可以通过理想气体状态方程确定。理想气体状态方程是理想气体在处于平衡态时，压强、体积、物质的量、温度间的关系的状态方程，即

$$pV = nRT$$

式中，p 为理想气体的压强，单位为 Pa；V 为理想气体的体积，单位为 m^3；n 为气体物质的量，单位为 mol；T 为理想气体的热力学温度，单位为 K；R 为理想气体常数。

对于混合理想气体，其压强 p 是各组分的分压强 p_1，p_2…之和，故

$$pV = (p_1 + p_2 + \cdots)V = (n_1 + n_2 + \cdots)RT$$

式中，n_1、n_2，…是各组分的物质的量。

在 273.15K 时，实验测出每摩尔的理想气体的体积都是 22.414L。现实中，压力较低时，氧气、氢气、氮气、氦气等沸点较低的气体都可视为理想气体。但是乙炔等气体则不能按照理想气体计算。

2. 气相色谱定量分析

对于气相色谱仪，定量分析的依据是：被测物质的量与它在色谱图上的峰面积成正

比，即在一定条件下，被测组分物质的含量与检测器输出信号所形成的峰面积呈线性关系，其计算公式如下：

$$w_i = f_w A_i$$

式中　　w_i——被测物质的含量；

　　　　f_w——被测物质的质量校正因子；

　　　　A_i——被测组分的峰面积。

$$\varphi_i = f_V A_i$$

式中　　φ_i——被测物质的浓度；

　　　　f_V——被测物质的体积校正因子；

　　　　A_i——被测组分的峰面积。

只要求出被测组分的定量校正因子及峰面积，就可以得到被测组分的含量或浓度。峰面积的测量可以通过计算机数据处理软件实现。同样，对于校正因子有绝对校正因子和相对校正因子之分。

（1）绝对校正因子。在色谱分析过程中，如有被测物的标准物质，就可求得该物质的绝对校正因子，当然定量分析就变得简单易行。

f_i 为单位峰面积所对应的被测物质的质量或体积校正因子，即

$$f_w = w_i / A_i$$
$$f_V = \varphi_i / A_i$$

（2）相对校正因子。在实际分析中，遇到找不到被测物标准物质的情况，此时就需要借助相关专业文献资料，通过相对校正因子来进行定量分析。

相对校正因子f'，某物质i与选择的标准物质S的绝对校正因子之比。即

$$f' = f_i / f_s$$

若进样量以质量表示时，得到的相对校正因子就是相对质量校正因子，其计算公式为

$$f'_w = f_{iw} / f_{sw} = A_s m_i / A_i m_s$$

式中　　A_s——标准物的峰面积；

　　　　A_i——被测物的峰面积；

　　　　m_i——被测物的质量；

　　　　m_s——标准物的质量。

若进样量以物质的量表示时，得到的相对校正因子就是相对摩尔校正因子，其计算公式为

$$f'_n = f_{in} / f_{sn} = A_s m_i M_s / A_i m_s M_i = f'_w (M_s / M_i)$$

式中　　M_i——被测物的摩尔质量；

　　　　M_s——标准物的摩尔质量。

在色谱分析仪器领域，为了方便用户比较不同产品检测器的灵敏度差异，都给出了对相同标准物质的灵敏度或检测限。我国规定表示 TCD 灵敏度的标准物质为苯，FID 检测限的标准物质为正庚烷。这两种仪器以苯和正庚烷为标准物质的其他气体组分的相对校正因子可以通过相关文献查表得到。

相对校正因子只与检测器类型有关，与色谱操作条件无关。

3. 色谱分析气体组分计算

对于混合气体组分，色谱分析方法有以下几种：

(1)面积归一化法，将所有组分的峰面积 A_i 分别乘以它们的绝对校正因子后求和，被测组分 i 的含量可以用下式求得：

$$w_i = \frac{f_i A_i}{\sum f_i A_i} \times 100\% = \frac{f_i A_i}{f_1 A_1 + f_2 A_2 + \cdots + f_n A_n} \times 100\%$$

归一法的样品中所有组分都要能从色谱柱上洗脱下来，并能被检测器检测。

归一法是相对测量，与进样量无关，定量较准确；但是归一法要求样品所有组分都要出峰，且所有组分都有标志物，否则难以求得绝对校正因子。

(2)内标法，将已知量的标准物质(内标物)加入未知样品中，然后比较内标物和被测组分的峰面积，从而确定被测组分的含量(质量分数)。

$$\frac{m_i}{m_s} = \frac{A_i f_i}{A_s f_s}$$

$$w_i = \frac{m_i}{m} \times 100\% = \frac{A_i f_i}{A_s f_s} \times \frac{m_s}{m}$$

式中　m_s——内标物质量；

　　　A_s——内标物峰面积；

　　　A_i——被测物峰面积；

　　　f_s——内标物质量校正因子；

　　　f_i——被测物质量校正因子；

　　　m——样品质量。

内标法是相对法，不要求全出峰，全知峰；但是内标法要有内标物且含量已知，需向样品中定量加入标准物质，要求分析人员有较高的操作技术。

(3)外标法，外标法有单点校正法和标准曲线法两种。

单点校正法将样品中某一物质峰面积与该物质标准品的峰面积直接比较进行定量。要求标准品的浓度与被测组分浓度接近以减小定量误差。

首先配制一个与被测组分含量十分接近的标样 w_s；然后定量进样测得 A_s；再进同样体积的未知样品，测得 A_i；再求未知样品含量 w_i。

$$A_i : A_s = w_i : w_s$$

标准曲线法将被测组分的标准物质配制成不同浓度的标准系列，经色谱分析后制作一条标准曲线，即物质浓度与其峰面积的关系曲线。根据样品中待测组分的色谱峰面积，从标准曲线上查得相应的浓度。

标准曲线的斜率与物质的性质和检测器的特性相关，相当于待测组分的校正因子。

外标法快速简单，只要待测组分出峰，且完全分离即可；但是外标法是绝对测量，要求进样量，操作条件不变，多点校正要配系列标样。

4. 小结

由于本部分计算的气体组分很多是有机气体，沸点和压力影响较大，气相色谱仪中温度与压力的环境与变压器实际运行环境差异极大，容易造成影响；同时，氢气、氧气、氮气等气体的性质与有机气体、SO_2、SF_6 相去甚远，不宜采用理想气体状态方程计算。建议采用色谱分析气体组分计算。

（六）分析结果的计算

1. 混合标气计算方法

采用混合标气时，即外标物与被测组分一致时，采用下式计算各组分浓度 φ_i：

$$\varphi_i = \frac{1}{\eta_i} \times \frac{V_g}{V_o} \times \frac{A_i}{A_{ia}} \times \varphi_{is} \tag{1-4-6}$$

2. 溶解平衡法计算方法

（1）将室温、试验压力下平衡的气体体积 V'_g 校正到 50℃、试验压力下的体积 V''_g：

$$V''_g = V'_g \times \frac{323}{273 + t} \tag{1-4-7}$$

（2）将室温、试验压力下的油样体积 V'_o 校正到 50℃、试验压力下的体积 V''_o：

$$V''_o = V'_o [1 + 0.0008(50 - t)] \tag{1-4-8}$$

（3）按下式计算油中溶解气体各组分浓度：

$$\varphi_i = 0.929 \times \frac{P}{101.3} \times \varphi_{is} \frac{A_i}{A_{is}} \Big(k_i + \frac{V''_g}{V''_o}\Big) \tag{1-4-9}$$

式中，0.929 为油样中溶解气体从 50℃ 校正到 20℃ 时的校正系数。

3. 真空法计算方法

（1）按式（1-4-4）将在试验压力下，室温时的气体体积 V'_g 校正到压力为 101.3 kPa，温度为 20℃ 下的体积 V_g。

（2）按式（1-4-5）将在试验压力下，室温时的油样体积 V'_o 校正到压力为 101.3 kPa，温度为 20℃ 下的体积 V_o。

（3）计算油中溶解气体各组分的浓度 φ_i：

$$\varphi_i = \varphi_{is} \times \frac{A_i}{A_{is}} \times \frac{V_g}{V_o} \tag{1-4-10}$$

（4）气体继电器中气体浓度的计算方法

分析气体继电器中游离气体时，采用下式计算各组分气体浓度 φ_{ig}：

$$\varphi_{ig} = \varphi_{is} \frac{A_i}{A_{is}} \tag{1-4-11}$$

（七）试验结果的重复性和再现性

本试验方法从取油样到取得分析结果之间操作环节较多，应力求减少每个操作环节可能带来的误差。一般取两次平行试验结果的算术平均值为测定值。

对同一气样的多次进样的分析结果，应在其平均值的 ±1.5% 以内（可以 C_2H_4 为代表）。应检验配气装置及操作方法的重复性，要求配气结果的重复性在平均值的 ±2.5% 以内。

对分析结果的重复性和再现性的要求是：同一试验室的两个平行试验结果，当 C_2H_2 含量在 5μL/L 以下时，相差不应大于 0.5μL/L；对于其他气体，当含量在 10μL/L 以下时，相差不应大于 1μL/L；当含量在 10μL/L 以上时，不应大于平均值的 10%。不同试验室间的平行试验结果相差不应大于平均值的 30%。

（八）检测油中溶解气体的其他仪器

1. 便携式检测仪

便携式检测仪便于现场运行人员及时了解设备油中溶解气体的状况，作为进一步试验或检测的基础。

当要求准确地确定气体组分和含量时，要在实验室用气相色谱仪进行分析。

2. 在线式监测仪

在线监测仪可以监视油中溶解气体含量，当检测仪的性能满足要求时，对设备出现的某些异常，可发出报警信号。

常用的在线监测仪根据测量对象可分为三类：测氢气、测总可燃气（氢气、一氧化碳和总烃之和）和测烃类各组分。

在线监测仪应能长期稳定运行，避免误报警。在线监测仪应定期进行标定。所有的在线监测仪在出现声光报警时，都必须由实验室的气相色谱仪分析其组分和含量，再做进一步判断。

六、测试精密度

取两次平行试验结果的算术平均值为测定值。

1. 重复性

油中溶解气体浓度大于 $10\mu L/L$ 时，两次测定值之差应小于平均值的 10%。

油中溶解气体浓度小于等于 $10\mu L/L$ 时，两次测定值之差应小于平均值的 15%。

2. 再现性

两个试验室测定值之差的相对偏差：在油中溶解气体浓度大于 $10\mu L/L$ 时，为小于 15%；小于等于 $10\mu L/L$ 时，为小于 30%。

第二节　油的密度测定

一、测定意义

对于容器中石油产品的计量，如油罐设计及对装油量多少的估计，都是先测出容积 V 和密度 ρ，然后根据容积和密度的乘积，计算石油产品的质量。

密度是炼油厂在控制生产方面的一个参考指标。对于电力系统绝缘油而言，只要不影响其他性质（闪点、黏度），要求油品的密度小一些为好，这样能使油中水分和油泥、游离碳及杂质等，能迅速沉淀到底部；对于汽轮机用油，应根据其转数选取适当密度和黏度的油品。

石油产品在贮运、再生和使用过程中，如发现密度和原测定结果有明显差别时，可帮助我们判断是否混有其他种油。

二、测定原理与方法

电力系统采用密度计法测量油品的密度，密度计法以阿基米德定律为基础。当密度计沉入液体，排开的液体质量等于密度计受到的浮力。根据阿基米德定律，当密度计排开的液体质量等于密度计本身的质量时，则密度计处于平衡状态，即漂浮于液体油品中。而油品的密度不同，密度计下沉的程度也不同，即排开的液体体积不同，由此即可得到液体的密度。

（一）密度测定法（密度计法）

密度计法测量油品密度，参照 GB/T 1884—2000。

此法是以阿基米德定律为基础，把合适的密度计垂直放于盛有试油的量筒中，并让其稳定，待其温度达到平衡状态后，读取密度计刻度的数字，并记下试样的温度。密度以 ρ_t 表示，单位为 g/cm^3，国家规定 20℃为标准温度，标准密度以 ρ_{20} 表示。密度为新绝缘油监控项目之一，并可由密度计算油品质量，及判断是否混错油等。密度计刻度读数方法，如图 1-4-2、图 1-4-3 所示。

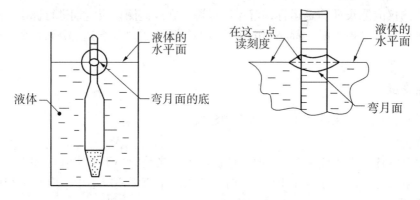

图 1-4-2　透明液体的密度计刻度读数

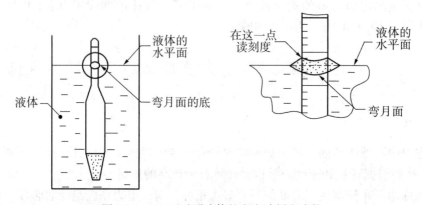

图 1-4-3　不透明液体的密度计刻度读数

试样的标准密度（ρ_{20}）按下式计算：

$$\rho_{20} = \rho_t' \pm \Delta\rho \qquad\qquad (1-4-12)$$

式中　ρ_t'——在 t℃时的视密度，g/cm^3；

　　　$\Delta\rho$——在 t℃时的密度修正值，g/cm^3。

同一操作者测定同一试样，连续测定两个结果之差，不应大于下列数值，密度计型号允许差数（g/cm^3）：

SY—Ⅰ，0.0005；

SY—Ⅱ，0.001。

需要强调的是：

（1）密度计在使用前必须全部擦拭干净；

（2）应选用合适的密度计，轻缓放入量筒圆心；

（3）待密度计处于平稳状态，读数时眼睛与液面上边缘必须同一水平，按弯月面上缘读数；

（4）在读数的同时记录试样温度。

（二）稀释法测高黏度油品密度

对于被测油品黏度大的情况，放下密度计时，由于液体黏稠，造成密度计无法自由沉浮，所以测定时必须用煤油进行稀释。

采用稀释法测高黏度油品时，取一定量的试油（如油品过稠可稍加热至流动），再另取与试油等体积且温度相同的煤油，两者混合均匀后，再测量混合油的密度，并在测量同时记录油温。稠油密度按下式计算：

$$\rho = 2\rho_1 - \rho_2 \tag{1-4-13}$$

式中　ρ——稠油密度，g/cm^3；

　　　ρ_1——混合油密度，g/cm^3；

　　　ρ_2——煤油密度，g/cm^3。

注：在密度的计算中必须换算成标准密度 ρ_{20}。

若两种或两种以上相互溶解的油品混合时，混合后油的密度按下式计算：

$$\rho_{混} = \frac{\rho_1 V_1 + \rho_2 V_2 + \cdots + \rho_i V_i}{V_1 + V_2 + \cdots + V_i} \tag{1-4-14}$$

式中　ρ_i——混合油各组分的密度，g/cm^3；

　　　V_i——混合油各组分的体积，cm^3。

例如，在23℃时测得混合油的密度为 $0.810g/cm^3$，查表换算成标准密度为 $0.812g/cm^3$，煤油 ρ_2 为 $0.770g/cm^3$，查表换算至标准密度为 $0.772g/cm^3$，黏稠试油密度 ρ 按下式计算：

$$\rho = 2\rho_1 - \rho_2 = 2 \times 0.812 - 0.772 = 0.852g/cm^3$$

即求得该稠油的标准密度为 $0.852g/cm^3$。

三、测定注意事项

测定注意事项如下：

（1）当将密度计放入试油中时，不许用手将密度计向下推，应轻轻缓放，以免密度计突沉于量筒底部，碰破密度计。

（2）读数位置无论是透明或深色油品，均按上边缘读数，在读数时眼睛与液面上边缘须在同一水平线。

（3）如发现密度计的分度标尺位移、玻璃有破纹现象，应停止使用。

（4）试油内或其表面有气泡时，会影响读数，在测定前应将气泡消除。

（5）测定混合油密度时，必须搅拌均匀。

（6）在读数的同时应记录试油的温度。

第三节　黏度的测定

一、测定意义

黏度是油品的主要特性之一，绝缘油的黏度应尽可能低，这样可以提高充油设备内绝缘油的流动性,提高油的散热效果。同时,低黏度也有助于绝缘油浸润绝缘层,更充分地在绕组中循环,避免变压器部件的局部过热。因此,在不影响油品其他指标(如闪点)的前提下,黏度尽可能低一些为好,黏度越低,变压器的循环冷却效果越好。

对于汽轮机油,黏度是润滑油最重要的指标之一,正确选择一定黏度的润滑油,可保证发电机组安全运行。如果黏度过大会造成机组振动;如黏度过小会降低油膜的支持能力,不能形成良好的油膜,增加机器的磨损。润滑油的牌号,大部分以油品运动黏度来划分的,如汽轮机油是以在40℃时的平均运动黏度来划分的,32号汽轮机油其在40℃时的黏度为28.8～35.2 mm^2/s,46号汽轮机油在40℃时的黏度为41.4～50.6 mm^2/s。

二、黏度的表示方法及其种类

目前电力系统经常采用的方法有两种:

1. 恩氏黏度

恩氏黏度是将一定量的试油在规定温度下,从恩氏黏度计流出200mL所需时间(s)与同体积水在20℃时流出200mL所需时间(s)(即水值)之比值称为恩氏黏度。在温度t℃时的恩氏黏度以E_t表示,单位为条件度,以符号°E表示。

2. 运动黏度

运动黏度又称动力黏度,在相同温度下,液体的动力黏度与其密度之比,称为运动黏度,用符号v表示。在温度t℃时的运动黏度以v_t表示,其单位为mm^2/s。

三、测定原理与方法

(一)运动黏度测定法

运动黏度测定法,参照GB/T 265—1988。

在恒定的温度下,测定一定体积的液体在重力作用下流过一个标定好的玻璃毛细管黏度计的时间(s),此时间(s)与黏度计的常数之乘积,即为该温度下被测液体的运动黏度。以符号v_t表示,单位为mm^2/s。玻璃毛细管黏度计结构,如图1-4-4所示。

运动黏度为电力用油特别是汽轮机油的主要控制指标之一,是划分汽轮机油牌号的依据,运动黏度v_t按式(1-4-15)计算:

$$v_t = c \cdot \tau_t \qquad (1-4-15)$$

式中　　c——黏度计常数,mm^2/s;

　　　　τ_t——试样的平均流动时间,s。

应当注意:

(1)严格恒温;

(2)试样应脱水,去掉杂质,并除气泡;

(3)每支黏度计必须有校准的黏度计常数,通常每年用标准黏度油来校准一次。

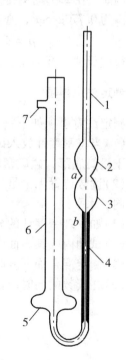

图1-4-4　毛细管黏度计图
1,6—管身;2,3,5—扩张部分;
4—毛细管;a、b—标线

（二）恩氏黏度测定法

恩氏黏度测定法，参照 GB/T 266—1988。

恩氏黏度为电力用油的控制指标之一。恩氏黏度 E_t 按下式计算：

$$E_t = \frac{\tau_t}{K_{20}} \tag{1-4-16}$$

式中　τ_t——温度 t 时试样流出 200mL 所需的时间，s；

　　　K_{20}——黏度计水值，s。

应当注意：

（1）黏度计的尺寸应符合要求，使用时不要弄脏和磨损；

（2）标准黏度计的水值应为 (51 ± 1)s，并应定期验证，否则该仪器不能使用；

（3）测定时应严格恒温，并脱去水分、杂质、气泡等。

（三）黏度指数计算法

石油产品黏度指数计算法，参照 GB/T 1995—1998。

按 GB/T 265—1998 测定试样在 40℃ 和 100℃ 时的运动黏度（mm^2/s），然后按公式计算该试样的黏度指数。黏度指数是评定油品黏温特性的一种表示方法。如黏度指数愈高，表示油品的黏度随温度变化愈小，即油品的黏温特性愈好。简言之，黏度指数是一个用来表示润滑油黏温特性的工业参数。黏度指数 VI 按下式计算：

$$VI = \frac{L - v}{L - H} \times 100 \tag{1-4-17}$$

式中　L——与试样 100℃ 时运动黏度相同，黏度指数为 0 的油在 40℃ 时的运动黏度，mm^2/s；

　　　H——与试样 100℃ 时运动黏度相同，黏度指数为 100 的油在 40℃ 时的运动黏度，mm^2/s；

　　　v——试样 40℃ 时的运动黏度，mm^2/s。

黏度指数的误差取决于用来计算的两个运动黏度值的误差，用来计算黏度指数的运动黏度值应符合 GB/T 265—1998 规定的精密度。

本标准中的 L、H 值（查表），仅适用于 100℃ 时运动黏度为 $2 \sim 7mm^2/s$ 的油品（如电力工业用汽轮机油）。黏度指数以整数表示。

四、测定黏度注意事项

测定黏度注意如下事项：

（1）因为油品的黏度是随温度的变化而改变，因此必须严格控制油温。在测试时控制油温变化波动不超过 $\pm 0.2℃$。

（2）试油中有杂质和水分时，在试验前应脱去水分和除去杂质。因为油中含水时，水在较高温度下会汽化，低温时又易凝结，且油水黏差较大，影响测准油品的黏度值。当油中含有杂质时它黏附于毛细管内壁或流出孔，影响油品的正常流动，使测定结果偏高。

（3）在测定恩氏黏度时应注意，在容器壁周围及木栓上不应沾油太多，以防形成油封，影响流速。

（4）测定已用过的恩氏黏度计水值时，必须将容器内及木栓内油污清洗干净，如有残油时水值变大，且水值测定用水要用蒸馏水不必用高纯水，以便和仪器出厂家用水一致。

（5）测运动黏度时，恒温水浴中的电动搅拌机应固定住，转数不要太高，否则易使黏度计振动而影响流速。

五、精密度

黏度指数的精密度取决于用来计算的两个独立的运动黏度的精密度。用来计算黏度指数的运动黏度应符合 GB/T 265—1988 规定的精密度。

（一）重复性

同一操作者，用同样重复测定的两个结果之差，不应超过下列数值：

测定黏度的温度/℃	重复性/%
100～15	算术平均值的 1.0
15～-30	算术平均值的 3.0
-30～-60	算术平均值的 5.0

（二）再现性

由不同操作者，在两个实验室提出的两个结果之差，不应超过下列数值：

测定黏度的温度/℃	再现性/%
100～15	算术平均值的 2.2

黏度测定结果的数值，取四位有效数字。

第四节　闪点的测定

一、测定意义

绝缘油是在变压器、电容器、断路器等密闭容器内使用，在使用过程中常由于设备内部发生电流断路、电弧等现象，或其他原因引起设备局部过热，而产生高温，使油品裂解成轻质分解物。这些轻质成分在密闭容器内蒸发，一旦遇空气混合后，有着火或爆炸的危险。如用开口杯测定时，可能发现不了这种挥发性轻质成分的存在，故规定绝缘油的闪点要采用闭口杯法进行测定。

二、测定原理与方法

测定油品闪点的仪器有两种：开口杯式或闭口杯式闪点仪。开口闪点要比闭口闪点高20～30℃，因为开口闪点在测定时，有一部分油蒸气挥发损失。通常测定挥发性的轻质油品用闭口杯法；而对于多数润滑油及重油，由于挥发性轻质油含量少，其挥发性不至于构成着火和爆炸的危险，故这类油品多采用开口杯测定法。

（一）闪点测定法（闭口杯法）

闪点的测定（宾斯基 – 马丁闭口杯法），参照 GB/T 261—2008。

宾斯基 – 马丁闭口杯闪点试验仪如图 1 – 4 – 5 所示。试样在连续搅拌下，缓慢加热。在规定的温度间隔，同时中断搅拌的情况下，将一小火焰引入杯内，试验火焰引起试样上的蒸气闪火时的最低温度为闭口闪点。闭口闪点是绝缘油主要监控项目之一，是一个安全指标。

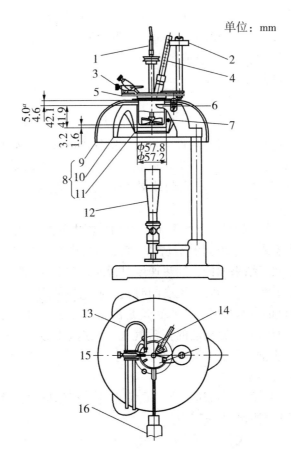

图 1 – 4 – 5　宾斯基 – 马丁闭口杯闪点试验仪

1—柔性轴；2—快门操作旋钮；3—点火器；4—温度计；5—盖子；6—片间最大距离 ϕ9.5mm；7—试验杯；8—加热室；9—顶板；10—空气浴；11—杯表面厚度最小 6.5mm，即杯周围的金属；12—火焰加热型或电阻元件加热型（图示为火焰加热型）；13—导向器；14—快门；15—表面；16—手柄（可选择）

注：盖子的装配可以是左手，也可以是右手，^{a} 为空隙。

大气压强对闪点影响的修正，按下式计算，在标准大气压 101.3kPa（760mmHg）时闪点修正数 Δt（℃）：

$$\Delta t = 0.25 \times (101.3 - P) \qquad (1 - 4 - 18)$$

$$\Delta t = 0.0345 \times (760 - P) \qquad (1 - 4 - 19)$$

式中，P 为实际大气压（kPa 或 mmHg）。

（二）闪点与燃点测定法（开口杯法）

闪点与燃点测定法（开口杯法），参照 GB/T 267—1988。

将试样装入内坩埚中到规定刻度线，先迅速升温，然后缓慢升温，当接近闪点时恒速升温，在规定的温度间隔，用一小火焰按规定通过试样表面，使表面上的蒸气发生闪火的最低温度，为开口杯法闪点。继续进行试验，直到用小火焰使试样发生点燃并至少燃烧5s时的最低温度，为开口杯法燃点。闪点、燃点均为安全监控指标。

大气压对闪点和燃点影响的修正。当大气压低于99.3kPa（745mmHg）时，按下式修正：

$$t_0 = t + \Delta t \tag{1-4-20}$$

式中　t_0——相当于101.3kPa（760mmHg）时，测得的闪点或燃点，℃；

　　　t——在试验条件下测得的闪点或燃点，℃；

　　　Δt——修正值（查表），℃。

三、测定注意事项

油品闪点的测定，需要在严格的条件下进行，如仪器的形式、油面的高低、升温速度等都必须严格控制。只有按规定的条件进行试验，才能评定油品的质量。测定时应注意：

（1）测定油杯加试油量，要正好到刻线处；否则，油量多闪点结果偏低，油量少偏高。

（2）点火火焰长度一定要控制在3～4mm。否则火焰大闪点偏低，火焰小闪点偏高。

（3）严格控制升温速度，不能过快或过慢，加热太快蒸发速度快，使空气中油蒸气温度提前达到爆炸下限，测定结果偏低；加热速度过慢时，测定时间较长，点火次数多，消耗了部分油蒸气，推迟了油品达到闪火温度的时间，使结果偏高。

（4）闪点测定规定试油有水分时要脱水，这是由于加热试油时，分散在油中的水分会气化形成水蒸气覆盖于液面上，影响油的正常气化，推迟了闪火时间，使测定结果偏高。水分较多的重油和汽轮机油，用开口闪点器测定时，加热至一定温度，油中水分形成泡沫，很易溢出杯外，使试验无法进行。

（5）闪点测定与压力有关，一般压力高闪点测出高，否则反之，故在测定时，应根据当地气压情况，予以补正至标准大气压力。

四、精密度

（一）重复性

1. 开口杯法

同一操作者重复测定的两个闪点结果之差不应大于下列数值：

闪点/℃	重复性/℃
<150	4
>150	6

同一操作者重复测定两个燃点的结果之差不应大于6℃。

2. 闭口杯法

在同一实验室，由同一操作者使用同一仪器，按照相同的方法，对同一试样连续测定的两个试验结果之差不能超过下列数值。

材　　料	闪点范围/℃	重复性/℃
油漆和清漆	—	1.5
馏分油和未使用过的润滑油	40～250	0.029X
残渣燃料油和稀释沥青	40～110	2.0
用过的润滑油	170～210	5*
表面趋于成膜的液体、带悬浮颗粒的液体或高黏稠材料	—	5.0

注：X—两个连续试验结果的平均值；

* 在20个实验室对一个用过柴油发动机油试样测定得到的结果。

（二）再现性

在不同的实验室，由不同操作者使用不同仪器，按照相同的方法，对同一试样测定的两个单一、独立的试验结果之差不能超过下列数值。

材　　料	闪点范围/℃	再现性/℃
油漆和清漆	—	
馏分油和未使用过的润滑油	40～250	0.071X
残渣燃料油和稀释沥青	40～110	6.0
用过的润滑油	170～210	16*
表面趋于成膜的液体、带悬浮颗粒的液体或高黏稠材料	—	10.0

注：X—两个连续试验结果的平均值；

* 在20个实验室对一个用过柴油发动机油试样测定得到的结果。

第五节　酸值的测定

一、测定意义

酸值是表示油中含有酸性物质的数量，中和1g油中的酸性物质所需KOH的毫克数称为酸值，以mg/g表示。酸值是表示有机酸和无机酸的总和。

在通常情况下新油中没有无机酸存在，除非因操作不善或精制、清洗不完全，而残留在油中的无机酸。因此，油的酸值，实际上是代表油中有机酸（即含有—COOH基团的化合物，其只可为环烷酸或脂肪酸）。

酸值是判断油品能否继续使用的重要指标之一。电力系统用油在运行中，由于受运行条件（如温度、空气、电场等）的影响，而使油质氧化生成酸性物质，如低分子的甲酸、乙酸、丙酸等，以及高分子的如脂肪酸、环烷酸、羟基酸等。所以，运行油的酸值多为有机酸，它是油中低分子有机酸和高分子有机酸的总和。

二、测定原理

电力系统中测定油中酸值的方法有两大类。

1. 指示剂滴定法

指示剂滴定法是用乙醇在沸腾的情况下将油中的酸性组分抽提出来，然后用已知浓度的 KOH 乙醇溶液进行滴定，这是一个中和反应。目前采用的指示剂有两个，一是碱蓝 6B，另一个是溴百里香酚蓝(简称 BTB)。

2. 电位滴定法

电位滴定法一般采用乙醇－石油醚或乙醇－甲苯混合液作溶剂来萃取油中的酸性组分，用 KOH 乙醇溶液滴定，以电位差法确定终点。一般都用电位滴定仪进行测量。由于该法所用溶剂有毒性，只在测定深色油或仲裁试验时用。

三、KOH 乙醇溶液的配制及标定

1. 配制

一般配制 KOH 乙醇溶液(简称醇碱液)常出现下列情况：

(1)醇碱液变浑，是因为 KOH 具有很强的吸湿性，有的包装不严或用过密封不好，放置过久而使 KOH 结块，最好不用。如果使用可多称量些，在配制时取上层清液，底部沉渣弃之不用。

(2)醇碱液有透明白色沉淀黏附于瓶壁四周。这是因为 KOH 溶液极易吸收空气中的 CO_2，生成 K_2CO_3，它能溶于水中。但不能往试剂瓶中加水，因为醇碱液中有水会使酸值滴定液变浑，影响滴定终点的判断。防止的办法是使醇碱液少与空气接触，用完立即加盖，盛液瓶尽量装满，少留空间。

(3)醇碱液变黄是由于无水乙醇中含醛所致。可经脱醛处理后再用，或选用优级纯乙醇配制。

为防止醇碱液变浑或产生沉淀，可采用下列方法：

(1)先配成浓溶液后再稀释法。0.05mol/L KOH 乙醇溶液配制：

迅速称取 7g 左右 KOH，放入 20～30mL 细口瓶中，立即加入无醛乙醇至满瓶，再摇动数分钟，至大部分 KOH 溶解，放置一夜后，次日轻轻抽取约一半的上层清液倒入 1000mL 容量瓶中，再加乙醇至刻线，摇匀后即可用苯二甲酸氢钾进行标定，此溶液的浓度约为 0.05mol/L，如果其浓度在 0.04～0.05mol/L 之间即可使用。如果此溶液浓度小于 0.04 mol/L 时，可再加点浓碱液，然后再重新标定其浓度。当已配醇碱液浓度大于 0.05mol/L 时，可再加些乙醇稀释，添加量按下式计算：

$$\Delta V_{醇} = V\left(\frac{c}{0.05} - 1\right) \tag{1-4-21}$$

式中　$\Delta V_{醇}$——需添加乙醇的体积，mL；

　　　V——已配醇碱液的体积，mL；

　　　c——已配醇碱液的浓度，mol/L；

　　　0.05——需配醇碱液的浓度，mol/L。

(2)取 3.2g 优质 KOH 溶于 100mL 优级纯的乙醇中，再移入 1000mL 容量瓶中，用无

水乙醇稀释至刻线。

2. 标定

(1)称取经过 110℃ 干燥 1h 的邻苯二甲酸氢钾(基准试剂)5.1054g(精确至 0.0002g)，用新加热煮沸冷却后的二次蒸馏水溶解后，放入 500mL 容量瓶中，加水稀释至刻度，摇匀。此液的浓度即为 0.05mol/L。

取洗净的 250mL 三角烧瓶，并放入 20mL 蒸馏水，用吸管或滴定管量取 25mL(V_A)配制的邻苯二甲酸氢钾水溶液(c_A 为 0.05mol/L)，加热至沸，加入 2~3 滴酚酞指示剂，用配好的醇碱液进行滴定，直至溶液呈粉红色，记下消耗醇碱液的毫升数(V_B)，醇碱液的浓度(c_B)可按下式计算：

$$c_B = \frac{c_A V_A}{V_B}\qquad(1-4-22)$$

用相同方法取双份进行标定，再取平均值作为该醇碱液的浓度。

(2)可用直接称药法来标定。称取经过 110℃ 干燥 1h 的邻苯二甲酸氢钾 0.15~0.20g(精确至 0.0002g)，用新鲜蒸馏水溶解，加热至沸，加入 2~3 滴酚酞指示剂，用 KOH 乙醇溶液滴定至溶液呈淡粉红色。其浓度按下式计算：

$$c = \frac{m}{V \times 0.2042}\qquad(1-4-23)$$

式中　c——KOH 乙醇溶液的浓度，mol/L；

m——邻苯二甲酸氢钾的质量，g；

V——KOH 乙醇溶液用量，mL；

0.2042——每一毫摩尔(mmol)邻苯二甲酸氢钾的克数。

四、测定方法

(一)酸值测定法(氢氧化钾乙醇溶液滴定)

本方法参照 GB 264—1983。用沸腾乙醇抽出试样中酸性组分，然后用 KOH 乙醇标准溶液进行滴定，以碱蓝 6B 作指示剂，根据颜色的突变确定终点，单位为 mg/g。

酸值为评定和控制新油及运行中油的重要指标之一，酸值 X 按下式计算：

$$X = \frac{V \times 56.1 \times c}{m} \times T\qquad(1-4-24)$$

式中　X——酸值，mg/g；

V——滴定水抽出液消耗 0.25mol/L KOH 液体积，mL；

m——试样的质量，g；

c——KOH 浓度，mol/L；

T——KOH 乙醇溶液的滴定度，mg/mL；

56.1——1mol KOH 的质量，g。

应当注意：

(1)所用乙醇液不应含醛，乙醇应作空白为中性；

(2)乙醇抽出煮沸后要趁热快滴，防止 CO_2 侵入，影响结果；

(3)滴至终点附近时，应缓慢加入碱液，并改为半滴滴加，以减少误差；

(4)氢氧化钾乙醇标准溶液应定期(一般三个月)进行标定,判断时应以蓝色刚消失,恰显红色为终点。

运行油酸值上升较快时,可投入吸附剂再生器。

(二)BTB 法

目前电力系统测运行中绝缘油和汽轮机油酸值时,多采用 BTB(溴百里香酚蓝亦称溴麝香草酚蓝)指示剂。该指示剂其 pH 变色范围在 6.2～7.6,从黄色转呈蓝绿色,终点清晰明显。而多年来采用的碱蓝 6B 指示剂其在非水溶液中 pH 为 9.5～10.3,其颜色从蓝色转呈浅红色,在实践中用碱蓝 6B 指示剂测新油或浅色油时是较合适的,而对深色油其终点浅红色的判断受油色的干扰使终点不易判断。

BTB 指示剂测油酸值比碱蓝 6B 指示剂更接近用电位差法滴定结果。误差较小,终点明显,配制方便,是目前测油酸值的较好的指示剂。

BTB 法酸值测定参照 GB/T 28552—2012。

本方法是采用沸腾乙醇抽出的油样中的酸性组分,再用氢氧化钾乙醇标准溶液进行滴定。中和 1g 油样中酸性组分所需的氢氧化钾的质量(mg)即为油样的酸值。

酸值按下式计算:

$$X = \frac{(V_1 - V_0) \times 56.1 \times c}{m} \qquad (1-4-25)$$

式中　X——试样的酸值,mg/g;

　　　V_1——滴定试样消耗 0.02～0.05 mol/L KOH 乙醇溶液的体积,mL;

　　　V_0——滴定空白消耗 0.02～0.05 mol/L KOH 乙醇溶液的体积,mL;

　　　c——KOH 乙醇溶液浓度,mol/L;

　　　56.1——KOH 摩尔质量,g/mol;

　　　m——试样的质量,g。

应当注意:

(1)所用乙醇液不应含醛,乙醇应作空白为中性;

(2)乙醇抽出煮沸后要趁热快滴,防止 CO_2 侵入,影响结果;

(3)滴至终点附近时,应缓慢加入碱液,并改为半滴加,以减少误差;

(4)BTB 指示剂的终点为由黄色转变为蓝绿色,指示剂溶液本身的 pH 值应调至 5.0;

(5)氢氧化钾乙醇标准溶液应定期(一般三个月)进行标定,判断时应以黄色刚消失,恰显蓝绿色为终点。

运行油酸值上升较快时,可投入吸附剂再生器。

(三)电位滴定法

电位滴定法参照 GB/T 7304—2000。

将试样溶于甲苯和异丙醇的混合试剂中,在采用玻璃电极(指示电极)和甘汞电极(参比电极)的电位滴定仪器上,以氢氧化钾、异丙醇标准溶液滴定,到试样溶液出现电位突跃或以非水碱性缓冲液确定的电位值为终点,单位以 mg/g 表示。

酸值 X(mg/g)按下式计算:

$$X = \frac{(A - B) \times 56.1 \times c}{m} \qquad (1-4-26)$$

式中　A——试样滴到终点时，所消耗 0.05mol/L KOH 异丙醇标准液体积，mL；

$\qquad$ B——相应的空白值，mL；

$\qquad$ c——KOH 异丙醇标准溶液浓度，mol/L；

$\qquad$ 56.1——KOH 摩尔质量，g/mol；

$\qquad$ m——试样的质量，g。

利用仪器测定电位的变化确定终点，可以在有色的浑浊的溶液中进行滴定，结果比较准确。因在操作过程中要使用较多的甲苯，需采取安全保护措施。

旧油酸值较大时，可采用吸附剂或硫酸、白土再生处理。

五、酸值测定中有关规定及注意事项

酸值测定中有关规定及注意事项如下：

（1）配制 KOH 乙醇溶液。如果乙醇中含有醛，因醛在稀碱中会发生缩合反应而使溶液变黄，为此，含醛乙醇必须先除醛后再使用。

（2）加热煮沸 5min，其目的是使油中的酸性物质完全抽提出来。

（3）趁热滴定，从停止回流至滴定完毕所用时间不得超过 3min，这是因为在室温下空气中的 CO_2 极易溶于乙醇。CO_2 在乙醇中的溶解度比在水中大 3 倍，不煮沸驱除乙醇中的 CO_2 及长时间在空气中滴定，都会使试验结果偏高。

（4）酸值滴定至终点附近时，应缓慢加入碱液，在估计差 1～2 滴就要到达终点时，改为半滴滴加，以减少滴定误差。

（5）油色很深或仲裁试验酸值时，应用电位差法测定。

六、测定精确度

1. 氢氧化钾乙醇溶液滴定

两次平行测定结果的差值不得超过下列的允许值：

酸值/（mg/g）	允许差值/（mg/g）
<0.1	0.01
0.1～0.3	0.02
>0.3	0.03

注：氢氧化钾乙醇溶液保存不宜过长，一般不超过三个月。当氢氧化钾乙醇溶液变黄或产生沉淀时，应对其清液进行标定方可使用。

2. BTB 法

两次平行测定结果的差值不得超过下列的允许值：

酸值/（mg/g）	差值/（mg/g）
<0.1	0.01
0.1～0.3	0.02
>0.3	0.03

由两个实验室提出的两个结果之差不应超过 0.05mg/g。

3. 电位滴定法

重复测定两次的结果之差值，不应大于下列数值：

酸值/（mg/g）	差值/（mg/g）
0.05～1.0	0.05
1.0～5.0	0.2

第六节　水溶性酸的测定

一、测定意义

水溶性酸几乎对金属都有强烈的腐蚀作用，对变压器的固体绝缘材料老化影响很大。水溶性酸又可分为有机酸和无机酸，若运行中油品出现低分子无机酸，说明油质已经开始老化。有机酸不仅会影响油的特性，并对油的继续氧化起催化作用。无机酸往往具有强腐蚀性，严重腐蚀与其接触的金属，所以，新油中禁止有无机酸存在。

二、测定的准备工作

（一）关于 pH 的概念

pH 是表示溶液氢离子浓度的一种方法。pH 代表氢离子浓度的负对数，即

$$pH = -lg[H^+]$$
$$[H^+] = 10^{-pH}$$

实践证明，纯水只有极微弱的电离，精确测定得到25℃时纯水中的 $[H^+]$ 及 $[OH^-]$ 浓度是

$$[H^+] = 1.0 \times 10^{-7} mol/L$$
$$[OH^-] = 1.0 \times 10^{-7} mol/L$$

也就是说，1L 纯水中只有 10^{-7} mol 分子的水发生电离。同时在水溶液中 $[H^+]$ 和 $[OH^-]$ 浓度的乘积在一定温度下总是一个常数，即

$$[H^+][OH^-] = 10^{-14} 或 pH + pOH = 14$$

在中性溶液中：$[H^+] = [OH^-] = 10^{-7} mol/L$；

在酸性溶液中：$[H^+] > [OH^-]$，$[H^+] > 10^{-7} mol/L$，$[OH^-] < 10^{-7} mol/L$；

在碱性溶液中：$[H^+] < [OH^-]$，$[H^+] < 10^{-7} mol/L$，$[OH^-] > 10^{-7} mol/L$。

当水中含有低分子酸时，由于酸发生部分电离，导致水中 $[H^+]$ 的增大，$[H^+]$ 越大 pH 值愈低。

$$pH = 1，[H^+] = 10^{-1} mol/L \qquad pH = 4，[H^+] = 10^{-4} mol/L$$
$$pH = 2，[H^+] = 10^{-2} mol/L \qquad pH = 5，[H^+] = 10^{-5} mol/L$$
$$pH = 3，[H^+] = 10^{-3} mol/L \qquad pH = 6，[H^+] = 10^{-6} mol/L$$

每相差一个单位的 pH 值，相当于溶液中的氢离子浓度相差 10 倍。当溶液 pH 值较高

时或溶液的酸度很小时，加入微量酸即可使溶液的 pH 值发生明显变化。比如将溶液的 pH 值从 5 降到 4，也就是将溶液的 $[H^+]$ 从 0.00001mol/L 增加到 0.0001mol/L，只需增加 0.00009mol/L 的 $[H^+]$ 即可。如果继续将溶液的 pH 值从 4 降到 3，则需增加 0.0009mol/L 的 $[H^+]$，相当于前一数值的 10 倍，所以同是降低一个 pH 值，在溶液酸度小时与溶液的酸度大时差别很大。因此，水溶性酸采用 pH 值表示时，在油的老化初期 pH 值较高时能够明显反映出油质的变化，随着油中低分子酸含量的增加，pH 的变化反而不如 pH 值高时变化那么明显，但这并不说明油的老化速度减慢了，这一点在分析时应引起注意。

（二）指示剂的选择和应用

酸碱反应的指示剂，是指溶液中在规定的 pH 变色范围内，能改变自身结构显示颜色改变的试剂，它只能在一定的变色范围内显色。不同的指示剂，它们相互衔接还有一定误差，一般都选用指示剂的中间变色区域使用（表 1-4-5）。

表 1-4-5　常用指示剂变色范围

指示剂名称	变色范围	适用变色区域	适用对象
溴甲酚绿	3.8～5.4	3.8～5.2	运行油
溴甲酚紫	5.2～6.8	5.4～6.0	新油
溴百里香酚蓝	6.0～7.6	6.2～7.2	蒸馏水

（三）缓冲溶液

缓冲溶液一般是由弱酸和弱酸盐、弱碱和弱碱盐组成。如由醋酸和醋酸钠、氨水和氯化铵、磷酸和磷酸二氢钠等都可组成缓冲溶液。这种溶液的特点是加入少量强碱和强酸或者在溶液进行稀释或浓缩时，溶液的酸度或者 pH 值基本上保持不变。因此，可以利用它们来配制成一系列的标准 pH 值缓冲溶液，作为比色测定的基准。

邻苯二甲酸氢钾结构如下：

它既是一个弱酸，又是一个弱酸盐，所以它本身可以构成一种缓冲溶液。它的化学性质稳定，使用方便，因此常被用来作为配制缓冲溶液的试剂。

三、测定方法

水溶性酸是指油中溶解于水的酸，测其酸性程度，方法有四个：

（1）GB 259—1988《石油产品水溶性酸及碱测定法》（比色法）。该法是以甲基橙和酚酞为指示剂，测定油的水抽出液是酸性还是碱性，主要用于出厂新油或再生油，目的是检查油在加工过程中有无残留的无机酸或碱。

（2）GB/T 7598—2008《运行中变压器油水溶性酸测定法》。

（3）DL 429.3—1991《水溶性酸测定法》（酸度计法）。

（4）DL 429.4—1991《水溶性酸定量测定法》。

以上方法中，（2）、（3）、（4）方法的目的都是用于测定运行中电力用油所含有的低分子酸的量，(2)、(3)法是以水抽出液的 pH 值表示；(4)法是以 KOH 溶液滴定其水抽出液，计算出相当每克油所消耗的氢氧化钾毫克数，表示油中水溶性酸质量分数，各用于不同场合。

目前电力系统水溶性酸含量测定多采用(2)法，测试方法是以等体积的蒸馏水和试油加热混合摇动，取其抽出液并加入指示剂，在比色管内与标准色级进行比色，确定结果以 pH 值表示之。

(一)定性法

定性法参照 GB 259—1988。

用蒸馏水或乙醇水溶液抽提试样中的水溶性酸或碱，然后分别用甲基橙或酚酞指示剂检查抽出液颜色的变化情况，以判断有无水溶性酸或碱的存在。

水溶性酸或碱是控制新油和运行油的重要指标之一，如不合格，则不能使用。本方法为定性分析，即根据指示剂颜色的变化情况，以目视判断。

试验应该注意：

(1)试样必须充分摇匀并立即取样；

(2)所用的试剂、蒸馏水、乙醇等都必须为中性，所用仪器都必须清洁，所用酚酞、甲基橙、溴甲酚绿等指示剂，加入的滴数不能超过规定；

(3)对水溶性酸碱指标不合格的油品采取吸附剂处理(如运行中油不合格可投入再生器)，新油不合格不应采用。

(二)比色法

该方法参照 GB/T 7598—2008。

试样在规定的条件下，与等体积的蒸馏水混合摇匀，取其水相抽出液，加入 pH 指示剂，与标准 pH 缓冲溶液比色，目视判断以确定 pH 值。

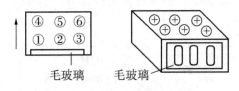

图 1-4-6 比色盒示意图

同一操作者，两次平行试验结果的 pH 差值，不应超过 0.1。取两次平行试验结果的平均值为测定值。

试验应该注意：

(1)试样必须充分摇匀并立即取样；

(2)所用的试剂、蒸馏水、乙醇等都必须为中性，所用仪器都必须清洁，所用酚酞、甲基橙、溴甲酚绿等指示剂，加入的滴数不能超过规定；

(3)对水溶性酸碱指标不合格的油品采取吸附剂处理(如运行中油不合格可投入再生器)，新油不合格不应采用。

(三)酸度计法

水溶性酸测定法(酸度计法)参照 DL 429.3—1991。

试样与等体积蒸馏水，在 70～80℃下混合摇动 5min，取其水相抽出液，用酸度计测定其 pH 值。

同一操作者，测定两个结果的 pH 差值不应超过 0.05，用酸度计测定的 pH 值，要比目视比色测的结果约高 0.2。对水溶性酸碱指标不合格的油品采取吸附剂处理（如运行中油不合格可投入再生器），新油不合格不应采用。

（四）水溶性酸定量测定法

水溶性酸定量测定法参照 DL 429.4—1991。

试样与蒸馏水，在 70～80℃ 下混合摇动 5min，取其水相抽出液，以酚酞为指示剂，以碱标准溶液滴定。

水溶性酸质量分数按下式计算：

$$w = \frac{(V_1 - V_2) \times V/V_3 \times c(KOH) \times 56.1}{m} \tag{1-4-27}$$

式中　w——水溶性酸质量分数，mg/g；

　　　V_1——滴定水抽出液消耗 0.025mol/L KOH 溶液体积，mL；

　　　V_2——滴定空白时消耗 0.025mol/L KOH 溶液体积，mL；

　　　V_3——滴定时，所取水抽出液体积，mL；

　　　V——水抽出液的总体积，mL；

　　　m——试样的质量，g；

　　　$c(KOH)$——氢氧化钾溶液浓度，mol/L；

　　　56.1——KOH 摩尔质量，g/mol。

同一操作者平行测定两个结果之间的差值，不应超过其算术平均值的 5%。滴定时加入 2～3 滴酚酞指示剂，以 0.025mol/L KOH 标准溶液滴至溶液呈现浅玫瑰红色，在 20～30s 内不褪色为止。

（五）挥发性水溶性酸测定法

挥发性水溶性酸测定法参照 DL 429.5—1991。

将装有试样的氧化管放入温度为（135±5）℃ 的热浴中，通氧 4h，挥发性酸由流动氧吹出被水吸收，然后将收集到的水溶液，以氢氧化钾标准溶液滴定，即得挥发性水溶性酸。

油品的挥发性水溶性酸，通常为预测油品氧化诱导期的判断性试验之一。

挥发性水溶性酸按下式计算：

$$w = \frac{(V_1 - V_2) \times c(KOH) \times 56.1}{m} \tag{1-4-28}$$

式中　w——挥发性水溶性酸，mg/g；

　　　V_1——滴定吸收水溶液时，消耗 0.01mol/L KOH 溶液体积数，mL；

　　　V_2——滴定 60mL 蒸馏水时，消耗 0.01mol/L KOH 溶液体积数，mL；

　　　m——试样的质量，g；

　　　$c(KOH)$——氢氧化钾溶液浓度，mol/L；

　　　56.1——KOH 摩尔质量，g/mol。

两个平行测定结果之间的差值，不应大于算术平均值的 20%。本试验可与试样的氧化安定性试验配合进行。

四、测定的影响因素

1. 蒸馏水

蒸馏水本身的 pH 值高低对测试结果有明显的影响。规定蒸馏水煮沸驱除 CO_2 以后，pH 值为 $6 \sim 7$，电导率小于 $3~\mu S/cm(25℃)$。一般用二次蒸馏水较好，因除盐水煮沸后 pH 值不易达到 $6 \sim 7$，用二次蒸馏水重复性好。规定水的质量在一定范围，其目的是为了统一试验方法。

2. 温度

油的水溶性酸测定，是用蒸馏水萃取油中的酸性组分，萃取温度直接影响平衡时水中酸的浓度，温度高萃取量大，温度低则相反。因此，在不同温度下测定往往会取得不同的结果，方法规定 $70 \sim 80℃$ 也是规定了一种合适条件作为比较基础。如果这个温度规定再高一些，将会造成水的汽化和浓缩，另外也不便于操作，如果再低一些萃取量又太少，所以说这个条件是合适的，这是条件试验，因此必须按规定进行。

3. 指示剂溴甲酚绿溶液本身的 pH 值对测定结果的影响

溴甲酚绿(溴甲酚蓝)在酸性溶液中呈黄绿色，是细微小黄色结晶，玫瑰红或棕色粉末，易溶于醇与稀碱液中，微溶于水，不溶于苯及醚，熔点 $218 \sim 219℃$，分子式为 $C_{21}H_{14}OSBr_4S$。相对分子质量为 698.07，变色范围 pH3.8 $\sim$ 5.4，由黄→绿→蓝。

一般来说指示剂本身不是一个弱酸就是一个弱碱，它的水溶液本身就具有一定的 pH 值，因此当用指示剂测定某溶液(非缓冲溶液)的 pH 值时，指示剂本身的 pH 值就会对测试结果带来影响，例如弱酸性甲基红配成 0.04% 水溶液时，用它来测定某纯水的 pH 值 $(24℃，pH=7)$，在 10mL 纯水中加入 0.1mL，试验结果 pH = 5.1，使测定结果偏低。有人提出一种消除指示剂溶液对测试结果的影响的等氢法，也就是使指示剂溶液的 pH 值与被测溶液的 pH 值相等，这样指示剂就对测试结果没有影响了。

因为被测溶液的 pH 值是未知数，运行油的 pH 值一般在 $5.0 \sim 4.0$ 较多，其最重要的是对合格与不合格做出正确判断，所以测新油和蒸馏水用的指示剂溴甲酚绿和 BTB 的 pH 值调至 6.0，测运行油用的溴甲酚绿指示剂 pH 值调至 $4.5 \sim 5.4$，一般调至 5.0 较合适。

4. 比色测定与酸度计误差

在 DL 429.3—1991 油质试验方法中酸度计法测水溶性酸的后面有一条注释指出，"使用酸度计测定 pH 值，比目视比色测定的结果约高 0.2"，故测定值应减去 0.2，由于运行中油 pH 值的标准(pH≥4.2)是按比色测定结果而制定的，因此酸度计法测得的 pH 值应减去 0.2pH 值。

由于运行油中的水溶性酸多为弱酸(有机酸)，是弱电解质，在水溶液中只有少部分电离，也就是说溶液中的活度较弱，而用酸度计测量是测水溶液中的活度，加之水抽出液中难免带有少量油，妨碍在电极膜的渗透。故测出结果 pH 值偏高。

五、测试精确度

1. 比色法 GB/T 7598—2008

同一操作者用相同仪器对同一样品在相同条件下重复测定的两个结果之差不超过 0.31。

不同实验室、不同操作者按本方法对同一样品测定的两个结果之差不应超过1.22。

2. 酸度计法 DL 429.3—1991

平行测定两个结果之间的 pH 差值，不应超过0.05。使用酸度计测定的 pH 值，比目视比色测定的结果约高0.2。

3. 定量测定法 DL 429.4—1991

平行测定两个结果之间的差值，不应超过其算术平均值的5%。

第七节　抗氧化安定性

一、测定意义

电力系统所使用的绝缘油和汽轮机油，多为由碳氢化合物组成的矿物油，在使用过程中由于接触空气，及受温度、水分、电场等因素的影响，而使油质逐渐劣化。油在氧化过程中首先是产生可溶性的酸性物质，进一步氧化时则析出油泥沉淀物。油泥在汽轮机油系统中会影响正常的润滑和散热作用；在变压器中，油泥沉积在线圈表面，堵塞线圈冷却通道，易造成局部过热，甚至烧坏设备。因此，选择抗氧化安定性好的油品是非常必要的。

二、抗氧化安定性测定现状

国内外一些经典的氧化安定性测定法，都是评定油品抗氧化安定性的好方法。但其试验周期(指从试验准备工作到提出试验报告)都比较长，在一个工作日内是完不成的(最短的加热时间就达8h)，这对现场来说很不适用，广大用户要进行此试验比较困难。目前，我国新油(包括汽轮机油、绝缘油)规定此项目为保证项目，不作出厂每批控制指标，而是每年至少测定1~2次(汽轮机油1次，绝缘油2次)。国内外几种代表性的抗氧化安定性试验方法见表1-4-6。

表1-4-6　国内外几种代表性抗氧化安定性试验方法

方法代码	适用油品	温度/℃	流量(氧气)/(mL/min)	催化剂	结果表示方法	试验周期/天
SH/T 0124—92	汽轮机油	120	17	铜、铁	酸值、沉淀物	10
SH/T 0206—92	变压器油	110	17	铜丝	酸值、沉淀物	10
IEC-74	变压器油	100	17	铜丝	酸值、沉淀物	10
IEC-474	变压器油	120	17	铜丝	酸值、沉淀物	10
JLSC 2101	绝缘油	120	81kPa	铜丝	酸值、沉淀物	6
ASTMD 493	汽轮机油	95	50	铜丝、钢丝	酸值、2.0mg/g	45
ASTMD 2440	绝缘油	110	17	铜丝	酸值、沉淀物	10

表1-4-6中的这些抗氧化安定性试验方法，如作为鉴定、仲裁、研究和提高油品质量，则是很好的方法和手段。但由于这些方法的试验所需时间太长，技术条件要求又非常严格，试验过程也比较繁杂，作为监督、控制项目是有一定困难的。因此，须有一种快速

氧化试验方法，最好在一个工作日内就能完成试验，即试验周期不超过 8h。

旋转氧弹氧化试验作为加有防锈和抗氧化添加剂汽轮机油的快速氧化试验方法，其内容概括为：在不锈钢氧弹内玻璃试油杯里，加入 50g 被试油样。在蒸馏水、铜丝催化剂存在的情况下，充入 620kPa 的氧气后，放于规定试验温度（汽轮机油 150℃，变压器油 140℃）的油浴中，氧弹与水平面成 30°角，以（100±5）r/min 的速度轴向转动。在与氧弹连接的压力－时间自动记录仪的压力表上，氧气的压力从最高点下降 200kPa 时作为试验终点。从氧弹放入油浴开始试验起至氧气压力从最高点下降 200kPa 时的时间，以分钟表示，作为试油的旋转氧弹法的氧化寿命。

氧弹压力下降 200kPa，一般相当于新油的诱导期，压降所需的时间愈长，油的抗氧化安定性愈好，反之则氧化安定性愈差。一般新油的旋转氧弹法的氧化寿命为 200min 以上。

三、测定原理及方法

氧化安定性的测定根据变压器油加抗氧化剂和不加抗氧化剂的区别，其氧化温度是不同的。一般采用铜丝螺旋线圈作为催化剂，然后通入氧气（或空气）进行氧化，经过一定时间后测定氧化后的酸值和沉淀物的量。

目前国内抗氧化安定性测定方法，变压器油和汽轮机油是分开的，在此也简要介绍一下变压器油、汽轮机油的抗氧化安定性测定方法，以供参考。

变压器油抗氧化安定性测定方法是采用 SH/T 0206—1992 的方法。将 25g 试油放入氧化管中，并加入催化剂铜丝，以 17mL/min 流速通入氧气，在 110℃温度下连续加热 164h，取出氧化油测定其酸值和沉淀物含量。

汽轮机油抗氧化安定性测定方法系采用 SH/T 0124—2000 的方法。将 25g 已加完催化剂（环烷酸铜、环烷酸铁）的试油放入氧化管中，以 1.0L/h 的流速通入氧气，在 120℃温度下连续加热 164h，取出氧化油测其酸值和沉淀物。

测试原理是将一定量的试油装入专用特制的玻璃氧化管内，向其中加入一定数量的金属催化剂，在规定的温度下不断地通入一定流速的氧气，连续保持一定时间，即用人工的方法，加速油品的氧化，而后测定氧化油的酸值和沉淀物。根据氧化油的酸值和沉淀物的含量，得知油品的抗氧化安定性的好坏。

（一）变压器油氧化安定性测定法

变压器油氧化安定性测定法参照 ZBE 38003。

在有铜催化剂存在的条件下，将试油装入氧化管内，置于一定温度的油浴中，通入氧气，连续氧化 164h 后，测定其生成的沉淀物质量和酸值。沉淀物以质量分数表示，酸值以 mg/g 表示。油品的氧化安定性是评定油品使用寿命的主要控制指标。

氧化后沉淀物 w 按式（1-4-29）和式（1-4-30）计算：

$$w = \frac{m_3}{m} \times 100\% \qquad (1-4-29)$$

$$m_3 = m_1 + m_2 \qquad (1-4-30)$$

式中　m_3——氧化后沉淀物质量，g；

　　　　m——试样的质量，g；

m_1——管壁沉淀物质量，g；

m_2——油溶沉淀物质量，g。

氧化后酸值 $X(\mathrm{mg/g})$ 按下式计算：

$$X = \frac{T(V - V_1)n}{m} \times 10^3 \qquad (1-4-31)$$

式中　V——滴定时消耗 $0.05\mathrm{mol/L}$ KOH 乙醇溶液体积，mL；

V_1——滴定空白消耗 $0.05\mathrm{mol/L}$ KOH 乙醇溶液体积，mL；

n——氧化油与石油醚混合液滴定用混合液体积比；

T——$0.05\mathrm{mol/L}$ KOH 乙醇溶液滴定度，g/mL；

m——试样的质量，g。

应当注意：

(1)要严格控制试验温度、氧气通入量、催化剂的尺寸和表面的处理等，否则会影响试验结果；

(2)溶剂应不含芳香烃，对氧化后颜色很深的油不宜采用碱蓝 6B 指示剂，可采用 BTB 指示剂，或采用电位滴定法，以利于判断终点；

(3)测沉淀物时，一定要把过滤用的漏斗和滤纸上的油痕全部清洗干净并干燥，否则影响沉淀物结果。

如再生油的氧化安定性不合格，可通过小型试验加入适量的 T501 抗氧化剂。

(二)含抗氧化剂的汽轮机油氧化安定性测定法

含抗氧化剂的汽轮机油氧化安定性测定法参照 SH/T 0124—2000。

将含有油溶性环烷酸铁、环烷酸铜催化剂的试样装入氧化管，放入一定温度的油浴中，通入氧气 164h 后，测定氧化油的挥发性酸和总酸值及沉淀物含量。也可按诱导期时间(h)表示。挥发性酸值 $X_1(\mathrm{mg/g})$ 按式(1-4-32)计算：

$$X_1 = \frac{(V_1 - V_0) \times 56.1 \times c}{25} \qquad (1-4-32)$$

式中　V_1——滴定挥发性酸消耗 KOH 乙醇液体积，mL；

V_0——滴定空白消耗 KOH 乙醇液的体积，mL；

c——KOH 乙醇液的浓度，mol/L；

56.1——KOH 摩尔质量，g/mol；

25——试样质量，g。

总沉淀物含量按式计算：

$$D = (m_1 + m_2) \times 4 \qquad (1-4-33)$$

式中　m_1——不溶于正庚烷的沉淀物质量，g；

m_2——溶于三氯甲烷的沉淀物质量，g；

4——变换百分数的系数。

可溶性酸值 $X_2(\mathrm{mg/g})$ 按式(1-4-34)计算：

$$X_2 = \frac{V_2 \times 56.1 \times c}{5} \qquad (1-4-34)$$

式中　V_2——滴定正庚烷与氧化油混合液消耗 KOH 液的体积，mL；

c——KOH 标准液的 mol/L 浓度；

56.1——KOH 摩尔质量，g/mol；

5——试样量的 1/5。

总酸值 $X = X_1 + X_2$。

总氧化产物 TOP 按式(1 - 4 - 35)计算：

$$TOP = D + \frac{180 \times X}{561} \qquad (1-4-35)$$

式中　X——总酸值，mg/g；

D——总沉淀物，%；

180——氧化后酸的平均相对分子质量。

应当注意：

(1)要严格控制试验温度、氧气通入量、催化剂的尺寸和表面的处理等，否则会影响试验结果；

(2)溶剂应不含芳香烃，对氧化后颜色很深的油不宜采用碱蓝 6B 指示剂，可采用 BTB 指示剂，或采用电位滴定法，以利于判断终点；

(3)测沉淀物时，一定要把过滤用的漏斗和滤纸上的油痕全部清洗干净并干燥，否则影响沉淀物结果。

如再生油的氧化安定性不合格，可通过小型试验加入适量的 T501 抗氧化剂。

(三)润滑油氧化安定性测定法(旋转氧弹法)

润滑油氧化安定性测定法(旋转氧弹法)参照 ZBE 34011。

将试样、蒸馏水和铜催化剂放到玻璃盛样器内，装进有压力表的氧弹中。氧弹充入 620kPa 压力的氧气，放入规定温度(绝缘油 140℃，汽轮机油 150℃)的油浴中。氧弹与水平成 30°角，以 100r/min 的速度轴向旋转。当达到规定的压降时，停止试验，记录氧弹试验时间，以 min 表示，为试样的氧化安定性。

四、测定注意事项

测定注意事项如下：

(1)测定汽轮机油氧化后酸值时，由于氧化后油黏度较大，颜色也会变深，加之氧化产物对碱蓝 6B 指示剂有干扰，所以在滴定终点时，混合液蓝色褪尽时即可认为终点，因有的碱蓝指示剂很难达到呈浅红色。可以采用 BTB 指示剂或用电位差法滴定酸值，更为可靠。

(2)测量沉淀物时一定要把过滤用的漏斗和滤纸上的油痕全部洗净，否则会误将残油当成沉淀物，使沉淀物测试结果偏高。

(3)温度和通氧量对油品氧化反应速度影响较大，因此必须严格加以控制。

五、测定精密度

(一)ZBE 38003

氧化后沉淀物：同一操作者重复测定两个结果与其算术平均值之差，不应大于下列数值：

沉淀物质量/mg	重复性/mg
≤10	2
10～20	4
20～40	6
40～50	8
50～100	10
>100	20

氧化后酸值：同一操作者重复测定两个结果之差，不应大于其算术平均值的40%。

（二）SH/T 0124—2000

同一操作人员所得两个结果之差，不应大于下列数值：

总酸值/（mg/g）	允许差/平均值的%
>2	13
≤2	17
≥0.05	25
<0.05	不确定

（三）ZBE 34011

在 40～370min 范围内，同一操作者重复测定两个结果之差不应大于 $1.58 \times \sqrt{\bar{X}}$，其中 $\bar{X}$ 为两次结果的算术平均值。

第八节　T501 抗氧化剂的测定

一、测定意义

目前电力系统防止油质劣化措施之一，是采用油中添加抗氧化剂的方法，其目的是减缓油品老化速度，使油在设备中长期稳定运行。

抗氧化剂的种类很多，目前电力系统广为采用的抗氧化剂是 2、6—二叔丁基对甲酚，亦称烷基酚，石油部统一代号为 T501。一般新油在出厂时皆添加，一般添加量为 0.3%（质量分数）。如运行中采用添加 T501 抗气化剂作为防劣措施时，由于抗氧化剂在运行中逐渐消耗，因此要定期测定油中 T501 的含量。实践证明，要保持运行中油质良好，即使油的氧化速度缓慢，则 T501 在油中的余量不能低于 0.15%。也就是说，油中 T501 含量下降到接近 0.15% 时，就要及时补加，一般补加到油中 T501 的含量为 0.3%。

二、测定原理及方法

目前，T501 抗氧化剂的测定有分光光度法、液相色谱法、红外光谱法和薄层层析法等。

（1）分光光度法（GB/T 7602.3—2008）。此方法是以石油醚、乙醇作溶剂，磷钼酸作显色剂，基于T501在碱性溶液中生成钼蓝络合物，利用其溶于水的性质，根据钼蓝水溶液的颜色深浅，用分光光度计进行比色测定其含量。

（2）薄层层析法。该法是依据层析原理，用硅胶层析板将试油中被测组分与其他组分分离后，以磷钼酸显色，按被测组分斑点颜色深浅及大小，与标准油样斑点比较来确定其含量。该法为半定量，能粗略测出油中T501含量，常被现场采用。

（3）液相色谱法。以甲醇为萃取剂，富集油中的T501，用高效液相色谱仪分析溶解在萃取液中的T501含量，从而实现对油中T501的定量测定。液相色谱法的检测下限为0.005%。

（4）红外光谱法。变压器油、汽轮机油中T501抗氧化剂含量测定法（红外光谱法）系等效采用ASTMD2668－67（77:82）方法。该法是利用变压器油和汽轮机油中添加的T501抗氧化剂后，在3650cm^{-1}（2.74μm）处出现酚羟基伸缩振动吸收峰，该吸收峰的吸光度与其浓度成正比关系，通过绘制标准曲线，从而求出其质量分数。该法准确度高，但仪器较昂贵，目前只被科研部门采用。

（一）分光光度法

分光光度法参照GB/T 7602.3—2008《变压器油、汽轮机油中T501抗氧化剂含量测定法 第1部分：分光光度法》。

方法测定步骤：

（1）基础油的制备。取变压器油用硫酸白土反复处理后过滤，经检查不含有T501即可。可以从炼油厂直接购买不加抗氧化剂的基础油。

（2）标准油液的配制。精确称取T501抗氧化剂溶于基础油中，配成T501质量分数为0.1%、0.2%、0.3%、0.4%的标准油液，并避光保存于棕色瓶中。

（3）试油脱色处理（新油或油色接近新油的运行油不用脱色处理）。脱色处理的目的是除掉油中氧产物，以防由于氧化产物干扰颜色显示，而影响测试结果。

变压器油脱色处理步骤为：

取100mL试油加入500mL 30～60℃石油醚稀释摇匀后，用LWX—801吸附剂经过滤处理，再将石油醚全都蒸发掉，即得被测试油。

油脱色处理是用35%甲醇溶液来抽提油中的氧化产物的，一般处理一次即可，最好不要多次处理，因为经多次处理的油，测其含量结果偏低。

（4）标准曲线的绘制。分别称取0.1%、0.2%、0.3%、0.4%、0.5%的标准油0.4g置于锥形瓶中，依次加60～90℃石油醚10mL（目的是溶解试油），无水乙醇10mL（为溶解T501），0.1mol/L氢氧化钾乙醇溶液6.5mL（目的为调pH），5%磷钼酸乙醇溶液2mL（为发色），加入50mL沸腾蒸馏水，使钼蓝络合物溶解，最后注入比色皿中，用分光光度计以700nm波长（钼蓝在此波长吸收度值最大）进行测定，读取吸收度值。然后将测得的吸收度值和T501抗氧化剂质量分数绘成标准曲线。

（5）试油的测定方法与标准曲线绘制相同。试油测得的吸收度值可在标准曲线上查得T501质量分数。

（6）计算。以石油醚、乙醇作溶剂，磷钼酸作显色剂，基于T501在碱性溶液中生成钼蓝络合物，利用其溶于水的性质，采用分光光度法测定，判断油品中T501抗氧化剂的含量及其抗氧化性能。

T501 抗氧化剂含量按下式计算：

$$w = \frac{a}{m \times 1000} \times 100\% \qquad (1-4-36)$$

式中　w——抗氧化剂质量分数,%；

　　　a——标准曲线图上查得的 T501 抗氧化剂质量, mg；

　　　m——试样质量, g。

两次平行测定结果的差值不应大于 0.03%。

（7）应当注意以下事项：

①配制标准试样要采用不含 T501 的基础油；

②磷钼酸容易氧化而变绿色,故最好在使用前配制并装入棕色瓶中；

③钼蓝络合物需在一定 pH 范围内显色,故加碱量应精确；

④如采用添加 T501 抗氧化剂作为运行油防劣措施时,应定期测定油中 T501 含量,并及时补加。

（二）液相色谱法

流动相是液体的色谱法称为液相色谱法（Liquid Chromatography，LC）。与气相色谱法比较,液相色谱法不受试样挥发度和热稳定性的限制,非常适合于分离生物大分子、离子型化合物、不稳定的天然产物,以及其他各种高分子化合物等。此外,液相色谱中的流动相不仅起到使试样沿色谱柱移动的作用,而且与固定相一样,与试样发生选择性的相互作用,这就为控制改善分离条件提供了一个额外的可调因素。

液相色谱法参照 GB/T 7602—2008《变压器油、汽轮机油中 T501 抗氧化剂含量测定法第 2 部分：液相色谱法》。

方法测定步骤：

（1）油样按 GB/T 7597 规定的方法采集。称取 9.0g ± 0.2g（精确至 0.0001g）的被测油样于 10mL 具塞比色管中,用移液管取 1.00mL 甲醇加到比色管中,塞紧管塞,用力摇动使之混匀,水平放在振荡器上,常温振荡 15min。将比色管置于高速离心机内旋转（宜选用转速 2000r/min）10min,使油与甲醇分层。上层甲醇萃取液作为分析用样。

（2）用 25μL 微量注射器准确吸取萃取液 25μL 进样分析,得到样品中 T501 在检测器的响应值 R_t（峰面积或峰高）,此操作至少重复两次,取平均值。

当一个油样分析完成后,将流动相改为纯甲醇,并加大流速冲洗,直至色谱柱中不含残留物,然后再进行下一个油样分析。

（3）按下式计算油中 T501 的含量：

$$w_t = \frac{w_s \times m_s}{\bar{R}_s \times m_t} \times \bar{R}_t$$

式中　w_t——被测油样中 T501 的质量分数,%；

　　　w_s——标准油样中 T501 的质量分数,%；

　　　$\bar{R}_s$——检测器对标准油样中 T501 色谱峰的响应值；

　　　$\bar{R}_t$——检测器对被测油样中 T501 色谱峰的响应值；

m_s——标准油样质量，g；

m_t——被测油样质量，g。

（三）红外光谱法

红外光谱在可见光区和微波光区之间，其波数范围为 12800 ～ 10cm^{-1}（0.75 ～ 1000μm）。根据仪器及应用不同，习惯上又将红外光区分为三个区：近红外光区，中红外光区，远红外光区。其中，近红外光区处于可见光区到中红外光区之间。因为该光区的吸收带主要是由低能电子跃迁、含氢原子团（如 O—H、N—H、C—H）伸缩振动的倍频及组合频吸收产生，摩尔吸收系数较低，检测限大约为 0.1%。近红外辐射最重要的用途是对某些物质进行例行的定量分析。基于 O—H 伸缩振动的第一泛音吸收带出现在 7100 cm^{-1}（1.4 μm），可以测定各种试样中的水，如：甘油、肼、有机膜及发烟硝酸等，可以定量测定无机酸、醇、有机酸等。基于羰基伸缩振动的第一泛音吸收带出现在 3300 ～ 3600cm^{-1}（2.8 ～ 3.0 μm），可以测定酯、酮和羧酸。

红外光谱法参照 GB/T 7602—2008《变压器油、汽轮机油中 T501 抗氧化剂含量测定法 第 3 部分：红外光谱法》。

方法测定步骤：

（1）用 1 ～ 2mL 的玻璃注射器，抽取标准油样，缓慢地注满液体吸收池。

（2）将注满标准油的液体吸收池放在红外分光光度计的吸收池上，记录 3800 ～ 3500cm^{-1} 段的红外光谱图，重复扫描三次。若三次扫描示值计算得到的吸光度 A 的最高值和最低值之差大于 0.010 时，则需重新测定，否则取三次测定结果的算术平均值作为测定结果。

（3）记录完谱图后，将液体吸收池从吸收池架上取下，用吸耳球将吸收池中的油样吹出，并用四氯化碳溶剂将吸收池清洗干净。

（4）按以上步骤分别测定含有 0.1%、0.2%、0.3%、0.4%、0.5% T501 的标准油的红外光谱谱图。

（5）吸光度谱图：读取在 3650cm^{-1} 处吸收峰的最大吸光度值 A_1（精确到 0.001），并以该谱图上相邻两峰谷的公切线作为该吸收峰的基线，过 A_1 点且垂直于吸收线作一直线，与基线相交的点即为 A_0。

$$A = A_1 - A_0$$

式中 A——含有 T501 的油样的吸光度；

A_1——含有 T501 的油样的吸光度示值；

A_0——含有 T501 的油样基线的吸光度示值。

三、测定注意事项

测定注意事项如下：

（1）为防止试验条件的差异（所用试剂、工作环境等）影响，故在每次测定试油中 T501 含量的同时进行标准曲线的绘制，以减少误差。

（2）用分光光度计法测试运行中老化油时，必须经过脱色处理，否则结果偏高。但碱洗不宜过多，否则将影响分析结果。

（3）由于钼蓝络合物需在一定的 pH 范围内显色，故加碱量应精确，否则影响发色程度。

（4）由于磷钼酸溶液易氧化而变成绿色，影响发色，故应置于棕色瓶中保存。最好在使用前配制。

（5）脱色处理用石油醚沸点 30～60℃ 馏程较好，测试含量时，用 60～90℃ 石油醚较好。

四、测定精确度

1. 分光光度计法

重复性 r 0.05%。

再现性 R 0.15%。

2. 液相色谱法

取两次平行测定结果的算术平均值作为测定值。

重复性 r 0.030%。

再现性 R 0.056%。

3. 红外光谱法

取两次平行测定结果的算术平均值作为测定值。

重复性：同一试验室，两次平行试验结果的差值不应大于 0.03%。

再现性：不同试验室，两次平行试验结果的差值不应大于 0.04%。

第九节　界面张力的测定

一、测定意义

油水之间的界面张力测定是检查新油精制程度及运行绝缘油中含有老化产物（极性物质）的一项间接有效方法。由于绝缘油老化产生了活性物，在两相交界面上定向排列，改变了原来界面上的分子排列状况，降低了油的界面张力。因此，可根据测定油水界面的变化来观察油质状况及氧化生成油泥的趋势。

界面张力的大小是用界面张力仪来测试的。测试方法是通过一个水平的铂丝测量环，从界面张力较高的液体表面拉脱铂丝圆环，也就是从水油界面将铂丝圆环向上拉开所需的力来测定的。张力值 δ 用 mN/m 表示。

二、测定方法

（一）圆环法

油对水界面张力测定法，参照 GB/T 6541—1986。

将一个铂丝平面圆环，从水-油界面向上拉脱，测定其所需的力。在计算界面张力时，所测得的力要用一个经验测量系数进行修正。此系数取决于所用的力、油和水的密度及圆环的直径。由油的界面张力可了解油的净化程度及老化深度。

界面张力 δ(mN/m) 按式（1-4-37）计算：

$$\delta = MF \tag{1-4-37}$$

式中 M——膜破裂时刻度盘读数，mN/m；

F——系数，按式(1-4-38)计算。

$$F = 0.7250 + \sqrt{\frac{0.0678M}{r_v^2(\rho_0 - \rho_1)} + P} \qquad (1-4-38)$$

$$P = 0.04534 - \frac{1.679r_w}{r_v} \qquad (1-4-39)$$

式中 ρ_0——水 25℃时的密度，g/cm³；

ρ_1——试样 25℃时的密度，g/cm³；

P——常数，按式(1-4-39)计算；

r_w——铂丝半径，mm；

r_v——铂丝环的平均半径，mm。

同一操作者重复测定两个结果之差不应超过平均值的 2%；由两个试验室测出的测定结果之差不应超过平均值的 5%。

应当注意：

(1)测定前应注意对仪器的校正，一般用 25℃下的蒸馏水进行校正，水的界面张力应在 71~72mN/m 之间，否则应对仪器进行调正，直至水的张力达到规定的范围，方可进行试样的测定。

(2)仪器应保持清洁，试样按规定预先进行过滤。

(3)对表面张力不合格的油品应当进行净化处理及吸附剂处理。

(二)界面张力仪的调正与校正

首先用水平螺丝将张力仪调正到水平。使游标对准刻度盘零点，扭力丝拉到适当紧度，用零点微调螺丝调到指针刚好对准刻线。初步调正好后就可用质量法校对仪器，在铂环上放 1 张 500~800mg 纸片，在上面依次加 0.2、0.4、0.6、0.8、1.0g 重，读取刻度数。刻度盘读数与按 $p = mg/2l$ 公式计算的理论值对照，如反复测得的刻度盘数值比理论值大时，应等长地缩小杠杆壁，反之则增长，直到读数值与理论值非常近似为止。

(三)界面张力试验

试验步骤如下：

(1)校正界面张力仪。

(2)分别用石油醚、丁酮及洗液和蒸馏水洗净玻璃杯及铂环。

(3)试油准备，用中速滤纸过滤。

(4)测量试油 25℃时的密度。

(5)开始试验。

向干净的试样器皿中注入 50~75mL 25℃蒸馏水，把器皿放在器皿托盘上，使铂环浸没在水深约 5mm 处。再加入试油至水面上 10mm 高处，待 0.5min 后即可慢慢降低升降台，同时增加扭力，使指针始终对准刻线，直到油膜拉破。全部操作在 1min 内完成。记录刻度盘读数，再按公式计算界面张力值。

三、测定注意事项

测定注意事项如下：

(1)仪器应清洗干净,如不洁或有外界污染物存在,会导致界面张力数值降低。在每次试验后再连续进行第二次试验时,要对玻璃杯及铂金环进行清洗,应先用石油醚或丁酮清洗,最后水洗,再用蒸馏水洗后烘干,铂金环需在煤气火焰的氧化焰中灼烧。

(2)玻璃杯和铂金丝环的尺寸和形状对试验结果有直接影响。玻璃环的底部要平正,直径应不小于45cm,铂金丝环圆周长为4~6cm。实践证明采用直径为6cm的环,准确度较高。且应保证环为圆形,环与其相连的镫应保持垂直。

(3)为防止试样中存在杂质对试验结果的影响,油样应先用中速滤纸过滤。每滤过25mL试油后,换用新的滤纸,试验用水采用纯净中性蒸馏水。

在进行水的表面张力测量时,铂金环浸入水中约5mm深。在进行油水界面张力测量时,加试油量应保持约10mm的高度。如果高度太低,会使环从油水交界面拉出时触及油与油上面空气的另一交界面,使试验结果偏高。

(4)在进行油水界面张力测量时,油中亲水性极性物质会向油水界面逐渐迁移,而引起界面分子排列的重大变化,其迁移速度取决于油中存在的极性分子的类型和浓度及其他因素,如温度等。因此,规定从倒入试油到膜被拉裂的整个操作应在1min内完成。从界面拉出环所需时间尽量接近30s。但在接近拉膜时,操作应尽量缓慢进行,因为拉膜时常常由于移动太快产生滞后现象,致使结果偏高。

四、测定精密度

1. 重复性

同一操作者重复测定两个结果之差,不应超过平均值的2%。

2. 再现性

由两个实验室测出的测定结果之差,不应超过平均值的5%。

第十节　水　分　测　试

一、测定意义

绝缘油中水分对绝缘介质的电性能、理化性能及充油设备的寿命等都有极大的危害,故水分是油质监督的重要项目之一。同时,水分是影响变压器设备绝缘老化的重要原因,变压器油和绝缘材料中有水分,能直接导致绝缘性能下降并会促使油老化,影响设备运行的可靠性和使用寿命,对水分的监督是保证设备安全运行的必不可少的项目。汽轮机油中水分的存在,会加速油质老化及产生乳化,同时会与油中添加剂作用,促使其分解,导致设备锈蚀。水分的存在表明轴封部件不严,导致携带蒸汽进入油中。

二、测定原理

(一)水分定性测定法

此方法是将试油放入试管中加热至规定温度,用听响声的方法判断油中有无水分。

(二)水分定量测定法

油中水分定量分析是将试油与无水溶剂混合,在水分测定器中用蒸馏法将试油中水分携带出来测量其水分的含量(质量分数)。

(三)库仑法

库仑法测定变压器油水分含量的方法,参照 GB 7600—1987。

库仑分析的基础是法拉第电解定律,要求以 100% 的电流效率电解试液,产生某一试剂与被测物质进行定量的化学反应,或直接电解被测物质。滴定时的化学计量点可借助于指示剂或电分析化学方法来确定。根据化学计量点时电解过程所消耗的电量,来求得被测物质的含量。如果电解过程中保持电流值恒定不变,则称为库仑滴定法;若控制工作电极的电位为恒定值,就被称为恒电位库仑分析法。

库仑法是一种电化学法,它是将库仑计与卡尔－费休滴定法结合起来的分析方法。当被测试油中的水分进入电解液后,水参与碘、二氧化硫的氧化还原化学反应,在吡啶和甲醇存在下,生成氢碘酸吡啶和甲基硫酸吡啶,消耗了的碘在阳极电解产生,从而使氧化还原反应不断进行,直至水分全部耗尽为止。依据法拉第定律,电解产生的碘是同电解时耗用的电量成正比例关系。其反应如下:

$$H_2O + I_2 + SO_2 + 3C_5H_5N \longrightarrow 2C_5H_5N \cdot HI + C_5H_5N \cdot SO_3$$

$$C_5H_5N \cdot SO_3 + CH_3OH \longrightarrow C_5H_5N \cdot HSO_4CH_3$$

在电解过程中,电极反应如下:

阳极　　　　$2I^- - 2e^- \longrightarrow I_2$

阴极　　　　$I_2 + 2e^- \longrightarrow 2I^-$

$$2H^+ + 2e^- \longrightarrow H_2 \uparrow$$

其原理是基于有水时,碘被 SO_2 还原,在吡啶和甲醇存在的情况下,生成氢碘酸吡啶和甲基硫酸氢吡啶。氢碘酸吡啶在电解过程中,可形成碘。碘又与试样中的水分反应生成氢碘酸,直至全部水分反应完毕为止。从以上反应式中可以看出,即 1mol I_2 氧化 1mol SO_2 需要 1mol H_2O,所以 1mol I_2 与 1mol H_2O 的反应,即电解碘的电量相当于电解水所需的电量。根据这一原理可直接从电解消耗电量数,计算出水的含量。

油中水分含量按下式计算:

$$w = \frac{Q \times 10^3}{DV \times 10722} \qquad (1-4-40)$$

式中　w——水分质量分数;

　　　Q——试样消耗的电量,mC;

　　　D——试样的视密度,g/mL;

　　　V——试样的体积,mL;

　　　10722——换算常数,mC/g。

应当注意:

(1)卡氏试剂和电解液的组成比例应适当,否则终点不稳,指针漂移;

(2)电解液应放在干燥的暗处保存,温度不宜高于 20℃;

(3)搅拌速度要适宜,太快、太慢均会影响测试结果;

(4)注意仪器的密封性,避免潮气侵入试样。

绝缘油水分不合格,最好采用真空滤油或二级真空滤油,运行中变压器油水分卡边或超标时,可带电滤油或投入热虹吸器。

（四）气相色谱法

气相色谱法测定变压器油水分含量的方法，参照 GB 7601—2008。

此方法是采用以高聚物为固定相的直接测定法，其测定原理是将试油中的水分在汽化加热器适当温度下汽化后，用高分子微球为固定相进行分离，然后用传导检测器检测，采用工作曲线法定量。

试样在色谱仪中水分被加热汽化后，以高分子多孔微球为固定相进行分离，用热传导检测器检测，并采用峰高定量法得出试验结果。

两次平行测验结果的差值不应超过 4.2 mg/L。取两次平行试验结果的算术平均值为测定值。

应当注意：

（1）气相色谱仪应装配可排残油的进样汽化装置，或采用反吹气路；

（2）色谱柱应采用内壁抛光的不锈钢管，以减少管材对水的吸附作用。

（五）石油产品水分测定法

石油产品水分测定法，参照 GB 260—1977（1988）。

一定量的试样与无水溶剂混合，进行蒸馏测定其水分含量，以百分数（质量分数）表示之。试验仪器——水分测定器如图 1-4-7 所示。

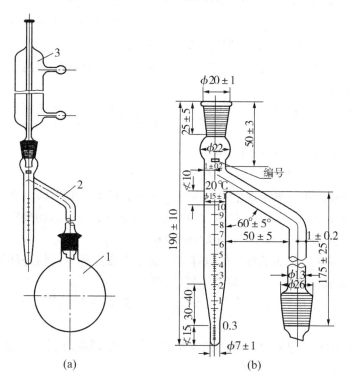

(a) (b)

图 1-4-7 水分测定器

1—圆底烧瓶；2—接收器；3—冷凝管

试样的水分含量（质量分数）w 按下式计算：

$$w = \frac{V \cdot \rho_{水}}{m} \times 100\%$$

$$(1-4-41)$$

式中　V——接收器中收集水的体积，mL；

　　　　$\rho_水$——水的密度，g/mL；

　　　　m——试样的质量，g。

在两次测定中，收集水的体积差数，不应超过接受器的一个刻度。取两次测定结果的算术平均值为测定值。

当汽轮机油含水量较大时，应用离心式、压力式滤油机进行净化处理，定期从油箱底部放水，调正轴封气压，提高检修质量。

三、测定注意事项

(一)采用库仑法测定油中水分时的注意事项

采用库仑法测定油中水分时的注意事项如下：

(1)卡氏试剂的配制和电解液的组成比例要严格按规程进行，各种成分的比例不能轻易改动，否则会影响检测灵敏度或终点不稳定，电解液应放在干燥的暗处保存，温度不宜超过20℃。

(2)搅拌速度太快、太慢都会影响数据的稳定性，通常最好能够使电解液呈一旋涡状为宜。最好搅拌子采用聚四氟乙烯材料包裹铁丝，热压成型后使用。

(3)电解液当注入的油样达到一定数量后，整个电解液会呈现浑浊现象，如要继续进样应用标样标定，符合规定后方可使用；否则更换电解液。

(4)电解池应密封，所有通气孔均应连有干燥管，且干燥剂要勤换，以防止湿空气进入，影响测定结果。

(5)测试仪器最好放在电源稳定、噪声小、无磁场干扰和在避光照的环境中，以免影响仪器的稳定。

(二)采用色谱法测定油中水分的注意事项

采用色谱法测定油中水分的注意事项如下：

(1)为达到快速准确地测定油中水分含量，对气相色谱仪要求检测灵敏度高，热传导检测器对油中含水量的最小检测质量浓度应小于0.5mg/L，且仪器的稳定性好，噪声要≤±0.005mV，基线漂移和不稳定性≤±0.05mV/n。

(2)作工作曲线时，正庚烷标样的进样量，应至少取五种不同的进样体积，并且每种体积均应做平行试验，其峰高相对偏差不超过3%。

(3)在室温下用正庚烷为标样作工作曲线时，最好在恒温下进行，温度波动不大于1℃。

(4)每次开机试验，应先对工作曲线作单点校正，如果相对误差超过5%，则应重做工作曲线。

(5)每个样品至少应做两次平行试验，其峰高的相对偏差不得超过3%。

四、测定准确度

1. 库仑法

两次平行测试结果的差值不得超过下列数值：

含水量/（mg/L）	允许差/（mg/L）
10 以下	2.9
10～15	3.1
16～20	3.3
21～25	3.5
26～30	3.8
31～40	4

取两次平行试验结果的算术平均值为测定值。

2. 气相色谱法

两次平行试验结果的差值不超过下列数值：

试油含水量范围/（mg/L）	允许差/（mg/L）
10 以下	2
11～20	3
21～40	4
大于 40	10%

取两次平行试验结果的算术平均值为测定值。

第十一节　油中含气量测定

一、测定意义

运行中绝缘油中的气体，一般是以溶解状态和游离状态存在的，当周围温度压力骤变时，会使气体从油中析出来，析出的气体聚集成气泡，这些气泡在强电场的作用下，会把气体拉成长体，极易发生气体的碰撞和游离。因为气泡在高场强作用下，气泡内的气体产生带电粒子，使其电流瞬间增大，气体被击穿，使油的绝缘性能下降。

为了保证充油设备绝缘的可靠性，对超高压电气设备用油，在充入设备前对油品进行真空脱气，使油中有较低的含气量，以减少气隙放电的可能性。但油中的含气量与电气设备的严密性关系很大，所以目前只能按照电气设备制造厂家与用户协商的规定指标进行监督测量。

二、测定方法

油中含气量测定脱气方法包括 CO_2 洗脱法、真空脱气法、真空压差法和薄膜真空脱气法。

（1）CO_2 洗脱法。

CO_2 洗脱法测试原理是用高纯度的 CO_2，以极其分散的形式通过一定体积的试油，将试油中溶解的气体洗脱出来，并与 CO_2 同时通过装有 KOH 溶液的吸收管，使 CO_2 被 KOH 溶液吸收。所余下的未被吸收的非酸性气体，进入有精确刻度的量气管里，从刻度上读出气体的体积数，并以体积分数表示之。

此方法的缺点是所测得的含气量不包括酸性气体，因在 KOH 溶液吸收 CO_2 的过程中将油中原溶解的 CO 和 CO_2 也同时吸收掉了，因此，此方法测得的结果偏低。

（2）真空脱气法。

真空脱气法是采用真空泵造成脱气缸内达高真空度，油脱气后用饱和食盐水作为补偿负压空间的介质，以使脱出气体恢复正常取出，以体积分数表示。

此方法如能保证高的真空度和良好的密封性，其重复性和再现性尚好，否则精确度不高。

（3）真空压差法。

真空压差法测定原理是使被测试油暴露在真空脱气室内，这时溶于油中的气体因压强降低会释放出来，根据试油的体积，测试温度，释放出气体所产生压强大小，通过计算，求出气体含量，以体积分数表示。

此方法操作比较简单，重复性好，精度较高。

（4）薄膜真空脱气法。

薄膜真空脱气法的原理是用真空泵抽脱气室中弹性薄膜两侧的真空，然后油喷入薄膜的上面空间进行脱附。脱气后利用压气球使空气打入薄膜的下面空间，使上面空间的脱出气体恢复常压，即可取出气体，以体积分数表示。

此方法如其装置能保证高的真空度和良好的密封性，其重复性和再现性尚好。

（一）CO_2 洗脱法

CO_2 洗脱法参照 DL/T 450。

用高纯度的 CO_2 以极其分散的形式通过一定体积的试样，由于 CO_2 的过饱和，会将油中原来溶解的气体携带出来，并与 CO_2 同时通过装有 KOH 溶液的吸收管，此时 CO_2 被完全吸收，所留下的气体就进入有精确刻度的量气管里，从刻度上读出气体的体积数。含气量测试装置如图 1-4-8 所示。

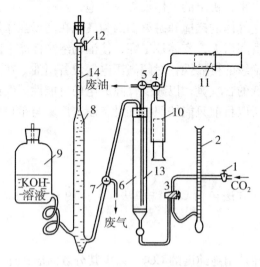

图 1-4-8　绝缘油中含气量测试装置

1—稳流阀；2—皂沫流量计；3，7—三通阀；4，5—微型三通阀；6—洗脱管；8—吸收管；9—水准瓶；
10—进样用注射器；11—取样用注射器；12—旋塞；13—进样用小管；14—量气管

将所测得的气体体积数修正到 0℃ 、101.3kPa 下的体积 V_s :

$$V_s = \frac{(V_a - V_c)P_a T_s}{P_s T_a} \qquad (1-4-42)$$

式中　V_a——试验中收集的气体体积，mL；

　　　V_c——空白操作收集的气体体积，mL；

　　　P_a——试验时大气压力，kPa；

　　　P_s——标准大气压力，kPa；

　　　T_a——试验时的绝对温度，K；

　　　T_s——标准温度，273K。

计算在 0℃ 、101.3kPa 下试样的体积 V_{ts} :

$$V_{ts} = V_1 - V_1(T_1 - T_s)K \qquad (1-4-43)$$

式中　V_1——试样体积，mL；

　　　T_1——试样的绝对温度，K；

　　　T_s——标准温度，273K；

　　　K——试样的体积膨胀系数，变压器油取 $0.00065℃^{-1}$ 。

计算在 0℃ 、101.3kPa 下油中气体体积分数 φ :

$$\varphi = \left(\frac{V_s}{V_{ts}}\right) \times 100\% \qquad (1-4-44)$$

应当注意：

(1)脱气装置的密封性要好；

(2)脱气时应能准确地量出被脱试样的体积和脱出气体的体积，最好能精确到两位有效数字；

(3)脱出气体后，应尽量防止气体对油的回溶；

(4)此方法的缺点是所测得的含气量，不是油中的总含气量，即不包括酸性气体；

(5)对于含气量不合格的油品采取真空脱气处理(油中含气量与油质无关，主要是设备的严密性问题)。

(二)分析结果计算举例

油中含气量是以在 0℃ 、101.3kPa (273K 和 760mmHg)下的体积分数表示。

V_1——空白操作时收集到气体体积为 0.05mL；

V_2——试验中所实际收集的气体体积(油中脱出的气体)为 0.41mL；

P_2——试验时大压力为 99.8kPa(气象台告知)；

P_3——标准大气压力为 101.3kPa；

T_2——试验时的绝对温度，293K(室温 20℃)；

T_3——标准温度 273K；

V_{x2}——试验温度下试油的体积为 10.20mL；

V_{x3}——0℃ 、101.3kPa 下油样体积；

T_{y2}——试验时试油的绝对温度，293K；

K——试油的体积膨胀系数，变压器油取 $0.00065℃^{-1}$ 。

1. 仪器

含气量测定仪是北京玻璃仪器厂生产的，玻璃仪器包括：

（1）皂沫流量计。用于测量 CO_2 流速。

（2）洗脱管。试油中含有气体用 CO_2 在此管中洗脱出来。

（3）吸收管。总体积约200mL，管上端有1.6mL精确刻度的量气管。被 CO_2 携带出来的油中气体，就是在吸收管上端读取的。

2. 步骤

（1）将装有高纯度 CO_2 小钢瓶与针型减压阀相连接。打开阀门清洗整个系统内部的空气，此时 CO_2 气体不通过吸收管而直接通向大气，以防碱液失效快。

（2）检查所有连接管路，应严密不漏气。

（3）测定空白（测定 CO_2 纯度）。

（4）注入试油约10mL，然后进行洗脱，记下脱出气体体积（mL）。

（5）记下油温和室温及当天的大气压力。

3. 计算

第一步：先把试油脱出的气体体积修正到0℃、101.3kPa下的体积 V_3：

$$V_3 = \frac{(V_2 - V_1)P_2T_3}{P_3T_2} = \frac{(0.41 - 0.05) \times 99.8 \times 273}{101.3 \times 293} = 0.33\text{mL}$$

第二步：再把试油的体积修正到0℃和101.3kPa下的体积 V_{x3}：

$$V_{x3} = V_{x2} - V_{x2}(T_{y2} - T_3)K$$
$$= 10.20 - 10.20 \times (293 - 273) \times 0.00065$$
$$= 10.2 - 0.13$$
$$= 10.07\text{mL}$$

第三步：计算在0℃和101.3kPa下试油中气体的体积分数：

$$\varphi = \frac{V_3}{V_{x3}} \times 100\% = \frac{0.33}{10.07} \times 100\% = 3.277\%$$

试验出被试油中的含气量（体积分数）为3.277%。

（三）真空压差法

真空压差法德试验步骤参考 DL/T 423—2009。

使被测油样进入仪器脱气室内，在高真空下，释放出油中溶解气体。根据脱气油样的体积、温度、脱出气体所产生的压差，计算出油的含气量，以在标准状态下的体积分数表示。方法所用仪器如图1-4-9所示。

按下式计算油在101.3kPa、0℃时的含气量：

$$\varphi = \frac{273 \times \Delta p}{9482 \times V_L \times (1 - 0.0008 \times t_2)} \times \left(\frac{V - V_d}{273 + t_1} + \frac{V_d - V_L}{273 + t_2} \right) \times 100\%$$

式中　φ——油中含气量（体积分数），%；

V——脱气装置的总体积，mL；

V_L——脱气室内油样的体积，mL；

V_d——恒温箱内脱气室的体积，mL；

Δp——油中脱出气体产生的压差（用 mm 硅油柱表示）；

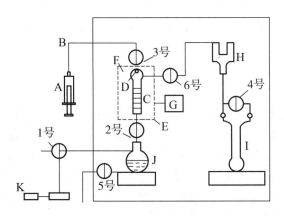

图 1-4-9　玻璃含气量测定装置结构示意图

1 号—双路旋塞；2 号、3 号、4 号、5 号、6 号—直通旋塞；A—100mL 注射器；

B—进油管路；C—脱气室；D—小孔喷嘴；E—恒温箱；F—感温探头；

G—控温仪；H—冷阱；I—U 形硅油柱压差计；J—储油瓶；K—真空泵

t_1——室温，℃；

t_2——恒温箱内的温度，℃；

9482——275 号硅油柱高度，mm，相当于 101.3kPa。

三、测定注意事项

测定注意事项如下：

(1)整个试验装置必须严密不漏气，所有管路都能畅通，无堵塞现象。

(2)CO_2 流速对测试结果影响较大，一般控制在 30mL/min 较合适。

(3)测试温度低于 15℃时，洗脱时间应增长，改为 15min，因在低温时 10min 洗脱不完全。冬季在室外取样因温度较低，故需在室内放置一段时间后再试，以免油温和室温相差过大。

(4)试样采取需用针管，并加胶塞堵好。

四、测定准确度

如油品含气量(体积分数)大于 1%时，两次平行试验的差值与平均值之比应在 5%以内。如 $\dfrac{2.2 - 2.1}{2.15} \times 100\% = 4.6\%$ 。

CO_2 洗脱法，两个平行试验结果的相对偏差，不应超过下列数值：

含气量/%	相对误差/%
<0.5	20
<3	10
>3	5

第十二节　油中糠醛含量的测定

一、测定意义

绝缘纸、板作为常见的固体绝缘材料，已广泛用于油浸式电力变压器中。绝缘纸、板中含有大约90%的纤维素，6%～7%的半纤维素以及3%～4%的木质素。纤维素是由D-吡喃葡萄糖基彼此以β-1，4-糖苷键连接而成的线性高分子化合物，在变压器运行环境，如温度、电场、机械应力等因素的综合作用下，纤维素链发生断裂，从而导致机械强度下降并产生溶解于绝缘油中的呋喃化合物。由于油中呋喃化合物仅来源于固体纤维绝缘的降解，与绝缘油的降解无关，被证实比油中溶解的碳氧化合物气体更能表征固体纤维的老化程度，并已纳入IEC 1198国际标准。

糠醛又名呋喃甲醛，分子式为$C_5H_4O_2$，分子结构如图1-4-10所示。

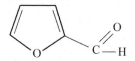

图1-4-10　糠醛的分子结构

糠醛密度为1.162～1.168g/cm^3，沸点为159.5～162.5℃。它是呋喃化合物中最主要的成分，也是用于判断绝缘纸老化程度最为普遍的参数，已被电力部门作为判断油浸式变压器绝缘老化程度的重要判据。

二、测定方法

矿物绝缘油中糠醛含量测定方法的分光光度法，参照DL/T 702—1999。

分光光度法采用水为萃取剂萃取油中的糠醛，以醋酸苯胺作显色剂，采用分光光度法对绝缘油中糠醛进行测定。测定范围为0.1～4mg/L。

油品采集按GB 7597的有关规定进行，采样宜用250mL具塞棕色玻璃瓶，油样应充满至容器体积的95%左右。油样采集后保存时间不宜超过7天。

试验步骤如下：

1. 显色剂配制

显色剂的配制比例按V(冰醋酸)：V(苯胺)＝9：1配制。由于二者混合时要放出热量，在配制时应将新蒸馏的苯胺徐徐加入冰醋酸中，边加边搅拌，应使混合液温度低于20℃。配制的醋酸苯胺在常温下只能保存8h，在5～8℃时可保存3天，如发现颜色变黄，应重新配制。

2. 标准储备液的配制

取新蒸馏的糠醛(淡黄色)1g左右(精确至0.0002g)置于1L棕色容量瓶中，用蒸馏水稀释至1L。摇匀即为糠醛标准水样储备液，置于避光处放置2天后备用。

3. 绘制工作曲线

取上述标准水样储备液 1.00mL 于 1L 棕色容量瓶中，用蒸馏水稀至刻度，摇匀，即为糠醛标准工作液，按表 1 - 4 - 7 配制标准色阶，同时记录制作工作曲线时的温度（表 1 - 4 - 7 以工作液的质量浓度为 1.159mg/L 为例）。

表 1 - 4 - 7　油中糠醛含量工作曲线

序号	1	2	3	4	5
工作液取样量/mL	1	3	5	7	10
糠醛含量/μg	1×1.159	3×1.159	5×1.159	7×1.159	10×1.159
最大吸光度 A	0.079	0.080	0.163	0.235	0.336

注：试验温度为 22℃。

按表 1 - 4 - 7 的数据分别取糠醛的标准工作液于 25mL 比色管内，在第一支比色管内加入 10mL 显色剂，加蒸馏水至刻度，摇匀，用 30mm 比色皿，在波长 520nm 处，以蒸馏水做参比液，测定溶液的最大吸光度。用同样的操作方法在第二支比色管内加入 10mL 显色剂，读取最大吸光度。照此方法分别读取其余标准工作液显色后的最大吸光度，并通过回归分析求出糠醛含量与最大吸光度的关系式，相关系数不得低于 0.995，否则须重做。同时绘制糠醛含量 - 最大吸光度图。

取待测油样 100mL 于 500mL 烧杯中，加 55mL 蒸馏水，装冷凝管进行蒸馏萃取。馏出液经滤纸和脱脂棉过滤，以滤出蒸馏带出的油组分。当馏出液至 45mL 时停止蒸馏（如馏出液未到 45mL 时油样开始剧烈沸腾，应停止加热。馏出液体积以实际馏出液体积为准），蒸馏液再过滤一遍，滤液待用。

取 10mL 上述滤液（如糠醛含量过高，可减少取样量）于 25mL 比色管中，加入 10mL 显色剂，并加蒸馏水至刻度，摇匀，转移到 30mm 比色皿内，于 520nm 处进行比色。记录最大吸光度值，并由标准曲线得出 25mL 比色液中糠醛含量。

结果计算：

$$\rho = \frac{aV}{75V_1}$$

式中　ρ——油样中糠醛质量浓度，mg/L；

a——25mL 比色液中含糠醛的质量，μg；

V——萃取液体积，mL；

V_1——萃取液取样量，mL；

75——油样萃取率为 75%。

三、测定注意事项

测定注意事项如下：

（1）苯胺与糠醛的显色反应受温度影响较大，测试时室内温度波动不宜超过 2℃，当条件变化时，应重做工作曲线。

（2）糠醛标准水样如果质量浓度高，在 1000mg/L 以上，则 15 天内吸光度无显著变化。对蒸馏萃取液，特别是低含量的油样萃取液，建议放置时间不超过 3h。

（3）显色剂与水样混合后应充分振荡，使之完全混合。

（4）由于蒸馏过程中，油中轻组分会带入蒸馏液中而影响以后的比色效果，故应将馏出液通过滤纸、脱脂棉过滤，以确保滤液清澈透明。

（5）糠醛在水中溶液较慢，因此配制糠醛标准水样时，应充分振荡并于避光处放置 2 天，以保证混合均匀。

（6）室温较高时，配制醋酸苯胺应浸在冰浴中进行。

（7）被测油样中糠醛质量浓度应小于 4mg/L，如油样中糠醛浓度过高，则应用新油稀释后再萃取。

四、试验报道与结果分析

在避光的情况下，将糠醛与新疆克拉玛依炼油厂提供的 25 号新变压器矿物油充分混合，配置初始糠醛质量浓度为 12.5 mg/L 的实验样油约 50L，并进行脱水、除气。选择厚为 0.3mm 的绝缘纸板，将其置于真空干燥箱中，于 90℃下恒温真空干燥 48h 后，降低温度至 40℃真空浸油 24h（压强 <50Pa），按 m（油）：m（纸）质量比 10:1 添加已配好初始糠醛的实验样油构成油纸绝缘系统。将此油纸绝缘试品置于自行定制的真空恒温箱中，观测不同温度下糠醛含量变化及达到平衡时在油纸中的分配比例。

试验共取 4 个温度：依次为 90℃→60℃→40℃→70℃（《变压器运行规程》：变压器顶层油温不超过 95℃），每个温度定期取样，每次取样 10～15ml，采用高速液相色谱仪对油中糠醛含量进行测量。为观测试验过程中绝缘纸的老化情况，在试验始末对绝缘纸的聚合度分别进行一次测试。

试验始末分别进行了一次绝缘纸板聚合度的测试，值分别为 1160 和 1140，聚合度变化不大，可认为试验过程中绝缘纸板未产生热老化，也即绝缘纸板本身未产生糠醛，所有糠醛只由初始加入的糠醛含量决定。研究表明，油中糠醛的减少有可能是转移到纸中，也有可能是糠醛自身的分解和消耗造成。

在相同条件下设计了纯油中添加糠醛在 90℃下的稳定性试验。初始添加的糠醛质量浓度为 12.5mg/L，在无氧的环境下进行了 840h 的恒温加热，并定期测量油中糠醛含量，结果绘于图 1 - 4 - 11 中。

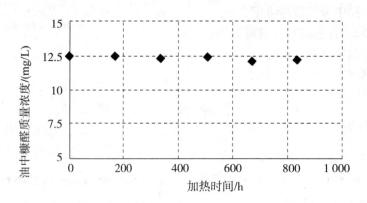

图 1 - 4 - 11　纯油中添加糠醛质量浓度随时间变化散点图

由图 1 - 4 - 11 可知，糠醛在 90℃下的稳定性很好。因此，可以认为试验过程糠醛自身没有分解和消耗，而只是在油纸中动态变化。平衡试验进行 239 天，分别对 90℃、

60℃、40℃和70℃下油中糠醛含量进行了33、11、21和174天的恒温加热，得到各个温度下油中糠醛随加热时间的变化情况如图1-4-12所示。

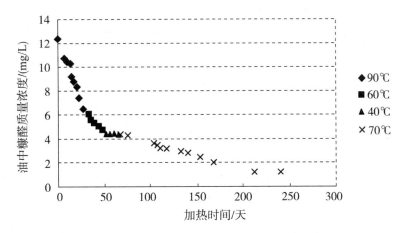

图1-4-12　不同温度下糠醛质量浓度随时间变化散点图

定义油中糠醛剩余率(%)为油中糠醛含量与初始总糠醛含量的比值，从图1-4-12可看出：

(1)随加热时间的增加，油中糠醛含量迅速减少，90℃下经过33天的加热，油中糠醛含量剩余率为50%，且未达到平衡；60℃时经过11天的加热油中糠醛剩余率为40.4%，也未达到平衡；40℃时经过21天后油中糠醛剩余率为35.8%，第一次达到平衡；最后对70℃时的糠醛含量进行了更长时间的追踪，经过长达174天的恒温加热，最后两次取样的时间间隔为30天，二者质量浓度分别为1.24mg/L和1.25mg/L，相差很小，第二次达到平衡。此时，糠醛剩余率为10.2%，油纸中总糠醛含量为油中糠醛含量的9.8倍。日本学者Hisao Kan等研究的糠醛吸附平衡时的剩余率为15%，达平衡时总糠醛含量为油中的6.7倍。

(2)温度升高，糠醛有从油中向纸中转移的趋势。从70℃和40℃的对比分析可看出，糠醛在油纸达到分配平衡时的油中糠醛剩余率与温度有关。为比较不同温度下糠醛质量浓度随时间的变化规律，将90℃、60℃、40℃下的试验数据进行拟合，发现指数模型拟合效果最好，结果如表1-4-8所示。

表1-4-8　不同温度下油中糠醛质量浓度与加热时间的拟合方程

温度/℃	拟合方程	拟合优度
90	$y = 12.668 e^{-0.0234x}$	0.9756
60	$y = 12.209 e^{-0.0212x}$	0.9895
40	$y = 11.491 e^{-0.0166x}$	0.9348

注：x为加热时间(天)；y为油中糠醛质量浓度(mg/L)。

表1-4-8中各种温度下曲线拟合优度均大于0.9，由此可以看出，各温度下糠醛质量浓度随加热时间呈指数递减关系，对具有相同初始糠醛的油纸试品，温度越高，油中糠醛下降得越快，从而达到平衡所需的时间越短。

五、测定精密度

两次平行测试结果的差值不得超过下列数值：

样品含糠醛范围/（mg/L）	允许差/（mg/L）
0.82 以下	0.11
0.82～3.8	0.36

取两次平行试验结果的算术平均值为测定值。

第十三节　油中腐蚀性硫的测定

一、测定意义

变压器常用作升降电压、匹配阻抗、安全隔离等，在电器设备和无线电路中起着至关重要的作用。近几年来，对故障变压器进行解体吊芯检查时，发现故障变压器线圈表面存在硫化亚铜的情况，这是线圈材料与变压器油中含硫物质发生反应的产物。此类现象在国外已经发生了数十例，其中既有 220kV 变压器也有 500kV 变压器，最后分析发现此类事故是因变压器油中活性硫在高温条件下与铜发生反应所致。

在 220kV 及 500kV 变压器相继发生因变压器油中硫腐蚀导致变压器绕组烧毁故障，使得预防变压器油发生硫腐蚀就成为变压器日常监督要解决的首要问题。电力变压器因硫腐蚀而出现故障，说明现有的腐蚀性硫测试试验不能准确有效地检测出变压器油中的腐蚀性硫，从而使寻找更加灵敏的腐蚀性硫测定方法变得十分迫切。

二、测定方法的现状及趋势

硫含量是衡量原油及其产品质量的重要指标，是石油及石油产品分析的重要内容。油品中元素硫的存在，不仅对炼油装置、机械设备及储运设施产生腐蚀，而且可能影响油品的安定性；含硫醇、二硫化物较高的原油可以造成设备的严重腐蚀及催化剂中毒等。但在某些情况下，硫的存在又是有利的，如为了改善某些油品的性质需要在油品中加入一些非活性含硫化合物。因此，对石油产品中的硫含量测定方法进行研究很重要。

目前，电力行业对电气设备内所充油的含硫量无定量的测定要求，仅对油品做“无腐蚀性”的定性检测要求。为了能够更精确、更直观地反映油腐蚀的程度，就需要对硫或腐蚀性硫进行定量检测。现在油中硫的定量测定方法中没有直接能够测定腐蚀性硫含量的方法，只能采用间接的方法测定。变压器油易于与铜反应产生硫化亚铜导致腐蚀，可以通过测定油样品的全硫，再将油样与铜反应后，测定反应后的全硫，两者的差值就是腐蚀性硫的量。或者可以通过测定油样与铜反应后铜粉上硫的量，通过公式换算计算油中腐蚀性硫的量。

三、测定原理

1. 能量色散 X 射线荧光光谱法

能量色散 X 射线荧光光谱法（GB/T 17040—1997）的原理是样品被紫外光照射，样品中 S 元素处于激发态，当激发态的样品返回到稳定态时，样品被激发能量由特定的紫外光谱发出，测定能量为 2.3keV 的硫 Kα 特征 X 射线强度，并将累积强度与预先制备好的校准样品强度相比，从而获得用质量分数表示的硫含量，以此测定油品中总硫含量。该方法的检测范围为 0.015%～5%。此方法受到的干扰比较多，当样品中含有重金属添加剂如烷基铅时，对硫的测定有干扰；硅、磷、钙、钾以及卤化物在每千克含量大于几百毫克时也有干扰。

2. 波长色散 X 射线荧光光谱法

波长色散 X 射线荧光光谱法与能量色散 X 射线荧光光谱法原理相同，在测定时有所不同。将样品置于 X 射线光束中，测定 0.5373nm 下硫 Kα 特征谱线强度，将最高强度减去在 0.5190nm 的推荐波长下测定的背景强度，作为净计数率与预先测定的标准曲线进行比较，从而获得硫含量（质量分数）。波长色散 X 射线荧光光谱法对硫的最佳检测范围在 0.52～0.55nm。相比于能量色散 X 射线荧光光谱法，波长色散 X 射线荧光光谱法对仪器的要求更高，价格也更贵，而波长色散 X 射线荧光光谱法能够较好地屏蔽磷、氧、锌、钙、钡、铅、氯、脂肪酸甲酯、甲醇和乙醇等干扰元素，校准物质相对硫的灵敏度随着碳氢比的升高而降低。

3. 电量法/库仑法

电量法的测试原理：试样在裂解管气化段气化与载气一起进入燃烧段，在此与氧气混合，试样裂解氧化，硫被氧化成二氧化硫，随载气一并进入滴定池，在滴定池中发生如下反应：

$$I_3^- + SO_2 + H_2O \longrightarrow SO_3^{2-} + 3I^- + 2H^+$$

仪器将信号输入微库仑仪放大器，经放大后将输出电压加到电解电极，在电解阳极发生如下反应：

$$3I^- \longrightarrow I_3^- + 2e^-$$

在此过程中消耗的电量就是电解电流对时间的积分，根据法拉第电解定律就可求出试样的硫含量。

测定油中全硫的库仑法的原理与电量法的原理相同，只是在实验仪器的构成上有所不同。库仑法测定油样的进样器采用的是燃烧舟，而电量法采用的是注射进样器。同时与库仑法相比，电量法增加了裂化段上的裂化管，能够测定沸点范围 40～310℃ 的石油产品。硫质量分数测定范围为 5～1000mg/kg。硫质量分数大于 1000 mg/kg 试样，可经稀释后测定。此法不适用于卤素含量大于 10 倍硫含量，总氮含量（质量分数）大于 10%，重金属质量分数超过 500 mg/kg 的试样。

4. 管式炉法

管式炉法的原理是将样品在空气流中燃烧，用过氧化氢和硫酸将亚硫酸酐吸收，生成的硫酸用氢氧化钠标准滴定溶液进行滴定。氯对此方法有干扰，要对其校正。

5. 紫外荧光法

紫外荧光法测定油中硫含量的原理：样品在 1000 ℃下气化，在石英裂解管中与高纯氧燃烧生成 SO_2，SO_2 气体在通过检测器受到特征波长的紫外线照射下，转变为激发态的 SO_2，而激发态的 SO_2 跃迁到稳定的基态过程中发射出光电子，被光电倍增管按特定的波长进行检测。发射的荧光与样品中的硫含量成正比，先采用标准样建立标准曲线，在进行样品分析时，该系统就原始样品数据自动与标准曲线比较来确定样品中硫的含量。此方法适用于测定沸点范围 25～400℃，室温下黏度范围 $0.2～20mm^2/s$，总硫质量分数在 $1.0～8000mg/kg$ 的石脑油、馏分油、发动机燃料和其他油品，并且要求卤素质量分数低于 0.35 %。

6. 高温燃烧－红外吸收法（ASTM－D－4239）

高温燃烧－红外吸收法的测试原理是含硫样品在氧气及高温下燃烧，样品中各种形态的硫被氧化或分解成硫的氧化物，并随载气按一定流量进入红外检测池检测 SO_2 气体浓度，因为 SO_2 对红外线具有吸收作用，且遵循比尔定律，经计算可得出样品中硫的含量。此方法测定范围为 0.001%～4%，操作简单、快速，但测定偏差较大，重现性较差。

7. 燃灯法

燃灯法测定原理：油样在灯中燃烧生成的二氧化硫气体，二氧化硫气体被碳酸钠溶液吸收之后，过量的碳酸钠溶液用盐酸标准溶液滴定，从而通过计算得到油中硫的含量。此方法适用于测定轻质石油产品中的硫含量，其测定仪器简单、操作方便、容易掌握、分析准确，具有较好的精密度和准确度，但此方法测定耗时较多。

IEC 在 2009 年编写了《绝缘液体——用过和未用过的绝缘油中潜在腐蚀硫的探测试验方法》。选取定量测定的反应温度 150℃，反应时间为 72h，油样 50mL。其附录 A 给出了铜片定性实验的温度为 150℃，时间为 48h。

四、样品准备

1. 含 0.05%（质量分数）硫的二正丁基硫醚（母液）的制备

高纯 2－正丁基硫醚，分子式为 $(C_4H_9)_2S$，硫质量分数为 21.91% 和硫质量分数小于 0.0002% 的专用白油。在一个具塞棕色细口玻璃瓶中，用万分之一天平准确称取 1.1410g 的 2－正丁基硫醚，用白油稀释至 50.0000g，在室温下充分混合。配制方法如表 1－4－9 所示。

表 1－4－9 母液的制备

理论称取二正丁基硫醚/g	实际称取二正丁基硫醚/g	母液理论总质量/g	母液实际总质量/g	母液中实际的硫质量分数/%
1.1410	1.1420	50.0000	50.0012	0.5004

2. 硫标准样品的制备

称取 0.5% 母液，用白油稀释配成质量分数为 0.01%、0.025%、0.05%、0.075%、0.1% 硫标样。硫标样配制方法如表 1－4－10 所示。

表 1 - 4 - 10　硫标准样品的制备

硫质量分数/%	0.01	0.025	0.05	0.075	0.1
硫标样的理论总质量/g	40.0000	40.0000	4.0000	40.0000	40.0000
硫标样的实际总质量/g	40.0064	40.0008	4.0004	40.0012	40.0007
实际硫质量分数/%	0.0100	0.0250	0.0500	0.0751	0.01001

3. 样品的配制(用于定性实验和铜粉反应时间确定实验)

0.01%硫样制备：称取 1.2g(精确至 0.01g)母液，用白油稀释至 60g。

0.05%硫样制备：称取 18.0g(精确至 0.01g)母液，用白油稀释至 180g。

油样 + 0.05%样品制备：准确称取 3.500g 母液，用油样稀释至 35.0000g。

4. 含腐蚀性硫样的选择

在 8 个棕色小瓶中分别装入白油、0.01%硫样、0.05%硫样、油样 35g 左右(每个样做两个，对比重复)，将磨好的用丙酮清洗过的光亮的铜片折成 V 形放入小瓶中，在 150℃的烘箱中放置 48h。取出，用丙酮洗后放在一张白纸上，观察铜片的腐蚀情况。

5. 油样与铜粉反应时间的确定

称取 0.05%硫样(15±0.1)g 于 250mL 圆底烧瓶中，加入(1.5±0.01)g 铜粉，于 210℃的油浴锅中分别连续加热 1h、1.5h、2h、2.5h、3h、4h、5h，冷却至室温，过滤，收集滤液，用丙酮将固体残渣吸附的油渍洗涤，在 120℃的真空干燥箱中干燥至固体恒重。

6. 与铜粉反应后样品制备

分别称取白油、0.01%硫标样、0.025%硫标样、0.05%硫标样、0.075%硫标样、0.1%硫标样、油样、油样 + 0.05%样品(15±0.1)g 于 250mL 圆底烧瓶中，加入(1.5±0.01)g 铜粉，于 210℃带磁力搅拌器的油浴锅中分别连续加热 2.5h，冷却至室温，过滤，收集滤液，用丙酮将固体残渣吸附的油渍洗涤干净，在 120℃的真空干燥箱中干燥至固体恒重，收集固体。

五、测定方法和流程

(一)艾氏卡法

1. 测试流程

将油样与艾士卡试剂混合灼烧，使油中硫全部生成硫酸盐，然后在微酸条件下硫酸根离子与氯化钡反应生成硫酸钡沉淀，根据硫酸钡的质量计算油中全硫的含量。分别测定油样反应前后的总硫，它们的差值就是腐蚀性硫的含量。

2. 操作步骤

准确称取 2g 艾氏卡试剂、3.0000g 油样于坩埚中，搅匀，再称取 2.5g 艾氏卡试剂铺在上面，在 775℃的马弗炉中燃烧 2～2.5h，冷却，用热水溶解转移至 100mL 烧杯中，过滤(中速定性滤纸)至收集滤液为 250～300mL。在滤液中加入 3～4 滴甲基橙，滴加(1+1)盐酸至溶液呈微酸性，加热至微沸，边搅拌边缓慢加入 10mL 10mg/L BaCl₂，微沸至溶液剩下 150mL 左右时，停止加热，冷却过滤(定量滤纸)，用热水洗涤残留固体至加

入 $AgNO_3$ 不产生浑浊,将定量滤纸和残留固体一起放入已灼烧至恒重的坩埚中,在775℃下灼烧 $20 \sim 40min$,称量,恒重。

(二)库仑法

1. 测试流程

油样在催化剂三氧化钨的作用下,于空气流中燃烧分解,油中硫生成硫氧化物,其中二氧化硫被碘化钾溶液吸收,以电解碘化钾溶液所产生的碘进行滴定,油中全硫的含量通过过程中电解所消耗电量来计算。测定油样反应前后的总硫,它们的差值就是腐蚀性硫的含量。

2. 操作步骤

打开库仑测硫仪控制系统,设置实验温度为 (920 ± 10)℃。待设备实验温度恒定在 (920 ± 10)℃一段时间后,依次启动供气泵、抽气泵和电磁搅拌器,在瓷舟中加入 $(120 \pm 20.0)mg$ 非测定用的油样,在油样上从下到上依次铺上一薄层三氧化钨和石英砂,将瓷舟放在送样的石英托盘上,开启送样程序控制器,油样自动送进炉内,进行终点电位调整试验,直到库仑积分器显示值不为0为止。如同非测定用油样一样对待测定油样测定3次。

(三)高频红外法

1. 测试流程

高频炉在数秒内将温度升至 $1300 \sim 1400$℃。试样在高温和氧气流的作用下充分燃烧,样品中各种形态的硫快速转化成二氧化硫,燃烧后的气体依次送入干燥剂管、过滤器除水除尘,进入 SO_2 红外分析气室检测硫;计算机连续读取红外池的输出电压,进行数据处理,得出 SO_2 的浓度。当检测到浓度低于某一比较水平或分析时间到达最长时限时,便自动结束分析,输出结果。测定与样品反应后的固体中硫的含量,通过公式可以算出油中活性硫的量。

2. 操作步骤

(1)合上总电源开关,打开显示器、计算机电源,打开仪器电源开关(绿色),打开高频炉开关。

(2)双击打开电脑桌面上的"CS400 高频红外碳硫测量系统",进入"工作测试界面"。设置温度:恒温室温度45℃,净化炉温度600℃,转化炉温度50℃。

(3)打开氧气,清扫炉头。

(4)做废样前需要吹扫一段时间的氧气。

(5)分析废样 $2 \sim 3$ 个,直到硫含量稳定。

(6)做3个钢铁试样,以测试系统的稳定性。

(7)分析与碳硫含量略高于(或接近)待测样品的标样。

(8)分析待测样品(每种样品测试3次)。

第十四节　油泥及沉淀物测定

一、测定意义

油泥是油质老化或变质后产生的沉淀物，是油品氧化生成的固体聚合物和缩合物在油中达到饱和状态后，从油中沉淀出来的。在设备运行一段时间后，绝缘油中的含水量、酸价和灰分都有增加，大量油泥从油中析出，这些都会严重影响电力变压器的运行。通过测定绝缘油中油泥析出，检查绝缘油老化情况，监视充油电气设备的运行状况。

二、测定方法

油泥及沉淀物测定法参考 GB/T 14542 中附录 A 方法进行测定。

测定运行中绝缘油的沉淀物和可析出油泥，其步骤如下：

(1)将油样瓶充分摇匀，直到所有的沉淀物都是均匀地悬浮在油中。

(2)准确称量约 10g(精确到 0.1g)油样，并将其转移至 100mL 的容量瓶中，用正庚烷稀释至容量瓶的刻度线。盖紧瓶盖，将油样与正庚烷溶剂充分摇匀，放在暗处 18～24h。

(3)观察容量瓶内有无固体沉淀物存在。若能观察到沉淀物时，则用已干燥、恒重过的定量滤纸过滤这一混合溶液，并用正庚烷少量、多次地洗涤滤纸直至滤纸上无油迹为止。

(4)待滤纸上的正庚烷挥发后，将含固体沉淀物的滤纸放入 100～110℃ 的恒温干燥箱中干燥 1h。然后将滤纸取出，放入干燥器中冷却到室温后，称重滤纸，并反复此操作，直至滤纸达到恒重为止。将恒重后的质量和扣除滤纸的空白质量后的值，即为油中沉淀物和可析出油泥的总质量 A。

(5)用少量热的(约 50℃)混合溶剂(甲苯、丙酮、乙醇或异丙醇等体积混合)溶解纸上的固体沉淀物，并将溶液过滤收集在已恒重的三角瓶中，继续用混合溶剂洗涤，直至滤纸上无油迹和过滤液清亮为止。

(6)将装有混合溶剂洗出液的三角烧瓶放于水浴上蒸发至干，然后将三角烧瓶移入 100～110℃ 的恒温干燥箱中干燥箱中干燥 1h，然后放入干燥器中冷却至室温，称重，直至三角烧瓶达到恒重为止。将已恒重的含有沉淀物的三角烧瓶的质量扣除空白三角烧瓶的质量后的值，即为可析出油泥的质量 B。

(7) $A-B$ 的值即为油中沉淀物的质量。

第十五节　油中金属含量测定

一、测定意义

近年来，变压器油中的金属及其离子含量问题受到关注。在一些故障变压器和电抗器中甚至发现了金属的腐蚀和沉积物，它们降低变压器绝缘能力，从而导致局部放电起始电压和击穿强度降低，最终导致变压器故障。测定运行变压器油中金属的含量，不仅能准确反应运行变压器油的使用性能,而且可以在一定程度上了解变压器的运行状态,因此以测定变压器油中微量金属作为变压器运行状况的监控方法就显得特别必要。这对变压器的保养和工作性能的评价也至关重要。

二、测定原理及方法

电感耦合等离子体发射光谱法(ICP - AES 法)是以电感耦合等离子炬为激发光源的一类光谱分析方法,具有检出限低、灵敏度高、线性范围宽等优点,而且可以同时测定油中多种金属元素。采用电感耦合等离子体发射光谱法(ICP - AES 法)来测定变压器油中金属元素的含量,并选取不同金属含量的运行变压器油进行老化后油品介质损耗因数、酸值的对比试验,分析研究了金属含量对变压器油使用性能的影响,为监督检测变压器油油品和监控变压器运行状态提供新的思路。

1. 仪器及工作条件

采用电感耦合等离子体发射光谱仪测量油中金属含量,使用有机专用矩管。仪器工作条件见表 1 - 4 - 11。

表 1 - 4 - 11　光谱仪最佳工作条件

功率/W	雾化气体压强/Pa	蠕动泵速/(mL·min⁻¹)	辅助气流量/(L·min⁻¹)	冷却气流量/(L·min⁻¹)	积分时间/s
1350	1.38×10^5	1.48	0.5	14	10

2. 标准溶液的配制

分别称取适量 Conostan 标准油、空白油,按 5 倍质量比配制系列工作标准溶液。

3. 样品的制备

为使所取样品具有代表性,必须对样品加以均化。采用将运行变压器油置于 60℃ 烘箱半小时后充分摇匀,取适量经过准确称量的试样于碘量瓶中(精确到 0.0001 g),视实际需要加入基础油进行基体匹配。用稀释剂按 20% 质量比稀释,摇匀待测。

4. 各元素的波长选择和检出限

各元素的波长选择和检出限如表 1 - 4 - 12 所示。

表 1 - 4 - 12　金属元素的分析线及检出限

元素	波长/nm	检出限/(μg·g⁻¹)
Cu	324.754	0.0025
Fe	259.940	0.0054
Al	309.271	0.014
Zn	213.856	0.017
V	309.311	0.012
Mn	257.610	0.0069
Cr	283.563	0.032

注:重复测定空白溶液 10 次,以其标准偏差的 3 倍作检出限。

5. 标准曲线的建立

通过运行空白溶液和标准溶液，建立各元素的标准曲线，使试样溶液的浓度落在各标准曲线的线性范围内。该步骤由计算机程序自动完成。铜元素的标准曲线见图 1 - 4 - 13。

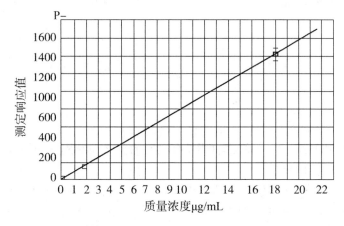

图 1 - 4 - 13　铜元素的标准曲线

6. 样品的测定

将样品及空白溶液在仪器设定工作参数条件下，通过蠕动泵导入 ICP 仪器装置进行测量。通过比较试样溶液与标准溶液的发射强度，计算试样溶液中被测定元素的浓度。

7. 精密度和准确度

为了评价方法的精密度及准确度，用 0.9、1.8、18μg/g 3 个质量浓度的标准溶液作为未知样进行测试。每个样重复测试 6 次，测得回收率和相对标准偏差（RSD）如表 1 - 4 - 13 所示。各元素测试结果的相对标准偏差均小于 5%，回收率在 98%～105% 之间，说明测定结果准确性较好，精密度较高，可以满足变压器油中金属元素的测定要求。

表 1 - 4 - 13　测试结果的精密度和准确度

元素	0.9μg/g			1.8μg/g			18μg/g		
	平均值	回收率/%	RSD/%	平均值	回收率/%	RSD/%	平均值	回收率/%	RSD/%
Cu	0.9012	100.13	1.125	1.803	100.17	0.2561	18.05	100.28	0.3259
Fe	0.8989	99.88	0.6821	1.825	101.39	1.002	18.11	100.61	0.0927
Al	0.9115	101.28	1.524	1.776	98.67	0.3323	17.89	17.89	0.5053
Zn	0.9123	101.37	0.2531	1.805	100.28	0.5648	18.35	101.94	0.1750
V	0.9056	100.62	0.8956	1.864	103.56	1.126	18.07	100.39	0.5432
Mn	0.9236	102.62	1.1455	1.795	99.72	0.6854	18.13	100.72	0.8322
Cr	0.9041	100.46	0.4982	1.831	101.72	0.4306	18.15	100.83	0.2771

8. 分析结果

对不同油品金属元素含量的检测高压油浸变压器多为金属组合体，变压器油在运行的过程中，不可避免地要和金属器具接触，因此油中经常含有微量的铜、铁等金属元素。铜、铁及其离子能促进油品的自动氧化反应，影响其绝缘性能，而且铜、铁离子对油品的介电性能有很强的负面效果。

第十六节　凝点与倾点的测定

一、测定意义

油品的凝点对其使用、贮存和运输都具有重要的意义，特别是应用在寒冷地区的绝缘油，对其凝点有较严格的要求。

在我国北方冬季，若户外温度低于设备用油的凝点，会使油品失去流动性，可能使整个循环油路不畅，严重影响设备的正常散热，造成局部过热。断路器油如果因低温失去流动性，可能延迟跳闸时间或跳了闸而产生的电弧不能及时熄灭，且热量得不到及时扩散，可造成局部过热。当汽轮机启动时，如果油品凝点高，低温流动性差，也会严重影响其润滑性能。

二、测定方法

(一)凝点测定法

凝点测定法参照 GB 510—1983。

将试样装在规定的试管中，并冷却到预期的温度时，将试管倾斜45°1min，观察液面是否流动。凝点是划分变压器油牌号的依据。

当将试管倾斜45°角经过1min，液面不流动的最高温度，即为凝点，以℃表示之。

同一操作者重复测定两个结果之差不应超过2.0℃。

(二)倾点测定法

倾点测定法参照 GB/T 3535—2006，倾点测定仪如图1-4-14所示。

试样经预热后，在规定速度下冷却，每隔3℃检查一次试样的流动性，凝点和倾点都是表示油品低温流动性的指标，只是测定方法稍有不同。

观察到试样能流动的最低温度，即为倾点，以℃表示之。同一操作者重复测定两个结果之差不应超过3℃。同一试样测得的凝点和倾点并不完全相同，一般倾点比凝点高1~3℃。

三、测定注意事项

(一)凝点测定法

凝点测定法的注意事项如下：

(1)要严格控制冷却速度，不能过快；

(2)测凝点的温度计在试管内的位置处须固定牢固，试样做一次试验后，必须重新预热至(50±1)℃，再做下一次试验；

(3)凝点不合格不宜使用。

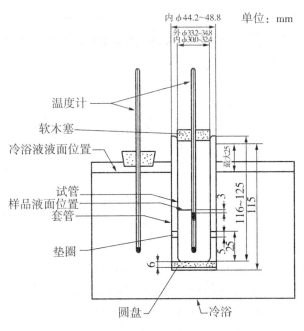

图 1 - 4 - 14　倾点测定仪

(二)倾点测定法

倾点测定法的注意事项如下：

(1)每次看完一次液面是否移动后，试油都要重新加热到50℃，其目的是将油品中石蜡晶体溶解，破坏其结晶网络，使其重新冷却和结晶。

(2)测凝点的温度计在试管内的位置应固定牢靠，因为如果温度计固定不牢，温度计在试管内活动，会搅动试油，从而破坏了石蜡结晶网络的形成，从而使测定结果偏低。

(3)应控制冷却剂的温度比预期凝点温度低 7 ～ 8℃。若冷却剂温度比预期凝点相差太悬殊，低得太多，冷却速度过快，而在冷却倾斜1min 之内温度还会继续下降，这样会使测定结果偏低。

国外标准和国内新油标准均已取消凝点而用倾点，倾点测定法见 GB/T 3535。

四、精密度

1. 凝点测定

用以下数值判断结果的可靠性(95％ 置信水平)。

重复性，同一操作者重复测定两个结果之差不应超过2.0℃。

再现性，由两个实验室提出的两个结果之差不应超过4.0℃。

2. 倾点测定

按下述规定试验结果的可靠性(95％ 的置信水平)。

重复性 r，同一操作者，使用同一仪器，用相同的方法对同一试样测得的两个连续试验结果之差不应大于3℃。

再现性 R，不同操作者，使用不同仪器，用相同的方法对同一试样测得的两个试验结果之差不应大于6℃。

113

第十七节 油的机械杂质(颗粒度)测定

一、测定意义

油品中悬浮的各种颗粒杂质会对油品的电气性能有非常明显的影响，随着悬浮的金属、游离碳、纤维等颗粒数量的增加，绝缘油的击穿电压下降明显。因此，必须对油中的悬浮颗粒数量进行严格控制。

二、测定方法

(一)质量法

该方法参照 GB/T 511—2010。

取一定量的试样，溶于所用的溶剂中，用已恒重的滤器过滤，滤渣即为机械杂质，以质量分数表示之。如油品中以目视是否含机械杂质有争议时，则以质量法测试为准。

试样的机械杂质含量 w(质量分数)按下式计算：

$$w = \frac{(m_2 - m_1) - (m_4 - m_3)}{m} \times 100\% \qquad (1-4-45)$$

式中 m_1——滤纸和称量瓶质量，g；

m_2——带有机械杂质的滤纸和称量瓶的质量，g；

m_3——空白试验过滤前滤纸和称量瓶的质量，g；

m_4——空白试验过滤后滤纸和称量瓶的质量，g；

m——试样的质量，g。

应当注意：

(1)称取试样前必须充分摇匀；

(2)所用溶剂在使用前应过滤；

(3)所选用的滤纸、溶剂应按规程要求，在使用过程中是相同的；

(4)严格按规定进行操作；

(5)对机械杂质不合格的油品需要净化处理。

(二)自动颗粒计数仪法

自动颗粒计数仪法参照 DL/T 432—2007。

自动颗粒计数仪根据遮光原理来测定油中颗粒的遮光面积。当油样通过传感器时，油中颗粒会产生遮光，不同尺寸颗粒产生的遮光不同，转换器将所产生的遮光信号转换为电脉冲信号，再划分到按标准设置好的颗粒度尺寸范围内并计数。测定结果以每100mL油中所含颗粒的尺寸分布及数量表示。要防止油品中固态颗粒对设备的磨损或影响油的某些质量指标。

本方法适用于无可见颗粒样品的测试。

测量结果由下式计算：

$$C = \frac{\overline{C}(V_A + V_B) - C_B V_B}{V_A} \qquad (1-4-46)$$

式中　C——被测油样中某尺寸范围的颗粒数量，个/100mL；

$\bar{C}$——某尺寸范围的粒径若干次平行测量结果的平均值，个/100mL；

C_B——稀释液中某尺寸范围的颗粒数量，个/100mL；

V_A——油样体积，mL；

V_B——稀释液体积，mL。

当测量结果较前次明显增大时，如是电气用油，应结合油中溶解气体分析和金属含量测定进行跟踪分析查找原因；如为汽轮机油，则应分析是外界污染，还是因磨损引起的。对于颗粒度不合格的油品应该进行净化处理或精密过滤器过滤。

三、测定精密度

1. 质量法

重复性：在同一实验室同一操作者使用同一台仪器，对同一试样连续测得的两个试验结果之差，不应超过表1-4-14所规定的数值。

再现性：不同操作者在不同实验室，使用不同仪器，对同一试样测得两个单一、独立的试验结果之差，不超过表1-4-14所规定的数值。

表1-4-14　重复性与再现性

机械杂质(质量分数)/%	重复性(质量分数)/%	再现性(质量分数)/%
≤0.01	0.0025	0.005
>0.01～0.1	0.005	0.01
>0.1～1.0	0.01	0.02
>1.0	0.10	0.20

2. 自动颗粒计数仪法

三次平行测量中，大于5μm颗粒总数的最大相对误差为±6%。

第十八节　油的击穿电压测定

一、测定意义

将绝缘油装入安有一对电极的油杯中，如果将施加于绝缘油的电压逐渐升高，则当电压达到一定数值时，油的电阻几乎突然下降至零，即电流瞬间突增，并伴随有火花或电弧的形式通过介质。此时通常称为油被"击穿"，油被击穿的临界电压称为击穿电压。此时的电场强度称为油的绝缘强度，表明绝缘油抵抗电场的能力。

在专用的设备中，被测试样经受一个按一定速度连续升压的交流电场的作用下，直至油被击穿为止，此击穿电压的单位为kV。绝缘油的击穿电压是评定其能适应电场电压强度的程度，是一项重要电气性能控制指标之一。每个试样进行六次测定结果的算术平均值，作为试样的击穿电压值(kV)。仪器设备及试验步骤严格按规定执行，试验报告应记述使用电极的类型。击穿电压不合格的油品需要净化过滤处理。

二、测定原理及方法

绝缘油的击穿电压是评定其适应电场电压强度的程度，而不会导致电气设备损坏的重要绝缘性能之一。通常如果绝缘油的击穿电压不合格是不允许使用的。

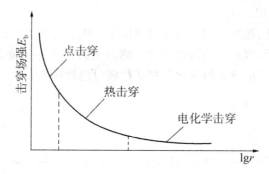

图 1 - 4 - 15　固体介质击穿场强与电压作用时间的关系

击穿电压 $U(kV)$ 与电场强度 $E(kV/cm)$ 按下式计算：

$$E = \frac{U}{d} \qquad\qquad (1 - 4 - 47)$$

式中，d 为电极间距，cm。

电介质发生击穿的临界电压值称为击穿电压 U_b，击穿时的电场强度称为击穿场强 E_b。我国主要有两种方法：GB/T 2536—1990《变压器油》和 SH 0040—1991《超高压变压器油》中规定击穿电压采用 GB/T 507—1986；在 GB/T 7595—2000《运行中变压器油的质量标准》中规定采用 GB/T 507—2002 或 DL/T 429—1991；在 GB/T 50150—1991《电气设备安装工程电气设备交接试验标准》中规定绝缘油的电气强度试验采用 GB/T 507—2002，但试验电极采用平板倒角形电极。

电气强度试验接线及标准电极外形尺寸如图 1 - 4 - 16 所示。

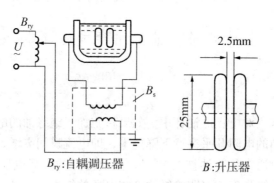

图 1 - 4 - 16　绝缘油电气强度试验接线及标准电极外形尺寸

（1）GB/T 507—2002《绝缘油击穿电压测定法》参照 IEC 156：1995《绝缘油电气强度测定方法》采用球形和球盖形电极，油杯容积 350 ~ 600mL。

（2）DL/T 429—1991《电力系统油质试验方法》注释为经过滤处理、脱气和干燥后的油及电压高于 220kV 以上的电力设备应按 GB/T 507《电力用油绝缘强度测定法》，采用球盖形电极进行试验，采用平板倒角形电极油杯容积不小于200mL。

由于绝缘油样品中存在的各种杂质组分分布非均匀和油的运动(包括油中杂质的布朗运动)等因素的影响，击穿电压的测试结果具有分散性，因此要求进行数次测试，取各次测量的平均值作为测试结果。油样测试前还要静止放置一段时间，以提高测量结果的可信度。

试验注意要点如下：

(1)油标和电极在试验前要用纯净汽油洗净并烘干，平时不用时也必须保持清洁。

(2)标准电极表面要保持合格的粗糙度，如有烧伤痕迹，必须加工合格后方能使用。

(3)油样必须绝对清洁，不受污染，盛油容器应该是专用的，试验前油样应静置一段时间，同时应用被试油冲洗油杯和电极两三次，被试油倒入油杯后也应静置10min为好。

(4)试验应在室温15～30℃，湿度在75%以下进行，升压速率一般在3kV/s左右，重复试验5次，取平均值。每次试验后，要对电极间的绝缘油充分搅拌并静置5min后再开始重复试验。

三、影响绝缘油击穿电压测定的因素

1. 水分

水分是最平常和影响击穿电压最灵敏的杂质，因为水是一种极性分子，很容易被拉长，并沿电场方向排列，可形成导电的"小桥"，使击穿电压剧增。只要油中含水仅十万分之几，就会使耐压值显著下降。但含水继续增多，则只是增加几条击穿的并联路径，击穿电压不再继续下降。纤维易于吸收水分，纤维含量多，水分也就多。当有纤维存在时，水分的影响特别明显，而且纤维更容易顺着电场方向构成桥路，而使介质击穿。另外，击穿电压的大小不仅取决于含水量，还取决于水在油中处于什么状态。同样的含水量，通常乳化水对击穿电压的影响最大，溶解水次之。水分对油击穿电压的影响见图1-4-17和图1-4-18(室温20℃)。

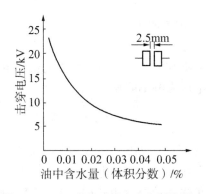

图1-4-17　水分对油击穿电压的影响

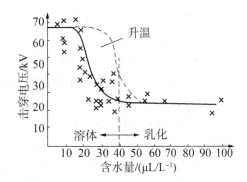

图1-4-18　油的击穿电压与含水量的关系曲线

2. 气泡

油中含有微量的气泡，也会使击穿电压明显下降。气泡在较低电压下可游离，并在电场力作用下，在电极间也会形成导电的"小桥"，使油被击穿，降低了油的击穿电压。

3. 温度

油的击穿电压与温度的关系较为复杂，根据油中杂质和水分的有无而不同。见图1-4-19，对于不含杂质和水分的油品，一般温度下对击穿电压的影响不大，但当温度升高至一定程度时，油分子本身因裂解而发生电离，且随着温度的升高，黏度减小，电子和离子由于阻力变小而运动速度加快，导致油品击穿电压下降。

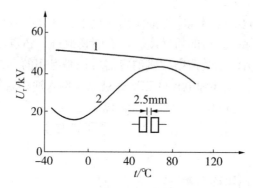

图1-4-19　变压器油工频击穿电压与温度的关系
1—干燥油；2—潮湿油

对于含有水分和杂质的油品，在同一温度下，相较第一种情况，击穿电压要低。温度降低时油中水呈悬浮乳状，击穿电压值较小，在0～60℃范围内，介质的击穿电压往往随温度的升高而明显增加，其原因是油中悬浮状态的水分随着温度的升高转变为溶解状态。但温度更高时，油中所含水分汽化增多，在油中容易形成导电的小桥，又使击穿电压下降。当温度低于0℃时，击穿电压随温度的下降而提高，这是因为油中悬浮水滴将冻结成冰粒，其介电常数与油相近，电场畸形变弱，再加上黏度增大，"小桥"不易形成，故击穿电压反而生高。

4. 游离碳和水分同时存在

当油中含有游离碳又有水分时，油的击穿电压随碳微粒量的增加而下降。

5. 油老化后生成的酸值

油老化后生成的酸值等产物是使水保持乳化状态的不利因素，因而会使油的击穿电压下降；而干燥不含水分的油，酸值等老化产物对击穿电压影响不明显。

6. 测试条件

（1）电极的形状及电极间距离。

不同形状电极形成电场均匀度不一样，对同一样品测定结果也不一样。通常有三种：球形、球盖形和平板形。在其他条件相同的情况下，击穿电压的顺序为：球形电极形状小于球盖，球盖形小于平板电极。但无论哪种，都要避免尖端放电。由式（1-4-47）可知，电极间距离对绝缘油击穿电压影响极大。表1-4-15表明，极间距越小，U越低；反之则越高。

表 1-4-15　　新绝缘油在不同极间距时的击穿电压　　　　　单位：kV

极间距／mm	10	20	30	40	50
瑞典开关油	29.7	77.7	127.7	172	197.5
英国开关油	55.7	105.3	127.5	160	185.7
新疆 DB—45	40.5	65	107.3	149.7	183.3
北京 DB—45	45.3	83.3	116.7	161	186.3
兰州 DB—45	40.3	84.7	106	143.3	182

（2）电场均匀程度、作用时间和速度。

①电场均匀程度。油的纯净程度较高时，改善电场的均匀程度能使工频或直流电压下的击穿电压明显提高；但在品质较差的油中，因杂质的聚集和排列已使电场畸变，电场均匀带来的好处并不明显。所以，考虑油浸式绝缘结构时，如在运行中能保持油的清洁或主要承受冲击电压的作用，则应尽可能使电场均匀。

②电压作用时间。由于加上电压后，油中的杂质聚集到电极间或者是介质的发热等都需要一定的时间，所以油间隙击穿电压会随加电压的时间增加而下降。当油不纯净度及温度提高时，电压作用时间对击穿电压的影响小。经长时间工作后，油的击穿电压会缓慢下降，这常是由于油劣化、变脏等因素造成的结果。施加电压的上升速度一般是 2kV/s 或 3kV/s。

（3）压力。

油中含有气体时，其工频击穿电压随油的压力增加而升高。因为压力增加时，气体在油中溶解量增大。但是油经过脱气之后，则压力对击穿电压的影响会减少。

（4）油杯的形状和容量。

油杯的形状和容量均必须符合规定要求。

四、测定准确度

取 6 次连续测定的击穿电压值的算术平均值，作为平均击穿电压。

若第 1 次试验值偏差大于平均值的 35% 以上，则可以增测 1 次，取后 6 次的击穿电压值的算术平均值，作为平均击穿电压。

第十九节　油的介质损耗因数测定

一、测定意义

绝缘油的介质损耗因数能明显地反映油的精制程度和净化程度。一般新油的介损很小，随着绝缘油在运行中的老化，其老化程度也可以从介质损耗因数的变化中反映出来。绝缘油的介质损耗因数增大，会引起变压器整体绝缘特性的恶化。介损会使绝缘内部产生热量，反过来促使介损增加。如此循环，会在绝缘缺陷处形成击穿，影响设备安全运行。

二、测定方法

按照 GB/T 5654—2007《液体绝缘材料 相对电容率、介质损耗因数和直流电阻率的测量》(等同于 IEC 60247：2004《液体绝缘材料 相对电容率、介质损耗因数和直流电阻率的测量》)。

电气绝缘液体的电容率和介质损耗因数(tanδ)在相当大程度上取决于试验条件，特别是温度和施加电压的频率，电容率和介质损耗因数都是介质极化和材料电导的度量。介质损耗与测量频率成反比，且随介质黏度的变化而变化。试验电压值对测量损耗因数影响不大，通常只是受电桥的灵敏度所限制。

测量介质损耗因数采用高压西林电桥法配以专用油杯在工频电压下进行。

西林电桥的原理接线如图 1-4-20 所示。图中 C_x、R_x 为被试油品的电容和电阻，R_3 为无感可调电阻，C_N 为高压标准电压器，C_4 为可调电容器，R_4 为无感固定电阻，G 为交流检流计。

当电桥平衡时，检流计 G 内务电流通过，A、B 两点之间无电位差。

此时，

$$C_x = \frac{R_4}{R_3} C_N$$

$$\tan\delta = \omega C_4 R_4$$

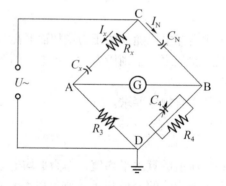

图 1-4-20　西林电桥结构示意图

在工频下，若取 $R = 10000/\pi$，则 $\tan\delta = C_4$。

按照 IEC 61620：1998，液体绝缘材料的介质损耗因数通过测量电导率和介电常数求得。计算公式如下：

$$\tan\delta = \frac{G}{C\omega} = \frac{\sigma}{\varepsilon\omega}$$

式中　G——测得电导，S；

　　　C——测得电容，F；

　　　ω——角频率，$\omega = 2\pi f$，f 为施加电压的频率，Hz；

　　　σ——测得电导率，S/m；

　　　ε——测得介电常数。

三、测定注意事项

绝缘油的介质损耗因数对判断新油的精制、净化程度，运行中油的老化深度，以及判断变压器绝缘特性的好坏，都有着重要的意义。因此，为监测绝缘油的重要电性能的指标之一。重复测定两个结果之间的差值，不应大于 0.0001 加上两个值中较大一个值的 25%。

（1）油品的介质损耗因数与外界的干扰及仪器的状态等有关，影响因素较多。如，试验周围应无电磁场和机械振动，不能随便移动仪器的位置，电极的光洁度及电极间距均匀等。

（2）操作步骤及条件均应严格按规程执行。

（3）对介质损耗因数不合格的油品需净化处理或采用吸附剂处理。

第二十节　油的体积电阻率测定

一、测定意义

在恒定电压的作用下，绝缘油的体积电阻率是表示两电极间，绝缘油单位体积内电阻率的大小，以 ρ_v 表示，单位为 $\Omega \cdot cm$。绝缘油的体积电阻率对油的离子传导损耗反应灵敏，酸性和中性氧化物会引起油品体积电阻率的显著变化，油品的体积电阻率能反映出油的净化情况和老化深度，对判断变压器的绝缘特性有重要意义。一般来说，油的体积电阻率高，其油品的介质损耗因数小，击穿电压高。

二、测定方法

测试方法步骤参照 DL/T 421—2009。

液体内部的直流电场强度与稳态电流密度的商称为液体介质的体积电阻率。绝缘油的体积电阻率，是表示两电极间绝缘油单位体积内电阻率的大小，通常以 ρ_v 表示。一般是，先测出两电极间的电阻，再计算出电阻率 ρ_v。本方法所用体积电阻率测试电极杯结构如图 1-4-21 所示。

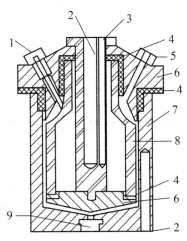

图 1-4-21　体积电阻率测试电极杯结构示意图

1—测量极接线端；2—内电极加热管插孔；3—测控温元件插孔；4—绝缘垫；5—进油口

6—屏蔽极；7—高压极；8—测量极；9—排油口

ρ 按下式计算：

$$\rho = \frac{\dfrac{U}{L}}{\dfrac{I}{S}} = \frac{U}{I} \times \frac{S}{L} = R \times K \tag{1-4-48}$$

$$K = \frac{S}{L} = \frac{1}{\varepsilon \times \varepsilon_0} \times \left(\varepsilon \times \varepsilon_0 \times \frac{S}{L} \right) = 0.113 \times C_0$$

式中　ρ——被试液体的体积电阻率，$\Omega \cdot m$；

$\quad\quad U$——两电极间所加的直流电压，V；

$\quad\quad I$——两电极间所加的直流电流，A；

$\quad\quad S$——电极面积，m^2；

$\quad\quad L$——电极间距，m；

$\quad\quad R$——电极间被试液体的体积电阻，Ω；

$\quad\quad K$——电极常数（S/L），m；

$\quad\quad \varepsilon$——空气的相对介电常数；

$\quad\quad \varepsilon_0$——真空介电常数，$8.85 \times 10^{-12} F/m$；

$\quad\quad C_0$——空电极电容，pF。

液体的体积电阻率测定值不仅与液体介质性质及内部溶解导电粒子有关，还与测试电场强度、充电时间、液体温度等测试条件因素有关。因此，除特别指定外，电力用油体积电阻率是指"规定温度下，测试电场强度为 250V/mm ± 50V/mm，充电时间 60s"的测定值。

应当注意：

（1）专用仪器，油杯、电极等应清洁、干燥；

（2）测试温度、直流场强、充电时间等均影响测试结果，应严格按规程操作；

（3）对于电阻率不合格的油品应净化过滤处理。

三、测定影响因素

1. 温度的影响

绝缘油体积电阻率随温度变化而变化，一般来说，温度升高，体积电阻率下降。因此，测定体积电阻率时，必须在规定的温度下进行，以免影响测量结果。

2. 电场强度的影响

在不同电场强度下，测得的绝缘油的体积电阻率也不同，必须在规定的电场强度下测量体积电阻率。

3. 施加电压的时间

施加电压的时间长短，也影响测得的绝缘油的体积电阻率。一般在室温下，测量体积电阻率施加电压时间不少于5min；高温下测量时，施加电压时间为1min左右。必须按规定的施加电压时间进行加压。

四、测定精密度

1. 重复性

方法的重复性指标应符合以下规定。

体积电阻率/($\Omega \cdot m$)	相对误差/%
> 1.0×10^{10}	25
≤ 1.0×10^{10}	15

2. 再现性

方法的再现性指标应符合以下规定。

电阻率/($\rho_{1,2} \times 10^{12} \Omega \cdot cm$)	相对误差/%
> 1.0×10^{10}	25
≤ 1.0×10^{10}	15

第二十一节 油的析气性测定

一、测定意义

油品分解产生气体会在油中产生微小的气泡,若小气泡的数量增多,有可能互相连接形成更大的气泡。由于油品与气体之间的电导率和介电常数有很大的差异,在场强的作用下,油中会发生气泡放电,从而破坏绝缘。这种现象在超高压充油电气设备中显得尤为突出。因此,油品在高电场作用下,烃分子发生物理、化学变化时吸收气体或者放出气体的特性,也是衡量油品性能的一项重要指标。

二、测定方法

在试验条件下,试样用高纯氧饱和。当受到强度足以引起在油、气交界中放电的电场(或电离)作用下,油本身表现出吸收或放出气体的能力。通常吸收气体以"−"表示,放出气体以"+"表示,单位为 $\mu L/min$。对超高压用绝缘油要求有良好的析气性。

测定绝缘油析气性的方法详细可查阅 GB/T 11142—1989《绝缘油在电场和电离作用下析气性测定法》(Insulating oils—Determination of gassing under electrical stress and ionization)和 GB/T 10065—2007《绝缘液体在电应力和电离作用下的析气性测定方法》。析气性的评定方法按 IEC 60628 和 ASTMD 2300 各有 A、B 两种方法,我国除做试验研究外,一般用 IEC 60628A 法。

玻璃析气仪有一圆柱形的析气池,内电极直径为 10mm,可施加 10kV 电压,外电极直接接地,如图 1−4−22 所示。试油用量置于 80℃ 的恒温油浴中。加压前通氢气 1h,使油中的气体及油面气体被氢饱和;在油面气体压力与大气压平衡状态下(通过气压计观察)加电压,使油和油面气体受到径向电场约 3.84kV/mm 的作用,使油面气体首先被电离，形成油气界面电子、离子活动剧烈的电离区域；油面气体压力随时间不断变化，直至稳定。试验 2h 后，读取气压计压差，如果内部压力升高，则产气率为"＋"；如果油吸收的氢气量超过放气量，则内部压力下降，产气速率为"－"；内外压力仍然平衡，则产气速率趋于"0"；同时计算出产气速率。

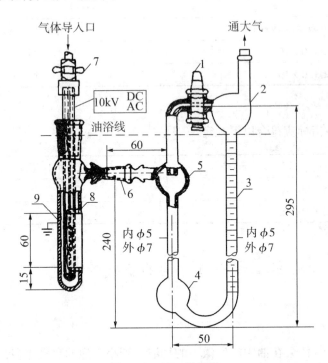

图 1 - 4 - 22　析气仪

1—旁通塞；2，4，5—玻璃泡；3—量气管；6—14/25 锥形玻璃磨口接口；

7—针形阀；8—析气池；9—外电极（接地）

采用 IEC 60286B 法测得不同油的结果与 IEC 60628A 法并不完全具有对应性。IEC 60286B 法，油的饱和气体不是 H_2，而是 N_2；施加的电场强度为 5kV/mm，试验加电压时间为 18h。这是被 IEC 推荐为变压器用油的试验方法（由于试验时间长，很少采用）。

试样的析气性 $G(\mu L/min)$ 按下式计算：

$$G = (B_{60} - B_{10}) \times 10^3/50 \qquad (1-4-49)$$

式中　B_{10}——通电 10min 时记录的量气管液面毫升数，mL；

　　　B_{60}——通电 60min 时记录的量气管液面毫升数，mL；

　　　50——计算析气倾向所用的试验时间，min。

注：如 G 为正值，表示放气；G 为负值，表示吸气。

同一操作者重复测定两个结果之间的差值，不应大于 $0.3 + 0.26\bar{G}$，其中 $\bar{G}$ 为两次测定结果的算术平均值。

应当注意：

（1）试验温度、电压和氢气纯度对试验结果影响较大；

（2）因试验是在高电压条件下进行，故应注意防护隔离和安全。

第二十二节　油流带电倾向性的测定

一、测定意义

由于变压器油在运行过程中，变压器油与变压器内壁及绝缘纸等绝缘材料之间的摩擦，产生电荷。对于采用强迫油循环散热方式的变压器，提高绝缘油的流速，会使油中的电荷量上升，若电荷量蓄积超过极限会引起设备的间歇性放电故障，因此有必要对绝缘油的带电倾向性进行测定。

二、测定方法

油流带电倾向性测试采用变压器油带电度测试装置，使已知体积的油样通过直径为13mm的滤纸，以产生电荷，过滤后的油带正电，滤纸带负电，通过微电流计测量滤纸上静电荷形成的泄漏电流，以此判定变压器油带电的倾向性。电荷密度被定义为每立方米（m^3）流体中产生电荷数，用微库仑（μC）表示。当为了比较不同油样产生的电荷时，应当用同一类型的过滤介质。

电荷单位：电荷（Q）= 电流（i）× 流动时间（t）

为了简便计算，取油样流过一半时的电流值为电流的平均值，然后与流过的时间相乘。在大多数情况下，在整个流动时间内，电流值都相当一致。

$$电荷密度 = 电荷 ÷ 油流体积$$

由于

$$流速 = 体积 ÷ 时间$$

所以

$$电荷密度 = 电流 ÷ 流速$$

在公式中当电荷密度以 $μC/m^3$ 表示时，可简化为：

$$电荷密度 = [电流（A）× 10^6] ÷ [流速（mL/s）]$$

仪器采用国外"过滤式"测试原理，由样品采集、压力供给、电荷发生和测量等部分组成，仪器显示屏不仅显示 pC/mL 值的结果，同时显示电流值，还可与标准微电流计进行电流值的校验；

仪器测试范围 1～2000pC/mL，检测灵敏度为1pC/mL。

（一）试验装置及材料

带电度测定仪包括油路控制和气路控制两部分，首先由抽真空装置将50mL油样吸入贮油桶，再由气泵对贮油桶加压，使油样以恒定流速流过特制的测试头后注入废油贮存部件。

测试头是微弱电流感应敏感部件，也是核心测试部件。当油流恒定流过滤纸时，即产生相对稳定的电流以供测试（图1-4-23）。

其他用品有滤纸（英国541无灰滤纸）、打孔器、称量瓶等。

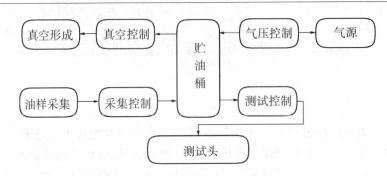

图 1-4-23　带电度测定仪系统原理图

（二）操作步骤

1. 测试前准备工作

（1）用直径为 13mm 的打孔器将滤纸打成直径为 13mm 的圆形滤纸，6～10 张，弃去最上面和最下面两张，贮存在带盖子的干净称量瓶中。

（2）使用前，将干燥箱升温，将装入滤纸的称量瓶放入干燥箱中，使称量瓶在干燥箱 105℃ 条件下，恒温 1h 后取出，放入干燥器中冷却至室温，备用。

（3）排油口要接一排油管，管子另一端放入盛废油的容器中。

（4）油样入口接进油管一端，另一端放入待测试油品中。

（5）确定测试时的油流速，如流速不合适需调节压力调节旋钮。

（6）设置好日期和时间。

2. 样品测试

（1）用新油或测试用油对过滤器和整个测试管路进行自动清洗 2 次。

（2）用镊子在过滤器上安装好已裁好的测试滤纸，顺序为：先放入过滤网，再置入干燥器中的圆形滤纸，再放入 O 形密封圈（应置于中间位置），最后旋紧密封圈螺帽。

（3）设置好试验组数与每组测试的试验次数。

（4）将过滤器安装在测试盘上，按开始测试按钮，测试完毕，显示器显示测试结果，打印机同时打印输出测试结果。

（5）试验结束，进行废油放空操作。

三、精密度

取两次平行试验的算术平均值为测定值。记录试验得到的两次带电度值，并计算它们的算术平均值，用 pC/mL 表示。

1. 重复性

同一样品、同一试验室、同一仪器两次测定之差除以两次测定平均值，乘以 100%，则得出该样品的重复性。

油质带电度小于 20 pC/mL 时，两次测定值之差应小于平均值的 30%。

油质带电度在 20～100 pC/mL 时，两次测定值之差应小于平均值的 15%。

油质带电度大于 100 pC/mL 时，两次测定值之差应小于平均值的 5%。

2. 再现性

同一样品的测定值与不同试验室五台仪器测定值的平均值之差除以平均值，乘以

100%，则得出该样品的相对偏差：

带电度小于 30 pC/mL，相对偏差小于 100%。

带电度在 30～100 pC/mL，相对偏差小于 50%。

带电度大于 100 pC/mL，相对偏差小于 20%。

第二十三节　油纸绝缘性能的测定

一、测定意义

变压器内的绝缘纸在使用过程中，受多种影响因素的联合作用，不断老化。当绝缘纸接近其寿命终点时就会对变压器的安全性产生巨大的影响。因此，对绝缘纸的绝缘老化要进行有效的检测和监控，指导电力行业的安全生产。

二、测定原理及方法

用于判断绝缘纸绝缘老化程度的方法主要有以下几类。

1. 测定绝缘纸抗张强度和聚合度

测定绝缘纸的抗张强度和聚合度是估算其绝缘老化程度最直接的方法。绝缘纸老化直观地表现在机械强度的降低上，因此通过测定绝缘纸的抗张强度来推算绝缘寿命成为最早使用的方法。与抗张强度一样，聚合度变化也可以反映绝缘纸的老化程度。以一张平均聚合度为 1000 的新纸为基准，当平均聚合度下降至 500 时，绝缘纸的寿命已经进入中期；当平均聚合度下降至 250 时，绝缘纸的绝缘寿命已到晚期。

通过测定绝缘纸的抗张强度和聚合度估算其绝缘老化的方法虽然比较直接方便，但这种方法在取样时需要停电，且纸样不易采集，测定结果的重复性差。同时这种方法属于破坏性检测，已经逐渐被其他在线检测方法所取代。

2. 测定油中溶解气体含量

绝缘纸在老化降解的过程中会分解释放出 CO 和 CO_2 两种气体，通过测定溶解在油中的这两种气体的含量来评价绝缘纸老化情况的测试方法很早就开始了研究，并具有一定的参考价值。日本田村等人测定了 CO 和 CO_2 生成量与绝缘纸平均聚合度的关系，总生成量约为 1 mL/g 纸时，平均聚合度残留率为 50%；当生成量为 3 mL/g 纸时，平均聚合度残余率为 30%。国外很多国家都通过测定 CO 和 CO_2 总量来诊断变压器正常老化。

另外，《变压器油中溶解气体分析和判断导则》也推荐以 $m(CO)/m(CO_2)$ 比值作为判断绝缘故障的依据。该比值如果大于 0.33 或者小于 0.99，即表明可能存在绝缘纸绝缘故障。除了绝缘纸降解产生 CO 和 CO_2 外，绝缘油的分解也可能产生这两种气体。另外，两种气体的产量还与绝缘结构、变压器型号、电压等级及气候等因素有关，因此凭借模拟实验和部分实测数据来判断各类变压器中绝缘纸的绝缘寿命也具有一定的局限性。

3. 测定油中糠醛浓度

在变压器运行过程中，绝缘纸纤维素降解除了产生 CO 和 CO_2 外，还产生具有呋喃结构的物质，主要有糠醛、5-羟甲基-2-糠醛、5-甲基-2-糠醛、2-乙酰基呋喃、糠酸和糠醇 6 种，如图 1-4-24 所示。糠醛由于沸点高，在变压器中很少逸散损失，因此利用高效液相色谱（HPLC）测定绝缘油中的糠醛浓度来判断绝缘纸的绝缘老化程度已成为一种最普遍的方法。

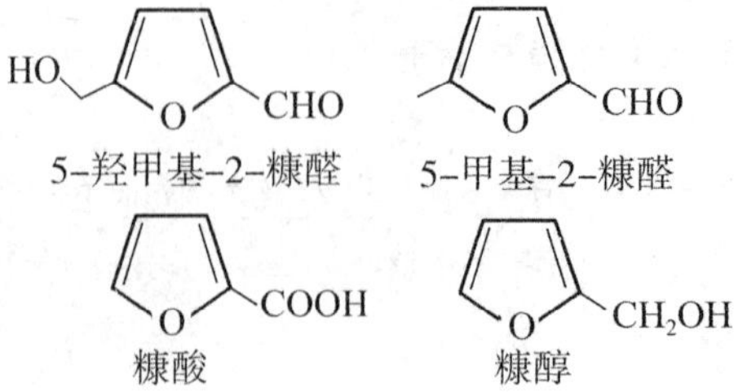

图 1 - 4 - 24 纤维素降解产生的几种呋喃物质

变压器油中糠醛的浓度随变压器运行时间的延长而升高，而绝缘状况则随着运行时间的延长呈现逐渐劣化的趋势；运行时间较短但糠醛浓度较高的变压器，很可能内部存在涉及绝缘纸的过热故障。运行时间较长的变压器糠醛浓度较高，但随运行时间延长而增大的趋势并不明显；糠醛浓度发生偶然性和阶跃性增加的原因一般为变压器内部故障引起的局部过热或变压器过负荷引起的整体过热。

通过测定油中糠醛浓度来判断绝缘纸的老化程度是目前使用最普遍的方法，我国 DL/T 596—1996《电力设备预防性试验》中详细规定了非正常老化和严重老化的糠醛含量限值，当油中糠醛的质量浓度达到 0.5mg/L 时，变压器的整体绝缘水平处于其寿命中期；而当糠醛的质量浓度大于 4 mg/L 时，整体绝缘水平处于寿命晚期。国外常采用变压器中绝缘纸分解并溶于油中的糠醛量来诊断绝缘纸老化水平，日本采用注意值为 0.002 ~ 0.034mg/L，异常值为 0.034 mg/L 以上来判断。这种方法唯一的不足在于，许多变压器装有热虹吸过滤器，里面的吸附剂会吸附油中的一部分糠醛，导致测得的糠醛浓度与真实值有一定误差。

4. 新型绝缘纸检测技术

随着测试技术水平的发展，绝缘纸绝缘寿命的检测方法也逐渐发展。近年来出现了一些新的检测技术。如：

利用凝胶渗透色谱法（GPC）分析绝缘纸的相对分子质量和分布形态，从而判定出绝缘纸的老化程度。实验证明，在加速老化实验中得到的绝缘纸相对分子质量及分布的结果对监控运行中变压器内绝缘纸的绝缘状况是非常有用的。

利用傅里叶变换红外和近红外光谱法，评估绝缘纸绝缘状况。不同原料、不同老化程度的绝缘纸具有不同的光谱吸收特性，利用这一特征，可以将不同状态下的绝缘纸进行了分类。

利用 X 射线光电子能谱法，分析绝缘纸表层氧与碳的比值变化来判断绝缘纸的老化程度。

除了上述的检测方法外，电气行业内部也有一些专门用于检测绝缘纸绝缘寿命的方法，如局部放电法、极化－去极化电流法、低频脉冲法等。

第二十四节　油的其他测定

一、苯胺点测定法

苯胺点测定法参照 GB/T 262—2010。

将规定体积的苯胺和试样置于试管中，并用机械搅拌使其混合。然后加热直至两相互相溶解为单一相所需的最低温度，称为苯胺点，以℃表示。油品中各种烃类的苯胺点不同，其高低顺序是：芳香烃＜环烷烃＜链烷烃，因此，测定油品苯胺点的高低可判断油品中各烃类的含量。

同一操作者对浅色油品重复测定两个结果之差不应大于 0.2℃；对深色油品重复测定两个结果之差不应大于 0.4℃。

应当注意：

(1)苯胺的纯度对测定结果影响较大，最好用新蒸过的干燥苯胺；

(2)温度计的水银球中部，应位于苯胺层与试样层分界线处；

(3)严格控制升温与冷却的速度，不应过快；

(4)试样与苯胺的体积必须在同温下相同。

二、比色散测定法

比色散测定法参照 DL 420—1991 或 ZBE 38001。

在规定的温度下，试样对两种不同波长光的折射率的差(此差称为折射色散)，除以同温下试样的相对密度，称为比色散。通常将比色散值乘以 10^4 而得正数值。一般来说同一基础油，当比色散值大于 97 时，其与芳香烃含量近似直线关系，因此测定试样的比色散值，可间接了解试样中芳香烃的含量，进而预断试样的析气性。

油品比色散值的测定方法和原理是：在规定的条件下，采用折光仪测得试油的折射率值，并通过查表、计算得出折射色散和测定同温度下试油的密度。

比色散值按下式计算：

$$比色散 = \frac{折射色散}{密度} \times 10^4 \qquad (1-4-50)$$

同一操作者，重复测定两次结果的差值不应大于 4。采用阿贝折光仪应定期进行校验。

三、透明度测定法

透明度测定法参照 DL 429.1—1991。

将试样注入试管内，在规定温度下观察试样的透明程度。如果油品被污染或含有游离的固态烃，均影响其透明度，需要进行净化处理。

四、颜色测定法

颜色测定法参照 DL 429.2—1991。

　　将试样注入比色管中，与规定的标准比色液相比，以相等的色号及名称表示，油品一般为淡黄色，其颜色愈浅说明其精制程度及稳定性愈好。运行中油颜色变深，说明油已老化。如果试样颜色介于两个标准色之间，则报告较深的一个颜色。

第二篇　六氟化硫化学基础知识及试验方法

第一章　六氟化硫绝缘气体

　　矿物绝缘油是电气设备的传统绝缘介质，这是由于绝缘油具有高强度的绝缘特性。大部分电力变压器采用了绝缘油，它既是绝缘介质，又是冷却介质。虽然绝缘油在断路器内既是良好的绝缘介质，又是优异的灭弧介质，但是绝缘油具有可燃性，电气设备一旦发生损坏、短路，都有可能出现电弧，电弧高温可将绝缘油引燃，酿成火灾，这个问题在城市电网中特别突出。因此，急需寻找无燃烧性的绝缘介质和灭弧介质。

　　1900 年，法国巴黎大学由摩森（H. Moissan）和李博（P. Lebeau）等首次用元素硫和氟直接反应合成出 SF_6，制成的 SF_6 气体具有不燃的特性，并具有良好的绝缘性能和灭弧性能。到 1938 年，美国人 Cooper 建议用它来作为绝缘介质。同年，德国人 V. Grosse 又建议把 SF_6 用作高压断路器的灭弧介质。直到 1955 年才由美国西屋公司制成世界上第一台 SF_6 断路器，并在 115kV 电网中投运。3 年后该公司将 SF_6 断路器的额定电压提高到 220kV，断流容量达 15000MV・A。SF_6 气体在高压断路器、变压器、高压电缆、粒子加速器、X光设备、超高频（UHF）等系统领域都有应用。由于 SF_6 断路器具有体积尺寸小、质量轻、空间利用率高（表 2 - 1 - 1 和表 2 - 1 - 2）、容量大，能成套速装，投运后运行费用少等优点，故目前国内外，特别是高压或超高压断路器正逐渐或大都采用 SF_6 断路器。SF_6 气体的广泛应用，是与其特有的物理性质、化学性质及电气性能分不开的。

表 2 - 1 - 1　SF_6 全封闭组合电器与常规敞开式电器占地面积与空间体积比较

电压 /kV	占地面积			空间体积		
	SF_6 全封闭组合电器 A/m^2	常规敞开式电器 B/m^2	缩小率（A/B）/%	SF_6 全封闭组合电器 C/m^3	常规敞开式电器 D/m^3	缩小率（C/D）/%
66	21	123	17	136	1360	10
154	37	435	7.7	331	8075	4.1
275	66	1200	3.8	414	28800	1.4
500	90	3706	2.4	900	147696	0.6

表 2 - 1 - 2　SF$_6$ 变压器与油浸式变压器性能比较

项目		油浸式变压器	SF$_6$ 变压器	差值百分数/%
质量/t	铁芯	26.44	22.73	-14
	导线	12.38	6.12	-51
	不带油(气)总质量	62.14	44.14	-29
	总质量	85.96	44.82	-48
损耗/kW	铜损	248	208	-16
	铁损	47	41	-13
空间利用率/%	线圈部分	23	69	+200
	铁芯部分	17	50	+194

第一节　六氟化硫气体的理化性质

一、六氟化硫的物理性质

SF$_6$ 是由卤族元素中最活泼的氟(F)原子与氧族元素硫(S)原子结合而成的。其分子结构是由六个氟原子处于顶点位置而硫原子处于中心位置的正八面体，见图 2 - 1 - 1。

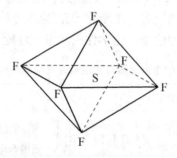

图 2 - 1 - 1　SF$_6$ 分子构型

SF$_6$ 在常温、常压下是一种高稳定性、无色、无味、无毒、不燃的气体，在 500℃ 以上炽热状态下也不分解，在 800℃ 以下很稳定。在 250℃ 时与金属银反应，没有腐蚀性，可以作通用材料，不腐蚀玻璃。SF$_6$ 具有卓越的电绝缘性和灭弧特性，相同条件下，其绝缘能力为空气、氮气的 2.5 倍以上，灭弧能力为空气的 100 倍。SF$_6$ 的熔点为 -50.8℃，可作为 -45 ~ 0℃ 范围内的特殊制冷剂；又因其耐热性好，是一种稳定的高温热载体。

SF$_6$ 的重要物理性质见表 2 - 1 - 3。SF$_6$ 的密度为 6.16g/L，约是空气密度的 5 倍，因此空气中的 SF$_6$ 易于自然下沉，具有强烈的窒息性。

SF$_6$ 气体微溶于水，在水中的溶解度为 5.4 cm^3/kg(SF$_6$ 分压 101.325 kPa，25℃)，其在水中的溶解度随着温度的升高而降低。SF$_6$ 气体虽然难溶于水，但却易溶于变压器油和一些有机溶剂。

表 2 - 1 - 3　SF_6 物理性质

名称	数值	名称		数值
熔点/℃	-50.8	介电常数(101kPa, 25℃)		1.002
升华温度(101kPa)/℃	-63.8	热导率/[W/(cm·℃)]		14.7×10^{-3}(101kPa, 30℃)
临界温度/℃	45.6	密度 /(mg/cm³)	气态	6.46(0℃)
临界压力/MPa	3.78		液态	1.57(0℃)
			固态	2.51(-50℃)

　　在通常状态下，SF_6 是以气体的形式存在，但由于其临界温度较高，很容易液化，因此在实际工作中就会遇到 SF_6 的温度、压力、质量、体积、密度及液化等问题，这些问题是物理化学中气体状态方程以及相平衡理论所涉及的内容，理想气体状态方程见下式

$$pV = mRT/M \tag{2-1-1}$$

式中　p——气体压强，MPa；

　　　V——气体体积，L；

　　　m——气体质量，g；

　　　M——气体摩尔常数，g/mol；

　　　T——绝对温度，K；

　　　R——理想气体常数。

或表示为

$$p = \rho R'T \tag{2-1-2}$$

式中　ρ——气体的密度，即 m/V；

　　　R'——气体常数，即 R/M。

　　以上方程式表明了气体的压力(p)、密度(ρ)及温度(T)之间的关系，同时也可以用这三个状态参数来代表气体所处的状态。理想气体与 SF_6 气体的压力与密度变化如图 2 - 1 - 2 所示。

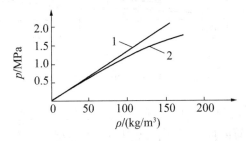

图 2 - 1 - 2　理想气体与 SF_6 气体的压力与密度变化关系

1—理想气体；2—SF_6 气体

　　在压力不太高的情况下，空气等都可以当作理想气体按上述气体方程来分析计算，不会产生较大误差。但由于 SF_6 气体的相对分子质量较大，分子之间的作用显著，使得它与理想气体的特性有较大偏离，如图 2 - 1 - 2 所示。如果按着理想气体定律推导出来的关系式来计算 SF_6 的参数就会产生很大误差。经验公式(2 - 1 - 3)能较为准确地计算出 SF_6 的

各种状态参数，是很实用的。

$$\begin{cases} p = \left[0.58 \times 10^{-3} \rho T(1 + B) - \rho^2 A \right] \times 10 \\ A = 0.764 \times 10^{-3} \rho (1 - 0.727 \times 10^{-3} \rho) \\ B = 2.51 \times 10^{-3} \rho (1 - 0.846 \times 10^{-3} \rho) \end{cases} \quad (2-1-3)$$

式中　p——SF$_6$ 气体压力，MPa；

$\quad\quad$ T——SF$_6$ 气体的绝对温度，K；

$\quad\quad$ ρ——SF$_6$ 气体的密度。

　　在实际工作中，以上经验公式用起来有些繁琐，为了简化计算和更容易直观理解，通常把它们绘成一组状态参数曲线图，如图 2-1-3 所示。图中曲线 AMB 为 SF$_6$ 的饱和蒸气压力曲线，使 SF$_6$ 从气体转化为液体和固体的临界线。也就是说，当 SF$_6$ 的状态参数落在曲线的右侧时，SF$_6$ 呈气态；落于 AMM' 区时为液态；落于 $M'MB$ 区时为固态。从曲线 AMB 可以看出，SF$_6$ 设备的工作压力越高，液化温度越高，即气体越容易液化。当气体开始液化时，气体的压力、密度很快下降，绝缘和灭弧性能也迅速降低，因此 SF$_6$ 设备不宜在低温高压下运行。

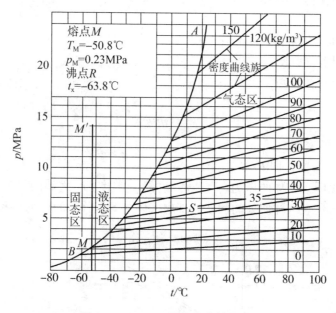

图 2-1-3　SF$_6$ 的状态参数曲线

　　SF$_6$ 状态参数曲线图是很有用的，当知道 SF$_6$ 的某些参数时，利用这些曲线便可方便地计算出其他参数。在计算时应注意，公式中的压力为绝对压力，而通过压力表所测得的压力为表压力。绝对压力等于表压力加上大气压力（一般为 0.1MPa）。

二、六氟化硫气体化学性质

(一)热稳定性

　　由于 SF$_6$ 分子呈正八面体结构，且键合距离小，键合能量高，故其稳定性在不太高的温度下，接近惰性气体的稳定性，见表 2-1-4。

表 2-1-4　SF$_6$ 分子特征

分子式	SF$_6$
摩尔质量	146.05 g/mol
硫含量(质量分数)	21.95%
氟含量(质量分数)	78.05%
分子结构	在 6 个棱角上带有氟原子的八面体
键	共价键
碰撞截面	4.77A
分解温度	500℃

SF$_6$ 气体的化学性质极其稳定，在常温常压下不会发生化学反应。SF$_6$ 的分解稳定温度为 500℃。在温度低于 800℃ 的情况下，SF$_6$ 为惰性气体，而在高温下会与许多金属发生反应。

(二)高温下的化学反应

SF$_6$ 在一定的温度下，可以与许多化学活性强的物质发生氧化还原反应，如：

$$SF_6 + nNa \longrightarrow SF_{6-n} + nNaF$$
$$SF_6 + AlCl_3 \longrightarrow AlF_3 + \cdots$$
$$SF_6 + UO_2 \longrightarrow UF_6 + SO_2$$

(三)六氟化硫对环境的危害

SF$_6$ 是惰性气体，它在水中的溶解度很低，对地表及地下水均没有危害，不会在生态循环中积累，因此不会严重危害生态系统。

目前，发现人类活动排放的温室气体有 6 种，它们是二氧化碳、甲烷、氧化亚氮、氢氟碳合物、全氟化碳、六氟化硫，这当中氟化物就有三种。其中 CO$_2$ 对温室效应影响最大，占 60%，而 SF$_6$ 气体的影响仅占 0.1%，但 SF$_6$ 气体分子对温室效应具有潜在的危害。这是因为 SF$_6$ 气体一个分子对温室效应的影响为 CO$_2$ 分子的 25000 倍，同时，排放在大气中的 SF$_6$ 气体寿命特长，约 3400 年。现今，每年排放到大气中的 CO$_2$ 气体约 210 亿吨，而每年排放到大气中的 SF$_6$ 气体相当于 1.25 亿吨 CO$_2$ 气体。SF$_6$ 在电力工业上的使用日益增强，因此，我们要做好 SF$_6$ 的回收处理工作。

纯净的 SF$_6$ 气体是无毒无害的，但是由于密度比空气大，所以人在有大量 SF$_6$ 气体存在的环境中会产生窒息反应。当吸入高浓度 SF$_6$ 时可出现呼吸困难、喘息、皮肤和黏膜变蓝、全身痉挛等窒息症状。在合成 SF$_6$ 的过程中，往往产生少量有毒的副产物，如净化不彻底，有可能在新制 SF$_6$ 的气体中混有残余的有毒杂质，于是国内外业界提出了多种 SF$_6$ 产品质量指标，验收标准中规定其杂质不得超过表 2-1-5 所列的最大允许量。因此，在工作地点要做好防护工作。

表2-1-5　SF₆产品质量指标

项目 （质量分数）	国内 （GB 12022—89）	美国标准 ASTMD 2472	IEC 标准 （IEC 376—71）	某企业标准	
				工业级	高纯级
六氟化硫/%	≥99.8	≥99.8	≥99.8	≥99.9	≥99.99
空气/%	≤0.05	≤0.05	≤0.05	≤0.03	≤0.003
四氯化碳/%	≤0.05	≤0.05	≤0.05	≤0.03	≤0.003
水分/10⁻⁶	≤8	≤0.3	≤15	≤2	≤1
酸度（as HF）/10⁻⁶	≤0.3	≤1	≤0.3	≤0.1	≤0.1
可水解氟化物（as HF）/10⁻⁶	≤1	dew point≤ -50℃	≤1	≤0.3	≤0.3
矿物油/10⁻⁶	≤10	≤5	≤10	≤3	≤3
毒性	生物试验无毒	无毒	生物试验无毒	生物试验无毒	生物试验无毒

第二节　六氟化硫气体的电气性质

SF_6 在常温常压下是一种惰性气体，由于氟原子的高负电性及 SF_6 分子的相对分子质量大，从而使得 SF_6 具有优异的电气性能，见表2-1-6。

表2-1-6　一些气体在低温下的绝缘能力

气体	SF_6	H_2	CO_2	C_3F_8	CCl_2F_6	C_4F_{10}	CCl_2F_2	$CClF_3$
沸点/℃	-63.8	-195.8	-78	-36.7	-29.8	-2.0	3.6	23.8
相对绝缘能力 ε_1	2.0～2.5	1.0	0.9	2.0～2.9	2.4～2.5	2.5	2.8	3.0～4.5

一、绝缘性能

SF_6 具有很强的电负性，容易与电子结合并形成负离子，削弱电子碰撞电离的能力，阻碍电离的形成和发展。负离子形成的反应如下式表示：

$$SF_6 + e^- \longrightarrow SF_6^-$$

$$SF_6 + e^- \longrightarrow SF_5 + F^-$$

SF_6 的分子直径较大，使电子在 SF_6 气体中的平均自由行程缩短，不易在电场中积累能量，从而减小了电子的碰撞能力。

SF_6 气体的相对分子质量大，是空气的 5 倍，形成的 SF_6^- 的运动速度比空气中氮、氧离子的运动速度更小，正负离子间更容易发生复合作用，从而使 SF_6 气体中带电质点复合，阻碍了气体放电的形成和发展，绝缘介质不易被击穿。SF_6 正负离子的复合如下所示：

$$SF_6^+ + SF_6^- \longrightarrow 2SF_6$$

由于 SF_6 的电子截面积极大，具有极强的吸附电子的能力，SF_6 的电子亲和力高达

3.4eV，所以 SF_6 具有优良的绝缘性能。

二、灭弧性能

电弧是一种气体导电现象，其特点是温度很高，中心温度高达10000K；电流密度大，平均电流密度为1000A/cm²。SF_6 气体广泛应用于高压开关的重要原因就是它有优越的灭弧性能。

SF_6 的灭弧能力较空气、绝缘油等介质优越的原因主要表现在 SF_6 去游离作用强，其优越的主要原因有以下几个方面：

(1)电负性强，容易发生复合。即使在电弧作用下 SF_6 发生分解，它也不会像绝缘油那样产生能导电的碳原子，而是产生出极微量的电性能类似于 SF_6 的低氟化合物和氟原子。这些分解产物都具有较强的电负性，在电弧中能吸收大量的电子，形成负离子，使带电质点速度大大减慢，而正、负离子间的复合比电子和正离子间的复合要容易得多，有利于灭弧。

(2)电弧时间常数较小。电弧时间常数越小，灭弧能力越强。气体中的电弧是通过分子游离而形成的导电现象，电弧放电通道中主要是热游离方式，气体温度在 4000～6000K 及以上时就开始出现热游离导电现象。SF_6 和空气的导电系数随温度的变化特性差异并不大，在 4000K 以下没有明显的游离，但在电弧的电极金属蒸气参与下，实际的热游离起始温度降低到 3000K 左右，因此开关电弧的导电下限温度一般在 3000K 附近。电弧的熄灭过程是弧隙游离产物(离子、电子)的复合、去游离，使间隙恢复到绝缘介质状态的过程，这主要通过冷却降温，使导电系数降低、消失。SF_6 的导热能力随温度的变化特性是它具有优异灭弧能力特性的重要原因。当整个弧柱温度都降到导电温度(3000K)以下时，由于 SF_6 气体的导热高峰使温度下降速度很快，介质强度恢复迅速。即使在静止状态下，SF_6 的电弧时间常数也是极小的，要比空气等介质的小两个数量级以上，加上 SF_6 分子在电弧作用下分解后的迅速复合能力(10^{-5}～10^{-4}s)，使其具有强灭弧能力。

此外，SF_6 气体的负电性也是形成优异灭弧性能的另一因素。在弧焰区和弧后恢复阶段，负电性起很重要作用，它使弧隙自由电子减少，导电系数下降，介质温度提高。因此在运行维护中应向灭弧室提供新鲜的气体，尽可能增加 SF_6 气体与弧柱的接触，以增强吸附的过程。

(3)优良的热化学性能。SF_6 气体分解温度(2000K)比空气(占绝大多数的 N_2 的分解温度为7000K)的低，所需的分解能(22.4eV)又比空气的(9.7eV)高，因此分子在分解时吸收的能量多，对弧柱的冷却作用强。而在相应的分解温度上，SF_6 气体热导率很高，有利于散热和灭弧。下面将 SF_6 与空气和绝缘油性能加以比较，如表2-1-7所示。

三、介电常数

在20℃、1.0133bar、23.340MHz 的状况下，SF_6 的介电常数是1.0021，当气体压力上升至2MPa 时，该值提高6%。

在 -50℃、10～500kHz 范围内，液体 SF_6 的介电常数保持不变，为1.81。

表 2-1-7 SF$_6$ 与空气和绝缘油性能比较

项目	与空气比较	与绝缘油比较
绝缘耐力	2～3 倍	在 300kPa 下与油相同
电弧时间常数/μs	空气为 1，SF$_6$ 为 10^{-2}	
介电常数电弧作用下的分解	同等 SF$_6$ 会分解有毒的物质	在固体组合的情况下，不如绝缘油
密度	5 倍	油因电弧分解而可能爆炸
不可燃		1/140
冷却性	比空气好	着火点，140℃
隔音性	比空气好	比油好
热稳定性	200℃ 以下（SF$_6$）	105℃ 以下（油）
热损坏	在 SF$_6$ 气氛中材料不发生劣化变质	油本身发生劣化损坏

第二章　六氟化硫气体试验方法

第一节　六氟化硫气体微量水分测定

一、测定意义

无论是 SF_6 新气或 SF_6 断路器中的运行气体都会不可避免地含有微量的水分,其水分的来源主要是以下四个方面:

(1)SF_6 新气中本身带有微量的水分。

(2)设备在现场安装、充气的过程中,设备内部会存留微量的水分。即使经过抽真空及高纯氮干燥等工艺,也不能把设备内壁吸附的水分完全清除。

(3)SF_6 设备中的固体绝缘材料(如环氧树脂等)本身就含有一定量水分,随着温度的变化及运行时间的延长,水分会缓慢释放至气体中。

(4)由于设备内部的水分分压远小于大气中的水分分压,因此只要设备存在漏点等密封薄弱环节,空气中的水分就会缓慢地渗透到设备内部。

然而,SF_6 气体中含水对于设备及其安全运行的危害是多方面的,不但会使击穿电压下降;而且会与电弧分解气反应生成酸性气体,从而加速设备腐蚀;还会由于水解反应阻碍 SF_6 分解物的复原而造成有毒有害杂质的增加。实验还表明,SF_6 气体中的含水量过多时,在温度下降到一定程度后,其水蒸气会发生凝结。如果凝结成水,就有可能发展成沿面放电而引起事故;如果凝结发生时的温度足够低,则凝结成冰而呈现固态形式,对绝缘的影响就要小得多。因此,要求其含水量要足够少,使其在发生水蒸气凝结时不产生水,或者只能凝结成冰。实际工作中结合运行经验,并考虑恰当的裕度,可以得出 DL/T 603—2006《气体绝缘金属封闭开关设备运行及维护规程》规定的微水含量标准,表2-2-1即是根据不同气室是否可能产生电弧而制定的含水量标准(测量环境温度为20℃,微水数值为体积分数,下同)。

表2-2-1　不同气室的含水量标准

气室	有电弧分解物的气室	无电弧分解物的气室
交接验收值	≤150μL/L	≤250μL/L
运行允许值	≤300μL/L	≤500(1000)μL/L*

注:测量时周围空气温度为20℃,大气压力为101325Pa。

　　*若采用括号内数值,应得到制造厂认可。

因此，为确保设备的安全运作，SF_6 气体微量水分测定的实验是非常必要的。

标准规定，SF_6 气体中含水量应按 GB/T 11605—2005《湿度测量方法》、GB/T 5832.2—2008《气体中微量水分的测定 第 2 部分露点法》、DL/T 915—2005《SF_6 气体湿度测定法（电解法）》和 GB/T 12022—2006《工业 SF_6》进行测量。其测量方法有质量法、电解法、露点法、电阻电容法等，其中质量法是国际电工委员会（IEC）推荐的仲裁方法，而电解法和露点法为其推荐的日常测量方法。

二、测定原理及方法

(一)镜面露点法

这一方法是令被测的 SF_6 气体在恒定压力下以一定流速流经露点仪测定室中的金属镜面，然后进行精确测量。当气体中的水蒸气随镜面冷却达到饱和时，表面呈热力学相平衡状态，便可得到此时的露层温度，即为该气体的露点值。最后，根据露点值、样本气体压力与 SF_6 气体含水量的关系，就可以确定被测气体中的含水量(体积分数)。

使用的仪器是冷镜式露点仪，是目前准确度最高的湿度测量设备，其测量可靠性、重复性、稳定性和方便程度均远远高于其他原理的测湿仪器，是电力部门目前使用最多的湿度测量设备。其原理是利用热电制冷器冷却露层传感器，使气样中的水蒸气在露层传感器上冷凝，经接收器采集的信号通过自动控制电路使露层传感器上的露或霜与气样中的水蒸气呈相平衡状态。用铂电阻温度计准确测量露层传感器的温度，从而获得气体的露点温度。

1. 计算公式

SF_6 气体中含水体积分数的计算方法如下:

$$\varphi = \frac{fe_d}{p - fe_d} \times 10^5 \qquad (2-2-1)$$

式中　φ——体积分数，$\mu L/L$；

e_d——在露点温度下的饱和水蒸气压，Pa；

p——大气压，Pa；

f——增强因子。

2. 操作步骤

(1)取样。

冷凝式露点仪采用导入式的取样方法。取样点必须设置在足以获得代表性气样的位置并就近取样。典型取样系统如图 2-2-1 所示。

(2)试漏。

将 U 形水柱压力计装接于仪器的排气口，调节系统压力，使压差为 2000Pa±100Pa，关闭气样，0.5min 后观察，1min 内压差降应不超过 5Pa。

(3)测量。

根据取样系统的结构、气样湿度的大小用被测气体对气路系统分别进行不同流量、不同时间的吹洗，以保证测量结果的准确性。

仪器操作程序按使用说明书进行，并从仪器直接读取露点值。

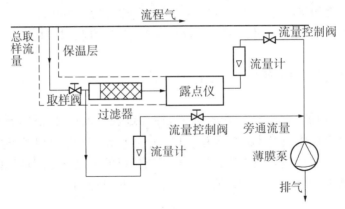

图 2 − 2 − 1　冷凝式露点仪的取样系统

（4）结果处理。

取两次平行测定结果的算术平均值作为露点值。

应注意事项：

（1）若对露层传感器表面污染误差无自动补偿功能，或者此表面污染严重时，均须用适当溶剂对其作人工清洗。

（2）如果气样中含有比水蒸气先冷凝的其他气体杂质（如某些烃类），或者气样中含有能与水共同冷凝的物质（如甲醇），则必须先采取措施分离之。

（3）露点介于 0 ～ −20℃时，露层传感器表面上的冷凝物可能是霜也可能是露（过冷水），此时对目视露点仪必须借助显微镜仔细观察加以区别。

（4）进气口的过滤器应定期清洗，以保持气路清洁畅通。

（5）测量有害或可燃气体时，应在出气口接一橡皮管，将气体引至室外。

（二）阻容法

阻容法是利用吸湿物质的电学参数（电阻值或电容值）随温度变化的原理进行湿度测量的。

测量的仪器是阻容法露点湿度仪，主要由电极、感湿材料和电极基底等部分组成，常用于低湿范围的测量。其中，上层电极由特殊的传导材料制造，能保证水分子通过，同时又可保护湿敏材料不受灰尘、油污或导电粒子的影响。电极的基底材料常见为玻璃或硅，主要用来支撑传感器的结构。感湿材料一般为高分子活性聚合物薄膜，能够吸收水蒸气，其电参数（如电容、电阻、介电常数或频率等）与周围环境的水蒸气含量具有某种函数关系。测量电路测量湿敏元件电参数的改变，并换算成相应的露点值。在通常工作环境中，其他极性分子即使能够穿过上层电极到达湿敏材料薄膜，其所引起的介电常数变化量仍可以忽略不计。

操作步骤：

（1）将传感器直接置入气体中适当的部位以获得有代表性的湿度值；

（2）仪器操作程序按使用说明书进行；

（3）待仪器示值稳定后读数。

应注意事项：

（1）湿敏元件的感湿部分不能以手触摸，并避免受污染、腐蚀或凝露。

（2）在尘土较多的场所使用时，一定要安装外罩或过滤器等装置。

（3）仪器应按有关规定适时校准，当仪器无温度补偿时，校准温度应尽量接近使用温度。

（4）不应在湿度接近100%RH的气体中长期使用。

（三）质量法

质量法的原理是将一定体积的待测SF_6气体通过装有无水高氯酸镁作干燥剂的U形管，由管的增重计算该体积气体的含水量，以$\mu g/g$表示。该方法相对于其他方法是有效的绝对方法，可以用来校核其他方法，在有疑问或争议的情况下是测量气体水分含量的仲裁方法。但由于测量过程过于复杂，所以并不适合在现场应用。

1. 计算公式

（1）试样体积的计算公式。

$$V = \frac{\frac{1}{2}(p_1 + p_2) \times 293.1}{101.3\left[273.1 + \frac{1}{2}(t_1 + t_2)\right]}(V_2 - V_1) \qquad (2-2-2)$$

式中　V——20℃、101.3kPa下的试样体积的数值，L；

p_1，p_2——流量计始态与终态的大气压力的数值，kPa；

t_1，t_2——流量计始态与终态的温度的数值，℃；

V_1，V_2——流量计始态与终态的读数值，L。

2. 水分的质量分数w_4的计算公式。

$$w_4 = \frac{m_1 + m_2}{6.08V} \times 10^{-3} \times 100\% \qquad (2-2-3)$$

式中　m_1——A_1管的增量值的数值，mg；

m_2——A_2管的增量值的数值，mg；

V——20℃、101.3kPa下试样的体积的数值，L；

6.08——20℃、101.3kPa时SF_6的密度，g/L。

3. 操作步骤

（1）试验吸收装置如图2-2-2所示。三只吸收管用氯丁橡胶管连接。吸收管连入吸收系统之前，用热空气干燥吸收系统的入口端、过滤器和所有隔离活塞。

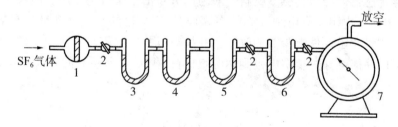

图2-2-2

1—多孔玻璃过滤器；2—活塞；3—A_1管；4—A_2管；5—A_3管；6—保护管；7—湿式气体流量计

（2）打开活塞，让无油干燥空气以250mL/min的速度通入吸收系统15min。关闭活塞，拆下A_1管、A_2管和A_3管，用氯丁橡胶盖子盖住所有管的出入口。

（3）用软布和鹿皮仔细擦拭吸收管，然后放在天平中，20min 后称重（精确至 0.0001g），称量时从吸收管臂上取下橡胶盖子。

（4）重复上述操作，直到每个吸收管恒重为止（连续两次称重之差小于 0.0002g）。然后以热空气、SF_6 试样气冲洗取样管路。重新将吸收管连入吸收系统。以 250mL/min 的速度通入试样气体(50～100L)，再通入无油干燥空气以排除吸收系统中残存的试样气体。称量吸收管，求出增量值。

应注意事项：

（1）实验室要求在恒温、恒湿的房间内进行。

温度：20℃～35℃，±2℃；

湿度：30%～50%，±2%。

（2）所有器具都要真空干燥，操作时应戴清洁手套。

（3）称重要迅速准确，并根据测量精确度的要求确定适当的吸收量，并根据气样湿度的高低确定吸收时间。

（4）吸收管必须恒重。

（5）含水量不合格的 SF_6 气体应采用固体吸附剂净化处理。

（四）电解法

电解法是利用通过测量电解电流求得气样含水量的方法。

该方法使用的仪器是电解法湿度仪，测量原理是基于法拉第定律，属于一种绝对测量方法，测量范围通常在 1000μL/L 以下。仪器的核心部件是电解池，当被测气体流经电解池时，水蒸气被电极表面的五氧化二磷（P_2O_5）薄膜完全吸收，并被电解为氢和氧，被电解水的量与通过电解池的电量成正比。在一定的水蒸气浓度和气体流速范围内，水分被吸收的速度和电解的速度是相同的，即水分被连续地吸收和电解。当吸收和电解过程达到平衡时，电解电流正比于气体湿度，瞬时的电解电流可以认为是气体含水量的电信号。电解电流是与气体流速有关的，因此，在测量时必须保证气体有固定的流速（一般为 100mL/min）并保持恒定。反应结束时五氧化二磷再生。若已知环境温度、压力和被测气体流量，根据法拉第电解定律和气体状态方程式，可导出电解电流与被测气体含水量之间的关系式。因此，根据电解电流的大小，仪器可以直接显示气体含水量。

电解电流与被测气体含水量的关系式：

$$I = \frac{Q p T_0 F U \times 10^4}{3 p_0 T V_0} \qquad (2-2-4)$$

式中　Q——气样流量，mL/min；

　　　p——环境压力，Pa；

　　　T_0——临界绝对温度，273K；

　　　F——法拉第常数，96485C；

　　　U——气样湿度，μL/L；

　　　p_0——标准大气压，101.325kPa；

　　　T——环境温度，K；

　　　V_0——摩尔体积，22.4L/mol。

145

1. 计算公式

$$A = 0.123(m_2 - m_1) \qquad (2-2-5)$$

式中 A——SF_6 气体中含水量，$\mu g/g$；

   m_1——本底值，$\mu L/L$；

   m_2——样品测量值，$\mu L/L$；

   0.123——常数（H_2O 与 SF_6 相对分子质量之比）。

2. 操作步骤

（1）按图 2-2-3 连接好测定装置（SF_6 钢瓶需倒置，整个系统应不漏气）。

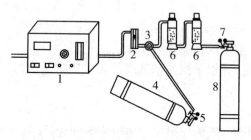

图 2-2-3 电解法测定装置

1—数字式微量水分仪；2—微量气体流量计；3—四通阀；4—SF_6 气瓶；

5—氧气减压表；6—干燥塔；7—氮气减压表；8—氮气瓶

（2）流量计标定。

根据仪器的工作原理测量时，流量应准确并稳定，仪器上安装的浮子流量计应用皂膜流量计进行标定。

（3）干燥电解池。

由于电解池极易受潮，所以对于新仪器（包括重新涂敷的电解池）或长期停用的仪器，在测量前应用干燥气体（可用高纯氮气）进行吹扫，使之达到规定的要求。

（4）测量本底数值 m_1。

（5）样品测量。

根据被测气体湿度的大小选择相应的量程档，准确调节仪器上测试流量计的流量，待指示稳定后记下测量值 m_2（在测量过程中尾气需排至室外），如图 2-2-4 所示。

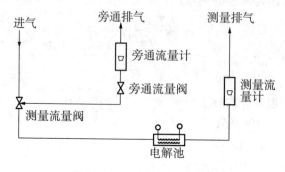

图 2-2-4 测量流程示意图

应注意事项：

（1）充分干燥电池和系统；

（2）保护电解池；

（3）避免 SF_6 气样中混入杂质微粒、油污及其他破坏性组分。

三、测定注意事项

总的来说，虽然目前 SF_6 微水检测方法比较多，但仍以露点仪最为常用。质量法相对于其他测量方法是有效的绝对方法，但是只适合于实验室使用，不适合在现场使用。电解法的准确性较露点法和阻容法要差，而且现场需高纯氮气清洗测量仪器，不够灵活。镜面露点仪测试准确度高，但缺点是在低湿度测量耗时长，特别是在夏季温度高于30℃户外测量时应尽量选用阻容法测量。阻容法响应快，抗干扰强，但应定期进行校准。为了提高测试数据的可比性，更好地掌握设备中含水量的变化，对于同一台开关坚持采用同一测量仪器。作为预防性测试，建议在夏季进行，以获得设备含水量的最大值。测试记录应注明时间、气温及测试时的气体压力状态，注意结果换算的正确性。在测试运行中设备的含水量时，要始终注意仪器气体的排放，做好防护措施以防止气体中毒。

四、测定精密度

1. 镜面露点法

在相同测量条件下，两次露点测量结果之差应不大于1℃。在不同测量条件下，两次露点测量结果之差应不大于3℃。

2. 阻容法

在 40% RH ~ 85% RH 范围内：在相同测量条件下，两次测量结果之差应不大于2% RH。

再现性：在不同测量条件下，两次测量结果之差应不大于6% RH。

3. 质量法

取平行测定结果的算术平均值为测定结果。两次平行测定结果的绝对差值应不大于 0.0001%。

4. 电解法

取两次平行测定结果的算术平均值为测定值。两次平行试验结果的相对偏差不能大于10%。

第二节　六氟化硫气体分解物测试

一、测定意义

国内外大量研究表明，当 SF_6 设备中发生绝缘故障时，放电产生的高温电弧使 SF_6 气体发生分解反应，生成 SF_4、SF_3、SF_2、S_2F_{10} 等多种低氟硫化合物。而不同绝缘缺陷引起的局部放电会产生不同的分解化合气体，相应的分解化合气体成分、含量及产生速率等也有差异。这样使得通过分析分解产物的组分来判断故障类型成为可能，并可以通过检测设

备中 SF_6 气体分解气体组分及化合产物，来判断绝缘缺陷类型、性质、程度及发展趋势。

二、测定原理及方法

为检测 SF_6 气体分解物，国内外的研究者提出了各种方法。

(一)气体检测管法

我们通过气体检测设备或装置从高压电器设备中提取一定量体积的 SF_6 气体，让这些气体分别通过含有 SO_2、HF 等检验气体的检测管(图2-2-5)。如若 SF_6 气体中含有这些分解产物，那么它们会在检测管中与上述气体发生化学反应，并改变颜色。根据变色柱的长短来定量地读出 SF_6 气体中 SO_2 和 HF 的浓度，依据的化学反应式为：

$$FH + NaOH \Longrightarrow NaF + H_2O \quad 紫红变黄$$

$$SO_2 + I_2 + 2H_2O \Longrightarrow H_2SO_4 + 2HI \quad 蓝变白$$

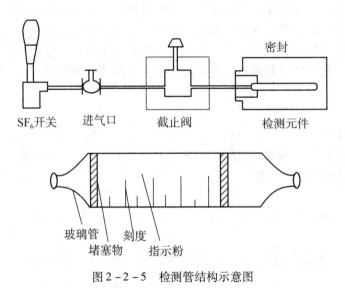

图 2-2-5 检测管结构示意图

使用气体检测管的好处是能够检测到其体积分数 10^{-6} 级的 SO_2 或 HF。但此方法的不足之处是容易受到温度、湿度和存放时间的影响，并且对其他主要分解气体没有检测作用，不能全面反应 SF_6 放电分解气体组分情况，限制了它的应用推广。

(二)气相色谱法(GC)

利用气相色谱仪分析的方法是近几年来国内外使用最普遍、最通用的用于检测 SF_6 放电分解气体组分的一种方法。同时气相色谱法也是 IEC 60480—2004 和 GB/T 18867—2002 推荐使用的一种检测方法。

利用本方法是旨在利用不同物质在两相中具有不同的分配系数或者吸附系数、渗透性等性质差异，在两相作相对运动的时候，使这些物质能够进行多次反复分配而实现分离。然后最终通过使用检测器和记录器，使得这些被分开的组分体现出不同的色谱峰来进行分析。

一般情况下，气相色谱仪(图2-2-6)分为5个主要的组成部分：载气系统(包括气源和流量的调节与测量元件等)，进样系统(包括进样装置和汽化室两部分)，分离系统

（主要是色谱柱），检测和记录系统（包括检测器和记录器），辅助系统（包括温控系统和数据处理系统等）。

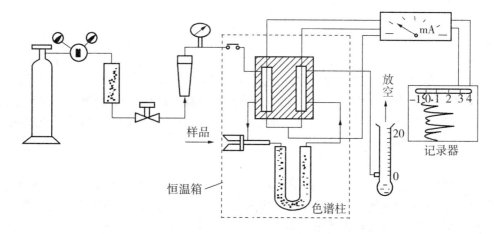

图 2-2-6 气相色谱仪组成、原理和流程示意图

气相色谱仪可以同时检测其体积分数低至 10^{-6} 级的 CF_4、SF_6、SO_2F_2、SOF_2、SO_2、H_2O 等气体组分，见图 2-2-7。

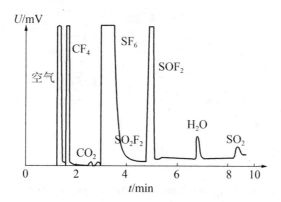

图 2-2-7 IEC 给出的 SF_6 分解气体色谱图

气相色谱法具有检测组分多、检测灵敏度高等优点。但是气相色谱法的缺点是在取样和分析过程中可能混入水分导致一些组分水解，对 SO_2F_2 和 SO_2 的检测比较困难，不能检测 HF 和局部放电主要成分之一的 SOF_4 等。气相色谱检测法中色谱进样的特性决定了检测时间较长，不可能做到连续在线监测；温度对色谱柱分离效果的影响以及色谱柱使用一段时间后需要清洗等固有特性决定了色谱技术对检测环境要求高，不适于现场在线监测应用。

（三）傅立叶变换红外光谱仪法（FTIR）

利用傅立叶变换红外光谱仪（图 2-2-8）的方法是基于利用光相干性原理而设计的干涉型红外分光光度计，但是与依据光的折射和衍射而设计的色散型红外分光光度计不同的是，傅立叶变换红外光谱仪主要是由红外光源（主要是硅碳棒和高压汞灯）、干涉仪（迈克尔逊干涉仪）、样品室、检测器、电子计算机和记录仪 6 个主要的部件组成。

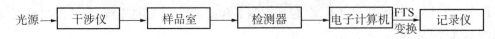

图2-2-8 傅立叶变换红外光谱仪

傅立叶变换红外光谱仪能够检测到其体积分数为 10^{-6} 级的 SO_2、SO_2F_2、SOF_2、SF_4、SOF_4、H_2O、CF_4。使用红外光谱仪法具有高分辨率和快速响应，无需气体分离，需要样气少，可在分解气体组分定性的同时完成定量，检测时间短，可形成在线监测系统等优点。但是同时红外光谱仪法对于 SF_6 及其部分分解气体的吸收峰十分接近，有交叉干扰现象，必须使用标气得到参考图谱对分析结果进行校正，而有些标气如 SOF_4 非常不稳定。红外光源强度低，检测器灵敏度低，造成其定量精度不如紫外-可见光谱等方法。

(四) 固体电解质传感器法

固体电解质传感器(图2-2-9)是使用化学气敏器件检测气体组分。化学气敏传感器是利用对被测气体的形状或者气体的分子结构中所具有的选择性俘获功能(接收器功能)和将俘获的化学信息有效转换为电信号的功能(转换器功能)来工作的。当被检测气体被吸附到气敏半导体表面时，其电阻值会发生变化。

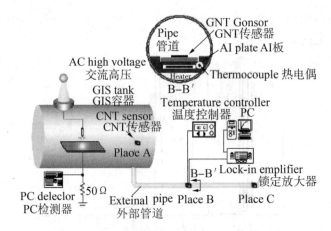

图2-2-9 基于 CNT 气体传感器的 GIS 分解气体检测试验装置

目前国内外用气体传感器法可以检测的气体主要是比较常见的气体如 SO_2、HF 和 H_2F，而对重要的气体组分 SO_2F_2、SOF_2、SF_4、SOF_4 和 CF_4 则无能为力。固体电解质传感器法具有检测速度快、效率高，以及可以与计算机配合使用从而实现自动在线检测诊断等突出优点，但是同时也存在检测气体组分单一等缺点。另外，它存在组分间的干扰问题，如 H_2S 传感器会对 SO_2 有响应，以及 HF 传感器使用寿命短等问题。

(五) 离子移动度计法(IMS)

使用离子移动度计(图2-2-10)检测是一种对于 SF_6 气体质量进行现场监测的全新方法，离子移动度计是通过对设备中 SF_6 气体中总体杂质含量的测定，来反映设备中 SF_6 气体的劣化程度。

基本原理：待检测气体经取样口进入离子化区，通过高压放电进行离子化，然后经过离子栅栏过滤进入电场区，残气由气体出口排出。在电场区内离子发生迁移，不同离子几何结构、电荷与质量各异，因而不同离子具有不同的迁移速度，到达法拉第极板的迁移时

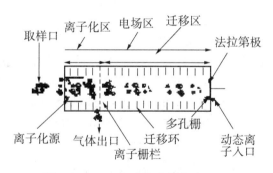

图2-2-10 离子移动度计原理图

间也将不同，从而可以得到离子到达数目与迁移时间的波形图（离子迁移波谱）。含杂质程度的不同所得到的离子迁移波谱也就不同。将被检测气体的离子迁移波谱与纯SF₆气体的离子迁移波谱进行对比，就能反映出被检测气体含杂质的程度。

离子移动度计法能测10^{-6}级的SF₆气体分解物杂质总量，但是它易受实验环境条件影响，现场测试时每次测试前都必须重新进行参考气测量。此外，只能测量污染物的总量，不能反映气体分解物的具体组分，无法实现故障性质和位置的判断。

（六）色谱–质谱法（GC–MS）

因为色谱–质谱法（图2-2-11）具有GC的高分辨率和MS的高灵敏度，所以在通常情况下，色谱–质谱法被应用于复杂组分的分离与鉴定工作中。

质谱系统一般是由真空系统、进样系统、离子源、质量分析器、检测器和计算机控制与数据处理系统（工作站）等部分组成。

质谱仪的离子源、质量分析器和检测器必须在高真空状态下工作，以减少本底的干扰，避免发生不必要的分子–离子反应。气相色谱–质谱联用仪的进样系统由接口和气相色谱组成。接口的作用是使经气相色谱分离出的各组分依次进入质谱仪的离子源。

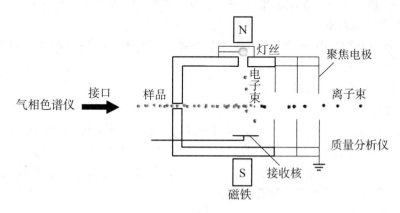

图2-2-11 质谱仪工作原理图

离子源的作用是将被分析的样品分子电离成带电的离子，并使这些离子在离子光学系统的作用下，汇聚成有一定集合形状和一定能量的离子束，然后进入质量分析器被分离。离子源的性能直接影响质谱仪的灵敏度和分辨率。离子源的选择主要依据被分析物的热稳定性和电离的难易程度，以期得到分子–离子峰。电子轰击电离源（EI）是气相色谱–质谱联用仪中最为常见的电离源，它要求被分析物能气化且气化时不分解。

质量分析器是质谱仪的核心，它将离子源产生的离子按质荷比的不同，在空间位置、时间的先后或者轨道的稳定与否进行分离，以得到按质荷比大小顺序排列的质谱图。色谱－质谱法可测得质量分数为 10^{-6} 数量级的气体，如 SOF_2、SO_2F_2、SOF_4 和 CF_4，还有些更少见的气体成分如 COS 和 $Si(CH_3)_2F_2$。随着色谱－质谱技术的发展和在线分析识别功能增强，色谱－质谱法提高了分析灵敏度，广泛用于常规试验分析中，但其价格非常昂贵。

第三节　六氟化硫气体密封性能测试

一、测定意义

随着电力工业的发展和科学技术的进步，电力系统的在线运行设备也在更新换代，充油设备已完成历史使命，逐步退出历史舞台，取而代之的是 SF_6 电气设备。SF_6 电气设备以绝缘和灭弧性能优良的 SF_6 气体作为介质，不仅提高了可靠性，还使结构简单化。当装配成全封闭组合电器(GIS)时，其体积有较大的缩小，且不受环境污染的影响，是目前技术领域的理想换代产品。SF_6 设备是以充有一定压力的 SF_6 气体作为绝缘和灭弧介质维持其电气性能的，故必须防止泄漏，为此必须进行定期和不定期检漏，以消除隐患。

(一)漏气的不良后果

SF_6 气体本是无色、无味、无毒、不可燃、化学性能稳定的一种化学气体，但是在电弧的作用下，会分解形成低氟化硫和氢氟酸等一系列有毒或有腐蚀性的气体，所以从设备中漏出的气体已经不是纯净的 SF_6 气体，而是含有多种成分的有毒气体。其不良后果如下：

(1)泄漏导致电器内气体压力下降而影响其绝缘、灭弧等电气性能。

(2)浪费 SF_6 气体，造成经济损失。

(3)污染环境。人体对泄漏出来的 SF_6 气体会有所感觉或反应，如喉干、头晕、胸闷、皮肤出现红斑等中毒症状。

(4)在温度变化时，由于呼吸作用使设备内进入潮气而影响绝缘性能及对设备进行腐蚀(氢氟酸)。

(二)漏点的部位及产生的原因

1. 漏点的部位

治漏，就得先找着漏点。一般不会同时出现很多漏点，所以压力表较难及时反映出其渗漏变化，具体的漏点得靠检测手段找出来。漏点大致分布在以下几个部位：焊缝，接合面(法兰、封板等处)，活动部位(轴封等)，导电引出部位(如套管、引线等)，阀门、表计、管件的连接处，套管本身，防爆系统。

2. 漏点产生的原因

漏点产生的原因如下：

(1)设备结构本身不够合理或制造工艺粗糙。

(2)制造厂选用材料不当，在运行中出现变形。

(3)加工或装配缺陷(如密封不好、平面不平等)。

(4)运输过程中受到撞击或剧烈震动。

（5）温度异常变化。

二、测定原理及方法

（一）定性检漏法

（1）抽真空检漏。对设备抽真空达到真空度113Pa时，再维持真空泵运转30min后停泵，30min后读取真空度A，5h后再读取真空度B，如果$B-A$值小于113Pa，则认为密封性能良好。在设备制造、安装过程中可采用这种办法。

（2）检漏仪检漏。使用灵敏度不低于10^{-6}（体积比）的气体检漏仪，对所有设备的密封面、管路连接处、仪表的接头处，以及其他有怀疑的地方进行密封性试验。此方法适用于日常的SF_6设备维护。

（二）定量检漏法

定量检漏所使用的仪器，其灵敏度应不低于10^{-6}（体积比），测量范围为$10^{-6}\sim10^{-4}$（体积比）。用定量检漏仪对设备整体或设备连接处局部体积内气体进行检漏，并得到封闭体积内气体绝对泄漏率、相对泄漏率。

定量检漏通常采用的方法有局部包扎法、扣罩法、挂瓶法、压力降法等。

1. 局部包扎法

室外检测一定要使用包扎法才行。为了避免风吹的影响，把可能或有怀疑的部位用塑料袋或塑料薄膜作局部包扎，但要留下空隙，使其在一定时间内，积聚一些SF_6气体，若检测时有一定的量值，就需要进一步检查，并逐步缩小怀疑范围。发现漏点时，要及时堵住，再进一步检测。

包扎法是以检测时测定的浓度来判断的，故需要一个标准，这个标准与积聚的时间和计量容积等有关，再者包扎也不会很严密，虽然SF_6气体在没有压力时不会大量流动，但仍有可能从包内漏出，因而积聚的浓度未必与时间成正比。实践证明，第一天包扎，第二天检测是比较合适的，当测定瞬时体积分数达到$150\mu L/L$时，就易于找到泄漏点，浓度再小了就难找到。包扎着的空隙容积也与漏气浓度有关，一般来说，包得略松就可以了，不必留下一个大包，浓度太低也不好找。若检测时，指示有一定的量值，应打开包作进一步的检查，但是，必须先将大的漏点处理掉，以免将弥漫在空气中的SF_6气体也包了进去。

2. 扣罩法

大型SF_6高压断路器运用扣罩法检漏，一般在厂内进行；而对于体积较小的35 kV和10 kV SF_6断路器现场就可使用扣罩法进行检漏。将试品置于封闭的塑料罩内，经过一定时间后，测定罩内SF_6气体的浓度，并计算确定设备年漏气率。常用的计算公式有漏气率：

$$F = \Delta\varphi \times (V_m - V_1) \times p / \Delta t \ (MPa \cdot m^3/s)$$

式中　$\Delta\varphi$——试验开始到终了时泄漏气体体积分数的增量的平均值，$\mu L/L$；

Δt——测量$\Delta\varphi$的间隔时间，s；

V_m——封闭罩容积，m^3；

V_1——试品体积，m^3；

p——绝对大气压，0.1 MPa。

相对年漏气率：

$$F_y = (F \times 31.5 \times 10^6)/[V(p_r + 0.1)] \times 100\% (\% / 年)$$

式中　V——试品气体密封系统容积，m^3；

　　　p_r——额定充气压力，MPa。

补气间隔时间：

$$T = (p_r - p_{min})V/F \times 31.5 \times 10^6 (年)$$

式中，p_{min} 为最小运行压力，MPa。

【例 2 – 2 – 1】 试品为 35 kV SF_6 断路器，一极示意图如图 2 – 2 – 12 所示。

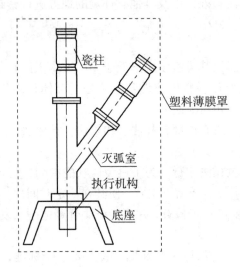

图 2 – 2 – 12　SF_6 断路器一极示意图

充入额定气体压强(20 ℃)0.36 MPa(表压)，6 h 后，吹净试品周围的 SF_6 残余气体，用塑料薄膜罩(图 2 – 2 – 12 中虚线为薄膜罩)扣住 24 h 后，然后用 SF_6 定量检漏仪检测罩内上、下、左、右、前、后 6 个点 SF_6 气体体积分数，得平均体积分数为：$\Delta\varphi = 0.85 \times 10^{-6} \mu L/L$，其他参数为：$V_1 = 0.13 \ m^3$，$V_m = 1.60 \ m^3$，$\Delta t = 60 \times 60 \times 24(s)$，$V = 0.065 \ m^3$；额定充气压力为 $p_r = 0.36$ MPa(表压)。

所以试品的漏气率和年漏气率分别为：

$F = \Delta\varphi \times (V_m - V_1) \times p/\Delta t = 0.85 \times 10^{-6} \times (1.60 - 0.13) \times 0.1/(60 \times 60 \times 24) = 1.45 \times 10^{-12}(MPa \cdot m^3/s)$。

$F_y = (F \times 31.5 \times 10^6)/[V(p_r + 0.1)] \times 100\% = 1.45 \times 10^{-12} \times 31.5 \times 10^6/[0.065 \times (0.36 + 0.1)] = 0.152(\% / 年)$。

3. 挂瓶法

适用于法兰面有双道密封槽的设备，像法国 MG 公司 FA 系列 SF_6 断路器、平顶山开关厂生产的 FA – 252 型断路器。在双道密封圈之间有一个检测孔，试品充至额定压力后，取掉检测孔的螺栓，经 24 h 后，用软胶管分别连接检测孔和挂瓶，过一定时间后取下挂瓶，测定挂瓶内 SF_6 气体的体积分数，用下面公式计算各密封面的绝对漏气率：

$$F = \varphi \times V \times p/\Delta t (MPa \cdot m^3/s)$$

式中 φ——挂瓶内 SF_6 气体的体积分数，$\mu L/L$；

  V——挂瓶容积，m^3；

  p——环境绝对大气压，0.1 MPa；

  Δt——挂瓶时间，s。

【例 $2-2-2$】 试品为 500 kV 高压 SF_6 断路器的一个柱，挂瓶位置为图 $2-2-13$ 所示的编号 $1\sim15$。断路器容积 0.352 m^3，额定充气压强(20 ℃)为 0.6 MPa(表压)。用软胶管分别连接检测孔和挂瓶，过一定时间后取下挂瓶，测定挂瓶内 SF_6 气体的浓度，用上述公式计算各密封面的绝对漏气率如表 $2-2-2$ 所示。

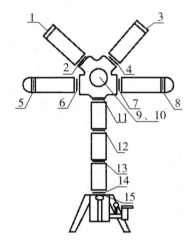

图 $2-2-13$ SF_6 断路器挂瓶法示意图

表 $2-2-2$ 挂瓶内 SF_6 气体浓度的检测结果

检测位置	检测结果/ $(MPa \cdot m^3 \cdot s^{-1})$	检测位置	检测结果/ $(MPa \cdot m^3 \cdot s^{-1})$
1	0.2×10^{-12}	9	0.5×10^{-12}
2	0.5×10^{-12}	10	0.3×10^{-12}
3	0.3×10^{-12}	11	0.2×10^{-12}
4	0.5×10^{-12}	12	0.5×10^{-12}
5	0.3×10^{-12}	13	0.2×10^{-12}
6	0.5×10^{-12}	14	0.3×10^{-12}
7	0.5×10^{-12}	15	0.5×10^{-12}
8	0.3×10^{-12}	总计	5.6×10^{-12}

其中，$1\sim4$ 为套管密封，$5\sim8$ 为壳体密封，$9\sim10$ 为灭弧室密封，$11\sim13$ 为瓷柱密封，$14\sim15$ 为操作机构密封。

表 $2-2-2$ 中 15 个密封面的绝对漏气率之和为：$F=5.6\times10^{-12}$($MPa \cdot m^3/s$)。

表 $2-2-2$ 中 15 个密封面的年漏气率为：

$$F_y = (5.6 \times 10^{-12} \times 31.5 \times 10^6)/[~0.352 \times (0.6 + 0.1)~] \times 100\% ~=~ 0.07(\%/年)。$$

三、测定注意事项

如果经测量某一部漏气严重，则应把与该处有关的连接螺钉紧固，然后重新测量；若仍不合格，则须进行如下处理：回收 SF_6 气体，解体断路器，检查漏气点的密封圈及密封面，必要时更换密封圈。装配后充气，并重新检漏，直至合格。检漏仪的灵敏度高低、重复性优劣将直接影响检测结果，检漏时应予充分考虑。

第四节　六氟化硫气体的纯度分析

一、测定意义

SF_6 气体中常含有空气、四氟化碳和二氧化碳等杂质气体。它们是在 SF_6 气体合成制备过程中残存的或者是在 SF_6 气体加压充装运输过程中混入的。当 SF_6 气体应用于电气设备时，由于受到大电流、高压电、高温等外界因素的影响，在氧气和水分作用下将产生含氧、含硫低氟化物和 HF。这些杂质气体，有的是剧毒物质，对人体危害极大；有的腐蚀设备材质，影响电气设备的安全运行。因此，必须对 SF_6 气体中的氧气、氮气、四氟化碳等杂质气体含量进行严格的控制和监测。

所谓气体纯度往往指含量为 100% 的纯气体产品，这种气体的纯度表示大多数情况下都可以用热导气体浓度计大概测试量化。

但是热导探测技术除对氢气和氦气相对于别的气体有明显的选择性外，对其他气体响应都差不多，没有什么分辨性。但由于双原子气体没有光谱吸收特性，处于经济性考虑，大多情况也只能用热导浓度计测试。即便是在 100% 附近，热导浓度计的准确性也不能保证在 2% 以内，虽然显示分辨率甚至可以达到 0.01%。所以，最好还是用 100% 量程的被测气体分析仪来测试百分级纯度比较可靠。

气体传感器的重复精度一般能达到 1%，因此，没有传感器能直接测定高纯气体的纯度，而是通过测试杂质来判断其纯度。对于高纯气体的检测，可以考虑分析微量代表性杂质来标称。一般来说，只要测出了气体中其他微量杂质组分的含量，即可测出该气体的纯度。

相对应的检测仪器是色谱仪，目前市场上有便携式的色谱仪，体积小巧，使用方便，能够很好地完成气体纯度的测量，特别是电力系统大量使用的 SF_6 气体，该便携式色谱仪的测量精度可以达到 0.1%（质量分数），其中代表性杂质如空气($N_2 + O_2$)、CF_4、CO_2 等测量灵敏度可达 0.0001%；一个样品的测量周期只要 6min，样品量 1ml，快速方便，并且自带直流电源系统，能够在现场使用。

二、测定原理及方法

(一)热导检测法

热导检测器是气相色谱应用中最广泛的一种检测器，属于浓度型检测器，测量的是载气中通过检测器组分浓度瞬间的变化，检测信号值与组分的浓度成正比。

热导检测器是根据不同的物质具有不同的热导系数原理制成的。热导检测器不仅结构简单，性能稳定，几乎对所有物质都有响应，通用性能好，而且线性范围宽，价格便宜，因此，是应用最广、最成熟的一种检测器，其主要的缺点是灵敏度较低。

应注意影响热导检测器灵敏度的因素：

（1）桥电流。桥电流增加，使钨丝温度升高，钨丝和热导池体的温差大，气体就容易将热量传出去，检测灵敏度就提高。响应值与工作电流的三次方成正比，所以，增大电流有利于提高灵敏度，但电流太大会影响钨丝寿命。一般桥电流控制在 $100 \sim 200 mA$（N_2 作为载气时为 $100 \sim 150 mA$，H_2 作为载气时为 $150 \sim 200 mA$）。

（2）池体温度。池体温度降低，可使池体和钨丝温差加大，有利于提高灵敏度。但池体温度过低，被测试样会冷凝在检测器中。池体温度一般不应低于柱温。

（3）载气种类。载气与试样的热导系数相差越大，在检测器两臂中产生的温差和电阻差就越大，则灵敏度就越高。故选择热导系数大的氢气或氦气作载气有利于灵敏度的提高。如用氮气作载气时，有些试样（如甲烷）的热导系数比过大就会出现倒峰。

（4）热敏元件的阻值。阻值高、温度系数较大的热敏元件，灵敏度高。钨丝是一种广泛应用的热敏元件，它的阻值随温度升高而增大，其电阻温度系数为 5.5×10^{-3} $cm/(\Omega \cdot ℃)$，电阻率为 $5.5 \times 10^{-6} cm/(\Omega \cdot ℃)$。为防止钨丝气化，可在表面镀金或镍。

（二）SF_6 中空气、CCl_4 的气相色谱分析法

GB/T 12022—2006《工业六氟化硫》、DL/T 920—2005《六氟化硫气体中空气、四氯化碳的气相色谱测定法》中，规定了用气相色谱法测定 SF_6 气体中空气、CCl_4 的方法。被测 SF_6 气体随载气通过色谱柱，使待测定的诸组分分离，由热导检测器检测并记录色谱图。根据标准样品的保留值定性，用归一法计算有关组分的含量。结果以空气、CCl_4 与 SF_6 的质量分数表示。

1. 计算公式

SF_6 气体中空气、CCl_4 的气相色谱测定法（SD 311—1989）采用气相色谱仪将空气、CCl_4、SF_6 气体完全分离，其质量分数可从它们的峰区面积和被测化合物对检测器响应的校正系数来确定。

任一组分的质量分数按下式计算：

$$w_z = \frac{A'_x}{A'_t} \times 100\% \qquad (2-2-6)$$

式中　A'_x——组分 x 校正后的峰区面积，$\mu V \cdot s$；

　　　A'_t——各峰区校正面积之和，$\mu V \cdot s$。

应当注意：（1）进样管道要冲洗干净，不得有空气等杂质混入；（2）最好采用自测校正因子计算。

2. 操作步骤

仪器和材料如下：

（1）色谱仪：带有热导检测器的气相色谱仪。

（2）记录装置：色谱数据处理机、色谱工作站、积分仪或具有量程为 $0 \sim 1 mV$，响应时间为 1s，记录纸宽度为 250mm 的记录仪。

（3）载气：氮气（或氢气），纯度不低于 99.99%。

（4）色谱柱：对所检测组分的分离度应满足定量分析的要求。常用的色谱柱为长 2m，内径 3mm 的不锈钢管，内填 60～80 目的 GDX—104 担体（或合适的其他色谱固定相）。新的分离柱在使用前，应在 120℃下通载气至少 4h。测定装置示意图见图 2-2-14。

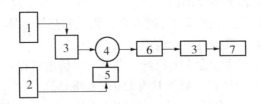

图 2-2-14　空气、四氟化碳测定装置示意

1—载气瓶；2—SF₆ 气瓶（倒置）；3—热导池；4—六通阀；5—定量管；

6—恒温箱（内装分离柱）；7—记录仪或数据处理机

标准气体：应由国家计量部门授权的单位所配制的单一组分气体，多组分混合气体，且具有组分含量检验合格证并在有效使用期。各组分的质量分数应大于相应未知组分浓度的 50%，或者小于未知组分浓度的 300%。

常用仪器气路流程示例见表 2-2-3。

表 2-2-3　常用气路流程示例

流程示意图	常用固定相	说明
单柱 1—干燥管；2—稳压阀；3—热导池参考臂；4—六通定量阀； 5—进样口；6—流量计；7—色谱柱；8—热导池测量臂	60～80 目 GDX—104 或 Porapak—Q	可分离：空气、CF_4、SF_6
双柱并联 1—热导池参考臂；2—六通阀；3—进样口；4—色谱柱； 5—热导池测量臂；Ⅰ、Ⅱ—三通	柱 1、柱 2：60～80 目 GDX—104 或 Porapak—Q	柱 1 可分离：空气、CF_4、SF_6 柱 2 可分离：空气、CF_4、SF_6
双柱串联 1—热导池参考臂；2—六通阀；3—进样口；4—13X 分子筛柱； 5—进样口；6—色谱柱；7—热导池测量臂	柱 1：13X 分子筛 柱 2：Porapak—Q	柱 1 可分离：O_2、N_2 柱 2 可分离：CF_4、SF_6

3. 分析步骤

（1）准备。

①气相色谱仪。

使仪器性能处于稳定备用状态，选择合适的色谱条件（常采用的色谱条件为：层析温度为 40℃，载气流速 35mL/min，桥电流为 200mA）。

②质量校正系数的测定。

将 0.1mL 的 SF_6 标准气样（空气标样、四氟化碳标样）在与分析样品相同的色谱条件下分别注入色谱柱中，组分 x 对于 SF_6 的校正系数 f_x 可由式（2-2-7）得出：

$$A_{SF_6} = f_x \frac{146}{M_x} A_x \qquad (2-2-7)$$

式中　A_{SF_6}——SF_6 峰区面积，$\mu V \cdot s$；

　　　A_x——组分 x 的峰区面积，$\mu V \cdot s$；

　　　M_x——组分 x 的相对分子质量（空气 28.8，四氟化碳 88）；

　　　146——SF_6 的相对分子质量；

　　　f_x——组分 x 的校正系数（当无条件测定校正系数时，可采用 $F_{SF_6} = 1$，$F_{CF_4} = 0.7$，

　　　　　　$F_{air} = 0.4$）。

（2）样品分析。

①样品气体的定量采集。

将 SF_6 样品钢瓶倒置（以取液态样品），并与气体采样阀的进气口处相连接。依次打开样品钢瓶阀，旋转六通阀，使 SF_6 样品钢瓶气与采样管相连，用样品气冲洗 0.5mL 采样管及管路 3～5min，把取样回路用空气、残气吹洗出去，然后旋转六通阀，取样管闭路，待用，并关闭 SF_6 样品钢瓶阀门。

②样品分析。

在稳定的色谱仪工作条件下，旋转六通阀，使载气与采样管相连，并迅速经分离柱、检测器进行分离检测，记录各不同组分的峰区面积（或峰高），然后将六通阀转至采样位置。

③样品色谱图。

样品色谱图示例见图 2-2-15。

三、测定注意事项

测定 SF_6 纯度对色谱仪的要求：

（1）使用带有热导检测器的气相色谱仪。

（2）色谱柱对检测组分的分离度额热导池检测器的灵敏度应满足定量分析要求；常用的色谱柱为长为 2m、内径为 3mm 的不锈钢管，内填 60～80 目的 GDX—104 担体（或合适的其他色谱固定相）。新的分离柱在使用前，应在 120℃ 下通载气至少 4h。

（3）仪器基线稳定，并有足够的灵敏度。

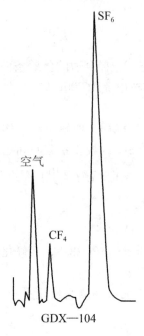

图 2 - 2 - 15　谱图出峰次序

第五节　六氟化硫气体密度测定法

一、测定意义

SF$_6$ 气体是一种无色、无味、无毒、不可燃的惰性气体。由于这种气体的化学性能稳定，并具有优良的灭弧和绝缘性能，已被广泛应用于电气设备中。在电气设备运行中，SF$_6$ 气体的密度大小对于设备的稳定性和安全性起到很重要的作用。密度测定法是一种鉴别 SF$_6$ 气体的主要测定法。与其他方法（如红外吸收光谱法、热导率测定法、气相色谱法等）相比，具有简单快捷、方便可靠等优点。

二、测定原理及方法

在一定温度下，对一定体积的 SF$_6$ 气体质量进行称量，根据气体体积和质量计算出密度，以 kg/m^3 表示。

（一）计算公式

SF$_6$ 气体密度测定法（DL/T 917—2005）对一定体积的 SF$_6$ 气体称重，SF$_6$ 气体密度按下式计算：

$$\rho = \frac{m_2 - m_1}{V} \times 10^3 \tag{2-2-8}$$

式中　ρ——SF$_6$ 气体密度，kg/m^3；

m_2——充满 SF$_6$ 气体的球形容器瓶质量，g；

m_1——抽空的球形容器瓶质量，g；

V——20℃、101.325kPa 时球形容器瓶的校正容积，mL。

两次测定结果的相对误差应小于 0.5%，取两次平行试验结果的算术平均值为测定值。

(二)仪器

测量 SF_6 新气密度所用仪器如下：

(1)球形玻璃容气瓶：对应两端有两只真空活塞，容积约为 100mL。

(2)天平：感量为 0.0001g。

(3)湿式气体流量计：0.5m^3/h，精确度 ±1%。

(4)空盒气压计：分度 100Pa。

(5)真空泵。

(6)U 形水银压差计。

(7)秒表：分度 1/10s。

(三)操作过程

操作过程如下：

(1)使用注水称重法标定球形玻璃容器瓶的容积 V。

(2)按照图 2-2-16 连接好抽真空系统，并进行如下操作：

①关闭图 2-2-16 中真空活塞 A，开启真空活塞 B，启动真空泵。至 U 形水银压差计示值稳定后，缓缓开启真空活塞 A，少顷关闭 A，再抽真空至 U 形水银压差计示值稳定。如此重复操作三次。

②至图 2-2-16 中 U 形水银压差计示值稳定后，继续抽真空 2 min。

③关闭图 2-2-16 中真空活塞 B，停真空泵，拆下球形玻璃容器瓶。

④称取玻璃容器瓶质量 m_1，精确至 ±0.2 mg。

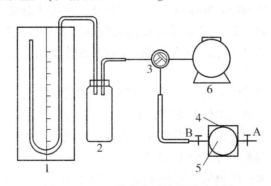

图 2-2-16　抽真空系统装置示意图

1—U 形水银压差计；2—缓冲瓶；3—三通活塞；4—防护罩；5—球形玻璃容器瓶；6—真空泵

(3)按图 2-2-17 安装 SF_6 充气装置，并进行如下操作：

①将 SF_6 气瓶倒置，把球形玻璃容器瓶的真空活塞 A 与 SF_6 气瓶的减压阀出口相连，真空活塞 B 与湿式气体流量计相连。

②开启 SF_6 气瓶减压阀，顺序打开真空活塞 A 和真空活塞 B，调节气体流速约为 1L/min。

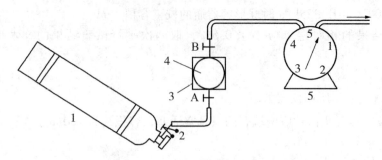

图 2 - 2 - 17　抽真空系统装置示意图

1—SF_6 气瓶；2—氧气减压表；3—防护罩；4—球形玻璃容器瓶；5—湿式气体流量计

③通气 0.5 min，依次关闭真空活塞 B、A 和 SF_6 气瓶减压阀。

④取下球形玻璃容器瓶，使活塞 B 开口向上并迅速开闭一次。

⑤称量球形玻璃容器瓶的质量 m_2，精确至 ±0.2 mg。

操作应注意事项如下：

（1）称重要迅速准确；

（2）充满 SF_6 气体后，应使充气瓶内压强与大气压强平衡；

（3）防止爆炸。

三、测定注意事项

1. 影响试验精密度的因素

影响重复性的主要因素有容气瓶的气密性、充气后的平衡情况及称重操作的熟练程度。

关于容气瓶的气密性问题，除认真涂敷真空脂外，还应注意在试验的过程中真空活塞最好总是向一个方向选择，这样可以保持有较长时间的良好气密性，从而减少涂敷的次数。此外，须随时注意试验情况，一旦发现误差较大或称重不稳定时，应及时检查容气瓶的气密性，并重新涂敷真空脂。

充满 SF_6 气体后，使瓶内压强与大气压强平衡的操作，也是影响重复性的重要因素。如果瓶内压强高于外界压强，则结果偏高；如果每次平衡程度不同，则会造成较大误差。

另外，称重时，必须快速准确，操作者必须戴洁净的细纱手套。

2. 测定 SF_6 气体密度时的安全注意事项

由于使用的容器瓶为玻璃材质，同时又是在真空下操作的，因此必须特别注意安全。容气瓶在使用前必须进行耐压试验，为提高容气瓶的耐压性能，采用球形玻璃容气瓶。试验时，在抽真空和充 SF_6 气体的过程中，瓶子外面应加防护罩。

第六节　六氟化硫气体中酸度测定

一、测定意义

SF$_6$ 气体中的酸度是指 SF$_6$ 气体中的酸(如 HF)和酸性物质(如 SO$_2$)的存在程度,为方便起见,一般以 HF 的质量分数来表示。SF$_6$ 气体中的酸和酸性物质的存在对电气设备的金属部件和绝缘材料造成腐蚀,从而直接影响电气设备的机械、导电、绝缘性能。特别是酸性组分和水分同时存在时,有可能发生凝聚,将会严重危及电气设备的安全运行。同时酸度的大小在一定程度上代表或者象征着 SF$_6$ 气体的毒性大小。因此,对 SF$_6$ 气体中的酸度应给予严格限制,以保证人身和电气设备的安全。

二、测定原理及方法

一定体积 SF$_6$ 气体中的酸性物质,被含有指示剂的稀碱溶液吸收,过量的碱用酸标准溶液滴定。根据消耗酸标准溶液的体积、浓度及 SF$_6$ 气体质量,计算出酸度,结果以氢氟酸(HF)的质量和 SF$_6$ 气体质量比表示(μg/g)。

(一)计算

(1)SF$_6$ 体积的校正按式(2 - 2 - 9)进行:

$$V_c = \frac{(V_2 - V_1) \times \frac{1}{2}(p_1 + p_2) \times 293}{101325 \times \left[273 + \frac{1}{2}(t_1 + t_2)\right]} \qquad (2 - 2 - 9)$$

式中　V_c——20℃、101325Pa 时的 SF$_6$ 的校正体积,L;

　　　p_1、p_2——试验起、止时的大气压力,Pa;

　　　t_1、t_2——试验起、止时的室温,℃;

　　　V_1、V_2——试验起、止时的湿式气体流量计读数,L。

(2)酸度计算按式(2 - 2 - 10)进行:

$$w(HF) = \frac{20c[(B - X) + (B - Y)] \times 10^3}{6.16V_c} \qquad (2 - 2 - 10)$$

式中　$w(HF)$——SF$_6$ 气体酸度,μg/g;

　　　c——硫酸标准溶液的浓度(以 1/2H$_2$SO$_4$ 为基本单元),mol/L;

　　　X——第一级吸收液耗用硫酸标准溶液的体积,mL;

　　　Y——第二级吸收液耗用硫酸标准溶液的体积,mL;

　　　B——第三级吸收液耗用硫酸标准溶液的体积,mL;

　　　20——HF 的摩尔质量,g/mol;

　　　6.16——SF$_6$ 气体的密度,kg/m^3。

精确度要求如下:

①取两次测定结果的算术平均值为测定值。

②两次测定结果的相对偏差小于 15%。

（3）SF_6 气体中酸度测定（DL/T 916—2005）是利用稀碱标准溶液吸收 10L SF_6 气体中的酸和酸性物质，再以酸标准溶液滴定过量的碱。酸度以氢氟酸（HF）计，以 μg/g 表示。

$$w(HF) = \frac{20c(V_3 - V_1) + (V_3 - V_2) \times 10^3}{6.16V_c} \qquad (2-2-11)$$

式中　c——硫酸标准液浓度（以 $1/2H_2SO_4$ 为基本单元），mol/L；

　　　V_c——消耗硫酸标准溶液的体积，mL；

　　　V_1——第 1 级吸收液耗用硫酸标准液体积，mL；

　　　V_2——第 2 级吸收液耗用硫酸标准液体积，mL；

　　　V_3——第 3 级吸收液耗用硫酸标准液体积，mL；

　　　20——HF 的摩尔质量，g/mol；

　　　6.16——SF_6 气体密度，kg/m^3。

两次测定结果的相对误差小于 13%，取两次测定结果的算术平均值为测定值。

应当注意如下事项：

①终点判断要准确一致；

②通气速度以玻璃砂芯分配器不出现大气泡为宜。

（二）仪器设备

（1）三角吸收瓶（250mL）。①砂芯式（见图 2-2-18）；②直管式（见图 2-2-19）。

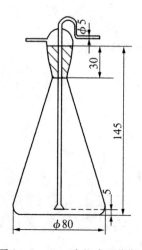

图 2-2-18　砂芯式吸收瓶

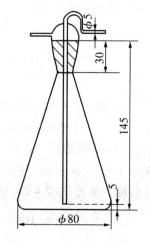

图 2-2-19　直管式吸收瓶

（2）微量滴定管，2mL，分度 0.01mL。

（3）移液管，2mL。

（4）三角烧瓶，1000mL。

（5）微量气体流量计，100mL/min、1000mL/min。

（6）湿式气体流量计，$0.5m^3/h$，精确度 ±1%。

（7）电磁搅拌器。

（8）空盒气压表，分度 100Pa。

(三)试剂

　　(1)硫酸,优级纯。

　　(2)氢氧化钠,分析纯。

　　(3)乙醇,分析纯。

　　(4)甲基红。

　　(5)溴甲酚绿。

(四)分析步骤

　　(1)准备。

　　①配制硫酸标准溶液 $c(1/2H_2SO_4)$ 为 $0.01mol/L$。

　　②配制氢氧化钠标准溶液 $c(NaOH)$ 为 $0.01mol/L$(此标准液应密封保存)。

　　③配制混合指示剂。取 3 份 0.1% 溴甲酚绿乙醇溶液与 1 份 0.2% 甲基红乙醇溶液混匀(此指示剂可以在室温下保存一个月)。

　　④制备试验用水。将约 600mL 去离子水注入 1000mL 三角烧瓶中,加热煮沸 5min,然后加盖并迅速冷却至室温。加入 3 滴混合指示剂,用硫酸标准溶液调至呈微红色,置于塑料瓶中,密封保存(试验用水应现用现配。)

　　(2)采样:采样方法应按照电力行业标准中规定的 SF_6 气体采样方法进行。

　　(3)吸收:吸收装置如图 2-2-20 所示。

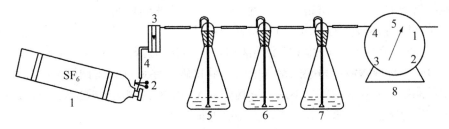

图 2-2-20　酸度吸收装置示意图

1—SF_6 气瓶；2—氧气减压表；3—微量气体流量计；4—不锈钢管；

5,6,7—吸收瓶；8—湿式气体流量计

　　(4)图 2-2-20 中吸收瓶 5、6、7 内各加入 150mL 试验用水,再用移液管分别加入 2.0mL 氢氧化钠标准溶液,摇匀,并尽快按图连接好。

　　(5)记录湿式气体流量计(图 2-2-20 中 8)的读数 V_1、大气压力 p_1 及室温 t_1。

　　(6)依次打开 SF_6 钢瓶和氧气减压表(图 2-2-20 中 2)的阀门,并调节微量气体流量计(图 2-2-20 中 3),使 SF_6 气体的流量约为 500mL/min。通气约 20min 后(吸收瓶砂芯分散孔度大于 1 时,应减小气体流速至吸收液面不起气泡),依次关闭钢瓶及氧气减压表阀门。

　　(7)记录湿式气体流量计(图 2-2-20 中 8)的读数 V_2、大气压力 P_2 及室温 t_2。

　　(8)样品分析。拆下图 2-2-20 中吸收瓶 5、6、7,分别加入 8 滴混合指示剂,立即置于磁力搅拌器上,用硫酸标准溶液滴定至终点(酒红色)。记录各吸收液所消耗的硫酸标准溶液体积 X、Y、B,若第二只吸收瓶的耗酸量大于第一只吸收瓶中耗酸量的 10%,则认为吸收不完全,应重新吸收。

三、测定注意事项

1. 对用于测定 SF_6 气体酸度的去离子水的要求

测定酸度应用新煮沸的去离子水,并加盖迅速冷却到室温。加入 3 滴混合指示剂,用硫酸标准溶液滴定至微红色,置于塑料瓶中,密封保存(实验用水应现用现配)。

用去离子水是为了去除杂质离子对酸度滴定的影响;新煮沸的水,现用现配是为了去除水中溶有的二氧化碳,以免干扰实验;加入指示剂,用硫酸标准溶液滴定至微红色是为了将水调成中性,与吸收后的滴定终点保持一致,减少了因三个吸收瓶中加入去离子水体积的不同而带入的误差。

2. 指示剂的选择对于 SF_6 气体酸度实验的影响

通过对国际电工委员会标准 IEC 推荐的溴甲酚紫指示剂、美国标准(ASTM)规定的酚酞指示剂和我国国家标准(GB)使用的溴甲酚绿 – 甲基红实验比较:混合指示剂变色敏锐,可以准确显示终点,测定结果可信性大;而用溴甲酚紫和酚酞为指示剂,终点不易观察判定。

指示剂加入的多少对实验也有影响,加得过少,变色不明显,影响终点判断;加得过多,颜色太深,容易滴过,使结果增大。所以,指示剂的用量需按国家标准规定使用。

指示剂是用乙醇作为溶剂配制的,随着时间的增长,乙醇不断挥发,指示剂浓度增大,实验结果增大,一般来讲指示剂放置超过一个月需重新配制。

3. 提高 SF_6 气体酸度测量的准确性应注意的环节

(1)注意配制 0.01mol/L 硫酸标准溶液和 0.01mol/L 氢氧化钠标准溶液的浓度的准确性。因氢氧化钠标准溶液容易吸收空气中的二氧化碳,导致氢氧化钠标准溶液浓度降低,在实验中可能导致吸收液加碱量不足,影响 SF_6 气体中酸性物质吸收。硫酸标准溶液滴定消耗量和浓度直接参与结果计算,因而会影响测量结果。

(2)保证加入实验水的三个吸收瓶中 2mL 氢氧化钠标准溶液的准确性。在三个吸收瓶中加入氢氧化钠标准溶液差异,会造成吸收液吸收 SF_6 气体酸性物质后,影响滴定消耗酸的体积,造成误差。

(3)在实验过程中,注意 SF_6 气体流量保证小于等于 500L/min,如果流量过大,可能会导致 SF_6 气体中酸性物质没有被完全吸收,引起测量误差。

(4)滴定操作过程。滴定终点由操作人员判断,会造成判断误差,因而酸度实验应由同一个人完成三瓶吸收瓶的实验滴定过程。

4. 使用强酸或者强碱时的注意事项

强酸具有强烈的腐蚀性和脱水性,强碱具有强烈的腐蚀性。

在进行酸碱类工作的地点,应备有自来水、毛巾、药棉及急救时中和用的溶液。使用强酸或强碱性药品的工作人员,应熟悉药品的操作方法,并根据工作需要,戴口罩、橡胶手套及防护眼镜,穿橡胶围裙及长筒胶鞋(裤脚须放在鞋外)。凡使用强酸或强碱的一切操作,都必须在室外或者宽阔和通风良好的室内通风橱中进行。

配制稀酸时,静置将水倒入酸内,应将浓酸少量缓慢地滴入水中,并不断进行搅拌,以防止剧烈发热。配制热的浓碱液时,溶解的速度要慢,并不断进行搅拌。

当浓酸倾洒在室内时,应先用碱中和,再用水冲洗,或先用泥土吸收,扫除后最后用水冲洗。当浓酸溅到眼睛内或者皮肤上时,应迅速用大量的清水冲洗,再以0.5%的碳酸氢钠溶液清洗。当强碱溅到眼睛内或者皮肤上时,应迅速地用大量的清水冲洗,再用2%的稀硼酸溶液清洗眼睛或者用1%的醋酸清洗皮肤。当浓酸溅到衣服上时,应先用水冲洗,然后用2%的稀碱液中和,最后再用水清洗。

四、测定精确度

为了确定本方法的精度,在上述选定试验条件下,对同一产品,进行了多次分析测定,表2-2-4列出了一组分析结果,据此结果而计算出标准差δ值为±0.005,其变异系数为$\pm7.25\%$。

表2-2-4

测定次数	1	2	3	4	5
测定结果/(μg/g)	0.073	0.060	0.074	0.065	0.074
相对误差/%	5.8	13.3	7.2	5.8	7.2
测定次数	6	7	8	9	平均值
测定结果/(μg/g)	0.066	0.074	0.066	0.066	0.069
相对误差/%	4.5	7.2	4.5	4.5	6.6

同时又计算出了表2-2-4所列结果的相对误差(%),并和痕量分析的允许误差作了比较。表2-2-5列出痕量分析的允许误差范围。

表2-2-5

含量	允许相对误差/%		
	第一类	第二类	第三类
0.005	25	30	40
0.005～0.01	20	25	35
0.01～0.1	15	20	25
0.1～0.5	10	15	20

表2-2-4的结果计算出的相对误差在4.5%～13.3%之间,远远小于表2-2-5所列含量为0.005时的允许相对误差25%、30%、40%。而SF_6气体中酸度的质量分数低于0.0001μg/g,因此所测结果的误差是很小的,能够满足酸度分析的要求。据此结果确定SF_6气体中酸度分析方法的精确度为取两次测定结果的相对误差小于13%。

第七节　六氟化硫气体中可水解氟化物含量测定

一、测定意义

SF$_6$ 气体中的可水解氟化物，是 SF$_6$ 气体中能够水解和碱解的含硫、氧低氟化物的总称，通常以氢氟酸的质量分数来表示。

SF$_6$ 气体中的含硫、氧低氟化物其多数可与水或碱发生化学反应，如 SF$_2$、S$_2$F$_2$、SF$_4$、SOF$_2$、SOF$_4$ 等，有的可以部分碱解，如 SO$_2$F$_2$。

二、测定原理及方法

SF$_6$ 气体中的含硫低氟化物来源于新气合成中的副产物和高能作用下的分解产物。其中，有的极易水解和碱解，如 SF$_2$、S$_2$F$_2$、SF$_4$、SOF$_2$、SOF$_4$ 等；有的可部分碱解，如 SO$_2$F$_2$；有的则基本不水解和碱解，如 S$_2$F$_{10}$、S$_2$F$_{10}$O 等。对于可水解及碱解的含硫低氟化物的含量的测定，主要化学反应有：

$$SOF_2 + H_2O \Longrightarrow 2HF + SO_2$$
$$SF_4 + 2H_2O \Longrightarrow 4HF + SO_2$$
$$SO_2F_2 + 2NaOH \Longrightarrow NaSO_3F + NaF + H_2O$$

因此，该方法是利用稀碱与 SF$_6$ 气体在密封的玻璃吸收瓶中振荡进行水解和碱解的，所产生的氟离子用茜素－镧络合试剂比色法或氟离子选择电极法测定，结果以氢氟酸的质量与 SF$_6$ 气体的质量比（μg/g）表示。

（一）计算公式

SF$_6$ 气体中可水解氟化物含量测定法（DL/T 918—2005），利用稀碱与 SF$_6$ 气体在密封的玻璃吸收瓶中水解，所产生的氟离子用茜素－镧络合剂比色法或氟离子选择电极法测定。

1. 比色法

比色法计算公式为：

$$w(HF) = \frac{20m}{19 \times 6.16V \dfrac{p}{101325} \times \dfrac{293}{273 + t}} \tag{2-2-12}$$

式中　m——吸收瓶溶液中氟离子质量，μg；

$\qquad V$——吸收瓶体积，L；

$\qquad p$——大气压力，Pa；

$\qquad t$——环境温度，℃；

$\qquad 20$——HF 相对分子质量；

$\qquad 19$——F 的相对原子质量；

$\qquad 6.16$——SF$_6$ 气体密度，g/L。

两次平行试验结果的相对偏差不能大于 40%，取两次平行试验结果的算术平均值为测定值。

应当注意如下事项：

(1)吸收时要充分振荡；

(2)显色剂应低温保存；

(3)当天绘制工作曲线。

2. 氟离子选择电极法

氟离子选择电极法计算公式如下：

$$w(\text{HF}) = \frac{20 \times 10^6 c V_a}{19 \times 6.16 V \dfrac{p}{101325} \times \dfrac{293}{273 + t}} \tag{2-2-13}$$

式中　c——吸收瓶溶液中氟离子浓度，mol/L；

　　　V_a——吸收液体积，L；

　　　p——大气压力，Pa；

　　　V——吸收瓶体积，L；

　　　t——环境温度，℃；

　　　20——HF 相对分子质量；

　　　19——F 的相对原子质量；

　　　6.16——SF_6 气体密度，g/L。

两次平行试验结果的相对偏差不能大于 40%，取两次平行试验结果的算术平均值为测定值。

应当注意如下事项：

(1)吸收时应充分振荡；

(2)当天绘制工作曲线。

(二)操作步骤

1. 试剂准备

茜素氟蓝(3 - 氨基甲基茜素 - N，N - 双醋酸)。

氢氧化铵溶液，分析纯(密度 0.880kg/m³)。

醋酸铵溶液，200g/L。

无水醋酸钠，分析纯。

冰醋酸，分析纯。

丙酮，分析纯。

氧化镧，含量 99.99%。

盐酸，0.1 mol/L。

盐酸，2 mol/L。

氟化钠，优级纯。

氢氧化钠溶液，0.1mol/L。

氢氧化钠溶液，5 mol/L。

氯化钠，分析纯。

柠檬酸三钠(含两个结晶水)，分析纯。

2. 仪器与设备

分光光度计，配备有 2cm 或 4cm 玻璃比色皿。

玻璃吸收瓶，1000mL，能承受真空 13.3Pa。

球胆，大于 1000mL。

U 形水银压差计。

真空泵。

医用注射器，10mL 并配有一个 6 号注射针头。

pH 玻璃电极。

酸度计。

饱和甘汞电极。

氟离子选择电极。

电磁搅拌器。

盒式气压计，分度 100Pa。

（三）分析步骤

1. 茜素－镧络合试剂的配制

在 50mL 烧杯中，称量 0.048g（精确到 ±0.001g）茜素氟蓝，加入 0.1mL 氢氧化铵溶液，1mL 醋酸铵溶液及 10mL 去离子水，使其溶解。

在 250mL 容量瓶中，加入 8.2g 无水醋酸钠和冰醋酸溶液（6.0mL 冰醋酸和 25mL 去离子水）使其溶解。然后将上述茜素氟蓝溶液移入容量瓶中，并边摇荡边缓慢地加入 100mL 丙酮。

在 50mL 烧杯中称量 0.041g（精确到 ±0.001g）氧化镧，并加入 2.5mL 盐酸，温和地加热以助溶解。再将该溶液移入上述容量瓶中，将溶液充分混合均匀，静置，待气泡完全消失后，用去离子水稀释至刻度。

该试剂在 15～20℃下可保存一周，在冰箱冷藏室中可保存一个月。

注意：

（1）如果茜素氟蓝溶液中有沉淀物，需用滤纸将它过滤到 250mL 容量瓶中，再用少量去离子水冲洗滤纸，滤液一并加到容量瓶。

（2）冲洗烧杯及滤纸的水量都应尽量少，否则最后液体体积会超过 250mL。

（3）加丙酮摇匀的过程中有气体产生，因此要防止溶液逸出，最后要把容量瓶塞子打开一下，以防崩开。

2. 氟化钠储备液（1mg/mL）的配制

称 2.210g（精确到 ±0.001g）干燥的氟化钠溶于 50mL 去离子水及 1mL 氢氧化钠溶液中，然后转移至 1000mL 的容量瓶中，用去离子水稀释至刻线。此溶液储存于聚乙烯瓶中。

3. 氟化钠工作液 A（1μg/mL）的配制

当天使用时，取氟化钠储备液按体积稀释 1000 倍。

4. 氟化钠工作液 B（1μg/mL）的配制

称 4.198g（精确到 0.001g）干燥的氟化钠，溶于 50mL 去离子水及 1mL 氢氧化钠溶液中，然后转移到 1000mL 容量瓶中，用去离子水稀释至刻线。

5. 总离子调节液（缓冲溶液）的配制

将 57mL 冰醋酸溶于 500mL 去离子水中，然后加入 58g 氯化钠和 0.3g 柠檬酸三钠，用氢氧化钠溶液将其 pH 调至 5.0～5.5，然后转移到 1000mL 容量瓶中并用去离子水稀释至刻线。

6. 吸收方法

将球胆中的空气挤压干净，充满 SF$_6$ 气体，再将 SF$_6$ 气体挤压干净，然后再充满 SF$_6$ 气体。如此重复操作三次，使球胆内完全无空气，全部充满 SF$_6$ 气体，旋紧螺旋夹。

将预先准确测量过体积的玻璃吸收瓶及充满 SF$_6$ 气体的球胆，按图 2-2-21 所示安装好取样系统。将真空三通活塞分别旋转到 a 和 b 的位置，开始抽真空。当 U 形水银压差计液面稳定后(真空度为 13.3Pa)再继续抽 2min，然后将真空活塞 2 旋转到 b 的位置，将吸收瓶 1 与真空系统连接处断开，停止抽真空。

缓慢旋松螺旋夹，球胆中的 SF$_6$ 气体缓慢地充满玻璃吸收瓶。将活塞 2 旋至 c 瞬间后再迅速旋至 b，使吸收瓶中的压力与大气压平衡。

用注射器将 10mL 氢氧化钠溶液从胶管处缓慢注入比例吸收瓶中(此时要用手轻轻挤压充有 SF$_6$ 气体的球胆，以使碱液全部注入)。随后将活塞 2 旋到 d 的位置，旋紧螺旋夹 8，取下球胆，紧握玻璃吸收瓶，在 1h 内每隔 5min 用力摇荡 1min(一定要用力摇荡，使 SF$_6$ 气体尽量与稀碱充分接触)。

取下玻璃吸收瓶上的塞子，将瓶中的吸收液及冲洗液一起转入一个 100mL 小烧杯中，在酸度计上用盐酸溶液和氢氧化钠溶液调节 pH 值为 5.0～5.5，然后转入 100mL 容量瓶中待用。

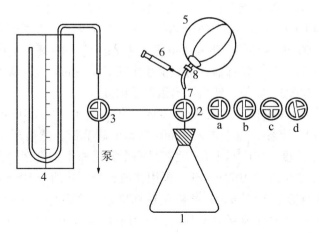

图 2-2-21 振荡吸收法取样系统示意

1—玻璃吸收瓶；2，3—真空三通活塞；4—U 形水银压差计；5—球胆；6—医用注射器；7—上支管；8—螺旋夹

7. 氟离子测定方法(比色法)

在 100mL 容量瓶中加入 10mL 茜素-镧络合试剂，用去离子水稀释至刻度混合均匀后避光静置 30min。

用 2cm 或 4cm 的比色皿，在波长 600nm 处，加入 0、5.0、10.0、15.0、20.0mL 的氟化钠工作液 A(1μg/mL)及少量去离子水，混匀后与样品同时加入 10.0mL 茜素-镧络合试剂。用所测得的吸光度绘制氟离子含量(μg)—吸光度(A)的工作曲线，见图 2-2-22(每天测定都需重新绘制工作曲线)。

8. 氟离子选择电极法

使用氟离子选择电极前，先将其在 10^{-3}mol/L 的氟化钠溶液中浸泡 1～2h，再用去离子水清洗，使其在去离子水中的电压值为 300～400mV。

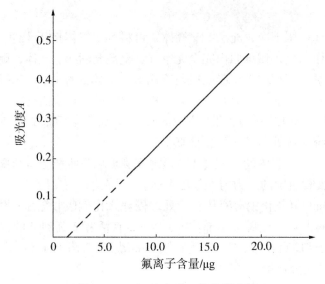

图 2 - 2 - 22　比色法工作曲线示例

将氟离子选择电极、甘汞电极及酸度计或高阻抗的电压计连接好，并用标准氟化钠溶液校验氟电极的响应是否符合能斯特方程，若不符合应查明原因。

在 100mL 容量瓶中加入 20mL 总离子调节液体，用去离子水稀释至刻线。

把溶液转移到 100mL 烧杯中，将甘汞电极及事先活化好的氟离子选择电极浸到烧杯的溶液中，打开酸度计，开动搅拌器，待数值稳定后读取 - mV 值，从工作曲线上读出样品溶液中的氟离子浓度的 - lg 值，然后算出氟离子浓度(c)。

绘制工作曲线。用移液管分别向两个 100mL 的容量瓶中加入 10mL 氟化钠工作液 B(0.1mol/L)，在其中一个容量瓶中加入 20mL 总离子调节液，然后用去离子水稀释至刻线，该溶液中氟离子浓度为 10^{-2} mol/L；而在另一个容量瓶中则直接用去离子水稀释到刻线，该溶液中氟离子浓度亦为 10^{-2} mol/L。再用移液管分别向两个 100mL 的容量瓶中加入 10mL 未加总离子调节液的 10^{-2} mol/L 的氟化钠标准液。在其中一个容量瓶中加入 20mL 总离子调节液，然后用去离子水稀释至刻线，该溶液中氟离子浓度为 10^{-3} mol/L；而在另一个容量瓶中则直接用去离子水稀释至刻线，该溶液中氟离子浓度亦为 10^{-3} mol/L。以相同方法一次配制加有总离子调节液的 10^{-4}、10^{-5}、10^{-6}、$10^{-6.5}$ mol/L 的氟化钠标准溶液。用所测得的 - mV 值与氟离子浓度负对数(- mV - lg$F$)绘制工作曲线，见图 2 - 2 - 23(每次测定都需重新绘制工作曲线)。

影响氟离子选择电极法测试结果的因素主要有：

(1)pH 值的影响。氟离子选择电极工作时，氟电极只对游离的 F^- 有响应，pH 值选择的不合适影响测试的准确度和精密度。DL/T 918—2005 中规定用氟离子选择电极法测定 SF_6 气体中可水解氟化物含量时，将 pH 值调节为 5.0～5.5。

(2)待检测液温度的影响。温度升高对氟化物的测定产生负误差，且影响值较大。温度的变化有三项影响测量电位值，通过测量仪器温度补偿，只能消除温度对测量的部分影响，因此标准溶液与待测溶液最好在同一温度下测量，并尽量保持测定体系温度的一致，避免因温度变化而引起测量电位示值的偏差。饱和甘汞电极的温度会产生滞后现象，克服

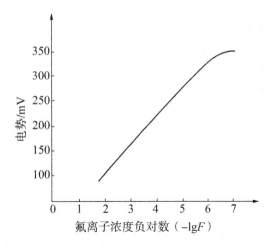

图 2-2-23　氟离子选择电极法工作曲线图例

温度滞后现象的方法是保持测试待测液的温度一致。因此测定都要重新绘制工作曲线。

（3）搅拌速度和搅拌时间的影响。调整磁力搅拌机的转速至合适后，不要轻易改变转速，否则会影响测定的精密度。氟离子浓度对仪器平衡时间有影响，高浓度样品的 mV 数较为稳定，定位较快；低浓度样品的定位稍慢些，搅拌时间不足时，会产生较大的负误差。当氟离子浓度为 10^{-5} mol/L 时，几乎在 1min 内达到平衡。

（4）测定顺序的影响。因电极具有"记忆效应"，在测定标准溶液系列时，按照浓度先低后高的顺序进行（由低浓度向高浓度逐个测定），以消除电极的"记忆效应"。切勿由高浓度向低浓度逐个测定，或者打乱浓度排列顺序测定标准溶液系列。在每次进行样品测定前，一定要用去离子水将电极洗涤至接近空白溶液的电位值，然后再进行测定。

（5）使用滤纸吸去电极上残留溶液时的影响。氟离子选择电极法中，有些要求用滤纸过滤处理后的样品溶液，或者测定一个待测液后，用滤纸吸去电极上残留的溶液。在测定中，若要使用滤纸，应使用定性滤纸而不要使用定量滤纸。因为定量滤纸在制造过程中，必须使用氢氟酸除去硅，滤纸中氟的本底值高且不稳定，使用它影响测定结果的准确度和测试的精密度。定性滤纸在制造过程中，不是用氢氟酸处理滤纸，氟的本底值低而且均匀性好，适合于过滤或者吸去电极上的残留液体。

三、测定注意事项

1. 氟离子选择电极的维护和保管

氟离子选择电极长时间使用后，会发生迟钝现象，可以使用金相纸或者牙膏擦拭，以将其表面活化。氟离子选择电极的最大空白电位值小于要求的某一电位值时，应立即更换更高级别的纯净水进行反复洗涤，直至洗涤至要求的电位值以上。若经过反复洗涤，氟离子选择电极的最大空白电位值变化不大，或者有变化但是仍然达不到要求的最大空白电位值的，就应该更换新的氟离子选择电极。洗干净后干放，氟离子选择电极避免在高浓度中长时间浸泡，以免损害氟离子选择电极。

2. 参比电极的使用维护的要求

（1）参比电极在使用时，先将电极上端小孔的橡皮塞拔去，以防止产生扩散电位影响测试精度。

(2)电极内的盐桥溶液中不能有气泡,以防止溶液断路,饱和盐桥溶液型号的电极应保留少许结晶体,以达到溶液饱和的要求。

(3)双盐桥式的电极,在使用时必须拔去橡皮塞和橡皮帽。第二节盐桥装入适当的惰性电解质溶液后再装上使用,以保证测试结果的准确性。

(4)当电极外壳上附有盐桥溶液或者结晶时,应随时除去。

第八节 六氟化硫气体中矿物油含量红外分析法

一、测定意义

SF$_6$ 气体作为绝缘气体的唯一成分时,其矿物油含量对产品的绝缘性能有直接的影响。本书参照国家标准使用 SF$_6$ 气体中矿物油含量红外分析法,对 SF$_6$ 气体中矿物油总量经销测定,对产品的纯度进行跟踪分析。结果表明该方法可以作为生产 SF$_6$ 气体质量控制的依据之一。

二、测定原理及方法

SF$_6$ 气体中矿物油含量测定法(红外光谱分析法 DL/T 919—2005)为将定量的 SF$_6$ 气体按一定的流速通过两个装有一定体积 CCl$_4$ 的洗气管,使得分散在 SF$_6$ 气体中的矿物油被完全吸收,然后测定该吸收液 2930cm^{-1} 处吸收峰的吸光度(相当于链烷烃亚甲基非对称伸缩振动),再从工作曲线上查出吸收液中矿物油浓度,计算其含量。

红外光谱:当一束具有连续波长的红外光照射到某物质上时,如果物质分子中的某个基团的振动频率与光的频率相同时,则两者就产生共振,即该基团吸收了这一频率的红外光;反之,物质就不吸收光能。把透过物质的光经过单色器色散,其频率用波数或波长表示,其透过程度用透过率表示,这样逐一记录各个波长透射光的强度,就得到了该物质的红外光谱图。简单地说,红外光谱是记录物质对红外光的透过程度与波长的关系的图。

(一)计算公式

先按下式计算在20℃、101325Pa时的校正体积 V_c:

$$V_c = \frac{\frac{1}{2} \times (p_1 + p_2) \times 293}{101325 \times \left[273 + \frac{1}{2} \times (t_1 + t_2)\right]} \qquad (2-2-14)$$

式中 p_1,p_2——起始和终结时的大气压力,Pa;

t_1,t_2——起始和终结时的环境温度,℃;

V_1,V_2——气量计上起始和终结时的体积读数,L。

矿物油总量在 SF$_6$ 气体试样中的质量分数按下式计算:

$$w = \frac{100a}{6.16V_c} \qquad (2-2-15)$$

式中　w——SF$_6$ 气体中矿物油的质量分数，mg/kg；

　　　a——吸收液中矿物油的质量浓度，mg/L；

　　6.16——SF$_6$ 气体密度，g/L。

两次平行试验结果的差值不应超过下列数值：

含油量/（mg/kg）	精确度/%
0.1	±25
0.5	±15
1.0	±10

取两次平行试验结果的算术平均值为测定值。应当注意：（1）吸收、参比、绘制工作曲线均用同一种 CCl$_4$ 吸收剂；（2）防止 CCl$_4$ 与吸收瓶连接管连接。

（二）操作步骤

1. 仪器

（1）红外分光光度计。

（2）液体吸收池。在 3250～2750cm^{-1} 范围内，透光、无选择性吸收、程长为 20mm 的固定吸收池（石英或氯化钠均可）。

2. 吸收装置

（1）玻璃洗气瓶。100mL 封固式、导管末端装有一个 1 号多空熔融玻璃圆盘（微孔平均直径为 90～150μm，尺寸如图 2－2－24 所示。

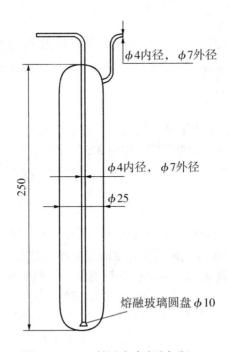

图 2－2－24　封固式玻璃洗气瓶

（2）连接套管。硅橡胶或氟橡胶管。

（3）湿式气体流量计。$0.5m^3/h$，精确度为 $\pm1\%$。

（4）盒式气压计。分度为 1kPa。

（5）容量瓶。容量分别为 100、500mL。

3. 试剂

（1）CCl_4。分析纯，新蒸馏的（沸点 76～77℃）。

（2）直链饱和烃矿物油（30 号压缩机油）。

4. 操作步骤

（1）红外分光光度计的调整。调整好红外分光光度计。

（2）液体吸收池的选择。在两个液体吸收池中装入新蒸馏的 CCl_4，将它们分别放在仪器的样品及参比池架上，记录 3250～2750cm^{-1} 范围的光谱图。如果在 2930cm^{-1} 处出现反方向吸收峰，则把池架上两只吸收池的位置对调一下，做好样品及参比池的标记，计算出 2930cm^{-1} 处吸收峰的吸光度，在以后计算标准溶液及样品溶液的吸光度时应减去该数值。

5. 工作曲线的绘制

（1）矿物油工作液（0.2mg/mL）的配制。

在 100mL 烧杯中，称取直链饱和烃矿物油 100mg（精确到 $\pm0.2mg$），用 CCl_4 将油定量地转移到 500mL 容量瓶中并稀释至刻线。

（2）矿物油标准液的配制。

用移液管向 7 个 100mL 容量瓶中分别加入 0.5（5.0）、1.0（10.0）、2.0（20.0）、3.0（30.0）、4.0（40.0）、5.0（50.0）、6.0（60.0）mL 矿物油工作液，并用 CCl_4 稀释至刻线，其溶液浓度分别为 1.0（10.0）、2.0（20.0）、4.0（40.0）、6.0（60.0）、8.0（80.0）、10.0（100.0）、12.0（120.0）mg/L。

注 1：根据需要，可按照括号内的取液量，配制大浓度标准液。

注 2：如果环境温度变化，使原来已经稀释至刻度的标准液液面升高或降低，不得再用 CCl_4 去调整液面。

（3）工作曲线的绘制方法。

将矿物油标准液与空白 CCl_4 分别移入样品池及参比池，放在仪器的样品池架及参比池处，记录 3250～2750cm^{-1} 的光谱图，以过 3250cm^{-1} 且平行于横坐标的切线为基线。计算 2930cm^{-1} 处吸收峰的吸光度（图 2-2-25），然后用溶液浓度相对于吸光度绘图，即得工作曲线（图 2-2-26）。

6. 矿物油含量的测定

（1）SF_6 气体中矿物油的吸收中加入 35mL CCl_4，将洗气瓶置于 0℃冰水浴中并按图 2-2-27 组装好。记录在湿式气体流量计处的起始环境温度、大气压力和体积读数（读准至 0.025L）。在针形阀关闭的条件下，打开钢瓶总阀，然后小心地打开并调节针形阀（或浮子流量计），使气体以最大不超过 10L/h 的流速稳定地流过洗气瓶，约流过 29L 气体时，关闭钢瓶总阀，让余气继续排出，直至流完为止。关闭针型阀，同时记录湿式气体流量计处的终结环境温度、大气压力和体积读数（读准至 0.025L）。从洗气瓶的进气端至出气端，依次拆除硅胶管节（一定要防止 CCl_4 吸收液的倒吸），撤掉冰水浴。将洗气瓶外壁的水擦干，用少量空白 CCl_4 将洗气瓶的硅胶管节连接处外壁冲洗干净，然后把两只洗气瓶中的吸收液定量地转移到同一个 100mL 容量瓶中，用空白 CCl₄ 稀释至刻线。

注1：往洗气瓶中加 CCl₄ 时，只能用烧杯或注射针筒，而不能用硅(乳)橡胶作导管。

注2：如果由于倒吸，吸收液流经了连接的硅胶管节，此次试验结果无效。

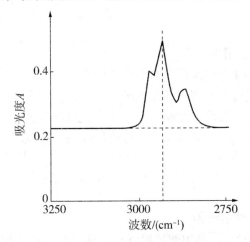

图 2-2-25 吸光度光谱图

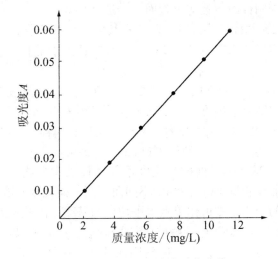

图 2-2-26 吸光度工作曲线

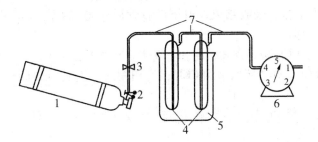

图 2-2-27 洗气瓶连接图

1—SF₆ 气瓶；2—氧气减压表；3—针形阀；4—封固式玻璃洗气瓶；5—冰水浴；

6—湿式气体流量计；7—硅(乳)胶管

（2）吸光度的测定。

按照工作曲线的绘制中描述的操作，测定吸收液 $2930cm^{-1}$ 吸收峰的吸光度，再从 $w-A$ 曲线上查出吸收液中矿物油质量分数。

三、测定注意事项

1. 使用 CCl_4 时的注意事项

（1）由于实验所用的 CCl_4 沸点低，在空气中的饱和蒸气压大，毒性高，对操作人员的健康具有较大危害，可通过呼吸和皮肤吸收进入人体，会对人体造成不可逆转的伤害。因此，操作时需要谨慎小心，必须戴橡胶手套，并在通风橱内进行，以防止吸入或被皮肤吸收。由于 CCl_4 的蒸气较空气重约 5 倍，且不会燃烧，通风橱通风口应设在下方。

（2）如果将 CCl_4 排放到环境中，将会造成环境污染，所以应将其回收，CCl_4 经过洗涤、蒸馏、活性炭吸附等方法精制纯化后可以达到较高的纯度，可以重复使用，既保护了环境，又减少了资源浪费。

2. 矿物油测定结果的影响因素

（1）仪器的影响。首先，所选用的玻璃容器应选择经过计量检定且清洗检验合格后的器具配制标准溶液；其次，应尽量选择容量允差较小的量器，比如在选择是容量瓶还是量筒时，就应选容量瓶来配制标液，选比色管而不是选量杯等。

（2）环境的影响。在配制标准溶液时，要注意其他有机气体及香脂、香水等化妆品的污染；避免阳光直射，室温要求在20℃±2℃内；标样配制过程中，标液的移取、称量都需迅速完成。

（3）空白吸收液的影响。不同批次、不同瓶装的 CCl_4 空白值离散性很大，使测定结果产生较大误差，为使测定结果准确可靠，空白吸收液必须采用新蒸馏过的 CCl_4。

（4）基线取法的影响。以空气为参比时，基线取法可有两种，一是从 $3250cm^{-1}$ 处作平行于横坐标的切线（简称基线 A），二是作 $3000cm^{-1}$ 及 $2880cm^{-1}$ 处的切线（简称基线 B）。对于基线 B，$3000cm^{-1}$ 及 $2880cm^{-1}$ 处的吸光度不仅随样品中矿物油浓度的增大而增大；同时，$2930cm^{-1}$ 处的吸收峰也随 CCl_4 的纯度不同而不同，而且吸光度的计算也比较麻烦。如果分析峰受到近旁峰的干扰，则可作单点水平切线为基线，因此该方法采用基线 A。

（5）硅（乳）胶管的影响。当 CCl_4 接触硅（乳）胶管后，CCl_4 在 $2930cm^{-1}$ 处的吸光度 A 增大很多，其中乳胶管尤为突出。因此，向封固式洗气瓶中注入 CCl_4 时，绝对不能用硅（乳）胶管做导管，否则结果肯定偏高。封固式洗气瓶之间的连接管最好用尽量短的硅胶管，并且玻璃管口要对接；吸收结束，取下硅胶管后，先用空白 CCl_4 把连接处的玻璃外壁冲洗干净再进行转移。

（6）操作的影响。CCl_4 极易挥发，通 SF_6 气体的速度不能太快，吸收必须在冰水浴中进行，尽量避免带走 CCl_4。作为吸收液的 CCl_4 与空白用的 CCl_4 必须是同一批新蒸馏过的。

第九节　六氟化硫气体毒性测试法

一、测定意义

SF_6 是化学上稳定的非金属氟化物，它无色、无味、无毒、无臭、不燃烧，在常温常压下呈气态。纯净的 SF_6 气体对生物的危害如同氮气一样，不同的仅在于它的窒息作用。但由于 SF_6 气体在制造和使用的过程中，可能会混入或产生有毒害的含硫、氧低氟化物及酸性产物，例如 SF_2、S_2F_2、S_2F_{10}、SF_4、SOF_4、SO_2F_2、SOF_2、HF、SO_2 等，为了保护运行、监督以及分析检测人员的人身安全，必须对 SF_6 气体和运行气的毒性进行监测。因毒性杂质在空气中的允许浓度极小，不能很快地用化学分析方法测出来，故常采用生物学方法来检测 SF_6 气体的毒性。

目前使用的 SF_6 气体毒性生物试验，是等效采用国际电工委员会 IEC 出版物 376 规定的方法。该方法是模拟大气中氧气和氮气的含量，以 SF_6 气体代替空气中的氮气，即以79% 体积的 SF_6 气体和21% 体积的氧气混合，让小白鼠在此环境下连续染毒24h，然后将已染毒的小白鼠在大气中再观察72h，视小白鼠有无异常，以此判断 SF_6 气体中样品室否有毒。

二、测定原理及方法

SF_6 气体毒性生物测试的原理是模拟大气中氧气和氮气的含量，即以79% 体积的 SF_6 气体和21% 体积的氧气混合，让小白鼠在此环境下连续染毒24h，然后将已染毒的小白鼠在大气中再观察72h，看小白鼠有无异常，以此判断 SF_6 气体样品是否有毒。

1. 操作步骤

试验器材如下：

(1) 染毒缸（可用真空干燥器替代）（4L）。

(2) 气体混合器（4.5L）。

(3) 氧气，医用。

(4) 浮子流量计，600mL/min，1000mL/min。

(5) 皂膜流量计。

(6) 秒表，分度 1/10。

(7) 健康雌性小白鼠，体重为 18～20g，5 只。

(8) 鼠食，约250g。

2. 测试步骤

(1) 准确测量真空干燥器及混合器的容积。

(2) 按图 2-2-28 连接好仪器设备。

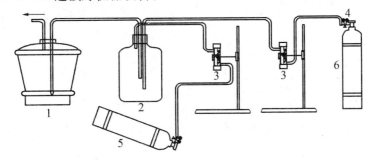

图 2-2-28　SF_6 气体毒性试验装置示意图

1—试验容器；2—气体混合器；3—浮子流量计；4—氧气减压表；5—SF_6 气体钢瓶；6—氧气钢瓶

3. 测试

按 79% SF_6 气体（SF_6 气体钢瓶须倒置）和 21% 氧气的比例，以及每分钟通入混合器的气体总量不得少于容器容积的 1/8 的要求，计算 SF_6 气体和氧气流速。然后将 SF_6 气体和氧气通入混合器。

（1）将 5 只经过 5 天饲养、观察后确认健康的雌性小白鼠放在干燥器中并放入充足的食物和水。

（2）每隔 1h 观察并记录一次小白鼠活动情况。

（3）24h 后试验结束，把小白鼠放回原来的容器中，继续观察 72h。

4. 试验结果的判断

（1）如果小白鼠在 24h 试验和 72h 观察中都活动正常，则判断气体无毒。

（2）如果偶尔有一只或几只小白鼠出现异常现象或者有死亡，则可能是由于气体毒性造成的，应重新用 10 只小白鼠进行重复试验，以判断前几次试验结果的正确性。

（3）在有条件的地方，应对在试验中死亡或有明显中毒症状的小白鼠进行解剖，以查明死亡或中毒原因。

三、测定注意事项

（1）试验中应控制好气体的比例，否则不能真实反映出试验结果。

（2）试验室的温度不可太低，以 25℃ 左右为宜。

（3）试验残气一律排到室外。

另外还需注意的事项是，伸入混合器中的导管长度是有要求的，不能互换。因为 SF_6 气体密度大，往下部聚集；氧气密度小，往上部走，所以与 SF_6 气体相连的导管在上部，与氧气相连的导管在下部，有利于气体混合均匀，中间的气体均匀性较好，因此，通入染毒缸的导管放在中间。

第三篇　高压设备化学试验综合判断方法及典型案例解析

第一章　油纸绝缘设备综合判断方法及典型案例解析

第一节　油纸绝缘设备常见缺陷类型及溶解气体特征

一、油纸绝缘设备常见缺陷类型

油纸绝缘设备常见的涉及气体产生的内部缺陷一般可分为两类：即过热缺陷和放电缺陷。过热缺陷按过热点的温度高低分类，可分为低温过热、中温过热和高温过热三种情况；放电缺陷又可区分为局部放电、火花放电和高能量放电放三种类型。此外，设备内部进水受潮也是一种内部分布式缺陷。

1. 过热缺陷

过热缺陷类型如果按照热点温度的高低进行划分一般分为中低温过热（300℃以下）和高温过热（300℃以上）；如果按照过热的区域划分则分为局部过热和整体过热两种类型。对于油纸绝缘设备而言，一般局部过热的情况偏多，局部过热点通常又称为热点，它和设备正常运行下的发热是有区别的。如，变压器正常运行时，由于铜损和热损转化而来的热量，使变压器油温升高就属于正常发热，一般上层油温不大于85℃。油纸绝缘设备的运行温度直接影响其运行寿命。一般来说，每当温度升高8℃时，绝缘材料的使用寿命就会减少一半。

过热性缺陷占变压器类设备缺陷的比例很大。其危害性虽然不像放电性故障那么严重，但发展的后果往往不好。存在于固体绝缘的热点会引起绝缘劣化与热解，对绝缘危害较大。热点通常会从低温逐步发展为高温。一些裸金属热点也常发生烧坏铁芯、螺栓等部件，严重时也会造成设备损坏。

一般地，对于变压器等设备而言，其过热性故障发生的原因和部位主要可归纳为以下几种情况：

（1）接点接触不良。如，引线连接不良、分接开关接触不紧、导线接头焊接不良等。

（2）磁路异常。如铁芯多点接地，铁芯片间短路，铁芯被异物短路，铁芯与穿芯螺钉短路；电磁屏蔽不良，使漏磁集中并引起油箱、夹件、压环等局部过热等。

（3）导体回路缺陷。如线圈匝间短路或不同电压比的变压器并列运行引起的循环电流发热、导体超负荷过流发热、油道堵塞而引起的散热不良等。

2. 放电缺陷

放电缺陷一般可以分为低能量放电和高能量放电两种类型，其中，低能量放电主要包括火花放电和局部放电，高能量放电包括电弧放电和绝缘闪络击穿等。

（1）局部放电缺陷。电气设备在运行过程中，可能因为各种各样的原因导致绝缘中部分被击穿的放电现象,这种放电发生在绝缘体内部的,称为内部局部放电。实践表明,局部放电是导致设备绝缘劣化、发生绝缘故障的主要诱因之一,通常发生在绝缘体内高电场强度、低电气强度的区域。产生局部放电的原因主要有:绝缘体内部或表面存在气隙(泡)而导致的气隙(泡)内的放电;绝缘体中导电杂质的存在引发的放电;金属导体(或半导体)电极的尖锐边缘处,或具有不同特性的绝缘层间,可能因为电场不均匀而引发放电、金属微粒或部件没有电的连接,成为一个悬浮电位体,或是导体间连接点接触不好而产生局部放电;等等。

(2)火花放电缺陷。该缺陷是一种间歇性的放电缺陷,在变压器、互感器、套管中均有发生。如铁芯片间、铁芯接地片接触不良造成的悬浮电位放电、分接开关拨叉悬浮电位放电、互感器内部引线对外壳放电等。

(3)高能量放电。又称电弧放电,变压器、套管、互感器等设备内都可能发生。引起电弧放电故障的原因通常是线圈匝、层间绝缘击穿,过电压引起内部闪络,引线断裂引起的闪弧,分接开关飞弧和电容屏击穿等。这类缺陷具有能量大、突发性情况多、预兆不明显等特点。

变压器实际运行产生缺陷时,有时以过热性缺陷为主,有时以放电性缺陷为主。而放电性缺陷与过热性缺陷经常可能同时发生且两种故障产生的后果都较为明显,对这类故障,统称为放电兼过热性缺陷。

3. 绝缘受潮

在设备内部进水受潮时,一方面容易引起油介损偏大、绝缘击穿电压下降,导致绝缘整体性能下降;另一方面,油中水分和带湿杂质易形成"小桥",或者固体绝缘中含有水分加上内部气隙空洞的存在,引起局部放电,并在放电作用下放出氢气。此外,水分在电场作用下容易发生电解作用,水与铁又会发生电化学反应,都可以产生大量的氢气。设备内部进水受潮,如不及早发现与及时处理,往往会发展成放电性故障,甚至造成设备损坏。

二、油纸绝缘设备溶解气体特征

对于新投入运行的油纸绝缘设备,其油中溶解气体的主要组成成分是 N_2 及 O_2。当设备在运行过程中或存在过热、放电等缺陷时,通常绝缘油中会含有一定量的特征气体,如各种低分子烃类、CO、CO_2 等。气体的来源主要包括三个途径:一是外来引入,如变压器油枕隔膜破裂导致空气进入变压器;二是绝缘材料的自然老化,如老旧变压器可能产生较多的 CO、CO_2、糠醛等;三是设备内部存在缺陷或发生故障时,绝缘材料会产生分解,如,当变压器内部发生放电性故障时,油中气体含量会突然增加,可能产生 C_2H_2、CH_4、C_2H_4、C_2H_6 等。

油纸绝缘设备运行中无论是出现过热性故障还是放电性故障,最终都将导致设备油纸绝缘介质裂解,产生各种特征气体。常见的气体类型包括:C_2H_2、C_2H_4、CO、CO_2、H_2、CH_4、C_2H_6、O_2 等。由于碳氢键之间的键能低,生成热小,在绝缘的分解过程中,总是先生成 H_2,因此 H_2 是各种故障特征气体的先导成分。由于在各不相同的故障性质下,溶解气体的成分、含量各不相同。因此,对油中溶解气体进行分析,能尽早地发现设备内部可能存在的潜伏性缺陷或故障,数十年的经验表明,绝大部分油纸绝缘设备的缺陷都是通过油的分析发现的，该方法已被证明是发现油浸式设备内部潜伏性故障的最有效和最可靠的检测手段。

一般而言，油纸绝缘设备存在潜伏缺陷时，其典型的溶解气体特征具有以下特点：

1. 过热型缺陷产生的溶解气体特征

当存在热点只影响到绝缘油的分解而不涉及固体绝缘的裸金属过热性故障时，产生的气体主要是低分子烃类气体，其中甲烷与乙烯是特征气体，一般二者之和占总烃(指 CH_4、C_2H_6、C_2H_4、C_2H_2 四种气体含量总和)的 80%(体积分数)以上。当故障点温度较低时，甲烷占的比例大，随着热点温度升高(500℃以上)乙烯、氢组分急剧增加，比例增大；当严重过热(800℃以上)时，也会产生少量乙炔，但其最大含量一般不超过乙烯量的 10%。Halstead 曾对油中分解的碳氢气态化合物的产生过程进行了热力学理论分析并指出，随着油中热点温度的升高，析出速度达到最大值的溶解气体次序依次为 H_2、CH_4、C_2H_6、C_2H_4 和 C_2H_2。

当存在涉及固体绝缘的过热故障时，除产生上述的低分子烃类气体外，还产生较多的 CO、CO_2，随着温度的升高，$\varphi(CO)/\varphi(CO_2)$ 比值逐渐增大。对于只限于局部油道堵塞或散热不良的过热性故障，由于过热温度较低，且过热面积较大，此时对绝缘油的热解作用不大，因而低分子烃类气体含量不一定多。

2. 放电型缺陷产生的溶解气体特征

局部放电常常发生在油浸纸绝缘设备中的气体空穴内或悬浮带电体的空间内。局部放电或低能量放电产气特征是 H_2 最多(通常占氢烃总量的 85%以上)，其次是 CH_4。当放电能量高时，会产生少量 C_2H_2，另外，在绝缘纸层中间，有明显可见的蜡状物或放电痕迹。

火花放电产生的主要气体成分也是 H_2 和 C_2H_2，其次是 CH_4 和 C_2H_4，但由于故障能量较小，总烃一般不会高。C_2H_2 虽然是放电性故障最具代表的特征气体，但由于 C_2H_2 分子中有 C—C 键，生成时必须吸收较大的能量，因此，在局部放电产生的初期(通常先是低能放电)不可能产生，只有在发展到高能量的电弧放电后才会有少量。

电弧放电的原因通常包括：绕组短路、绝缘大面积击穿、铁芯失火，大面积铁芯短路等。通常在出现故障后，应立即对油中气体和瓦斯成分进行分析以判断故障的性质和严重程度。这种故障气体的特征是 C_2H_2 和 H_2 占主要部分，其次是 C_2H_4 和 CH_4，如果涉及固体绝缘，瓦斯气和油中气的 CO 含量都比较高。

通常无论哪种放电，只要有固体绝缘介入，都会产生 CO、CO_2。

3. 绝缘受潮产生的溶解气体特征

当设备内部进水受潮时，油中水分与杂质容易形成"小桥"，此时，在局部放电的作用下可能产生 H_2，因此，绝缘油单一的氢含量超标一般是受潮的表现。为进一步判断，可增做微水分析试验。导致水分分解出氢有两种可能：一是水分和铁产生化学反应；二是在高电场作用下水本身分子分解。设备受潮时固体绝缘材料含水量比油中含水量要大 100 多倍，而 H_2 含量高大多数是由于油纸绝缘内含有气体和水分，故在现场处理设备受潮时仅靠采用真空滤油法并不能长久地降低设备中的含水量，原因在于真空滤油对于设备整体的水分影响不大。设备进水受潮后，如果不及时发现与处理，往往会发展成为放电性故障。

根据上述几种类型缺陷或故障的产气特征，可归纳出一般规律如表 3-1-1 所示。

表 3 - 1 - 1　不同故障类型的产气特征

故障类型		主要组分	次要组分
过热	油	CH_4、C_2H_4	H_2、C_2H_6
	油 + 纸绝缘	CH_4、C_2H_4、CO、CO_2	H_2、C_2H_6
电弧放电	油	CH_2、C_2H_2	CH_4、C_2H_4、C_2H_6
	油 + 纸绝缘	CH_2、C_2H_2、CO、CO_2	CH_4、C_2H_4、C_2H_6
油、纸绝缘中局部放电		H_2、CH_4、CO	CO_2、C_2H_6
油中电火花放电		C_2H_2、H_2	—
进水受潮或油中气泡放电		H_2	—

第二节　油纸绝缘设备常见故障类型判断方法

当油纸绝缘设备出现故障时，应综合应用化学、电气试验等试验手段对其可能存在的缺陷进行综合诊断。如，变压器出现重瓦斯动作以后，通过绝缘油的简化和色谱试验，可以检查变压器内部是否存在过热及放电故障，或绝缘油是否整体劣化；通过测量变压器的直流电阻、阻抗和变比，可以检查变压器绕组回路是否存在问题；通过对变压器本体介损和绝缘电阻的试验，可以检查变压器"绝缘回路"是否存在缺陷或劣化导致变压器油分解；等等。《电力设备预防性试验规程》已给出了常见油纸绝缘设备的诊断性试验项目。

实践证明：油中溶解气体分析（Dissolved Gas – in – oil Analysis，DGA）技术是目前电力系统中对油浸电力设备使用的重要监测手段，它能够比较及时地发现设备内部存在的潜伏性故障。如广州供电局 2001 — 2010 年设备预防性试验统计数据表明，变压器缺陷的45%、油纸互感器缺陷的 72% 是通过油色谱试验发现的。因此，在 1997 年颁布执行的《电力设备预防性试验规程》中，已把变压器油的气相色谱分析放到了首要的位置，而且国内外厂家也用此来检查各项例行试验前后的变化情况。

一般地，根据绝缘油分析数据进行油纸绝缘设备内部故障诊断时，应能够初步判定设备内部有无故障及故障的类型、故障的状况、故障的原因，以及提出可能的处理措施，如能否继续运行，以及运行期间的技术安全措施和监视手段，或是否需要吊罩检修等，若需要加强监视，则应给出下次试验的周期。为使绝缘油分析规范地应用于油浸设备，国际电工委员会制订了专用于油中溶解气体分析的国际导则 IEC 567—2005 和 IEC 60599—1999，国内制订了 GB/T 7252—2001 和 DL/T 722—2000。

有关变压器油中溶解气体分析的方法很多，Halstead 假说是应用油中溶解气体比值法诊断设备故障类型并估计热点温度的理论基础，从此基础上，渐渐发展出特征气体法、三比值法、改良三比值法、电协研法、改良电协研法、CIGRE 诊断法等。其中，特征气体法属于主要气体分析法。该分析方法与气体浓度的比值无关，而其他的方法都是采用气体浓度的相互比值进行分析的。

一、油中溶解气体为特征量的常规诊断方法

1. 特征气体法

特征气体可以反映油纸绝缘设备内部故障导致绝缘分解、裂化的本质特征。特征气体随着故障类型、故障能量以及故障所涉及的绝缘材料不同而有区别。大量故障事例统计表明，油中气体的各成分含量和故障的性质及程度有一定的关系，内部故障不同，各种故障产生的气体浓度有一定的区别。而对于同一性质的故障，由于程度不同，所产生的气体浓度量也不同。特征气体法较好地描述了不同类型故障的产气特点，可以初步确定产气的原因并对故障性质进行定性判断。如，当 C_2H_2 含量占主要成分且超标时，很可能设备内部存在绕组匝间短路或分接开关渗油等潜在缺陷；如果其他组分没超标，而 C_2H_2 超标且增长速率较快，则可能是设备内部存在高能量放电故障。

常见的判断故障性质的特征气体法可参见表 3-1-2。表 3-1-2 所列的是变压器在不同故障性质下产生的气体特征判断推荐参考数值。

表 3-1-2　判断故障的特征气体法　　　　　　　　　　　单位：$\mu L/L$

故障性质	特征气体特点
一般过热性故障	总烃较高，$C_2H_2 < 5$
严重过热性故障	总烃高，$C_2H_2 > 5$，但未构成总烃主要成分，H_2 含量较高
局部放电	总烃不高，$H_2 > 100$，CH_4 占总烃中主要成分
火花放电	总烃不高，$C_2H_2 > 10$，H_2 较高
电弧放电	总烃高，C_2H_2 高并构成总烃中的主要成分，H_2 含量较高

2. 三比值法

当油中气体的含量超过了特征气体法所列的正常值时，可采用三比值法进行分析判断。Halstead 认为由于在一定温度的平衡压力下，两种不同碳氢气体的比例取决于热点温度，故特定碳氢气体的产生速率随温度而变化，不同的气体在不同的温度下有最大的产生速率，在固定温度下，不同气体之间相对产生速率是固定的，即不同气体的含量比值是固定的，由此推断，各气体间的含量比例是随着温度而变化的，而这个比例在一定温度下有其相对固定值。

三比值法选用 5 种特征气体构成三对比值，即 $\varphi(CH_4)/\varphi(H_2)$、$\varphi(C_2H_4)/\varphi(C_2H_6)$、$\varphi(C_2H_2)/\varphi(C_2H_4)$ 的比值来进行诊断，这种方法将这几组比值以不同的编码表示，根据测试结果把这三对比值换算成对应的编码组，然后查表对应得出故障类型和故障的大体部位。这种方法是根据电气设备内油、纸绝缘故障下裂解产生气体组分的相对浓度与温度有着相互的依赖关系，并选用了两种溶解的扩散系数相近的气体组分的比值作为判断故障性质的依据，从而消除了油的体积效应的影响，可得出对故障状态较为可靠的判断。

我国已经将国际电工委员会(IEC)提出的三比值法作为判断油纸绝缘设备故障类型的主要方法。三比值法的编码规则和判断方法见表 3-1-3 和表 3-1-4 所示。

表 3 - 1 - 3　三比值法的编码规则

特征气体比值	比值范围编码			说明
	$\varphi(C_2H_2)/\varphi(C_2H_4)$	$\varphi(CH_4)/\varphi(H_2)$	$\varphi(C_2H_4)/\varphi(C_2H_6)$	
<0.1	0	1	0	例如：$\varphi(C_2H_2)/\varphi(C_2H_4)=1\sim 3$ 时，编码为 1；$\varphi(CH_4)/\varphi(H_2)=1\sim 3$ 时，编码为 2；$\varphi(C_2H_4)/\varphi(C_2H_6)=1\sim 3$ 时，编码为 1
0.1～1	1	0	0	
1～3	1	2	1	
>3	2	2	2	

表 3 - 1 - 4　三比值法判断故障性质

序号	故障性质	比值范围编码			典型例子
		$\varphi(C_2H_2)/\varphi(C_2H_4)$	$\varphi(CH_4)/\varphi(H_2)$	$\varphi(C_2H_4)/\varphi(C_2H_6)$	
0	无故障	0	0	0	正常老化
1	低能量密度的局部放电	0[5]	1	0	含气空腔中放电，这种空腔是由于不完全浸渍、气体过饱和、空吸作用或高湿度等原因造成的
2	高能量密度的局部放电	1	1	0	同上，但已导致固体绝缘的放电痕迹或穿孔
3	低能量放电[1]	1，2	0	1，2	不同电位的不良接连点间或者悬浮电位体的连续火花放电。固体材料之间油的击穿
4	高能量放电	1	0	2	有在频续流的放电。线圈、线饼、线匝之间或线圈对地之间的油的电弧击穿
5	低于 150℃ 的热故障[2]	0	0	1	通常是包有绝缘的导线过热
6	150～300℃ 低温内的过热故障[3]	0	2	0	由于磁通集中引起的铁芯局部过热，热点温度依下述情况为序而增加：铁芯短路，由于涡流引起的铜过热，接头或接触不良（形成碳），铁芯和外壳的环流
7	300～700℃ 低温范围内的过热故障	0	2	1	

序号	故障性质	比值范围编码			典型例子
		$\varphi(C_2H_2)/\varphi(C_2H_4)$	$\varphi(CH_4)/\varphi(H_2)$	$\varphi(C_2H_4)/\varphi(C_2H_6)$	
8	高于700℃高温的热故障④	0	2	2	

注：① 随着火花放电强度的增长，特征气体的比值有如下的增长趋势：$\varphi(C_2H_2)/\varphi(C_2H_4)$ 比值从 0.1～3 增加到 3 以上，$\varphi(C_2H_4)/\varphi(C_2H_6)$ 比值 0.1～3 增加到 3 以上。

② 在这一情况中，气体主要来自固体绝缘的分解。这说明了 $\varphi(C_2H_4)/\varphi(C_2H_6)$ 比值的变化。

③ 这种故障情况通常由气体浓度的不断增加来反映。$\varphi(CH_4)/\varphi(H_2)$ 的值通常大约为 1。实际值大于或小于 1 与很多因素有关，如油保护系统的方式、实际的温度水平和油的质量等。

④ C_2H_2 含量的增加表明热点温度可能高于 1000℃。

⑤ C_2H_2 和 C_2H_4 的含量均未达到应引起注意的数值。

在应用三比值法时应注意以下几点：

（1）只有根据各组分含量注意值或产气速率注意值判断可能存在故障时才能进一步用三比值法判断其故障的类型。对于气体含量正常的设备，比值没有意义。

（2）表 3-1-4 中所列每一种故障对应的一组比值都是典型的。对多种故障的联合作用，可能找不到相应的比值组合。此时应对这种不典型比值组合具体分析，从中可以得到故障复杂性和多重性的启示。例如"121""122"可以解释为放电兼过热。又如在追踪监视中，发现比值组合方式由"020"变为"122"，则可判断故障可能是先有过热后发展为电弧放电兼过热。

在实际应用中，常出现不包括在范围内的编码组合，如故障可表现为"202"，这常表示在装有带负荷调压分接开关的变压器中，由于分接开关筒里的电弧分解物渗入变压器油箱引起。此外，还可遇到"121"和"122"，对于这些组合，应结合必要的电气试验作综合分析。再有，对编码组合"010"常常是由于 H_2 组分数值高，但引起 H_2 高的原因甚多，一般难以作出正确无误的判断。

（3）应注意设备的结构与运行情况，例如对自由呼吸的开放式变压器，由于一些气体组分从油箱的油面上逸散，特别是氢与甲烷。因此，在计算 $\varphi(CH_4)/\varphi(H_2)$ 比值应作适当修正。

（4）特征气体的比值，应在故障下不断产气进程中进行监视才有意义。如果故障产气过程停止或设备已停运多时，将会使组分比例发生某些变化而带来判断误差。

三比值法是基于大量的诊断经验总结出来的，其优点在于简单、快速，但是这些方法只能用于初步推断故障性质，在取值的阈值附近可能会产生模糊性问题，也可能由于经验上的缺漏而发生错判，此外该方法所给编码组并不十分全面，这给实际分析工作带来诸多不便。

3. 改良三比值法

改良三比值法是目前广泛应用于变压器故障诊断的一种有效方法。该方法实际上是三比值法的一种改进。其编码规则与三比值法相同，但在故障分类方法、查表确定故障性质方面有所改进。其故障类型判断方法如表 3-1-5 所示。

表 3 - 1 - 5　改良三比值法的故障类型判断方法

编码组合			故障类型判断	故障实例（参考）
$\varphi(C_2H_2)/\varphi(C_2H_4)$	$\varphi(CH_4)/\varphi(H_2)$	$\varphi(C_2H_4)/\varphi(C_2H_6)$		
0	0	1	低温过热（低于 150℃）	绝缘导线过热，注意 CO 和 CO_2 含量和 $\varphi(CO_2)/\varphi(CO)$ 值
	2	0	低温过热（150～300℃）	分接开关接触不良，引线夹件螺丝松动或接头焊接不良，涡流引起铜过热，铁芯漏磁、局部短路、层间绝缘不良，铁芯多点接地等
	2	1	中温过热（300～700℃）	
	0, 1, 2	2	高温过热（高于 700℃）	
	1	0	局部放电	高湿度，高含气量引起油中低能量密度的局部放电
1	0, 1	0, 1, 2	低能放电	引线对电位未固定的部件之间连续火花放电，分接头引线间油隙闪络，不同电位之间的油中火花放电或悬浮电位之间的火花放电
	2	0, 1, 2	低能放电兼过热	
2	0, 1	0, 1, 2	电弧放电	线圈匝间、层间短路，相间闪络，分接头引线间油隙闪络，引线对箱壳放电，线圈熔断，分接开关飞弧，因环路电流引起电弧，引线对其他接地体放电等
	2	0, 1, 2	电弧放电兼过热	

　　改良三比值法将两种溶解度和扩散系数相接近气体组分的比值作为判断故障性质的依据，所以消除了油体积效应的影响，提高了准确性，并且也因此消除了一部分分析过程中的误差干扰，从而使诊断过程变为更加简单。经多年的使用证明，用改良三比值法来判断变压器内部潜伏性的故障性质非常有效。但在现场应用中也发现有"缺编码"、编码边界过于绝对等缺点。

　　4. IEC 60599 标准诊断

　　1999 年颁布的 IEC 60599 标准中，利用已积累的经验和实例，对三比值法进行了改进。新导则将过去的八种故障类型缩减为六种故障类型，使得分类更粗化，但更加灵活。取消了原来采用编码进行故障诊断的方式，避免了比值编码边界过于绝对化的缺点。将过去的高、低能量密度的局部放电合并为局部放电，而将低于 150℃ 的低温过热和温度在 150～300℃ 的低温过热统称为低温过热。这些变化使得 IEC 60599 比以往的纯编码比值法更为灵活，在"缺编码"和编码边界绝对过死等方面有明显的改进。

　　IEC 60599 具体诊断如表 3 - 1 - 6 所示，该表将所有故障类型分为六种情况，可以适用于所有类型的充油电气设备。气体比值的极限依赖于设备的具体类型可能稍有不同。IEC 60599 标准同样也采用比值法，但是它给出的是一个范围区间，这对故障判定应更为明确。

表 3－1－6　IEC 60599 分析解释表

代码	特征故障	$\varphi(C_2H_2)/\varphi(C_2H_4)$	$\varphi(CH_4)/\varphi(H_2)$	$\varphi(C_2H_4)/\varphi(C_2H_6)$
PD	局部放电	NS①	<0.1	<0.2
D1	低能量局部放电	>1	0.1～0.5	>1
D2	高能量局部放电	0.6～2.5	0.1～1	>2
T1	热故障 $t<300℃$	NS①	>1 但 NS①	<1
T2	热故障 $300℃<t<700℃$	<0.1	>1	1～4
T3	热故障 $t>700℃$	<0.2②	>1	>4

注：① NS 表示无论什么数值均无意义；② C_2H_2 的总量增加，表明热点温度增加，高于 1000℃。

5. 日本电协研法

1979 年，日本电协研究会以 156 台故障变压器油中溶解气体分析数据与 IEC 法作对比后，提出了电协研法。多年的实践经验证明该方法是一种判断充油设备故障类型较准确和可靠的方法。该方法的比值分配表与三比值法相同，其比值故障诊断判据如表 3－1－7 所示。

表 3－1－7　日本电协研法的比值故障诊断表

$\varphi(C_2H_2)/\varphi(C_2H_4)$	$\varphi(CH_4)/\varphi(H_2)$	$\varphi(C_2H_4)/\varphi(C_2H_6)$	诊断类型
0	2	0	低温过热
0	2	1	中温过热
0	0 1 2	2	高温过热
1	0 1 2	0 1 2	电弧放电
2	0 1	0 1 2	局部放电

电协研法虽然把故障分类进行了简化并对与编码相应的比值范围上下限作了更明确规定，但没有考虑到实际上有时会有故障类型叠加的编码组合，而且把 IEC 法的"010"和"001"编码组合删去也不一定符合实际情况。有不少研究表明，电协研法对有些故障的判断仍显得无能为力，因此，我国对电协研法的编码的组合作进一步修改后，提出了改良电协研法。我国电力行业标准 DL/T 722—2000 将它作为导则进行变压器色谱分析。

6. CIGRE 诊断法

CIGRE 诊断法也是目前德国主要采用的诊断法。该诊断法还将 CO、CO_2、C_3H_6 三种气体列入组分比值的考虑项目中。该诊断方法的比值编码和故障类型诊断方法如表 3-1-8 和表 3-1-9 所示。

表 3-1-8　CIGRE 诊断法比值分配表

比值范围	$\varphi(C_2H_2)/$ $\varphi(C_2H_6)$	$\varphi(H_2)/$ $\varphi(CH_4)$	$\varphi(C_2H_4)/$ $\varphi(C_2H_6)$	$\varphi(C_2H_4)/$ $\varphi(C_3H_6)$	$\varphi(CO_2)/$ $\varphi(CO)$
<0.3	0	0	0	0	1
0.3~1.0	1	0	0	1	1
1.0~3.0	1	1	1	2	1
3.0~10	2	2	1	3	0
>10	2	3	1	3	2

表 3-1-9　CIGRE 诊断法的故障诊断表

故障类型	$\varphi(C_2H_2)/$ $\varphi(C_2H_6)$	$\varphi(H_2)/$ $\varphi(CH_4)$	$\varphi(C_2H_4)/$ $\varphi(C_2H_6)$	$\varphi(C_2H_4)/$ $\varphi(C_3H_6)$	$\varphi(CO_2)/$ $\varphi(CO)$
正常	0	0	0	0	0
高能能量密度放电	2	1	1	3	1
低能能量密度放电	2	2	1	3	1
高能能量密度局部放电	1	3	0	—	0
低能能量密度局部放电	0	3	0	—	0
局部过热(<300℃)	0	0	0	1	2
局部过热(300~1000℃)	0	0	1	2	2
局部过热(>1000℃)	1	0	1	3	2

7. 无编码比值法

针对三比值法"故障编码不多"的不足，通过对 1300 多台次故障变压器的分析，有专家提出了"无编码比值法"，该方法认为不需要对比值进行编码，而直接由两个比值确定一个故障性质，减少了传统的"三比值法"先编码，然后由编码查故障的过程，使分析判断方法简单化。

变压器油和固体绝缘材料在不同温度、不同放电形式下产生的气体不同，当总烃含量超过注意值时，无编码比值法先计算出 C_2H_2 和 C_2H_4 浓度比值，当其值小于 0.1 时，初步判断为过热性故障；再计算 C_2H_4 与 C_2H_6 浓度比值，确定其热温度是低温过热、中温过热还是高温过热。当其值大于 0.1 时，初步判断为放电性故障，再计算 CH_4 与 H_2 浓度比值，确定是纯放电还是放电兼过热故障。当 $\varphi(CH_4)/(H_2)$ 的值大于 1 时，为放电兼过热故障，反之为纯放电故障。具体分析判断方法见表 3-1-10。该诊断方法还可以用故障分区图来表示进行故障判断，如图 3-1-1 所示。图 3-1-1 具有直观、明了、简单、准确等优点。当求出两对比值后，即可在故障图中查到故障类型。对于过热故障，还可以看到它的温度变化情况。

表 3 - 1 - 10 无编码比值法判断故障类型

故障类型	$\varphi(C_2H_2)/\varphi(C_2H_4)$	$\varphi(C_2H_4)/\varphi(C_2H_6)$	$\varphi(CH_4)/\varphi(H_2)$	故障案例
低温过热 < 300℃	< 0.1	< 1	无关	引线外包绝缘脆化，绕组油道堵塞，铁芯局部短路
中温过热 300 ～ 700℃	< 0.1	1 ～ 3	无关	铁芯多点接地或局部短路，分接开关引线接头接触不良
高温过热 > 700℃	< 0.1	> 3	无关	
高能量放电	0.1 ～ 3	无关	< 1	绕组匝间短路，引线对外放电，分接开关拔叉处围屏放电，有载分接开关选择开关切断电流
高能量放电兼过热	0.1 ～ 3	无关	> 1	
低能量放电	> 3	无关	< 1	围屏树枝状放电，分接开关错位，铁芯接地铜片与铁芯多点接触，选择开关调节不到位
低能量放电兼过热	> 3	无关	> 1	

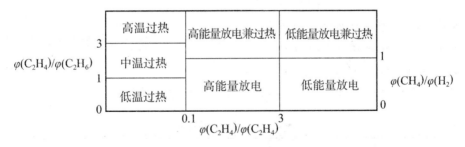

图 3 - 1 - 1 变压器故障分区图

　　无编码比值法诊断变压器故障性质和类型可避免比值法编码缺失的问题，具有很强的实用性，在电力系统中也得到了广泛的应用。据报道，用"三比值法"和"无编码比值法"分别对国内 1300 多台次故障变压器分别进行分析判断，其准确率分别为 74% 和 94%。

　　8. 大卫三角形法则

　　1974 年大卫(Duval)提出了 Duval 法，该方法以 CH_4、C_2H_4、C_2H_2 三种气体含量占三种气体含量总和百分数和 Duval 三角图确定故障类型。1981 年，在验证 Duval 法的基础上，将该方法予以简化，提出了一个更简便的两比法值法，称为简化 Duval 法，即坐标法。该方法以 C_2H_2 和 C_2H_4 各自占 CH_4、C_2H_2、C_2H_4 三者之和的百分比分别为纵、横轴作坐标图，并以 H_2 含量占氢烃总量的百分比作为辅助判据。

　　大卫三角形法则进行故障类型诊断只需三种气体的浓度，简单、方便且易于实现。具体诊断方法如图 3 - 1 - 2 所示。

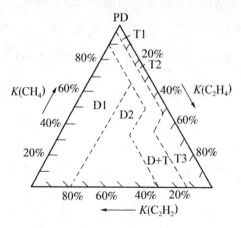

图 3 - 1 - 2　大卫三角形图示法

PD—局部放电；D1—低能放电；D2—高能放电；T1—热故障，$t < 300℃$；

T2—热故障，$300℃ < t < 700℃$；T3—热故障，$t > 700℃$

这里：

$$\begin{cases} K(C_2H_2) = \dfrac{X}{X+Y+Z} \times 100\% \\[3mm] K(C_2H_4) = \dfrac{Y}{X+Y+Z} \times 100\% \\[3mm] K(CH_4) = \dfrac{Z}{X+Y+Z} \times 100\% \end{cases}$$

式中　X——C_2H_2 的体积分数，$\mu L/L$；

　　　Y——C_2H_4 的体积分数，$\mu L/L$；

　　　Z——CH_4 的体积分数，$\mu L/L$。

图 3 - 1 - 2 中各块区域是由表 3 - 1 - 11 中的比值进行划分的。

表 3 - 1 - 11　区域极限

PD	98% CH_4			
D1	23% C_2H_4	13% C_2H_2		
D2	23% C_2H_4	13% C_2H_2	38% C_2H_4	29% C_2H_2
T1	4% C_2H_2	10% C_2H_4		
T2	4% C_2H_2	10% C_2H_4	50% C_2H_4	
T3	15% C_2H_2	50% C_2H_4		

图 3 - 1 - 2 所示方法对在三比值法给不出诊断的情况下是很有用的，因为它们在气体比值的极限之外。另外，大卫三角形法则还可以用立体图来表示，见图 3 - 1 - 3，可直观地注意故障的变化趋势。为了显示清楚，轴以 10 为极限，但实际上是无限的。

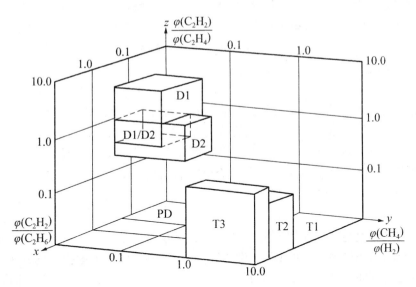

图 3-1-3　大卫三角形法的立体图

二、几种诊断方法的分析和比较

特征气体可反映故障点引起的周围油、纸绝缘热分解状况。气体特征随着故障类型、能量及其涉及的绝缘材料的不同而不同，即故障点产生烃类气体的不饱和度与故障源的能量密度之间有密切关系，因此，特征气体判断法对故障性质有较强针对性，比较直观、方便，缺点是没有明确量的概念，只能进行定性分析判断。要对故障性质作进一步探讨，估计故障源的温度范围等，还需要要采用比值法。而比值法中，采用编码的诊断方法简单、可靠、方便，如日本电协研法、CIGRE 诊断法、改良三比值法等，在现场应用极广，但是存在"缺编码"、边界划分过于绝对等缺点，有时还不能诊断出结果。而其他方法如无编码比值法、溶解气体分析解释简表、IEC 60599、大卫三角形诊断法等不采用编码的方式，而是直接用比值进行比较，这在一定程度上对于缺码和边界规定过死等方面有所改进。

由于油纸绝缘设备的故障原因、故障机理以及故障征兆之间存在随机性和不确定性，单一的方法往往由于边界范围划分绝对而发生误判。如对于同一种故障，可能有些方法能判对，而另一些方法可能误判或者诊断不出。也可能多数方法能诊断准确，少数方法诊断不准确。由于每一种诊断方法都具有其独特的信息特征，都是从特定的层次角度上考虑的，因此往往带有一定的局限性，有时需要采取多种方法进行联合推断。

三、设备故障综合诊断相关注意事项

（一）有无故障的判定

在充分掌握设备油中气体准确的色谱分析数据基础上，首先按照电力行业标准（导则），判明设备是否存在潜在缺陷或故障。常用的方法是通过"三查"进行综合分析，最后作出判定有无故障的结论。

1.“一查”是查对特征气体含量分析数据是否超过注意值

电力行业标准(导则)与《电力设备预防性试验规程》对油中溶解气体含量的注意值做了描述,当油中气体含量的任一项超过标准表中所列的数值时应引起充分的注意。

在查对注意值时,应注意以下几点:

(1)对注意值的理解要正确。行业标准(导则)及《电力设备预防性试验规程》所推荐的注意值是根据国内大量运行设备的分析数据通过统计分析而得出的,在反映故障的概率上有一定准确性,但不是划分设备有无故障的唯一标准。有的设备虽然某类气体含量超过注意值,也不一定能断定有故障;而有的设备气体含量虽低于注意值,如含量增长迅速,也应引起注意。因此,注意值的作用在于给出"引起注意"的信号,以便对有问题的设备开展全面的"三查"以判别有无故障。

(2)对所诊断的设备和查对的特征气体组成要有重点、有区别。因为正常运行设备油中气体含量的绝对值与变压器的容量、油量、运行方式、运行年限等有密切关系,因此,查对注意值对不同的设备(例如500kV设备)应有所区别。注意值中提出的几项主要指标,其重要性也有所不同。其中,C_2H_2反映故障的危险性较大,因此,对超高压设备的监督提出了更加严格的要求。

(3)对进口设备要区别对待。由于国外进口设备,其内部结构与用油型号等有所不同,因此,标准或规程推荐的注意值往往不一定合适,而国外标准或厂家推荐的注意值也不尽相同。因此,只能作为参考判据。

(4)应用特征气体法时,必须注意以下两点:

一是C_2H_2的含量是区分过热还是放电两种故障性质的主要指标。但大部分过热故障,特别是高温过热时,也会产生少量C_2H_2。不能认为凡有C_2H_2出现的故障,都视为放电性故障。如1000℃以上时,会有较多C_2H_2出现,但热点既可以由能量较大的放电引起,也可以由导体过热而引起。另一方面,低能量的局部放电,并不产生C_2H_2,或仅仅产生很少量的C_2H_2。

二是H_2是油中放电分解的特征气体,但H_2的产生并不完全是由放电引起,如果H_2含量单值超标,多数原因是设备进水受潮所致。如果伴随着H_2含量超标,CO、CO_2含量较大,即是固体绝缘受潮后加速老化的结果。当出现H_2含量单项超标时,应进行电气试验和微水分析。

如果测试证实了变压器进水,那么就要设法降低变压器油中含水量。由于固体绝缘材料含水量比油中含水量要大100多倍,它们之间的水分存在着相对平衡,因此,采用真空滤油法不能长久地降低油中含水量,有条件的应对变压器内部的固体绝缘进行干燥处理。

实践证明,采用特征气体法结合可燃气体含量法,可对缺陷或故障的性质进行判断,但是,要对故障性质作深入分析,预估故障源的温度范围等,还必须找出故障产气成分的相对比值与故障点温度间的关系及其变化规律。

2.“二查”是考查特征气体的产气速率

产气速率对反映故障的存在、严重程度及其发展趋势非常直接和明显。因此,考查产气速率不仅可以进一步确定故障是否存在,还可对故障的性质做出初步估计。

电力行业标准或《电力设备预防性试验规程》推荐了两种计算产气速率的方法及其总烃注意值:

（1）总烃绝对产气速率注意值。每个运行小时产生某种气体组分体积数的平均值，单位为 mL/h。

$$r_a = m(\varphi_{i2} - \varphi_{i1}) / (\rho \Delta t)$$

式中　r_a——绝对生产速率，mL/h

　　　　φ_{i2}——第二次取样测得油中气体组分（i）含量，μL/L；

　　　　φ_{i1}——第一次取样测得油中气体组分（i）含量，μL/L；

　　　　Δt——两次取样时间间隔中的实际运行时间，h；

　　　　m——设备总油量，t；

　　　　ρ——油的密度，t/m³。

（2）总烃相对产气速率注意值，每个月某种气体含量增加原有值的百分数的平均值，单位为%/月。

$$r_r = 100\%(\varphi_{i2} - \varphi_{i1})/(\varphi_{i1} \Delta t)$$

式中　r_r——相对产气速率，%/月；

　　　　Δt——两次取样分析时间间隔的实际运行时间，月。

（3）注意值：

绝对产气速度注意值。开放式设备：0.25 mL/h；密封试设备：0.5 mL/h。

相对产气速率注意值，为10%/月。

（4）在考查产气速率时应注意：

产气速度判断法只适用于过热性故障，对放电性为主的故障，一旦确认，应停运检查，不要求进行产气速率的考察。

考查期间尽量使负荷、散热条件保持稳定，如需考察产气速率与负荷的相互关系，可有计划地改变负荷进行考查。

对于新设备及大修后的设备，在投运后一段时间经多次检测准确测定油中气体含量超"注意值"后，才对产气速率进行正式考查。对于气体浓度很高的设备或故障检修后的设备，应进行脱气处理后才考查产气速率，考查中还要考虑固体绝缘材料中的残油可能释放出气体的影响，以便可靠地判断实际的产气速率。如果设备已脱气处理或运行时间不长，油中含气量很低时，不宜采用相对产气速率作判据，以免带来较大误差。

对相对产气速率，由于不同设备的油量不等，因此不同设备的生产速率是不可比的。对绝对产气速率，由于它是以每小时产生气体的毫升数来表示，能直观地反映故障能量与气体量的关系，故障能量愈大，气体量愈多，故不同设备的绝对产气率是可比的。

追踪分析时间间隔。时间间隔应适中，太短不便于考察；太长，无法保证变压器正常运行。一般以间隔1～3个月为宜，而且必须采用同一方法进行气体分析。为便于分析和判断，新投入运行的变压器应有投运前的色谱分析测试数据。200kV 及以上变压器、容量在 120MV·A 及以上的发电厂主变压器在投运后的 4、10、30 天（500kV 设备应在投运后的 1 天增加 1 次）均要进行色谱分析，并记录分析结果。

3. "三查"调查设备的有关情况

要判明设备有无故障，还应全面了解所诊断设备的结构、安装、运行及检修等情况，弄清气体产生的真正原因，避免非故障原因所带来的误判断。

在判断故障时，应调查设备的情况一般有：在设备结构和制造方面包括，有载调压变压器的切换开关室有无渗漏，设备的密封方式，设备内的绝缘结构、绝缘材料、金属材料（如有无不锈钢）等，以及出厂试验色谱分析情况，等等。

在安装、运行与检修方面包括，新设备安装时保护用 CO_2 气体是否排除干净，充氮保护设备所用氮气纯度，油脱气处理状况，安装或检修中的无带油焊补，绝缘油质量（有无混用合成绝缘油），设备内部清洁状况以及净油器状况等。

在辅助设备方面包括，潜油泵及其管道、阀件有无缺陷或运行不正常，油流继电器接点有无电火花，分接开关情况的无悬浮电位放电等。

对设备有关情况的调查了解，应在电气、检修人员共同配合下进行。根据共同调查情况结合色谱分析数据进行综合分析以判定有无故障。

（二）故障类型的判断

1. 对 CO 和 CO_2 指标的判断

油纸绝缘设备中，绝缘材料主要是油和绝缘纸，这些材料在运行中受多种因素作用将逐渐老化。其中，绝缘油分解产生的主要是氢、烃类等气体，绝缘纸分解产生的气体主要是 CO 和 CO_2 等，因此可将 CO 和 CO_2 作为油纸绝缘系统中固体材料分解的特征气体。试验证明，在电场作用下，纯油中 CO 占总气体含量的 0～1%（体积分数），CO_2 占 0～3%；在油纸绝缘中 CO 含量一般占 13%～24%，CO_2 占 1%～2%。在局部放电、火花放电同时作用下，纯油中 CO 不能明显测到，而 CO_2 占 5% 左右；在油纸绝缘中 CO 占总量的 2%，CO_2 占 7.1%。

变压器发生低温过热故障时，因温度不高，因此烃类气体含量不高，而 CO 和 CO_2 含量变化较大。故而可用 CO 和 CO_2 的产气速率和绝对值来判断固体绝缘老化状况，若再辅之以对油进行糠醛分析，还可能发现一些绝缘老化、低温过热故障。如，某单位一台 220kV 升压变压器，投运以来，正常运行的负荷率为 90% 左右，上层油温一般不超过 70℃，虽然油中总烃含量不高，但 CO 和 CO_2 的绝对值和增长率均比较高。经吊芯检查发现 A 相低压绕组上、下两端均有绝缘纸烤焦露铜的迹象，绝缘老化严重，原因是绕组结构设计、工艺不合理，在导线发热与漏磁引起的附加损耗作用下，绝缘纸热膨胀使狭窄的油道变小，导致油流不畅，绝缘长期处于低温作用的结果。

关于 CO 和 CO_2 的判据，行业标准或规程只对开放式变压器作了规定，认为如总烃超过正常范围，而 CO 含量超过 $300\mu L/L$，应考虑涉及固体绝缘过热的可能性；若 CO 虽超过 $300\mu L/L$，但总烃正常，一般也可认为是正常的。某些带统包绝缘的变压器，当 CO 含量超过 $300\mu L/L$ 时，即使总烃含量正常，也可能有固体绝缘过热故障。对具有薄膜密封油枕的变压器，油中 CO 含量一般均高于开放式变压器，且在投运前几年增长速率较快，因此规程没有作明确规定。

IEC 标准等国外资料推荐以 $\varphi(CO)/\varphi(CO_2)$ 比值作为判据，即该比值大于 0.33 或小于 0.09 时，表示可能有纤维绝缘分解故障。我国经验表明，该比值只适用于运行中期和后期的开放式变压器。对隔膜式变压器，某电网公司的经验认为，若 $\varphi(CO)/(CO_2)$ 大于 0.5，则可能存在异常情况。近年来，原东北电力科学研究院对 CO 和 CO_2 的判据进行了研究，认为 CO 和 CO_2 的绝对值及其曲线的斜率，可作为隔膜密封变压器的判断指标。当油中 CO 和 CO_2 含量超过推荐值或产气速率大于曲线的斜率时，应该对设备引起注意，了解设备在运行中有否过负荷，冷却系统和油路是否正常，绝缘含水量是否过高，以及是否可能产生局部过热使绝缘老化等。为了诊断设备是否存在故障，应当考察油中 CO 和 CO_2 的增长趋势，并结合其他检测手段(如测定油中醛含量等)对设备进行综合分析。

2. 比值法判断设备故障的一些经验

应当指出，在进行变压器等设备油中溶解气体色谱分析中，常会遇到由于某些外部原因引起油中气体含量增长，干扰色谱分析，造成误判断的情况。因此，在进行故障的综合诊断分析时，只有油中气体各组分含量足够高(通常超过注意值)，并且经综合分析确定设备内部存在故障后才能进一步用三比值法判断其故障性质。如果不论设备的实际状况，一律使用三比值法，就有可能将正常设备误判断为故障设备，造成不必要的误判断并带来经济损失。根据现场的实践经验，可以总结出常见的一些经验：

(1)三比值法不适用于气体继电器收集到的气体分析判断。大量现场检测经验表明，由于不同种类分解气体的析出特性不同，气体继电器收集到的气体不适合三比值法对设备的故障判断，如果不分清楚气体的来源，直接套用该方法，可能带来不必要的误判断。

(2)对单个或多个故障点的判断。现场测试经验表明，如果油中溶解气体的各组分均按照一定规律成比率地增长，则存在一个故障点的可能性较大。如果各种气体成分含量呈现无规律的杂乱增长情况，内部有可能存在多个故障点，需要采取综合性的诊断方法予以判明。

(3)故障热点温度的估算。日本的月冈、大江等人经过研究推荐的油纸绝缘设备热点温度高于400℃时，估算热点温度的经验公式为：

$$T = 322 \times \lg \frac{\varphi(C_2H_4)}{\varphi(C_2H_6)} + 525$$

国际电工委员会 IEC 标准指出，若 $\varphi(CO_2)/\varphi(CO)$ 的比值低于 3 或高于 11，则认为可能存在纤维分解故障，即固体绝缘的劣化。当涉及固体绝缘裂解时，热点的温度经验公式为：

300℃ 以下时

$$T = 241 \times \lg \frac{\varphi(CO_2)}{\varphi(CO)} + 373$$

300℃ 以上时

$$T = 1196 \times \lg \frac{\varphi(CO_2)}{\varphi(CO)} + 660$$

(4)可能引起误判断的一些常见因素：

一是优质绝缘设备发生过油箱补焊。如，变压器类设备在运行中由于油循环，往往会发生渗油现象。对渗油部位往往要带油补焊，这样可能使油在高温下分解产生大量的氢、烃类气体。此外，在变压器安装时也可能由于焊接导致油中存在乙炔等放电性故障的特征气体。

若仅采用三比值进行分析，可能导致误判断。对于油箱补焊引起的气体含量增高，可以通过气体试验和查阅历史状况作深入分析。若电气试验对比结果正常，而有补焊史且补焊后又未进行脱气处理，就可以认为气体增长是由于补焊引起的，为证实这个观点，可以再进行脱气处理并跟踪监视。为消除焊后引起的气体增长，对色谱分析的干扰可采用脱气法进行处理。

二是水分侵入油中。在设备运行过程中由于温度的变化或渗漏、防爆管、套管、潜油泵等管路密封不严都可能使水分侵入油中，以溶解状态或结合状态存在于油中的水分，有少量在强电场作用下发生离解而析出氢气，这些游离氢又会造成油中含氢量增加。例如，某变压器某月油中氢气含量骤增至 $455\mu L/L$，微水含量 $55\mu L/L$，脱气、脱水处理两个月后含氢量又增至 $319\mu L/L$，微水含量为 $46\mu L/L$，后在更换新油时，吊罩检查未见异常及明显水迹，但几个月后油氢气含量又增高至 $500\mu L/L$ 以上，最后对该主变压器绕组进行真空加热，干燥处理后运行正常。经验表明，油含氢量单项偏高时，油中含氢量的高低与微水含量呈正比关系，而且含氢量的变化滞后于微水含量的变化。当色谱分析出现 H_2 含量单项超标时，可取油样进行耐压试验和微水分析，根据测试结果再进行综合分析判断。

三是补油可能导致含气量增高。如，某主变压器三只高压套管进行油色谱分析，发现三相总烃突然同时升高，A、B、C 三相总烃从补油前的 $30\mu L/L$、$32\mu L/L$、$35\mu L/L$ 同时升高到 $75\mu L/L$、$81\mu L/L$、$79\mu L/L$，后查检修记录发现，这三只套管同时加过未经色谱分析的补充油，导致套管中油总烃增高。

四是真空滤油机故障。滤油机发生故障会引起油中含气量增长。如，某变压器小修后采用真空滤油机滤油 15h 后，来不及进行色谱分析就将变压器投入运行。数天后取油样进行色谱分析，油中总烃含量达 $256\mu L/L$，又运行 1 个月后，总烃高达 $535\mu L/L$，后调查发现是由于滤油机故障导致变压器油分解出大量烃类气体。通过对比找出了原因，避免了差错。

五是有载开关渗漏。若有载变压器中切换开关室的油向变压器本体渗漏，可能引起本体油的气体含量增高，这是因为切换开关室油在切换过程中会分解产生大量的乙炔（可达总烃的 60% 以上）和氢（可达氢总量的 50% 以上），通过渗油有可能使本体油被污染。

经验表明，若乙炔含量超过注意值，但其他成分含量较低，且增长速度较缓慢，就可能是上述渗漏引起的。如果乙炔超标是变压器内部存在放电性故障引起，这时应根据三比值法进行故障判断。

六是冷却系统附属设备故障。变压器强制冷却系统附属设备，特别是潜油泵故障、磨损、滤网堵塞等引起的油中气体含量增高。这是因为当潜油泵本身烧损，使本体油含有过热性特征气体，用三比值法判断均为过热性故障，如果误判断而吊罩进行内部检查，会造成人力、物力的浪费。又如，当窥视玻璃破裂时，由于轴尖处油流迅速而造成负压，可以带入大量空气。再如，广州电网曾有一台 220kV 变压器因为油泵磨损，导致大量的金属粉进入变压器，引起油分析结果出现异常，等等。

七是变压器铁芯漏磁。由于变压器制造的原因，可能会由于设计不合理，导致内部存在漏磁现象而引起色谱试验数据异常。如，某局有两台主变压器，在运行中均发生了轻瓦斯动作，且乙炔含量异常，高于其他变压器，对其中的一台在现场进行电气试验、吊芯等检查均未发现异常。脱气后继续投运且跟踪几个月发现油中仍出现了乙炔且总烃逐步升高，超过注意值，采用三比值法判断为大于 700℃ 的高温过热，但吊芯检查又无异常，后来被迫退出运行。另一台返厂检修，在厂里进行一系列试验、检查，并增做冲击试验和吊芯，均无异常，最后分析可能是铁芯和外壳的漏磁、环流引起部分漏磁回路中的局部过热。

现场实践证明，油中气体分析对设备内部故障的诊断虽然灵敏，但由于这一方法的技术特点，使它在故障的诊断上有不足之处，例如对故障的准确部位无法确定；对涉及具有同一气体特征的不同故障类型（如局部放电与进水受潮）容易误判。因此，在判断故障时，必须结合电气试验，油质分析及设备运行、检修等情况进行综合分析，从而制定出适当的处理措施。

对过热性故障，为了查明故障部位是在导电回路上还是在磁路上，需要做线圈直流电阻、铁芯接地电流、铁芯对地绝缘电阻甚至空载试验（有时还需作单相空载试验），负载试验等，对于放电性故障，为了查明放电部位与放电强度，需要做局部放电试验；当认为变压器可能在匝、层间短路故障时，还需进行变压比和低压励磁电流测量、阻抗等试验。必要时还需要增做变压器本体介损和绝缘电阻、变形测试、套管等其他项目的试验，检查是否存在其他的原因引起了变压器故障。

当怀疑到故障可能涉及固体绝缘或绝缘过热发生热老化时，可进行油中糠醛含量测定，当发现油中氢组分单一增高，怀疑到设备进水受潮时，应测定油中的微量水分，当油总烃含量很高时，应查对油的闪点是否有下降的迹象，等等。

气相色谱法由于受到实施周期的限制，有可能错过那些发展迅速的故障预兆。另外，气相色谱法在实施过程中难免有气体从油中逸出，尤其是对极易扩散的氢气更为严重，因而在色谱法分析结果中，氢气的含量往往会出现较大的分散性，故通常不容易引起人们的重视。

（三）故障严重程度与发展趋势的判断

在确定设备是否存在故障以及对故障的类型有了初步判断的基础上，必要时还要进一步了解故障的严重程度和发展趋势。对于判断的严重程度与发展趋势，在用 IEC 三比值法的基础上还有一些常用的方法，如瓦斯分析、平衡判据和回归分析等。

1. 瓦斯分析与判别

当变压器在运行中气体继电器内有瓦斯聚集或引起瓦斯动作时，往往反映出故障可能向更严重的程度发展的趋势。此时，应对瓦斯气体进行分析，再结合油中气体分析数据，可判明故障激化状况与危险性。

在用瓦斯气体分析与判别时，应注意由于油路系统及其附件漏入空气或其他原因带来的假象对判断故障的干扰。如，由于漏入空气可能引起瓦斯继电器误动作。对于开放式变压器，由于故障气体从油中的析出与释放性往往不是在油被饱和的状态下发生的，因此，平衡判据方法在瓦斯气体的分析与判别上是不适用的。

2. 平衡判据

平衡判据是根据气液溶解平衡的原理提出来的，此法主要适用于带有气垫层的密封式油箱的充油电气设备，对推断故障的持续时间与发展速度很有帮助。

平衡判据方法的原理如下：首先对气体继电器上气样进行色谱分析，把游离气体中各组分的浓度值，利用各组分的奥斯特瓦尔德系数 k_i 计算出平衡状况下油中溶解气体同组分浓度的理论值，再与从油样色谱分析中得到的溶解气体各组分浓度值（实测值）进行比较，详见式（3-1-1）。

$$\varphi_{o,i} = k_i \varphi_{g,i} \tag{3-1-1}$$

式中　　$\varphi_{o,i}$——油中溶解气体组分 i 浓度的理论值，$\mu L/L$；

　　　　$\varphi_{g,i}$——气体继电器中游离气体中各组分 i 的浓度值，$\mu L/L$；

k_i——组分 i 的奥斯特瓦尔德系数。

具体判断方法是：

(1)如果理论值与实测值相近，且油中气体浓度稍大于气相气体浓度，反映气相与液相气体浓度基本达到平衡状态，可认为气体是在平衡条件下释放出来的。这里有两种可能：一种是故障气体各组分浓度均很低，说明设备是正常的。应搞清楚这些非故障气体的来源及继电器报警的原因。如潜油泵或其他密封部件漏气、检修中因换油或补油未按规定要求进行真空滤油或注油而使空气进入变压器本体(主要成分是 O_2、N_2)等原因引起气体继电器报警。另一种是实测值略高于理论值则说明设备存在产生气体较为缓慢的潜伏性故障。可以根据产气速率进一步求出故障持续时间与发展趋势。

(2)如果理论值与实测值相差大，且气相气体浓度明显高于油中气体浓度，说明故障产气量多，设备存在的较多严重的故障。再根据产气量与产气速率进一步估计故障的严重程度与危害性。

案例一：

某变压器在运行过程中发生重瓦斯动作，主变高、中、低压三侧跳闸，立即同时取主变本体油样和气体继电器上气样进行色谱分析，分析结果见表 3-1-12。

表 3-1-12　某变压器的平衡判据分析

组分	油中含量(实测值)/(μL/L)	游离气体中含量/(μL/L)	由游离气体中含量计算在平衡下油中含量(理论值)/(μL/L)，20℃	理论值/实测值
H_2	471.9	9211.7	9211.7×0.05=460.6	460.6/471.9=0.98
CH_4	114.5	28723	28723×0.43=12351	12351/114.5=108
C_2H_6	9.8	48.0	48.0×2.40=115.2	115.2/9.8=11.8
C_2H_4	149.2	3624.9	3624.9×1.70=6162.3	6162.3/149.2=41.3
C_2H_2	298.2	13893	13893×1.20=16672	16672/298.2=55.9
CO	1493	123904	123904×0.12=14869	14869/1493=9.96
CO_2	12614	16186	16186×1.08=17481	17481/12614=1.39
总烃	571.7	46289		

备注：①平衡判据计算用 k_i 是采用 IEC(导则)20℃推荐值。
　　　　②IEC 文件提出(理论值/实测值)比值为 0.5～2.0，可视为达到平衡状态。

表 3-1-12 中平衡判据表明，继电器上游离气体除氢气可能有泄漏，除二氧化碳接近平衡外，其余各组分含量大大超过油中溶解气体各组分实测值，说明故障气体是在非平衡状态下释放出来的。从特征气体含量和组成分析，氢气、乙炔组分含量高且为总烃主要成分，其次是乙烯、甲烷、一氧化碳、二氧化碳组分，其中一氧化碳含量较高和增长速度较快，可判断变压器存在持续时间较短而发展较快并涉及固体绝缘的放电性故障。

案例二:

某变压器故障下瓦斯动作,其平衡判据结果如表 3 - 1 - 13 所示。分析结果表明,自由气体中各组分含量大大超过油中气体各组分计算的理论值,说明故障气体是在未平衡下放出来的。变压器存在持续时间较短而发展较快的严重过热性故障。

表 3 - 1 - 13　某变压器的平衡判据分析

组分	油中含量/(μL/L)	自由气体中含量/%	由油中含量计算在平衡下气相气体中含量/%	实测值/计算值
H_2	14	3.15	0.03	105
CH_4	561	0.59	0.13	4.54
C_2H_6	37	0.085	0.0016	53
C_2H_4	301	0.65	0.018	36
C_2H_2	7	0.001	0.00058	1.72
CO	痕量	0.001	—	—
CO_2	痕量	痕量	—	—

3. 回归分析

研究表明,许多故障,特别是过热性故障,产气速率与设备负荷之间呈线性回归或倍增回归关系。如果这个关系明显,说明产气过程依赖于欧姆发热,可产气速率与负荷电流关系的回归线斜率作为故障发展过程的监视手段。

一般的,产气速率与负荷、时间的关系可表示如下式:

$$\Delta\varphi = a + bx + dx^2 - k\varphi_a T \qquad (3 - 1 - 2)$$

式中　$\Delta\varphi$——连续两次样取期间组分浓度的增加值,μL/L;

　　　x——两次取样期中每小时负荷电流值的总数;

　　　x^2——电流值平方的总数;

　　　T——两次取样间隔时间,h;

　　　φ_a——油中气体组分的平均浓度,μL/L;

　　　a,b,d,k——实验系数。

式(3 - 1 - 2)中第二项间接反映铁损,第三项间接反映铜损,第四项反映气体从油箱的逸散损失。如果不考虑逸散损失,则式(3 - 1 - 2)可简化为:

$$\Delta\varphi = a + bx \qquad (3 - 1 - 3)$$

$$\Delta\varphi = a + bx^2 \qquad (3 - 1 - 4)$$

如发现故障下产气速率($\Delta\varphi$)与变压器通电时间呈线性关系,说明故障属于电压效应(如局部放电)或铁芯磁路问题;如果故障符合式(3 - 1 - 4)关系,则可能涉及导体过热或依赖于电流的漏磁发热等故障。

第三节　油纸绝缘设备典型案例解析

《电气设备预防性试验规程》中规定的各种标准要求仅仅是一个参考数据，需要结合电气试验各项测试数据进行综合分析：一方面要结合历史数据进行纵向判断，另一方面还要结合设备的不同类型以及相关数据，有时还要结合运行检修状况进行综合分析。发现设备缺陷后首先要检查是否测试过程中带来问题，检查无误后才能确信试验数据的准确性。在发现缺陷后应根据紧急程度确定相应的对策，对于紧急缺陷或重大缺陷应立即通知运行单位处理，对于一般性缺陷应根据实际情况确定是跟踪复试还是必须进行处理，等等。通过典型的案例解析，可以对油纸绝缘设备故障综合判断方法有一个较为清晰的了解。

一、变压器绕组回路缺陷引起色谱试验数据异常的典型案例

变压器直流电阻测量可以有效检查出绕组内部导线的焊接质量，所用导线的规格是否符合设计要求，分接开关、引线与套管等载流部分的接触是否良好，绕组导线是否有匝间短路、断线、断股等缺陷。在现场变压器直流电阻的测量过程中，发现了大量诸如接头松动、分接开关接触不良、导线断股、档位错误、匝间短路等系列缺陷。通常，直流电阻超标可能引起绝缘油色谱试验数据异常，通过对大量直流电阻超标引起的事故、障碍变压器色谱分析案例发现，当直流电阻超标到一定程度或持续较长时间时色谱试验通常是较灵敏的。国内电力企业通过绝缘油色谱试验发现了大量绕组回路直流电阻超标的案例，因此，油色谱试验也是检验变压器等设备绕组回路是否存在异常的方法之一。

案例一：

2008年11月5日，某220kV变压器差动保护动作，主变三侧开关跳闸，本体轻瓦斯动作。主变跳闸后，现场检查主变差动保护范围，没有发现明显故障点，检查主变瓦斯继电器发现约有$280cm^3$可燃气体，瓦斯气体分析发现大部分为氢气及乙炔，初步分析#1主变本体内部放电性故障。

随后对该变压器进行了绝缘电阻、绕组介质损耗、直流电阻、变形测试和绝缘油色谱试验。绝缘电阻、变形试验、介损测试结果均正常，但油色谱分析数据异常，乙炔含量达$110\mu L/L$，高压侧相间直流电阻不平衡度超过30%。部分试验数据如表3-1-14～表3-1-17所示。

表3-1-14　高压侧绕组直流电阻　　　　　　　　　　　　　　单位：Ω

分接	A－O	B－O	C－O	不平衡度/%
1	0.3192	0.3194	0.4292	30.9
5	0.2906	0.2911	0.401	33.7
6	0.2839	0.2856	0.3945	34.42

表 3-1-15 中压侧绕组直流电阻 单位：Ω

分接	A-O	B-O	C-O	不平衡度/%
1	0.06355	0.0645	0.06398	1.48

表 3-1-16 低压侧绕组直流电阻 单位：Ω

分接	A-O	B-O	C-O	不平衡度/%
1	0.003463	0.003472	0.003468	0.26

表 3-1-17 油色谱分析 单位：μL/L

组分	H_2	CH_4	C_2H_6	C_2H_4	C_2H_2	CO	CO_2	总烃
含量	90	71	21	94	110	200	770	296

1. 初步分析判断

本次故障各项保护动作正确，录波完好。根据高压侧绕组直流电阻和绝缘油色谱试验数据，初步判断主变内部有故障，故障点估计是变高 C 相匝间短路或断股。受直流输电线路调试等影响，该主变曾经经受较大的直流偏磁。故障是否与直流偏磁有关，应在变压器返厂后进一步吊罩检查分析。

2. 吊罩检查情况

变压器返厂后，进行器身外观检查，仅见 C 相底部压环和上部端圈处有炭黑痕迹，其余未见异常。器身进气相干燥罐作脱油处理，解除各引线连接，拆除上铁轭，分别拔出高压 C 相粗、细调压线圈和高压主线圈。变压器整体检查未发现线圈位移、绝缘脱落和压紧松动等现象。

在高压主线圈端部，中压引线出线偏右位置处，可见大块的熏黑痕迹，移开端部角环，检查高压静电屏，未见损伤。移开静电屏后，在线圈端部可见大量炭黑。在从上往下数的第 3 饼线圈上，可见有 2 条导线已烧蚀，其中，辐向往里的第 6 条线已烧蚀一半以上，第 7 条线已完全熔断；此处对应的上部第 2 饼线，辐向往里的第 2 至第 8 条线，导线已烧蚀露铜；对应的下部第 4 饼线，同样有烧蚀痕迹。解开复合导线的最内层绝缘纸，未见变压器油硫腐蚀痕迹。其余未见异常。

3. 故障原因的初步分析

基于线圈的解体后的损伤情况，对照现场的故障记录，可以确定，高压 C 相的主线圈第 3 饼上发生了匝间短路。短路时所产生的金属蒸气，喷射到相邻的第 2、第 4 饼线圈的对应位置上，造成故障进一步扩大到第 2、4 饼线圈。在上述第 2、3、4 饼线圈的烧蚀区域内，没有引线焊接的接头，也没有引线的换位。

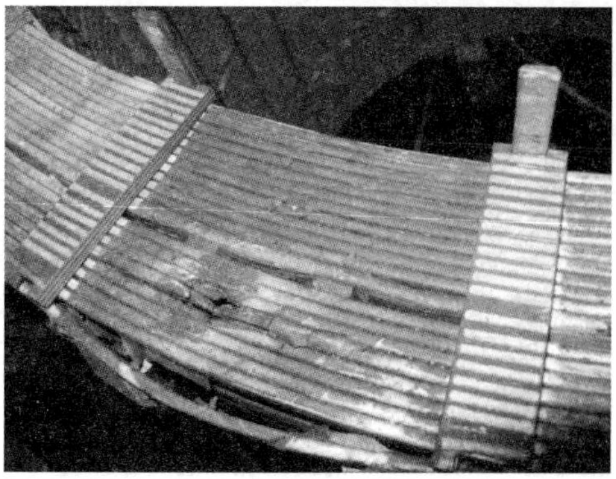

图 3-1-4 匝间短路情况

初步分析，可能是由于导线的表面存在毛刺，或者是变压器线圈压紧过程中造成局部绝缘损坏。该部位靠近线圈端部，电压梯度较高，在长期运行过程中，存在薄弱的绝缘层在电压、振动及温度等因素的作用下，匝绝缘逐步破坏，最终导致了匝间短路。从吊罩检查及线圈解体情况看，故障与直流偏磁没有关系。

案例二：

某变电站 #1 主变为容量 180000kV·A 的 220kV 变压器，2008 年 3 月 10 日油样色谱试验组分含量见表 3 - 1 - 18。

表 3 - 1 - 18　油色谱分析　　　　单位：μL/L

组分	H_2	CH_4	C_2H_6	C_2H_4	C_2H_2	CO	CO_2	总烃
含量	34.13	81	30	116	0.65	293	2691.3	227.2

发现化学试验数据异常后，随即进行了电气试验，试验结果表明，绝缘电阻、变形试验、介损测试结果均正常，高压侧三相直流电阻合格，不平衡率小于 1%，低压三相直流电阻不平衡率超过 1%，达 4%，不合格。

1. 初步分析判断

根据化学试验数据判断故障类型为高温过热，故障点温度估算为 713℃，分析变压器异常可能存在以下原因：分接开关接触不良的可能性不大，因每年预试高压三相直流电阻不平衡率不超过 1%；局部短路、层间绝缘不良的可能性不大，因氢气与乙炔含量小，不会有电弧性放电；铁芯多点接地的可能性不大，因为铁芯接地电流不大，只有 2mA；低压螺丝松动或接头焊接不良，需要吊罩检查确认；存在涡流引起铜过热可能，需要检查是否有过热现象；存在铁芯漏磁可能，但需要检查。根据 CO、CO_2 含量判断，未见固体绝缘材料过热迹象。

2. 吊罩检查情况

重点检测高、低压三相直流电阻，确认是否有节点接触不良现象；测试铁芯接地绝缘电阻，确认铁芯是否绝缘良好；检查低压引线是否紧固，高压引线是否有过热现象。（具体按工艺要求）

检查结果发现低压绕组出现股间短路，是低压三相直流电阻不平衡造成了变压器油色谱试验数据异常。

案例三：

2008 年 10 月 6 日，某变电站 220kV #2 主变取油样进行色谱分析，结果总烃超注意值且故障气体的产气速率特别快，属严重故障。详见表 3 - 1 - 19。

表 3 - 1 - 19　油色谱分析数据　　　　单位：μL/L

组分	H_2	CO	CO_2	CH_4	C_2H_6	C_2H_4	C_2H_2	总烃
4 月 9 日	23.0	1267.07	4449.56	13.99	7.35	2.95	0	24.29
10 月 6 日	198.45	971.29	3284.08	626.59	276.03	923.87	0	1826.49

从表 3-1-19 中可见，与 2008 年 4 月的分析结果相比，总烃增长十分显著，主要的故障特征气体是 C_2H_4，三比值的编码为 022，属高于 700℃的过热故障，且故障气体的产气速率特别快，属严重故障。

发现问题后，立即将该主变停运并对该主变进行了绕组直流电阻、电压比、铁芯绝缘电阻、介损等电气试验，试验结果正常；对潜油泵进行检查，也没能查出故障部位。

1. 初步分析判断

通过对油色谱分析数据及电气试验数据进行深入分析，认为该主变的故障属裸金属过热故障，故障暂时没有影响到变压器的绝缘，由于变压器的绝缘没受影响，所以变压器可在限制负荷的情况下短时间运行，决定采取主变在运行状态下跟踪分析油色谱的方式来确定故障部位，用于指导主变检修。通过一段时间的带电跟踪分析，发现总烃基本维持不变，没有继续增长。

2. 吊罩检查情况

运行一段时间后对该主变进行了吊罩检查，检查结果发现有载分接开关选择开关触头接触不到位，原因是选择开关长期受绕组引线应力作用，其绝缘固定件变形，导致动触头插入深度不够，由于动触头与静触头之间的接触电阻为几十微欧，远小于绕组的直流电阻值，所以通过测绕组直流电阻的方式无法发现故障，但是在主变在较大负荷下运行，触头将发热而导致油中烃类气体增大。更换了选择开关及绕组引线后，变压器恢复正常运行。

需要说明的是，直流电阻超标与油色谱数据异常之间存在一定关联关系，对于直流电阻超标缺陷是否可以通过油色谱试验来予以发现的问题，国内曾进行过专门研究，进行了相关调查。得出的比较一致的意见是，直流电阻小幅度超标时，虽然有时候色谱试验可能比较灵敏，但有时候色谱检测也可能不太灵敏，如，通过收集整理发现了相当一批直流电阻超标而色谱正常的检测案例，这可能与缺陷的位置和形式有关。表 3-1-20 是其中的一例。

表 3-1-20　一起变压器直流电阻超标案例　　　　　　　　　　　　　单位：Ω

时间 \ 相别	AB	BC	AC	误差/%
1994 年 4 月 5 日	0.08427	0.0849	0.08265	2.68
1994 年 7 月 12 日	0.09435	0.09435	0.09017	5.6
处理后	0.0806	0.0899	0.0899	0.8

上述案例中，色谱多次检测正常，而直流电阻已经不正常。通过对大量直流电阻超标引起的缺陷、事故、障碍变压器色谱分析案例发现，当直流电阻超标到一定的程度时油色谱试验是非常灵敏的。如新加坡新能源电网公司 1984—2009 年通过绝缘油色谱试验共发现了 24 起这样的案例。

二、变压器本体进水受潮引起保护动作的典型案例

案例一：

2009 年 3 月 6 日，某变电站 #1 主变"本体轻瓦斯"发出告警信号。三分钟后，#1 主

变差动保护动作，高压侧101开关和低压侧501开关跳闸。该变压器为SF7-31500/110双卷无载调压变压器，1998年8月投运。

故障后检查高压侧避雷器计数器无动作，10kV母线桥及开关柜无短路放电痕迹，主变外观良好，无渗漏油现象。随后，对主变进行绝缘电阻、绕组直流电阻、绕组变形测试以及绝缘油试验。试验数据见表3-1-21～表3-1-23。

表3-1-21　事故后绝缘电阻数值　　　　　　　　　　单位：MΩ

绝缘电阻	R''_{15}	R''_{60}	R''_{60}/R''_{15}（吸收比）
高—低地	35.1	41.7	1.19
低—高地	41.6	51.6	1.24
铁芯对地	20.5	31.7	1.55

注：R''_{15}表示15s的绝缘电阻；R''_{60}表示60s的绝缘电阻。

表3-1-22　高压侧直流电阻　　　　　　　　　　单位：mΩ

挡位	A-O	B-O	C-O	不平衡率/%
1	736.2 (756.5)	748.5(757.8)	748.9(758.6)	1.7 (0.28)
2	720.3	730.8	731.4	1.5
3	701.3	714.2	714.4	1.8

注：括号内为2008年预试数据。

表3-1-23　绝缘油试验数据　　　　　　　　　　单位：μL/L

H₂	总烃	C₂H₂	CO	CO₂	微水含量	油耐压/kV
161 (0)	405 (34.02)	254 (0)	799 (895)	6069 (6760)	12 (10.7)	54.6

注：括号内为2008年预试数据。

1. 初步分析判断

从以上检查数据可以看出，绕组直流电阻高压侧第1挡位三相不平衡率1.7%，与2008年预试数据的0.28%相比明显增大，A相直流电阻与2008年测试数据相比降低了20.3mΩ，B、C两相降低了12mΩ左右。H_2、C_2H_2、总烃含量与2008年测试数据相比明显增长，严重超标，CO和CO_2值过高。

绕组变形试验发现变压器高、低压侧A相绕组在低频段(1～100kHz)与其他两相相关性较差，初步判定A相绕组存在变形情况，结合绝缘油和直流电阻试验数据分析认为A相绕组发生匝间短路，导致A相绕组变形。

2. 吊罩检查情况

为进一步确定事故原因，对该主变进行现场吊罩检查。当打开主变钟罩后发现A相高压绕组与引线连接部位严重变形，垫片移位，线圈严重松动，出头端部第一饼与第二饼间绝缘纸有烧焦，导线有烧蚀现象。B、C相绕组都有不同程度的松动情况。

3. 故障原因的初步分析

该台主变 2008 年按照预试规程要求完成预防性试验，各项预试数据合格，其中 A 相套管介损为 0.26%，满足要求，可以判定当时套管并未有受潮情况。发生事故后的绝缘油水分含量为 12μL/L，未超标，与 2008 年 7 月测试数据对比增长了 1.3，增长不明显，但 H_2 和 C_2H_2 严重超标，2008 年测试 H_2 和 C_2H_2 的测试数据为零。自 2008 年测试月份至 2009 年 2 月，该地区降雨都比较少，直至发生事故前几天，发生了连续降雨。综合试验数据、运行环境和吊罩检查情况，可以判定该台主变是由于 A 相高压套管端头密封胶圈破损，密封不严，由于连续降雨导致高压侧 A 相套管进水受潮，A 相高压线圈出线部位绝缘性能降低，最终导致放电击穿，以至 A 相绕组严重变形诱发了故障。

案例二：

2010 年 9 月某日，某变电站 110kV #2 主变差动、重瓦斯保护动作（C 相故障，折算至一次高压侧故障电流近 4kA），主变两侧开关跳闸。现场检查发现变压器本体压力释放、本体突发压力启动，压力释放阀有喷油现象，瓦斯继电器有气体，主变本体外部及附件未发现异常，站内其他一次设备正常。

事故后的情况调查表明，该变压器于当年 7 月投运，投运之前交接试验合格。投运后，2 次绝缘油色谱分析试验结果均合格，巡视、红外测温、主变铁芯夹件接地等相关测量工作，均无异常，但运行时间不到 2 个月就发生了事故。主变跳闸后，运行单位组织对故障变压器进行了试验分析，结果表明，H_2、总烃、C_2H_2 都超注意值，具体数据见表 3 - 1 - 24。

表 3 - 1 - 24 故障变压器试验数据   单位：μL/L

组分	H_2	CH_4	C_2H_6	C_2H_4	C_2H_2	CO	CO_2	总烃
1	445.15	125.66	14.23	182.33	478.35	269.48	389.57	800.57
2	14.87	0.73	0	0	0	50.17	251.82	0.73

注：序号 2 为投运后预试数据。

1. 初步分析判断

因该变压器故障跳闸时变电站无其他故障且主变外部无故障痕迹，初步判断为内部发生短路故障。随后进行了电气试验，结果发现主变 C 相直流电阻比 A、B 相电阻数值增大近一倍，高压绕组直流电阻值最大相间差为 70.49%，远超出规程规定 2% 的要求，初步判断主变高压 C 相线圈内部出现故障；铁芯、夹件绝缘电阻与交接试验比较偏小；绕组变形试验没有发现异常。现场试验结果，初步判断为主变内部故障引起事故跳闸。

2. 吊罩检查情况

事后对该变压器套管进行了拆除。结果发现主变高压侧 C 相绕组部位有短路烧伤痕迹，C 相高压套管正下方主变夹件有水珠，螺栓有锈蚀，同时发现 C 套管的接线板有水浸痕迹，初步判断 C 相高压套管发生了进水现象。随后对主变 C 相进行解体检查，发现靠近高压出线套管的第一饼线圈烧断多股，绕组其余部位正常。

检查发现，低于主变正常油位的所有部件均不存在渗漏油情况，油枕未发现进水痕迹，但是 A、B、C 三相高压套管顶部接线头均有水迹和氧化现象，其中 C 相情况较为严重，同时发现 C 相套管垫圈上压板和引线均有受潮痕迹。

为验证是否变压器进水受潮引发了事故，随后对高压引线绝缘、高压引线层压木支架及油中含水量进行试验，分别取 A、B、C 三相高压引线包扎的绝缘皱纹纸和引线支架层压木进行含水量检测，结果层压木的含水量为：A 相为 1.29%、B 相为 1.53%、C 相为 2.09%；绝缘皱纹纸的含水量为：A 相为 0.977%、B 相为 1.27%、C 相为 1.775%；油中含水量为 30%。试验结构高于正常值。随后对套管进行了密封试验，结果发现高压 C 相套管密封存在密封不良。套管顶部接线头无防松措施，变压器在运行过程中由于振动、风力作用等外部因素，存在松动可能，导致顶部密封不良而进水。

综合分析认为，该变压器是因为 C 相高压套管顶部进水受潮导致了内部短路而诱发事故。

三、变压器局部放电诱发油色谱试验数据异常的典型案例

案例一：

某 500kV 变电站 #3 主变压器 B 相在 2003 年投产时就开始有乙炔，并逐步增长，达到 4.8μL/L 以后趋于稳定。为确保安全，2005 年 7 月，变压器停运进行了局部放电试验和滤油，结果，在进行局部放电试验时，在很低电压就出现很大的放电信号，但几次加压后，放电信号消失，一直加压到 1.3 倍的运行电压时，放电量还是在 200～300pC 之间，因此，判断认为之前低电压时的放电为悬浮放电，暂不会危及变压器安全运行，变压器滤油后重新投入了运行。

但变压器投入运行后，乙炔一直在缓慢增长，到 2006 年 8 月乙炔进一步增长到 7.6μL/L，色谱数据见表 3-1-25。

表 3-1-25　色谱试验数据　　　　　单位：μL/L

组分	H_2	CH_4	C_2H_6	C_2H_4	C_2H_2	CO	CO_2	总烃
含量	25	4.3	0.6	4.2	7.6	60	496	16.2

注：序号 2 为投运后预试数据。

为消除事故隐患，根据有关部门和厂家意见，再次对变压器进行了局部放电及定位试验，当试验加压到运行电压的 10%～15% 时，发现变压器内部产生了强烈的放电，现场人员能听到变压器内部的放电声音，常规局部放电测量系统、超声局部放电带电检测与定位系统都接收到了强烈放电信号，记过几次加压后，放电信号消失，继续加压到 1.3 倍运行电压，放电水平还维持在 200pC 左右的正常水平。通过试验，基本确定在高压出线附近存在一悬浮发电点。

随后厂家进入变压器进行了检查，发现情况和之前预测一样，由于高压引线的静电屏和引线的连接脱落(图 3-1-5)，造成悬浮电位引起了这一故障，缺陷消除后，变压器运行恢复正常。

图 3 - 1 - 5　变压器检查情况

案例二：

某电厂 500kV #1 变是法国阿尔斯通产品，型号为：ODWF—18/525kV—340MV·A。该变压器预试时发现本体油乙炔含量严重超标(15.11μL/L)并有上升趋势。为确定变压器故障的性质，在空载状态下进行了超声波局部放电检测。从检测得到的特征信息图显示，超声波局部放电信号的幅值均在 45 ～ 65dB 范围，放电信号连续且比较稳定，检测到的超声波形符合与工作电源频率(50Hz)相关的特征模式，显示内部存在严重局部放电现象且放电强度较大，由定位图显示，局部放电主要分布在变压器箱体的上半部分，对应在变压器 C 相绕组的上半部分，波形图与局部放电特征相吻合。变压器经诊断确认存在局部放电和严重缺陷后，退出了运行，经解体检查发现，该变压器 C 相低压线圈的出线部位及其层间和匝间均有明显的放电痕迹(图 3 - 1 - 6)。检查分析结论与超声局放检测得到的结果一致，实际放电点位置与超声波局部放电测试系统得到的"定位"结果基本一致。

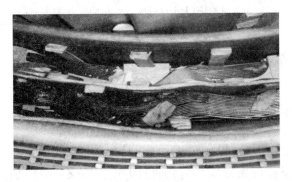

图 3 - 1 - 6　变压器吊检示意图

变压器内部存在局部放电缺陷时，可能引起乙炔含量异常，现场检测发现了多起类似案例。表 3 - 1 - 26 是广州电网普查发现的一些局部放电引起乙炔含量异常的典型案例。

表3-1-26　局部放电引起乙炔含量异常的典型案例

局放评估	设备名	预试或运行情况	局放检测情况	吊检情况
存在明显局部放电	500kV 增城#1 变 A 相	运行无异常,乙炔含量为 3.4μL/L	有明显放电信号,定位结果在分接开关附近	分接开关换档时存在放电,定位准确
	500kV 蓄能电厂#1 变	运行无异常,乙炔含量为 15.11μL/L	有明显放电现象,定位在 C 相绕组上半部分	C 相低压绕组有放电痕迹,定位准确
	500kV 惠州#1 变	电气试验合格,乙炔含量为 7.6μL/L	有明显间歇性放电,定位在高压套管附近	高压引线屏蔽线脱落,定位准确
	220kV 鱼飞站#1 变	运行无异常,乙炔含量为 2.4μL/L	有明显放电信号,定位在低压套管附近	低压套管下瓷套有裂纹,出现爬电
	220kV 花地站#1 变	乙炔含量为 3.3μL/L,电气试验合格	有明显放电,定位在高压套管附近	高压套管引线存在悬浮放电,定位准确
存在可疑局部放电	220kV 罗涌站#1 变	运行无异常,预防性试验无异常	有类似放电信号,在分接开关油箱顶部附近	可能是:① 油箱有噪声源;② 分接开关附近有悬浮放电;③ 磁屏蔽不良,继续观察
	110kV 夏茅#3 变	运行无异常,有少量乙炔(1.1μL/L)	有类似放电信号,在分接开关中部	结合即将进行的大修来检查

四、变压器内部过热诱发油色谱试验数据异常的典型案例

案例一:变压器静电屏短路导致内部过热

某变电站#1 主变投运以后,在第二年的油色谱试验中发现乙炔含量达 10.56μL/L,随后对该变压器进行了超高频局部放电带电测试,未测到放电信号。为确保安全,变压器停电进行了检修,结果检查未发现有明显的放电点,检修后电的局部放电试验也完全合格。重新投运后,又发现乙炔含量出现增长,逐步由 0.34μL/L 上升至 2.61μL/L,最高上升速率 2.56mL/d。2008 年 8 月,该变压器乙炔含量达到了 16.50μL/L 且增速异常,最高上升速率 20.6mL/d,为查找故障,变压器进行了返厂检修。

1. 返厂检修情况

变压器返厂后进行了器身检查,结果发现在 A 相高压侧端部的角环上,有一条极细的黑色放电路径,移开外部的垫块后,在垫块上也有黑色爬电痕迹。初步估计此处是运行中的故障所致。

在随后的各项常规试验中，均没有发现异常。但在 A 相的局部放电试验时，电压升至约 0.7pV 时，在高压、中压侧分别检测到 8000 和 20000pC 的放电量，持续约 1min 后，放电量消失；升至 0.95pV 时，高、中压侧分别为 9000 和 50000pC，在约 1min 后，放电量减小，至 10min 时，高、中压分别为 1500 和 600pC；依次升至 1.1、1.3、1.4、1.5pV 时，均有类似现象，即刚升压后的几分钟内，有明显局放信号，但随后信号消失。局部放电前、后的油样色谱分析结果发现乙炔含量从 0.49μL/L 升至 1.69μL/L。

鉴于上述检查、试验结果，将检查的重点放在 A 相端部绝缘的检查上。将 A 相端部的绝缘压板移开后，发现该相高压侧引出线附近的绝缘角环上，散落有较多黑色碳化物并有烟熏痕迹。移开角环，可见高压静电屏的下部已烧蚀穿孔。继续解剖静电屏，可见烧蚀部位正是静电屏引线的搭接部位，搭接部位加包的绝缘皱纹纸及静电屏骨架都已烧蚀，压在静电屏上方的倒角垫块也因过热而局部烧蚀。静电屏烧蚀部位对应的高压线圈没有损伤，只有被熏黑的痕迹。详细情况见图 3-1-7。

2. 故障原因分析

从故障现象分析认为故障点的产生是由于静电屏的搭接部位受压于倒角垫块，垫块的边沿破坏了搭接部位的绝缘层，使得静电屏短路。短路部分由于存在较大的涡流损耗而发热，最终导致静电屏的烧毁。

该变压器现场的运行情况与油色谱试验结果也一致。在静电屏烧蚀过程中，首先是一个过热过程，并伴随有放电。这种放电是一种间歇性、不稳定的放电。在色谱分析中，表现为高温过热兼高能放电的过程。这种现象与负荷没有直接关系，但在每次变压器投运后，由于受到合闸瞬间的电动力作用，而使得故障点扩大，在油色谱分析中表现为每次投运后的一段时间里，各组分的增长速率较快。

针对故障的原因分析，对静电屏的结构已作出了几处重要的修改，对 A、B、C 三相端部的高、中压静电屏以及三相高压下部的静电屏进行了更换，从根本上消除了隐患。故障消除后，变压器运行情况恢复正常。

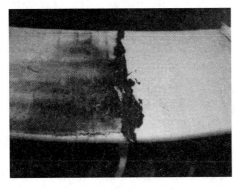

图 3-1-7　A 相静电屏搭接部位烧蚀图片

案例二：变压器铁芯多点接地诱发内部过热

某变电站 #1 主变型号为 SFPSZ7—180000/220，2008 年 11 月出厂，2009 年 12 月投运。在 2010 年 12 月进行停电预防性试验时发现存在铁芯多点接地现象，随后，检修单位在现场采用电容充放电方法使变压器铁芯绝缘恢复至 1500MΩ，2011 年 12 月预防性试验结果正常，本体油样色谱正常。

2012 年在对该变压器取油样色谱试验时发现异常，各种气体的含量见表 3 - 1 - 27。

表 3 - 1 - 27　色谱试验数据　　　　　　　　　　　　　　　　单位：μL/L

组分	H_2	CH_4	C_2H_6	C_2H_4	C_2H_2	CO	CO_2	总烃
含量	151	149	40	290	13	389	4227	492

用三比值法判断变压器内部存在 700℃ 以上的高温热点，色谱试验结果与先前铁芯多点接地故障吻合。

随后对该变压器进行了吊罩检查，结果发现铁芯对地绝缘为零。用电容充放电法消缺后，可以见到 A 相线圈底部有放电现象，用手可以触摸到故障位置，是铁芯与磁屏蔽之间的绝缘纸板顶穿，铁芯与磁屏蔽接触导致了多点接地。经分析故障原因是该主变多年运行后，由于线圈下压及电动力等多方面的作用，铁芯硅钢片顶穿底部绝缘纸板，碰到底部磁屏蔽所致（该主变下部油箱共有 12 块磁屏蔽，位于在每相的高、低压线圈底部）。由于该主变在设计时，出于多方面考虑，线圈之间的空间排列紧凑，无法进行简单处理。经与厂家多次商讨后，确定了现场处理方案，并于 2012 年 11 月底在现场吊开三相共 12 个线圈进行彻底处理，发现三相磁屏蔽均有不同程度的松动，其中 A 相绝缘纸板有 3 处绝缘纸板顶穿的现象，经采取加装垫块、加厚绝缘纸板等办法，防止今后磁屏蔽不会与铁芯相碰。经过处理后变压器恢复正常运行。

案例三：主变股间短路诱发内部过热

某 220kV 变电站 #1 主变型号为：SFPSZ9 — 180000/220，1997 年 12 月投入运行。2009 年 5 月，在对该主变进行油色谱分析试验时，发现总烃为 260.43μL/L，超过注意值并有乙炔产生。为消除缺陷，运行单位利用停电机会对变压器进行真空滤油，滤油后重新投运。重新投运后，例行色谱分析发现总烃一直在增长，至 2010 年 5 月总烃达 250μL/L。

1. 初步分析

该变压器油色谱试验数据分析给出的意见如下：三比值法代码为"022"，表明变压器内部有高于 700℃ 的高温过热故障；CO、CO_2 也有一定程度的增长，表明过热可能牵涉固体绝缘材料；总烃增长较快，表明变压器内部缺陷发展较快。

为对变压器进行彻底检查，进行了返厂大修。

2. 吊检情况

为彻底查清缺陷，拔出了三相三侧线圈，对所有绝缘件、铁芯油道、夹铁附件、金属螺栓绝缘、铁芯拉带绝缘等进行了认真检查，均未发现异常。后来对线圈进行了逐饼检查，发现了如下问题：

（1）B 相中压线圈上部有六饼线有变形现象。

（2）线圈的换位在垫块位置。

（3）换位导线弯度不够，面线与底线成剪刀口。且换位导线经弯折后未加强绝缘。

（4）引出线焊接不合理。线圈出线与软线连接只有面接触，过渡电阻大引起发热。

经检查，线圈未发现明显的过热点。后来考虑线圈结构的不合理，容易造成股间短路，所以断开线圈与引线连接，用万用表检查股间绝缘，结果发现 A 相股间绝缘损坏。为进一步证实股间绝缘情况，在线圈两端通上 40A 直流，用红外热像仪扫描线圈各点温度，发现 A 相中压线圈有几点温度特别高，最高达 80℃，且冒烟。剥开绝缘，发现中压线圈 A_m 内部存在两处股间短路、B_m 下部出线头位置有一处股间短路。特别是中压 A_m 线圈：一处是从线圈下部往上数第 22 和 23 饼线之间、线圈下部出线往左第 6 和第 7 等分之间撑条位置的外部导线 S 弯位处且短路的两根铜导线局部位置烧蚀严重；第二处是从线圈上部往下第 13 和 14 饼线之间、线圈上部出线往右第 12 和第 13 等分之间撑条位置的内部导线 S 弯位处，详见图 3 - 1 - 8。

图 3 - 1 - 8 A 相中压外侧（左图）、内侧股间短路情况

3. 原因分析

根据吊检情况，综合分析认为：由于线圈结构不合理，造成线圈在压紧过程中损坏匝间绝缘，造成了股间短路，引起了变压器局部过热，使得变压器投运以来总烃含量不断升高。引线焊接工艺差，接触面太小，过渡电阻大，引致损耗大，接头发热。

五、变压器近区短路故障诱发色谱异常的典型案例

某 110kV 变电站#1 主变近区短路故障，引致变压器重、轻瓦斯保护动作，事故后，对该变压器进行了检查性试验，结果发现油色谱试验及瓦斯气体分析数据异常，变压器的所有电气试验结果正常。详见表 3 - 1 - 28、表 3 - 1 - 29。

表 3 - 1 - 28 跳闸后#1 主变油色谱分析数据 单位：μL/L

组分	H_2	CH_4	C_2H_6	C_2H_4	C_2H_2	CO	CO_2	总烃
含量	125.82	41.44	8.29	94.45	78.14	809.82	2567.76	222.32

表 3 - 1 - 29 瓦斯继电器中的气体分析数据 单位：μL/L

组分	H_2	CH_4	C_2H_6	C_2H_4	C_2H_2	CO	CO_2	总烃
含量	218453.46	18534.17	40.37	2340.4	9789.08	37499.22	2400.7	30704.02

故障原因分析：

（1）变压器运行时间长，抗短路能力低。运行中受到近区短路的冲击，引起内部相间或相对地瞬间突发性短路，出现高能量的放电。高能量的放电加热周围的变压器油，使变

压器油体积迅速膨胀并产生大量的气体，造成变压器重、轻瓦斯保护动作。

（2）由于变压器内部相间或相对地瞬间突发性短路绝缘受损但未造成绝缘永久故障，当近区短路故障消失后，变压器内部相间或相对地绝缘恢复，使变压器的各项电气试验正常。

六、互感器内部故障诱发色谱异常的典型案例

案例一：广州局某 110 kV 变电站 #2 母线 A 相 PT 内部高能放电

2003 年 7 月，在对广州电网某 110kV 变电站#2 母线 A 相 PT 进行色谱试验时发现乙炔含量为 51.2μL/L，总烃为 406μL/L，经分析认为内部存在高能量放电现象。

发现异常后，立即将该互感器退出运行并对故障 PT 进行了电气试验及解体检查。结果试验发现高压绕组直流电阻比上一次试验值少 127Ω（交接试验时为 5609Ω，现为 5482Ω），其他数据无异常。初步判断高压绕组有匝间或层间短路现象。解体检查发现最内层的线圈有匝间短路情况，绝缘纸出现烧黑和碳化，并和铜线粘在一起，涉及面为高压线圈匝数的 1/3 左右，详细图片见图 3-1-9。

从该#2 母线 A 相避雷器放电记录器的动作次数看，该 PT 没有受过电压冲击的记录。但在 1998 年预试中，由于二次接线错误，造成送电时整组三相 PT 的二次电缆烧伤。分析认为可能 PT 二次短路使一次线圈受到一定的冲击，导致绝缘损坏。

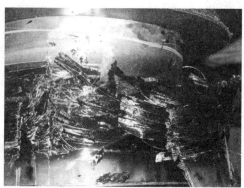

图 3-1-9　某 110kV 变电站#2 母线 A 相 PT 损坏情况

案例二：某 110 kV 变电站电流互感器内部低能量放电

2009 年 4 月 16 日，广州供电局通过电容型设备的介损带电测试，发现了 220kV 嘉禾变电站 110kV 嘉人甲线 CT 的 B 相介损超标缺陷，停电试验发现 CT 的电气、化学试验结果都已经超标，验证了测试结果的准确性。其相关测试数据如表 3-1-30～表 3-1-33 所示。

表 3-1-30　采用同相比较法，以#2 变中 CT 做参考得出的带电测试数据

相别	$\tan\delta(I_X - I_N)/\%$	C_X/C_N
A	-0.13	0.758
B	2.72	0.769
C	0.0041	0.768

注：根据《电力设备预防性试验规程》相关规定，介损与参考 CT 的差值一般不大于 0.3%。

表 3 - 1 - 31 停电介损测试数据

相别	$\tan\delta/\%$	C_X/pF
A	0.186	668.9
B	0.904	615.9
C	0.18	619.6

注：B 相介损已接近 1% 的标准，与上一年 0.18% 的测量结果和另外两相测量结果比较有明显增长。

表 3 - 1 - 32 2009 年 4 月 B 相 CT 化学试验数据　　　　　　单位：μL/L

组分	H_2	CH_4	C_2H_6	C_2H_4	C_2H_2	CO	CO_2	总烃
B 相	29160	2937	140	1.6	0.2	81	467	3079

表 3 - 1 - 33 2008 年 7 月 B 相 CT 化学试验数据　　　　　　单位：μL/L

组分	H_2	CH_4	C_2H_6	C_2H_4	C_2H_2	CO	CO_2	总烃
B 相	5.0	0.5	0.7	0.5	0	8.0	149	1.7

试验结果分析判断：

该 B 相 CT 铭牌为 LCWB6—110ⅡW，出厂时间为 2001 年 11 月。2008 年 7 月 B 相 CT 电气试验数据为介损 0.185%，电容量 614.4pF，油耐压 61.2kV，2008 年电气试验、化学试验测量数据全部合格。但 2009 年试验结果表明，化学测量总烃超过 100μL/L 的标准，H_2 超过 150μL/L 的标准，出现乙炔，不符合不能有乙炔的标准，经三比值法判断可能存在低能量放电。从表 3 - 1 - 30、表 3 - 1 - 31 可以看出，无论是带电测试数据还是停电试验数据，B 相的介损值与另外的 A、C 相均存在明显的增长趋势，已经处在不合格的边缘。

对该电流互感器进行了吊检，结果证实了其内部确实存在低能量放电的现象。

案例三：500kV 电流互感器内部缺陷导致色谱异常和爆炸的事故案例

1. 案例描述

2008 年 6 月 18 日，某变电站运行人员听到 500kV 场地传来爆炸声，到现场检查后发现#3 变高 C 相电流互感器发生爆炸，C 相本体炸得粉碎，A 相瓷瓶有一群受损。爆炸的互感器 1997 年出厂，历年的预防性试验中数据正常，且在当年 3 月 29 日进行的预防性试验也未发现异常，和上一次试验（2005 年）的数据比较无劣化趋势，由于为全密封型设备，所以只能进行绝缘电阻、介损和电容量等电气试验，不能取油样。初步分析，此次故障的原因是由于互感器内部绝缘存在缺陷，在运行引起内部绝缘击穿造成的。

2. 解体检查与试验情况

互感器爆炸后的解体示意图如图 3 - 1 - 10 所示。

现场可以看到，内部的放电点在二次绕组上方，互感器的二次绕组屏蔽罩烧穿。将互感器二次绕组连同二次引下线导管包裹的绝缘纸剖开进行了检查，发现二次引下线导管外层绝缘纸发黑，但内层绝缘纸干净光洁，金属导管表面光滑洁净、无放电点痕迹。互感器

图 3 - 1 - 10　互感器烧损情况

二次绕组在顶部放电点部位绝缘纸烧损严重，中下部绝缘纸外表面烧黑，内层绝缘纸干净光洁。二次绕组中间穿过一次导线的内圈无放电痕迹。

拆除二次绕组屏蔽罩后可以看出二次绕组完整，虽然表面部分受热，但无放电痕迹，熏黑处铜线依然完整，无电弧烧损痕迹。

检查表明，爆炸互感器的放电路径为二次绕组屏蔽罩顶部至高压外壳。

为了进一步分析可能的事故原因，对未爆炸的 A、B 相进行了试验，结果发现：（1）A 相高压介损、局部放电试验正常，油色谱结果正常，但油中水分含量偏高；（2）B 相油色谱结果异常，乙炔含量极高，局部放电试验严重超标，油中水分含量偏高，结果见表 3 - 1 - 34、表 3 - 1 - 35。

表 3 - 1 - 34　未爆炸两相的试验数据　　　　　　　　　　　　单位：μL/L

组分	H_2	CH_4	C_2H_6	C_2H_4	C_2H_2	CO	CO_2	总烃
B 相	549	244	266	759	212	104	169	751
A 相	21.28	180	27.04	929	5.02	95.07	0.11	127

表 3 - 1 - 35　未爆炸 B 相局部放电试验结果

试验电压/kV	局放量/pC
51	700
150	700

注：试验中，电压升至 50kV 左右时，出现明显的放电信号，放电量约 700pC，随着电压的逐渐升高，放电信号幅值无明显增大，但放电次数明显增多，经初步判断为 CT 内部有电晕放电。

在试验中还发现 B 相一次连接端子对高压外罩不通（正常时应为等电位），但 A 相连接正常。

试验结论表明，B 相互感器的油色谱及局部放电试验的结果相一致，表明 B 相内部也存在明显放电缺陷且等电位连接有异常，A 相数据则相对较为正常。

为进一步分析可能的故障原因，继续对未爆炸的两相进行了解体检查。当拆开 A 相高压顶盖时，可以看到出线 P2 端内部有两根截面积约为 $4mm^2$ 的等电位连接线，其中等电位连接线 1 连接二次绕组绝缘包的屏蔽层与一次导体，等电位连接线 2 连接一次导体与外壳内侧，如图 3 - 1 - 11 所示。

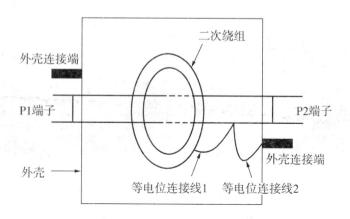

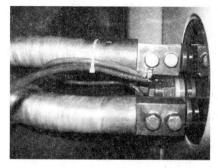

图 3 - 1 - 11　A 相等电位线连接情况（正常连接位置）

当拆开 B 相的高压顶盖，发现等电位连接线 1 正常，而未见等电位连接线 2，而只见导线端的压接耳，如图 3 - 1 - 12a 所示。在二次绕组绝缘包的中间部位有多处烧黑绝缘纸及毛刺状细铜丝，如图 3 - 1 - 12b 所示。

等电位连接线 1 端子压接处有多股断裂，显然压接过深可能切断多股软铜线，B 相其他部位未见异常。

3. 事故原因分析

从 C 相事故残骸解剖结果看，放电点在等电位连接线 1 与二次绕组连接部位附近。见图 3 - 1 - 12d。

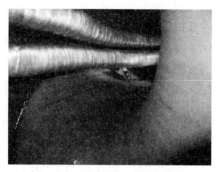

（a）B 相等电位线 2 线耳处烧断　　　　（b）B 相二次绕组包烧损痕迹

(c)B相等电位线1端子压接处多股断裂　　　(d)B相等电位线在二次绕组的焊接点

图 3-1-12

　　从 B 相解体的情况及 C 相放电点的情况及内部等电位连线工艺缺陷综合分析，造成 C 相事故的原因为等电位连接线 1 在二次绕组焊接部位连接不良，长期运行后烧断，造成一次导体与二次绕组的绝缘外层之间有很高的电位差，使得二次绕组电容屏逐步击穿，最后发展为突发性事故。

　　由于等电位连接线在接头压接和焊接工艺存在缺陷，造成 B、C 相等电位线烧断，其中 C 相发展导致事故。

第二章　六氟化硫充气设备综合判断方法及典型案例解析

第一节　六氟化硫绝缘设备常见缺陷类型及分解物特征

一、六氟化硫绝缘设备常见缺陷类型

SF_6 在常温常压下是一种无色、无味、无毒、不燃、化学性质极其稳定的合成气体。SF_6 的分子为单硫多氟的对称结构，具有极强的电负性，赋予它优良的电绝缘和灭弧性能。作为新一代的绝缘介质，SF_6 被广泛应用于高压、超高压电气设备中。充装 SF_6 的电气设备占地面积少，运行噪声小，无火灾危险，极大地提高了电气设备运行的安全可靠性。SF_6 绝缘设备内部故障可分为放电缺陷和过热缺陷两大类型，而放电缺陷又分为电晕放电、火花放电和电弧放电。

(一) 放电缺陷

1. 电弧放电

SF_6 绝缘设备正常操作时，在开断电流的过程中会产生电弧，这是电弧放电的一种表现形式。此外，在设备内部的主绝缘击穿时，如 GIS 设备的绝缘子发生闪络时，或发生气体间的击穿闪络时，也会产生电弧放电。电弧放电的能量很大，在电弧作用下，SF_6 气体可能发生分解，而电弧熄灭后，离解的气体可能迅速复合，绝大部分又恢复成 SF_6 气体，极少量的分解物在重新结合过程中与水、氧气和游离的金属原子发生化学反应，生成氧硫的氟化物及金属氟化物。在电弧作用下，主要的 SF_6 气体分解物是 SOF_2，其他气体分解物还有 SF_4、SF_2、SO_2、SiF_4 和 CF_4 等，固态分解物有 AlF_3、CuF_2 等。经过一定时间后，大部分气体分解物被吸附剂吸收，而固态分解物则散落在容器底部。

2. 火花放电

火花放电与电弧放电相比，主要差别是放电能量较低。如 GIS 设备中存在的悬浮颗粒可能引起火花放电等，这种类型的放电的主要分解物仍然是 SOF_2，而 SO_2F_2 的数量似乎有所增加，SF_6 气体分解物生成率比电弧放电时低得多。

3. 局部放电

SF_6 绝缘设备内部由于设计、安装等问题，会出现高压金属尖刺、高压金属导体接触不良等现象，在正常运行电压下，故障点周围局部电场强度过高，若超过 SF_6 气体的平均击穿场强就会产生局部放电。如 GIS 设备中绝缘子表面出现的爬电就是局部放电的一种形式，局部放电导致气室内腐蚀性分解物的积累，分解物的多少与放电时间成正比。在局部放电中 SOF_2 仍然是分解物的主要组分。

（二）过热缺陷

除了上述放电类型的缺陷外，SF_6 气体绝缘设备内部还存在过热缺陷。通常由于导体接触不良造成局部过热，如 GIS 运行过程中，断路器的动静触头之间接触不良导致发热，GIS 设备中由于设计不良导致外壳或机构箱过热等。在这种情况下即使没有发生放电，仍可能导致 SOF_2、SO_2 等分解物生成。另外，对于线圈类 SF_6 电气设备，当温度超过 150℃后，高分子结构固体绝缘材料（绝缘纸、聚酯薄膜等）开始碳化，会生成 CO 和 CO_2 等气体。

二、六氟化硫绝缘设备不同缺陷下的分解物特征

纯净的 SF_6 气体是典型的惰性气体，其自身的分解温度大于 500 ℃，在正常运行的情况下分解产物极少。国内外大量研究表明，当 SF_6 设备中发生绝缘故障时，放电产生的高温电弧使 SF_6 气体发生分解反应生成多种低氟硫化物。如果是纯净的 SF_6 气体，上述分解物将随着温度降低会很快复合，还原为 SF_6 气体。实际上使用中的 SF_6 气体总含有一定量的空气、水分，由于上述分解生成的多种低氟硫化物很活泼，即与 SF_6 气体中的微量水分和氧气发生复杂的反应，生成各种气体，主要有 SF_4、SOF_2、SO_2F_2、SOF_4、SO_2、CO_2、H_2S、HF 和 CF_4 等，分解物不但降低了设备的绝缘性能，还会危及运行检修人员人身安全。因此，掌握不同类型放电和过热故障下 GIS 内部 SF_6 气体的分解机理、分解产物相对含量及影响因素，通过检测分解产物的组分来判断故障缺陷类型、程度及发展趋势，对设备的维护和安全运行具有重要指导意义。

近年来，国内外科研机构开展了大量的 SF_6 气体绝缘设备在不同缺陷类型下的分解物特征研究，开发了一批检测装置，运行单位通过检测 SF_6 气体中 SO_2 和 H_2S 等分解产物的含量已经成功判断了多起电气设备故障并准确判断故障部位。

（一）SF_6 分解机理

SF_6 由卤族元素中最活泼的氟原子与硫原子结合而成，其中硫原子以 sp^3d^2 杂化轨道成键，其分子结构是一个完全对称的正八面体（见图 3-2-1），硫原子居于八面体中心，6 个角上是氟原子。SF_6 分子对称性强，S—F 键合距离（0.158 nm）小，键能强，因此化学性能稳定，在常温常压下不会发生任何反应。但在电弧、火花放电、电晕放电或 500℃以上高温情况下 SF_6 会发生离解，形成硫的低氟化物和硫单质，低氟化物和硫单质会与 SF_6 气体中的微量氧原子和水分子发生反应，生成化学性能相对稳定的气体。

图 3-2-1　SF_6 气体分子结构图

在 SF_6 绝缘设备运行过程中，由于高温或电子碰撞作用，SF_6 分子会发生离解，产生 SF_5、SF_2、F 等活性粒子以及 SF_4 分子和单质硫，同时，SF_6 气体中的杂质 O_2、H_2O 分子发生离解，生成 H、O 原子和 OH^- 活性粒子。这些活性粒子将互相结合，最终生成氟、硫、氧、氢的各种化合物。按照 SF_6 分子离解起因的不同，可将 SF_6 分解机制分为热分解和电子碰撞分解。

1. 热分解

SF_6 在温度不太高时，物理化学性质非常稳定，但在高温下会发生离解。500℃时开始离解，700℃后会明显离解，温度高达 2000℃ 以上时，SF_6 大部分会分解为硫和氟的单原，SF_6 的主要离解产物是 SF_4、SF_2 和 F，这 3 种活性粒子与 H_2O 和 O_2 发生以下化学反应：

$$SF_4 + H_2O \longrightarrow SOF_2 + 2HF \qquad (3-2-1)$$

$$SF_2 + O \longrightarrow SOF_2 \qquad (3-2-2)$$

$$SOF_2 + H_2O \longrightarrow SO_2 + 2HF \qquad (3-2-3)$$

$$SF_4 + SF_6 \longrightarrow S_2F_{10} \qquad (3-2-4)$$

由式（3-2-1）～式（3-2-4）反应式可见比较稳定的分解气体主要有 SOF_2、SO_2、HF，其中 S_2F_{10} 在 200℃ 以上不稳定。

2. 电子碰撞分解

当 SF_6 气体发生低温放电时，在强电场作用下将释放出高能量电子，如在电晕放电情况下，电子平均动能高达 $5 \sim 10eV$，SF_6 分子中 S—F 键的键能为 $3.5 \sim 4.0$ eV。因此，在电晕等低温放电情况下，在高能电子轰击下，S—F 键断裂，SF_6 分子逐步离解为硫的低氟化物，即：

$$e^- + SF_6 \longrightarrow SF_x + (6-x)F^-, 1 \leqslant x \leqslant 5 \qquad (3-2-5)$$

$$e^- + SF_x \longrightarrow SF_{x-1} + F^- \qquad (3-2-6)$$

经过碰撞后，SF_6 离低氟化物产物将会与同时离解产生的 OH^-、O^{2-}、O_2 和 H_2O 等活性物质产生一系列反应，生成丰富产物，即

$$SF_5 + OH^- \longrightarrow SOF_4 + HF + e^- \qquad (3-2-7)$$

$$SF_5 + O^{2-} \longrightarrow SOF_4 + F^- + e^- \qquad (3-2-8)$$

$$SF_4 + O^{2-} \longrightarrow SOF_2 + F_2 + 2e^- \qquad (3-2-9)$$

$$SF_3 + O^{2-} \longrightarrow SOF_2 + F^- + e^- \qquad (3-2-10)$$

$$SF_2 + O^{2-} \longrightarrow SOF_2 + 2e^- \qquad (3-2-11)$$

$$SF_4 + OH^- \longrightarrow SOF_2 + HF + F^- \qquad (3-2-12)$$

$$SF_3 + O_2 \longrightarrow SO_2F_2 + F^- - e^- \qquad (3-2-13)$$

$$SF_2 + O_2 \longrightarrow SO_2F_2 \qquad (3-2-14)$$

$$SF_4 + SF_6 \longrightarrow S_2F_{10} \qquad (3-2-15)$$

$$SOF_2 + H_2O \longrightarrow SO_2 + 2HF \qquad (3-2-16)$$

由式（3-2-7）～式（3-2-16）可知，比较稳定的分解气体主要有 SOF_2、SO_2、SOF_4、SO_2F_2、HF、S_2F_{10} 等。

(二)六氟化硫绝缘设备故障下分解产物特征

在 GIS 等 SF_6 绝缘设备运行过程中，过热性故障、电弧、火花放电、局部放电等都有可能产生，为了判断放电故障情况，有必要分析各种故障情况下产生的 SF_6 分解气体的成分、含量及其变化特征。以下将分别分析 4 种故障下 SF_6 气体分解情况。

1. 过热故障下产生的分解气体组分

GIS 或高压开关触头间接触不良时，接触电阻可能很大，在正常工作电流下，接触点温度过高易导致 SF_6 热分解，根据式(3－2－1)～式(3－2－3)其主要生成物为 SO_2、SOF_2、HF、S_2F_{10}。HF 是强酸性气体，易与设备内密封胶、金属触头发生反应，但在吸附剂作用下会很快消失；高温下 S_2F_{10} 不稳定，会马上消失；随着温度升高，SF_6 分解率越高，SOF_2 和 SO_2 含量也越高。

2. 电弧产生的分解气体组分

GIS 等设备内部产生电弧时，弧柱温度很高，易导致 SF_6 气体热分解，其分解物的产生和消失过程与过热故障相同，其主要分解气体为 SO_2 和 SOF_2。分解气体的含量与电弧电流大小和电弧持续时间成正比。电弧电流越大，弧柱温度越高，SF_6 分解率也就越高；电弧持续时间越长，SF_6 分解率越高，分解气体含量越高。

由于 GIS 故障电流一般很大，可达 60 kA，电弧内部温度可升至 3000 K。随着温度升高，SF_6 开始热分解，且速度逐渐加快，在温度 2000 K 左右分解速度达到高峰，此时分解气体主要有 SOF_2、SO_2。

3. 火花放电产生的分解气体

火花放电时的 SF_6 分解机制与电弧放电时情况很接近。虽然火花放电的持续时间很短，但火花放电时的能量足以使火花放电通道内的温度升高，造成小体积范围内的 SF_6 离解。因此，在火花放电中，SOF_2 和 SO_2 也是主要分解产物。与电弧不同的是，在火花放电区域存在未被热离解的 O_2 分子，如式(3－2－14)所示，O_2 可与 SF_2 反应生成微量的 SO_2F_2。

4. 局部放电产生的 SF_6 分解气体组分

在局部放电过程中，电子在强电场作用下加速，获得较大动能，碰撞 SF_6 分子和由此产生的硫的低氟化物分子就会造成碰撞电离，如式(3－2－5)～式(3－2－6)所示。硫的低氟化物与 O^{2-}、OH^-、O_2、H_2O 等物质发生一系列反应，最终形成多种较稳定的气体，如 SOF_2、SO_2、SOF_4、SO_2F_2、HF 和 S_2F_{10}。

各种故障下 SF_6 的主要分解气体如表 3－2－1 所示。

表 3－2－1　SF_6 在过热、电弧、火花放电、局部放电作用下的主要分解气体

序号	故障类型	分解气体					
		SOF_2	SO_2	HF	SOF_4	SO_2F_2	S_2F_{10}
1	过热	√	√	√			
2	电弧	√	√	√			
3	火花放电	√	√	√		√	
4	局部放电	√	√	√	√	√	√

（三）故障条件下不同影响因素与 SF_6 气体分解产物的关系

国内外对 SF_6 气体分解机理进行大量试验探索和研究，取得了一定成果，但目前仍只是定性了解 SF_6 气体分解机理，但现场的实测经验表明所能检测到的分解产物与很多因素相关，因此，需要进一步研究影响 SF_6 气体分解的相关因素。已有的相关研究结果表明，气体生成物的种类和含量与放电电量、电流强度、涉及的电极材料和绝缘物种类、水分含量、O_2 含量、吸附剂、运行时间和电压等级等因素有关。

1. 放电能量

大量研究表明，不管哪种形式的放电（电弧放电、火花放电、电晕或局部放电），SF_6 发生分解后产物的量与放电能量大致成比例关系。

2. 放电电流强度

研究发现，在电弧放电下，随着电流的增大，SOF_2、SO_2 的生成量迅速提高，而 CF_4 的含量增加很缓慢，SO_2F_2 产量几乎与电流无关，国内杨韧等研究成果也得出了类似结果，认为在电弧放电下，SO_2、H_2S 含量随着电弧电流的增大而不断提高。

当发生直流电晕放电时，SO_2F_2 和 SOF_4、SOF_2 含量在 $0 \sim 4\mu A$ 范围内迅速增加，当电流大于 $10\mu A$ 时，随着电流增大，SOF_4、S_2F_{10} 增多，SO_2F_2 的含量逐渐减小，而 SOF_2 则与电流强度变化无关。

目前，电流强度与分解物产量的关系还难以准确定性把握，文献中的实验数据由于实验条件的不一致，造成结果矛盾，或难以比较，有待进一步试验探索。

3. SF_6 气压

现代 SF_6 高压断路器均为单压式，气压在 0.7 MPa 左右；GIS 除断路器外其他部分的充气压力一般不超过 0.45 MPa，实验室用设备一般气压均在 $100 \sim 400$ kPa，小于现场设备的充气压力。Sauers 等在研究火花放电机理时，对气压影响进行了一定的研究，认为 SOF_2、SiF_4 含量与能量、气压有关，而 SO_2F_2、SOF_4 生成量与气压无关。这点与直流电晕放电实验中得到的实验结果很好地吻合，SO_2F_2 生成量与气压无关，SOF_2 含量与能量、气压有关的气体分解产物试验结果表现出来的一致性，可能是火花和电晕放电均为低能放电的缘故。在电弧放电中，SOF_2 和 SO_2 的含量随气压升高略有增加，CF_4 的生成量与气压则几乎无关。

4. 水分含量

SF_6 绝缘高压设备中，可能因为下述原因导致水分的产生：在制造、运输、安装、检修过程中可能接触水分，导致水分浸入到设备元件里去；设备的绝缘件，如 GIS 中的绝缘子，开关中的绝缘拉杆等可能带有一定含量的水分，在运行过程中，慢慢地向外释放；设备中的吸附剂本身就含有水分；SF_6 气体中也会含有水分，但作为新气要进行干燥处理，使其含水量在规程规定的范围之内。实验证明气体中水分的含量与环境温度有很大的关系。

SF_6 气体中含水量的多少，对电弧分解物组成成分和含量有极大影响。由于水分、O_2 等杂质气体的存在，在放电结束后 SF_6 气体复合过程受到了阻碍，生成 SOF_2、SO_2F_2、SOF_4 和 SO_2 等气体产物，水分对稳定气体产物的形成至关重要，水分参与反应的常见反应式如下所示：

$$SF_4 + H_2O \longrightarrow SOF_2 + 2HF \qquad\qquad (3-2-17)$$

$$SOF_2 + H_2O \longrightarrow SO_2 + 2HF \tag{3-2-18}$$

$$SOF_4 + H_2O \longrightarrow SO_2F_2 + 2HF \tag{3-2-19}$$

在放电区域，水分子被分解为 O^{2-} 和 OH^-，OH^- 与低氟硫化物发生初级反应，生成稳定的气体产物，如 SOF_2、SOF_4，并扩散到放电区外，与水继续发生缓慢的反应，生成的 SO_2 和 HF 溶于吸附在电极或绝缘材料表面的水，形成强酸，腐蚀固体材料的表面，如 HF 会腐蚀金属，影响设备的工作性能。

为了进一步了解水分作用机理，国内外系统研究了各种放电情况下含有不同水分含量时主要气体产物的情况。如：在直流电晕放电情况下，随着水分的增加，SOF_2、SO_2F_2、SOF_4 和 HF 的含量增加，S_2F_{10} 生成量减少，S_2F_{10} 的生成量随着初始微水的增多而减少。在 50Hz 交流电晕放电情况下，当水分含量超过一定值后，SO_2F_2 生成量与水分含量无关，而 SOF_2 则随着水分增加而缓慢增加。在局部放电情况下，水分对 SO_2 和 SOF_2、CF_4 的生成量没有影响，SO_2F_2 则随微水含量增加而增加。

综合以上结论可认为，微水含量可能影响某些气体副产物的生成。适量的水分，能促进杂质气体的生成。在一定能量的放电下，过量的水分对气体分解产物生成没有影响。

5. O_2 含量

气体绝缘设备中的 O_2 可能来自安装、检修等过程中渗入的空气，电极材料和绝缘材料也可能含有 O_2，O_2 是生成有毒气体产物的主要因素之一，吸附在电极表面的 O_2 分子可能是反应生成主要气体产物的主源。一般的，O_2 分子参与反应的主要反应式如下：

$$SF_{x+1} + O^{2-} - 2e^- \longrightarrow SOF_x + F, \quad x = 0,4 \tag{3-2-20}$$

$$SOF_x + O^{2-} - 2e^- \longrightarrow SO_2F_x, \quad x = 0,2 \tag{3-2-21}$$

$$SF_4 + O^{2-} - 2e^- \longrightarrow SOF_4 \tag{3-2-22}$$

$$SF_2 + O_2 \longrightarrow SO_2F_2 \text{ 或 } SOF_2 + O^{2-} \tag{3-2-23}$$

研究表明，随着 O_2 含量的增加，SO_2F_2、SOF_4 的生成量显著增加，而 SOF_2 有微弱变化，O_2 影响了 SO_2F_2、SOF_4 的形成机理。SO_2F_2 中的 O_2 主要来自 O_2，其具体反应式见式 (3-2-23)；SOF_2 中的 O_2 主要来自 H_2O，反应式为式 (3-2-21)；SOF_4 中的 O_2 来自 H_2O 或 O_2，含量多者就是主要的 O_2 源，其反应式为式 (3-2-20)、式 (3-2-22)。当 H_2O 和 O_2 在气室内的含量极低时，主要气体分解产物的生成率对 H_2O 和 O_2 的变化就不敏感了。

6. 电极材料

电极材料是决定副产物数量的重要因素。不同的电极材料，有不同的表面结构，吸附的水分和 O_2 分子也不同，造成不同的电极表面反应过程常见的材料包括：Ag、Cu、Al、不锈钢、Cu-Ni-W 和 Cu-W 等。由相关研究可知，对分解影响较小的电极材料主要是 Ag 和 Cu，但考虑到 Ag 较贵，从经济角度和技术条件考虑，选用钨铜合金 (Cu-W) 作为电极材料可能更为合适。

有研究认为，电极材料的消耗与分解物的形成有直接关系，气体分解产生的物质，含量取决于电极材料的金属蒸发量，但是这些研究没有给出定量的说明。此外，气体分解产物的形成与电极表面吸附的 H_2O 或 O_2 密切相关。由于 SO_2F_2、SOF_4 的形成与 SF_6 气体中 O_2 的含量无关，故认为与电极材料表面吸附的 O_2 分子有关，并且电极表面吸附的 O_2 分子的越多，SO_2F_2、SOF_4 生成量越大。对于 Ag、Cu 和 Al 三种电极材料，SO_2F_2 的生成量依次为：Al > Cu > Ag，SOF_4 的生成量依次为：Cu = Al > Ag。

7. 固体绝缘材料

GIS 设备内部绝缘材料，包括 SF_6 气体和固体绝缘材料两类，固体绝缘材料因不同设备有所不同，主要有热固形环氧树脂、聚酯尼龙、聚四氟乙烯、聚酯乙烯和绝缘漆等。在断路器中的固体绝缘材料有环氧树脂、聚酯尼龙、和聚四氟乙烯等。

热固形环氧树脂的分解产物：热固形环氧树脂是由 C、H、O 和 N 等元素构成的混合物，具有很好的绝缘性能和化学稳定性，在 500 ℃ 以上时开始裂解，主要产生 SO_2、H_2S、CO、NO、NO_2 和少量低分子烃。

聚酯尼龙的分解产物：聚酯尼龙主要由 C、H、O 等元素组成，当温度大于 130℃ 时开始裂解，500℃ 以上明显裂解，主要产生 SO_2、H_2S、CO 和低分子烃。

聚四氟乙烯的分解产物：聚四氟乙烯分子式为 C_2F_4，具有很好的绝缘性能和化学稳定性，只有在 500℃ 以上时才开始产生少量的 CF_4、CO 和低分子烃。

聚酯乙烯的分解产物：聚酯乙烯分子式为 C_2H_4，当温度大于 130℃ 时开始裂解，主要产生 H_2、CO、CO_2 和低分子烃等气体。

通过研究固体绝缘材料的裂解机理和统计分析各种故障实例得出的结论表明：H_2S 组分含量大小可判断故障的放电能量及故障是否涉及固体绝缘（H_2S 是热固型环氧树脂分解的特征组分）。CO 是聚酯乙烯绝缘纸和绝缘漆分解的特征组分。通过 CF_4 含量可分析判断固体绝缘情况。

8. 吸附剂

SF_6 绝缘设备中，用作吸附剂的材料有活性氧化铝和分子筛，它们都是多孔性物质，有较强的吸附能力。使用吸附剂有双重目的，即吸附分解气体和水分，对防止设备内部故障有好的效果。

研究发现，活性氧化铝能有效地除去 SOF_2、H_2S、SOF_4、SO_2 和 SF_2，有较好的选择性。它能够通过真空干燥和加热实现重复利用，但是热活性氧化铝也可能与 SF_6 电弧气体副产物发生反应，比如与 SOF_2 或 SF_4 发生反应。分子筛的工作温度高，吸附能力比活性氧化铝强。

分子筛是一种合成沸石，它具有微孔，比微孔直径小的分子可以被吸入分子筛内部，从而使分子直径大小不同的物质得以分开。分子筛吸附气体的种类和数量目前还不十分明确，对 SF_6 分解物的影响尚需实验来进一步判断。一般来说，分子筛对 CF_4 不起作用，而 SO_2F_2、SOF_2、H_2S 则能被很好地吸收，残余量远低于同条件下无吸附剂时的测量数值，说明分子筛对硫化物的吸附能力很好。分子筛对 SO_2 的吸附是物理吸附，当吸附剂吸附的量达到一定程度时，吸附剂对 SO_2 的吸附速率和 SF_6 气体中 SO_2 的含量浓度间达到动态平衡，平衡浓度的大小与吸附剂的饱和程度以及气体压强有关。

目前，放电能量、水分和 O_2 对 SF_6 气体分解产物生成量的影响取得了一定的进展，初步掌握了水分、O_2 与硫氧化物的作用机理，放电能量和气体分解产物生成量的正比关系，但是缺少水分含量、O_2 含量和气体产物生成量的定量关系。电流强度、电极和绝缘材料材料等因素的影响还需进一步探索。

三、六氟化硫绝缘设备分解物的检测标准

目前，对气体分解物的检测项目及方法已有离线检测 IEC 和国家标准（GB）。在 IEC 604802—2004 中规定的检测项目分两种情况：一种情况是为了确认 SF$_6$ 是否需要进行回收处理而进行的现场检测，检测项目主要有 SOF$_2$、SO$_2$、HF、空气、CF$_4$、水和矿物油；另一种情况是为了定量检测气体中各种杂质的含量，检测项目包括空气、CF$_4$、HF、矿物油、SF$_4$、SOF$_2$、SO$_2$F$_2$、SO$_2$ 等。但无论是 IEC 或 GB，对 SF$_6$ 设备分解气体或化合气体含量与绝缘缺陷状况之间的关系，还缺乏像检测变压器油色谱那样完善而有效的原理、方法及判断标准。依据分解气体检测结果判断故障类型和严重程度方面还需要开展大量研究工作和现场测试积累。

广州供电局曾对管辖变电站的 SF$_6$ 气体进行杂质普查工作。利用现场便携式的 SF$_6$ 气体杂质分析仪及实验室的安捷伦 6890N 气相色谱仪，对 SF$_6$ 气体中可能存在的 H$_2$S、SO$_2$ 及 CO 三种气体进行了含量测定。累计完成了大约 3000 个气室的气体组分测试分析工作。

普查结果表明，3000 个气室中，SO$_2$ 含量为 0 的气室有 2319 个，占到总气室数量的 77%。在所有含有 SO$_2$ 杂质气体的 681 个气室中，含量在 5μL/L 以上的气室数为 0；含量在 0～2μL/L 的气室数量为 652 个，占到所有含杂质气室的 96.3%。H$_2$S 含量为 0 的气室有 2969 个，占到总气室数量的 99%；含有 H$_2$S 杂质气体的气室只有约 1%。对于 CO 而言，虽然含有 CO 气体的气室达到了 2474 个，占总气室数量的 82.5%，但其含量主要集中在 0～50μL/L，约占总气室数量的 78%，含量大于 300μL/L 的气室数量为 0。由此可以看出，绝大部分气室杂质气体的含量都很低，气体质量符合运行要求，尤其是只有约 1% 气室含有 H$_2$S，说明 99% 的气室都不存在较高能量的放电。

普查还发现，对于 SO$_2$ 和 H$_2$S 而言，断路器气室中含量远大于非断路器气室，且其含量相差 20～30 倍，说明灭弧气室中由于频繁开断电流而产生了较大量杂质气体。对于 CO 而言，灭弧气室与非灭弧气室的含量基本相同，差别很小，其原因可能是因为 CO 的产生主要来源于绝缘材料过热，与是否灭弧无直接关系。

表 3-2-2 是广东电网公司电力科学研究院推荐的分解物含量参考标准。

表 3-2-2 SF$_6$ 分解物含量的参考判定依据

设备类别	分解物含量（μL/L）			检测周期
	SO$_2$ + SOF$_2$	H$_2$S	CO	
断路器	2～5	1～3	<150	3 个月内检一次，增检组分
	5～10	3～5	<200	1 个月内检一次，增检组分
	10～30	5～10	<300	1 周内检一次，增检组分并建议电气试验
	>30	>10	>300	建议电气试验和停电检查
其他设备	1～3	1～3	<100	3 个月内检一次，增检组分
	3～10	3～5	<200	1 个月内检一次，增检组分
	10～15	5～10	<300	1 周内检一次，增检组分并建议电气试验
	>15	>10	>300	建议电气试验和停电检查

四、六氟化硫绝缘设备故障判断的相关注意事项

六氟化硫绝缘设备故障判断的相关注意事项如下:

(1)从 SF_6 故障特征分解物产生的过程可以看出,SF_6 在局部放电和热分解过程中,稳定的分解生成物主要是 SOF_2。SO_2 是 SOF_2 与水分的反应生成物,其含量与设备中的水分含量及是否存在 SOF_2 有很大关系。进行 SF_6 气体绝缘设备故障特征分解物量值判断时,单独检测 SO_2 没有诊断意义,必须同时检测 SOF_2 和 SO_2 的总含量(参照 IEC 60480,其总含量 $>12\mu L/L$ 时,需引起注意),必要时可以通过设备间横向比较和与本设备历史数据的纵向比较来进行综合分析。只有当 SOF_2 和 SO_2 的总含量超过注意值或其含量值明显增长时,才能对设备运行状态作出判断。

(2)CF_4 是 SF_6 设备局部放电的特征物质之一,设备内含碳元素的物质被电弧放电后,会产生一定量的 CF_4。合格的 SF_6 气体中通常含有不超过 0.05% 的 CF_4。但运行中 SF_6 设备内 CF_4 的含量超过 0.1%,或在一个时期内存在明显的增长,需要对设备是否存在涉及固体绝缘的放电故障作进一步的判断。

(3)CO_2 是设备曾经或正在过热的特征物质。SF_6 设备内出现大量 CO_2,通常是以下两种状况:一是设备内含氧元素和碳元素的有机物高温分解;二是由于设备密封性差,混入空气。运行中设备若空气的质量分数 $\leqslant 0.2\%$,而 CO_2 含量较大(质量分数超过 0.08%)或存在明显增长,需要考虑是否设备存在过热故障。

(4)应充分注意不同检测方法对测量结果的影响。目前,市面上现有的 SF_6 故障检测仪多为电化学方法,它们是利用仪器内部的电化学传感器检测 SF_6 气体中 SO_2 和 H_2S 的含量,精确度可至 $0.1\mu L/L$,但电化学方法的传感器寿命有限,一般为 2 至 3 年,还有部分传感器在故障气体(SO_2 和 H_2S 含量较高时)中使用易受污染中毒,影响后续使用。化学显示法利用 SO_2 和 H_2S 同特征物质的显色反应来检测 SO_2 和 H_2S 含量,其显色管为一次性的,不存在不同气室样品间的相互干扰和污染中毒现象。

以上两种方法各有优劣。SF_6 故障检测仪可较为迅速地检测 SO_2 和 H_2S 含量,但含量较高时,有可能受污染中毒,影响后续检测,适合于检测大量正常运行设备中的 SO_2 和 H_2S 含量。化学显示法原理简单、操作简便、选择性强、抗干扰性较好,由于检测管为一次性的,每次检测后都需要更换,相比而言需要的准备时间略长,但不存在不同气室样品间的相互干扰和污染中毒现象,在对于怀疑有故障的气室中气体检测与故障诊断尤为适用。因故障设备中 SO_2 和 H_2S 的含量相当高,一般来说大于 $100\mu L/L$,有的甚至高于 SF_6 故障检测仪的最高量限,如果用 SF_6 故障检测仪检测该气室中 SO_2 和 H_2S 的含量,会造成 SF_6 故障检测仪污染,严重时会损坏仪器,此时推荐使用 SO_2 和 H_2S 检测管先进行预判,当初步判断未超出 SF_6 故障检测仪的检测范围时,再利用 SF_6 故障检测仪做准确定量。

(5)在实际测量中,如何选择合适实用的 SF_6 故障检测仪至关重要。目前,由于缺乏统一的技术标准,造成不同品牌、不同厂家的故障检测仪 SO_2 和 H_2S 的含量有巨大差异。在实验室用标准气体测量时,不同品牌、不同厂家的故障检测仪 SO_2 和 H_2S 的含量差异不显著,但在现场测量时,由于设备中运行的气体成分复杂,不同厂家的检测仪测量结果差异十分显著。如,曾经有运行企业利用两种检测仪器分别对 6 个气室的 SO_2 进行了对比检测,其中仪器一测量结果依次为 51.3、16、16.4、44.6、3.4、79 $\mu L/L$,而仪器二测量

结果依次为1.6、0、0、0.8、0、25μL/L，可见检测量结果差别很大；又如，对同样六个气室，H_2S含量仪器一测试结果为4.4、0、2.1、5.6、0、10.1μL/L，而仪器二测量结果为52.7、22、19、47.4、1.9、6.1μL/L，同样差别很大。

造成这种巨大差异的产生是由于不同品牌检测仪所采用的电化学探头不同而产生的，不同的电化学探头其选择性和专一性有区别，且现在尚未有明确标准或规范规定，其准确性和精确性难以保证，故在应用故障检测仪时应具备足够的分辨能力，以免造成误判断。在不能正确分辨对SF_6故障检测仪时，可用方便简单的化学显色法来检测判断设备故障和定位设备故障。

(6)广东电网公司先后开展的3700多台(气室)SF_6电气设备中气体质量的普查显示，95%以上的设备中SO_2低于5μL/L、H_2S低于3μL/L。据此得知，如果某设备气室中SO_2的含量大于10μL/L、H_2S的含量大于5μL/L时，则该气室值得持续关注；如果SO_2和H_2S的含量持续增长，则该设备可能已经存在内部故障隐患。若电气设备异常，或有异响时应进行气体分析。

第二节　六氟化硫绝缘设备典型案例解析

SF_6气体检测分析方法现已广泛应用于SF_6设备的故障诊断和状态评估，已成为设备运行监测和故障诊断的有效手段。现场实践表明，分解气体检测方法对于产气量较大的触头烧损或接触不良、局部过热等故障比较灵敏，但SF_6分解气体的成分复杂、种类多、含量小、稳定性差，各种气体成分的含量与故障的对应关系目前还不清晰，分解气体容易被吸附而消失，受水分含量的影响也较大。现场也发生过多起设备发生严重放电故障而成分分析检测不到的情况。因此，该方法目前不宜作为早期潜伏故障诊断手段，可以作为事故分析重要辅助手段。近年，国内电网企业通过气体成分分析发现了大量放电缺陷，证明了其确有一定功效，但该方法仍需要进一步完善。本节将介绍广州电网以及广东电网公司近年来利用SF_6气体检测分析方法成功诊断SF_6气体绝缘设备内部故障的典型案例。

一、GIS设备典型局部放电情况下的气体的组分分析

案例一：GIS变电站存在弱局部放电下的气体组分检测案例

1. 案例描述

2010年1月，广州供电局在对其所辖110kV清河变电站#3GIS间隔进行局部放电巡检测试时发现隔接室、主母线室存在较强局放信号，其中#3隔接室信号最强，用局放测试的方法对其中4个绝缘子分别进行测试，最高信号幅值出现在B3绝缘盆子上（如图3-2-2所示），其放电峰值在-50dBm左右，表明可能设备内部存在放电缺陷。

为了进一步确认是否存在内部放电情况，

图3-2-2　110kV GIS测试传感器位置图

对图 3-2-2 中的隔接室和主母线气室进行了组分分析，并对整个间隔的 8 个气室做了 SF_6 气体色谱分析。其测试数据如表 3-2-3 所示.

表 3-2-3 各气室不同气体含量（综合检测）

	H_2O /($\mu L/L$)	(SO_2 + SOF_2) /($\mu L/L$)	H_2S （综合分析仪） /($\mu L/L$)	H_2S （比色管） /%	SO_2 /%	HF /%	最大污染分解物/($\mu L/L$)
套管	147	—	—	—	—	—	—
互感器	140	—	—	—	—	—	—
开关	153	—	—	—	—	—	—
隔接室	115	1	0.2	>0.16	0	0	0
主母线	130	1	0.2	>0.16	0	0	1240
过渡母线	180	—	—	—	—	—	—
避雷器	190	—	—	—	—	—	—
电缆终端	170	—	—	—	—	—	—

由表 3-2-3 可知，各气室微水含量均在国标值之下，属于正常范围。在对两个怀疑有局放的气室进行了多项综合检测之后，发现含有一定数量的 H_2S 气体，而在裸金属低能量放电和电晕放电的情况下，一般 H_2S 较少或检测不出，只有在故障电流较大的情况下，才能检测出一定含量的 H_2S 组分。此外，通过动态离子检测发现，主母线气室的最大污染分解产物含量高达 $1240\mu L/L$，属于中度污染程度，说明在该气室中可能存在电弧放电。最后，通过 DPD 检测发现 SO_2 和 SOF_2 的总浓度为 $1\mu L/L$，虽然其值很小，但考虑到内吸附剂的作用，正常状态下产生的 SF_6 气体分解物会被吸收，只有持续的、不正常的状态下分解物的浓度才会继续增加。再结合设备内 SF_6 气体分解物的浓度与故障类型及其严重程度的关系（表 3-2-4），有理由怀疑在气室内发生了自由金属颗粒放电。

表 3-2-4 SOF_2、SO_2 分解物浓度增加与设备内部可能发生的情况

序号	SOF_2、SO_2 分解物浓度/($\mu L \cdot L^{-1}$)	平均每 3 个月有规律增加的幅度/($\mu L \cdot L^{-1}$)	设备内部可能发生的故障	放电强度/pC
1	<10	0.5	设备内有自由金属颗粒放电	$10^2 \sim 10^3$
2	<10	1.0	设备内导电回路上有边缘尖锐部分放电	$10^3 \sim 10^5$
3	<20	1.5	设备内盆式绝缘子上有附着的导电物质放电	$10^5 \sim 10^7$
4	<20	2.0	设备内部导电回路上的固定销子松动或分式绝缘子法兰连接松动，引导悬浮放电	$10^7 \sim 10^{10}$

续表 3-2-4

序号	SOF₂、SO₂ 分解物浓度/$(\mu L \cdot L^{-1})$	平均每 3 个月有规律增加的幅度/$(\mu L \cdot L^{-1})$	设备内部可能发生的故障	放电强度/pC
5	<30	3.0	设备内部有接地短路或电弧放电发生，同时伴随着固体绝缘材料的迅速裂解	$10^{10} \sim 10^{15}$
6	<45		设备内故障严重	

表 3-2-5　各气室不同气体含量（气相色谱）　　　　　单位:%

气室＼组分	SF_6	CF_4	SOF_2	SO_2F_2	S_2OF_{10}	CO_2
套管	99.9395	0.002902	0	0.004534	0	0.004151
互感器	99.9674	0.001985	0	0	0	0.000842
开关	99.9717	0.009215	0	0	0	0.001972
隔接室	99.9586	0.003394	0	0	0	0.000819
主母线	99.9475	0.00107	0.001325	0.005042	0.01986	0.003132
过渡母线	99.9647	0.00191	0	0	0	0.000839
避雷器	99.9731	0.002361	0	0	0	0.000496
电缆终端	99.8711	0.00275	0.001119	0	0.099454	0.002189

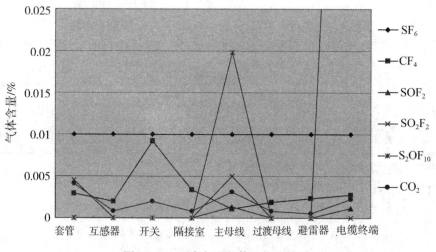

图 3-2-3　各气室气体比较分析图

为更全面了解各气室中气体的详细组分，将 8 个气室的气样都做了气相色谱分析，结果如表 3-2-5 所示。从该表中可知：包括两个疑似局放气室在内的 8 个气室 SF_6 的含量都达到或接近设备投运前的标准，说明气体总体合格。但在各个气室中均发现了不同含量的 CF_4 和 CO_2，其中 CF_4 是当放电故障涉及固体绝缘材料时的产物，而固体绝缘材料过热

时则会产生 CO_2。此外，在套管、主母线和电缆终端气室中发现了 SOF_2、SO_2F_2 或者 S_2OF_{10}，这几种气体是设备发生放电故障的较有力证据，其中在主母线气室中，这三种气体均有出现，且三者的含量呈递增趋势，证明设备可能存在多种形式的放电。

为便于比较分析各气室具体情况，按照各气室的实际排列顺序，将各组分含量放于图 3-2-3 中进行比较分析。从图 3-2-3 中可知，就 CF_4 而言，各气室均有出现，且开关气室中含量最高；而对于 CO_2，则套管、主母线中的含量最高；从不同气室的角度来分析则可看到，开关气室和主母线气室属于各杂质气体总体比较多的气室。开关气室由于开断开关的原因，存在较多的杂质气体在预料之中，而主母线气室出现大量杂质气体则可能是内部设备存在放电故障的原因。

2. 解体情况分析

为进一步了解设备内部的真实情况，为故障诊断积累经验，2010 年 1 月对该 GIS 间隔 #3 隔接气室内部的 3 个支持绝缘子以及其与母线之间的盘式绝缘子进行更换。在更换的过程中，发现如图 3-2-4 所示现象。

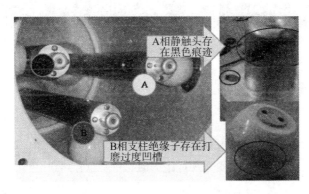

图 3-2-4　#3 间隔隔接室解体图

分析认为 A 相的黑色痕迹可能为静触头制造工艺缺陷或安装质量不良导致表面光滑度降低，进而引发局部放电；而 B 相则可能因打磨过度导致表面产生毛刺，使局部电场集中产生了局放。

案例二：GIS 变电站存在强局部放电情况下气体组分检测案例

1. 案例描述

2010 年 3 月 11 日，广州供电局在对所属 220kV 瑞宝变电站 GIS 设备开展带电测试过程中，发现 110kV #3 变中 GIS 间隔避雷器气室存在异常响声和振动，初步分析判断该气室存在严重缺陷。

发现设备异响后，试验人员立即安排对该间隔设备进行了超高频局部放电测试、超声波局部放电测试和 SF_6 气体组分分析等试验，其中超高频和超声波局放检测均在避雷器气室发现较明显信号，怀疑其内部存在强放电缺陷。

2. 测试数据分析

为对设备绝缘状态进行准确诊断，当日下午，用露点仪、动态离子分析仪、SF_6 气体组分分析仪等设备对该间隔所有气室进行气体组分分析，测试结果如表 3-2-6 所示。

图 3 - 2 - 5　#3 变中 GIS 间隔局放测试点示意图

表 3 - 2 - 6　各气室不同种类气体含量

气室	检测项目							
	H_2O /(μL/L)	($SO_2 + SOF_2$) /(μL/L)	H_2S(综合分析仪) /(μL/L)	SO_2(综合分析仪) /(μL/L)	H_2S (比色管) /%	SO_2 (比色管) /%	HF (比色管) /%	最大污染分解产物 /(μL/L)
瓷套	203	—	—	—	—	—	—	—
管道	202	3	0	0	0	0	0	0
隔离气室	180	5	0	0	0	0	0	0
避雷器	189	310	25	65	>0.16	>0.16	>0.16	1200
开关	186	—	—	—	—	—	—	—

　　由表 3 - 2 - 6 可知，各气室的微水含量均在国标参考值之下，属于正常范围；在对上述三个气室进行了多项综合检测之后，发现只有避雷器气室存在大量的 H_2S、SO_2、HF 及 SOF_2。而在裸金属低能量放电和电晕放电的情况下，一般 H_2S 较少或检测不出，只有在局部放电情况较严重的情况下，才能检测出一定含量的 H_2S 组分。此外，通过动态离子检测发现，主母线气室的最大污染分解产物含量高达 1200μL/L，属于中度污染程度，说明在该气室中可能存在电弧放电；最后，通过 DPD 检测发现 SO_2 和 SOF_2 的总浓度为 310μL/L，超出正常值达 60 多倍，考虑到设备内吸附剂的作用，正常状态下产生的气体分解物会被吸收，只有持续的、不正常的状态下分解物的浓度才会继续增加，由此说明避雷器气室内可能存在持续的大能量放电。再结合设备内 SF_6 气体分解物的浓度与缺陷类型及其严重程度的关系，可以看出该气室内存在较严重的绝缘缺陷。

为更全面了解各气室中气体的详细组分，将 7 个气室气样都做了气相色谱分析，结果如表 3-2-7 所示。从该表可知，包括避雷器气室在内的 7 个气室 SF_6 的含量都达到设备投运前的标准，说明气体总体合格，这也就说明了各个气室的气密性良好，排除了外界气体进入的可能性。但是在各个气室中均发现了不同含量的 CF_4 和 CO_2，其中，CF_4 是当放电故障涉及固体绝缘材料时的产物，而固体绝缘材料过热时则会产生 CO_2。最值得注意的是，只有在避雷器、断路器气室中发现了 SO_2F_2，这种气体是设备发生放电故障的较有力证据。对于断路器气室由于开关的日常开合而产生电弧放电，所以有此气体可以理解，但避雷器气室该气体的出现则说明了该气室中可能存在严重的放电故障。

表 3-2-7   各气室不同气体含量（气相色谱）   单位:%

	SF_6	CF_4	SOF_2	SO_2F_2	SO_2F_{10}	CO_2
瓷套	99.9863	0.000742	0	0	0	0
管道	99.978	0.000623	0.001415	0	0	0.00045
隔离气室	99.9842	0.001434	0.000823	0	0	0.0002
避雷器	99.9764	0.001247	0.001123	0.000391	0	0.00285
开关	99.9145	0.00211	0	0.000183	0	0.00114
上母线	99.9862	0.000842	0	0	0	0
下母线	99.9781	0.000613	0.001405	0	0	0.00039

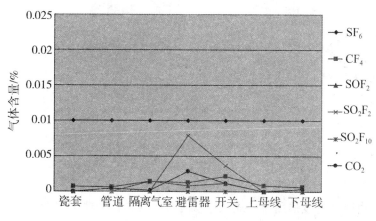

图 3-2-6   各气室气体比较分析图

为便于比较分析各气室的具体情况，按照各气室的实际排列顺序，将各组分含量放于图 3-2-6 中进行比较分析。从图中可知，就 CF_4 而言，各气室均有出现，且开关气室中含量最高；而对于 CO_2 和 SOF_2，则避雷器、开关气室中的含量最高，这也与 SO_2F_2 结果相吻合，证明了避雷器气室中存在放电故障。从不同气室的角度来分析则可看到，避雷器气室和主母线气室属于各杂质气体总体比较多的气室，开关气室由于开断原因，存在较多的杂质气体在预料之中，而避雷器气室出现大量杂质气体则可能是内部存在放电故障的原因。

3. 解体情况分析

为分析可能的故障原因，在厂家技术人员的指导下，检修人员打开避雷器气室的盆式绝缘子，此时发现 C 相避雷器导电杆(动触头)随着盆式绝缘子一同升起，其他两相正常。原因是 C 相避雷器导电杆的连接螺栓已被烧蚀，不能够再起到固定作用，与退出运行前检测到严重的局部放电相吻合。C 相静触头的均压环没有紧固，只需小许力气即可把它摇动，与退出运行前发现异常响声和振动相吻合，如图 3－2－7a 和图 3－2－7b 所示。另外，在气室内部，发现粉末状的沉淀物，如图 3－2－7c 所示，可能为气体与高压连杆或螺栓发生化学作用后生成的氟化物或硫化物，说明内部有高能量放电。

(a)#3 变中间隔避雷器气室图上部

(b)#3 变中间隔避雷器气室图下部

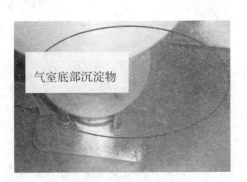

(c)#3 变中间隔避雷器气室底部沉淀物

图 3－2－7

案例三：HGIS 内部存在较强局放而成分分析没有发现异常的典型案例

(一)案例描述

某 500kV 变电站 220kV#4 变中 2204HGIS 间隔 22042 刀闸 C 相在运行过程中(22042处于分闸位置，#2 母线引下线套管及刀闸上部带电)发现有异常声响。随后，试验人员对该 22042 刀闸及#2 母线引下线套管进行了特高频局放和超声波局放测试，试验结果表明22042 刀闸 C 相存在较严重局部放电缺陷。具体试验情况分析如下：

1. 特高频局放测试分析

采用 DMS 公司便携式特高频局部放电检测系统在 22042 刀闸 C 相观察窗进行了现场试验，测试位置如图 3－2－8 中"A"点所示。

图3-2-8 特高频局放测试位置示意图

测试结果显示，在测试点A处存在"悬浮电位"类型的局部放电，而且测试位置离测试点A越近信号越强。初步分析判断22042刀闸C相存在较严重的局部放电缺陷。

2. 超声波局放测试分析

采用手持式超声波局放仪对22042刀闸C相进行测试，结果如表3-2-8所示。

表3-2-8 超声波局放测试数据

气室名称	22042刀闸A相	22042刀闸B相	22042刀闸C相
信号最大强度/dB	34	32	70

从表3-2-8可以看出，22042刀闸C相气室检测到较强的超声波信号，幅值可达70dB，22042刀闸A相和22042刀闸B相气室信号正常。分析判断22042刀闸C相气室存在较严重的局部放电缺陷。

3. SF_6气体的组分分析

气体成分分析数据如表3-2-9、表3-2-10所示。

表3-2-9 各气室不同种类气体含量

组分	H_2O /(μL/L)	(SO_2+SOF_2) /(μL/L)	H_2S(综合分析仪) /(μL/L)	H_2S (比色管) /%	SO_2 /%	HF /%	最大污染分解产物 /(μL/L)
#2母线刀闸C相	85	1	0	0	0	0	0
#2母线刀闸B相	90	1	0	0	0	0	0
#1母线刀闸C相	89	1	0	0	0	0	0

表 3-2-10　各气室不同气体含量（气相色谱）　　　　单位：%

组分	SF_6	CF_4	SOF_2	SO_2F_2	S_2OF_{10}	CO_2
#2 母线刀闸 C 相	99.9613	0	0.001396	0	0	0.003579
#2 母线刀闸 B 相	99.9581	0	0.002148	0.001838	0	0.002607
#1 母线刀闸 C 相	99.9701	0.001257	0	0	0	0.001089

根据气体成分分析相关判据，得出了该间隔设备未发现异常的基本结论。

（二）解体检查情况

为了解设备的真实绝缘状况，对 2026 分段间隔 22042 刀闸相关的部位进行了解体检查，检查结果如图 3-2-9 所示，从图中可以看出，设备内部存在严重的局部放电缺陷，在设备的电极表面积累了大量的放电产生的粉尘，很明显，放电已经持续了较长时间。

(a) 支撑绝缘子端面　　　　　　　　　　(b) 支撑绝缘子放电痕迹

图 3-2-9　解体检查情况

从解体检查情况看，HGIS 内部显然存在较强烈的局部放电，此时电气试验已经发现了问题而气体分析则没有明显的判据产生。这说明，当成分分析检测出结果异常时，设备内部存在缺陷的可能性很大，而当气体成分检测出结果正常时，也不能肯定设备就一定没有问题，因此，SF_6 气体成分分析方法可以作为重要的事故辅助判据，但作为缺陷的早期诊断方法则还需进一步做充分研究。

案例四：500kV GIS 罐式避雷器内部悬浮放电引起成分超标的案例

1. 案例描述

2009 年 3 月，某运行单位采用便携式 SF_6 电气设备分解产物检测仪对同批次的 8 台 500kV 罐式避雷器进行检测过程中，发现有 7 台的 SO_2、H_2S 含量都很高，且有少量 CO，诊断认为这些气室可能存在严重放电性故障，但尚未涉及固体绝缘材料的分解，应尽快停电检查；另有一台的 SO_2 含量达到 8.2μL/L，H_2S 达到 2.5μL/L，CO 也有少量。因此，诊断认为该气室可能存在低能量局部放电，建议半年内复检。

2. 停电检查情况

根据分解产物的含量和特征组分情况，经过综合诊断认为该设备内部存在较严重的悬浮电位放电，同批次的产品存在共性，应尽快停电检查。随后在现场对某一线路的 A、B 两相避雷器进行了解体检查，发现两相内部都存在大量灰白色粉末（见图 3 - 2 - 10a、图 3 - 2 - 10b），A 相均压屏蔽罩有一个对壳的放电击穿的孔（见图 3 - 2 - 10c），罐体内腔对应均压屏蔽罩的击穿部位有明显的放电（见图 3 - 2 - 10d）。对避雷器芯体解体发现，一柱电阻片芯体有松动现象（见图 3 - 2 - 10e），电阻片穿芯杆的金具和碟簧、垫片之间有非常明显的电蚀现象，其中电阻片穿芯杆的金具和碟簧接触面之间已电蚀出缺口，碟簧和垫片已烧蚀变形和蚀损（见图 3 - 2 - 10f）。很明显，设备内部产生了强烈的局部放电。

图 3 - 2 - 10　500kV 罐式避雷器分解产物

3. 原因分析

经分析，这批避雷器的故障原因是在装配避雷器芯体时，电阻片穿芯杆的金具可能没有压紧，在运行中不断振动使金具、碟簧和垫片之间松动，产生悬浮电位放电，在使 SF_6 气体分解产生 SO_2、H_2S 的同时，还与金具、碟簧和垫片等金属反应产生了大量灰白色的金属氟化物粉末。由于这些金属氟化物为极性物质，在电场作用下不断运动，当粉末漂浮到带电部件与罐体内腔之间达到放电条件时，将引起对壳放电。

案例五：110kV GIS 避雷器气室局部放电引起气体组分异常的案例

1. 案例描述

2010 年 5 月，某供电局试验人员在 GIS 专项 SF_6 气体成分检查中，发现某变电站#1 变中避雷器气室 SF_6 气体分解物测试异常，其中，SO_2 为 102μL/L，H_2S 为 47μL/L，随后进行的带电局放测试也现实有明显局放信号，定位为 A 相，判断避雷器内部存在潜伏性故障的隐患。

2. 解体检查情况

为确保安全，运行单位立即对整个避雷器气室进行了更换，并对拆下来的避雷器进行解体，发现避雷器 A 相的电阻片穿芯杆的端头与杆体之间产生松脱，压缩弹簧力矩丧失，弹簧恢复自然状态，导致内部电气接触不良，出现悬浮电位，产生强烈的局部放电现象并由此引发 SF_6 气体分解，并产生大量粉末。分析认为，设备是在组装时，出现了失误，紧固力矩过大导致该连接部位受损，缓慢出现脱离，显然，若继续脱离将出现对地短路故障。该次潜伏性故障是由于避雷器厂内制造工艺控制不严造成的。其解体图片如图 3 - 2 - 11 所示。

(a)绝缘筒、弹簧、定位垫片　　　　(b)电阻片穿芯杆端头脱落

图 3 - 2 - 11

二、SF_6 互感器典型局部放电情况下的气体的组分分析

SF_6 互感器近年来运行中发生了较多事故。与油纸绝缘互感器不同的是，对于 SF_6 互感器的内部放电故障，使用常规的预防性试验方法和项目很难查出问题，而通过检查 SF_6 气体分解物的方式，则提供了相对直接和有效地检测手段。

案例一：500kV SF_6 CT 内部局部放电引起气体成分异常的案例

1. 案例描述

2006 年 12 月，广州供电局 500kV 增城变电站巡视人员发现增横乙线 5063 CT B 相有轻微类似"咝咝"气流声的异响，进行外部检查，未发现有异常痕迹。为分析异响原因，进行了现场试验。介损试验结果未发现异常。后发现 220kV Ⅱ 段母线气室 SF_6 分解物 SO_2 + SOF_2 含量大于 $300\mu L/L$，故判断故障在该部位。为进一步判明设备的潜伏缺陷，对 CT 气体组成进行分析。试验记录如表 3 - 2 - 11 所示。

表 3 - 2 - 11　SF₆ 动态离子测试示意图

项目	含量	试验情况	备注
SF₆ 湿度	680μL/L	不合格	部标
SF₆ 纯度	99.1 %	不合格	旧气无运行标准
SO₂ + SOF₂	>900μL/L	大量	无运行标准
SO₂	>300μL/L	大量	无运行标准
HF	>30μL/L	大量	无运行标准
H₂S	>0.16 %	大量	无运行标准

从表 3 - 2 - 11 可以看出，SF₆ 气体纯度已降低，部分 SF₆ 已被分解为硫化物。采用动态离子分析法，其洁净度大于 1000，谱图变形严重，如图 3 - 2 - 12 所示。

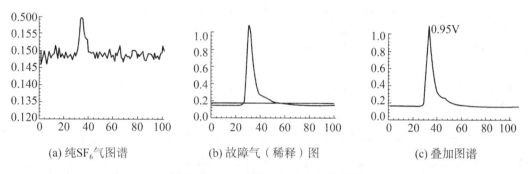

(a) 纯SF₆气图谱　　　　(b) 故障气（稀释）图　　　　(c) 叠加图谱

图 3 - 2 - 12　500kV SF₆ CT 气体检测

虽然国际上还未有这类标准，但经过综合分析判断该 CT 内部应该存在过热和放电故障。

2. 检查情况

为及时分析原因，该 CT 在厂家进行了解体，结果发现 CT 内部存在明显的强间歇性放电过程，互感器的底部存在大量的灰白色粉末，经检查，发现互感器均压环被烧毁的等电位导向带和均压环 5 个螺丝螺孔被扩大并有放电痕迹。显然，故障是因为均压环构件松动和等电位导向带烧毁引起的，导致高电场下 SF₆ 局部放电造成异常响声。造成放电的原因是因为螺丝的脱落和内部紧固器件的松动。这个结论与上述试验数据分析结果相符。详细情况如图 3 - 2 - 13 所示。

图 3 - 2 - 13　SF₆ CT 吊检示意图

案例二：500 kV SF$_6$ 电压互感器内部故障诱发线路跳闸的典型案例

1. 案例描述

2007 年 2 月，某供电局 500kV 变电站某线路 A 相发生了跳闸，后强送成功。线路跳闸后，运行单位先后多次开展故障巡视和特殊巡视，均未发现故障点。到了 6 月某日，该线路 A 相再次发生跳闸，同时再次重合成功，运行单位再次对线路和变电设备进行了检查，仍未发现故障点。到 11 月某日，该供电局试验人员对该线路设备进行了气体成分分析试验，结果发现 A 相电压互感器 SF$_6$ 气体组分中，SO$_2$ 和 H$_2$S 明显增大，含量高达 146μL/L，而同间隔 B 相和 C 相 SF$_6$ 气体中 SO$_2$ 和 H$_2$S 的含量都低于 0.14μL/L。试验结果显示，A 相电压互感器内部应发生了较为强烈的放电过程。详见图 3 - 2 - 14。

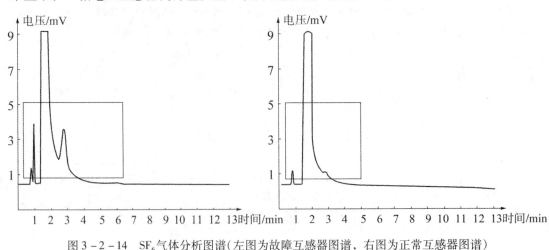

图 3 - 2 - 14　SF$_6$ 气体分析图谱（左图为故障互感器图谱，右图为正常互感器图谱）

2. 吊检情况

为查找故障点，对该互感器进行了解体检查，解体后发现该间隔 A 相互感器通过玻璃钢套管对地产生了放电，且其均压环已烧断，详见图 3 - 2 - 15。

（a）通过玻璃钢套管对地放电　　　　（b）均压环已烧毁　　　　（c）解体示意图

图 3 - 2 - 15　SF$_6$ CT 吊检示意图

广东省电网公司电力科学研究院曾利用气相色谱检测器（热导检测器 TCD 和火焰光度检测器 FPD 串联方式）、分解物测试仪对 348 台 500kV SF$_6$ CT 进行了普查。测试了空气（N$_2$ + O$_2$）、CF$_4$、SOF$_2$、SO$_2$F$_2$、S$_2$OF$_{10}$、SO$_2$、H$_2$S、CO、HF 等气体成分。其普查结果如表 3 - 2 - 12、表 3 - 2 - 13 所示。

表 3-2-12　气体分解产物的含量比例普查结果

分解物	含量比例			
	$<100\mu L/L$	$100\sim500\mu L/L$	$500\sim1000\mu L/L$	$>1000\mu L/L$
四氟化碳 CF_4	97.7%	2.3%	0%	0%
二氧化碳 CO_2	68.2%	21.1%	8.4%	2.3%
二氟化亚硫酰 SOF_2	97.7%	2.0%	0.3%	0%
二氟化硫酰 SO_2F_2	98%	2%	0%	0%
十氟化二硫酰 S_2OF_{10}	85.8%	13%	0.6%	0.6%
杂质总量(含空气)	3.8%	27.5%	32.9%	35.8%

表 3-2-13　500kV 六氟化硫 CT 中 SO_2 和 H_2S 的含量

分解物	含量比例			
	$<0.1\mu L/L$	$<1\mu L/L$	$1\sim3\mu L/L$	$>3\mu L/L$
二氧化硫 SO_2	14.1%	55.3%	26.1%	4.5%
硫化氢 H_2S	91%	7.0%	2.0%	0%

通过对 500kV SF_6 互感器进行的气体分解物的调查,积累了宝贵的基础数据。建议运行单位在设备投运初期,进行一次基础数据测试,在设备运行中,如发现这些分解物有明显增长和变化时,就应怀疑设备内部存在隐患缺陷。

三、SF_6 气体绝缘设备事故情况下气体组分分析

近年来,我国电网企业 GIS 等气体绝缘设备事故情况出现了大幅度增长,如 2008 年至 2011 年上半年,仅广东电网运行中 GIS 设备就发生故障 43 起,尤其 220kV 和 110kV 电压等级 GIS 安全运行形势格外严峻。因此,通过事故情况的调查分析,可以为气体组分检测技术的逐步完善提供宝贵的第一手技术资料。

案例一:GIS 母线三相短路情况下的典型案例分析

1. 案例描述

2010 年 6 月某日,某供电局 220kV 变电站#1M 母线出现三相短路故障,录波情况表明 A 相先对 B 相短路,经过 14ms 后造成 A、B、C 三相相间短路。

故障发生后,运行单位试验人员立刻对 1M 母线气室 SF_6 气体进行了电化学检测法、色谱法分析检测,其结果如图 3-2-16、表 3-2-14 所示。

表 3 - 2 - 14　#1 母线气室气体电化学检测结果

故障特征分解物	检测结果/(μL/L)
SO_2	276
H_2S	52

从检测结果可以看到，该气室存在强放电后的典型故障特征分解物，SO_2 和 SOF_2 的含量远超过 IEC 60480 提出的 12μL/L 的注意值，且存在 H_2S。判断该 GIS 气室曾经发生过较为严重的电弧放电故障。色谱分析表明，其空气含量为 0.02125%，CF_4 的含量为 0.00211%，满足南方电网《电力设备预防性试验规程》对运行中设备的要求，空气检测结果说明该 GIS 气室密封性良好，吸附剂没有失效。CF_4 含量值表明，放电故障没有涉及设备内含碳元素的固体绝缘物质。

2. 解体检查情况

解体结果证实了试验判断结果，其解体图如图 3 - 2 - 17 所示，母线波纹管导电杆 A 相接头的屏蔽罩下部有一烧蚀缺口，屏蔽罩下部已经完全被烧溶掉；B 相接头因电弧灼伤，已经出现一明显窟窿；C 相接头屏蔽罩表面有明显被电弧划伤的痕迹。

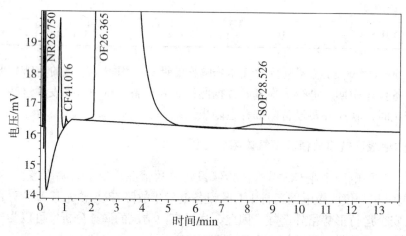

分析结果表

峰号	组分名	峰高/μV	保留时间/min	峰面积/(μV·s)	面积/%	含量/%
1	AIR	3810	0.750	18286	0.06638	0.02125
2	CF_4	224	1.016	1118	0.00406	0.00211
3	SF_6	749279	2.365	27512184	99.86918	99.92830
4	SOF_2	168	8.526	16636	0.06039	0.04834
总计：		753481		27548224	100.00000	100.00000

图 3 - 2 - 16　#1 母线气室气体色谱分析结果

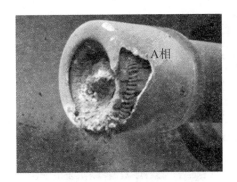
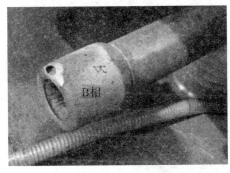
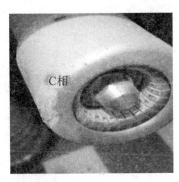

图 3 - 2 - 17　#1M 母线故障气室解体图

案例二：某 220kV SF₆ 电流互感器内绝缘击穿案例分析

1. 案例描述

2009 年 10 月 18 日，某 220kV 变电站线路间隔 C 相的 SF₆ 电流互感器出现接地故障，开关 C 相重合不成功，保护加速跳闸。随后，运行人员到现场进行了检查，发现 C 相电流互感器 SF₆ 压力表表压正常，测量一次绕组对地绝缘电阻仅有 0.01MΩ，SO₂ 及 H₂S 气体试验数据远超过 IEC 60480 标准。发生接地故障前，该变电站设备无操作任务，故障前后，变电站及其架空线路部分均无落雷记录，线路避雷器无动作。

2. 解体检查情况

事故发生后，对事故电流互感器进行了解体检查，结果发现如下现象：

(1)电流互感器高压绝缘支撑表面发黑，沿面闪络造成贯穿性放电，放电沟较深，深度在 3mm 左右，宽 4mm 左右。如图 3 - 2 - 18a 所示。

(2)互感器铁芯罩有一处严重击穿烧灼痕迹，长度约 120mm，宽度约 25mm。如图 3 - 2 - 18b 所示。

(3)互感器外壳内部有多处放电后烧损的痕迹，集中于铁芯罩壳故障侧(事故时防爆片未动作)，产品内有大量的 SF₆ 分解物产生，如图 3 - 2 - 18c 所示。

对电流互感器二次绕组进行进一步解体，经过内阻测量及外观检查，判定二次绕组内部完好。

3. 故障原因分析

从故障现象可以看出，故障是由于环氧支撑绝缘件外表面出现爬电现象引起的，从爆

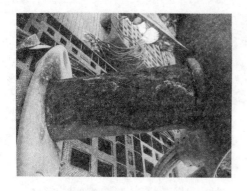

（a）沿面闪络造成贯穿性放电情况

（b）铁芯罩严重烧灼情况

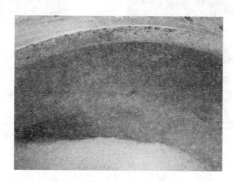

（c）外壳内部多处放电后烧损痕迹

图 3-2-18

破片未爆破及环氧支撑绝缘件深 3mm 烧损痕迹可以看出，故障从发生到扩大最后对地击穿的时间是较长的。最初由于环氧支撑绝缘件的烧损通道未贯通，所以产品能运行，但随着时间推移，缺陷不断扩大，最终导致主绝缘击穿。

环氧绝缘支撑的放电可能是因为支撑件表面存在缺陷。放电的起始位置位于支撑件的浇口，从故障情况看，浇口处烧损痕迹是最严重的部分，极可能是此件绝缘子浇口在制造过程中留下隐患造成的。

案例三：某变电站 220kV 开关间隔事故案例分析

1. 案例描述

2010 年 5 月某日，某 220kV 变电站 220kV 开关间隔 GIS 出线套管气室 C 相发生内部短路故障，事故后对该 220kV 开关间隔各个气室的 SF_6 气体进行了检测，其测试结果如表 3-2-15 所示。

试验结果表明，该 220kV 间隔的线路套管气室中存在较明显的 SO_2 和 H_2S，同时存在 SOF_2。色谱分析结果显示其 CF_4 含量明显较其他气室大，达到了 0.172%，超过了南方电网《电力设备预防性试验规程》对运行中设备的推荐要求（≤0.1%）。因此，判断该间隔线路套管气室曾经出现大电流放电故障，且可能波及固体绝缘。

表 3 - 2 - 15　220kV 开关间隔 SF₆ 气体故障特征分解物检测

气室名称	SO_2 含量 /(μL/L)	H_2S 含量 /(μL/L)	SOF_2 含量/%	CF_4 含量/%	($N_2 + O_2$)/%
母线刀闸气室	0	0	0	0.0061	0.0433
线路 CVT 气室	0	0	0	0.0032	0.0345
2753 开关气室	0	0	0	0.0101	0.0455
线路刀闸气室	0	0	0	0.002	0.067
线路套管气室	55	14.68	0.0255	0.172	0.0566

2. 解体情况分析

为分析设备的事故原因，对该间隔设备进行了解体，结果发现故障的起因是由于导电杆的铝导体和铜插头之间的连接螺栓未紧固到位出现松动所致。可能设备在出厂时因螺栓螺纹深度问题使得螺栓并未真正紧固到位，运行后在负荷电流的电动力作用下，逐渐松动，间隙逐渐增大，出现局部发热并产生局部放电，导致铝导体融化，最终发生对地短路故障并波及盘式绝缘子，其解体图片如图 3 - 2 - 19 所示。

图 3 - 2 - 19　被故障电流灼伤的铜插头和盘式绝缘子基座

案例四：广州供电局 110kV 元华线 GIS 事故分析

1. 案例描述

2011 年 7 月 9 日，广州供电局 220kV 开元站 110kV 元华线 122 开关跳闸，重合闸没有动作。此时元华线对侧的华圃站侧处于热备用状态。一段时间后，调度下令强送线路，由华圃站侧合上 110kV 元华线 127 开关强送，结果合闸后再跳。随后运行人员对相关设备和线路进行了检查，未发现异常，遂决定再次由华圃站侧强送，结果仍未成功。上述现象表明，110kV 元华线路出现了永久故障。

为查找故障点，对 220kV 华圃站 GIS 设备进行了试验，其结果如下：

（1）绝缘电阻试验。

先后试验了在 1274 刀闸分、合状态下的绝缘电阻，结果见表 3 - 2 - 16。

表 3 - 2 - 16　进线套管绝缘电阻试验结果

相别	1274 线路刀闸合/MΩ	1274 线路刀闸分/MΩ
A	554	554
B	0	0
C	26	26

从试验结果来看，无论线路刀闸分或合，进线套管的绝缘电阻试验结果数据相同且 A、B、C 三项均不合格。据此判断故障发生的位置应在 1274 刀闸线路侧的气室内部。

（2）SF₆ 气体组分分析。

结合绝缘电阻试验结果，对该间隔的 MDJ2、MDJ4、MDJ5 三个气室的 SF₆ 气体进行现场组分分析，见表 3 - 2 - 17。

表 3 - 2 - 17　各气室不同气体含量

项目 气室	CO /(μL/L)	HF /(μL/L)	H₂S /(μL/L)	SO₂ /(μL/L)	H₂S （比色）/%	SO₂ （比色）/%	HF （比色）/%
1274 刀闸	458	10.7	283.5	301.4	>0.16	>0.16	0
套管	0	0	0	0	—	—	—
#6 母刀闸	0	0	0	0	—	—	—

从三个气室的测试结果看，唯有 1274 刀闸气室的各项指数严重超标，由此推测该气室内可能存在短路并有过剧烈的大电流放电。

表 3 - 2 - 18　各气室不同气体含量（气相色谱）　　　单位:%

项目 气室	SF₆	CF₄	SOF₂	SO₂F₂	S₂OF₁₀	CO₂
1274 刀闸	99.3844	0.543624	0.001041	0.009413	0.001978	0.029417
套管	99.9819	0.002372	0	0	0	0
#6 母刀闸	—	—	—	—	—	—

为了详细了解故障气室的气体组分，采回气样做了气相色谱分析，并与正常的气室做对比分析，结果如表 3 - 2 - 18 所示。从该表中可知，1274 刀闸气室 SF_6 含量虽没有达到设备投运前的标准（预试没有相应规程），但总体体积含量不低，其相邻的气室的含量也达到标准含量，考虑到该设备已运行了 6 年时间，因此可基本排除气密性不佳的可能性，但其他组分含量均超出了规定水平，其中 CF_4 是当放电缺陷涉及固体绝缘材料时的产物，而固体绝缘材料过热时则会产生 CO_2，且 SO_2F_2 是设备存在放电缺陷的较有力证据，因此该气室中可能存在严重的绝缘缺陷。

2. 解体检查及原因分析

运行单位停电对设备进行了检查，结果表明，华圃站侧 110kV 元华线线路隔离、接地刀闸 GIS 气室存在故障，初步分析为华圃站侧 110kV 元华线 127 开关 CT 侧 127C0 接地刀闸 A、B 相动静触头间绝缘击穿放电引起。该分析故障气室判断结果与 SF_6 气体试验结果相符。解体检查的示意图如图 3 - 2 - 20 所示。

(a) 1274 刀闸气室 CT 侧静触头图 1

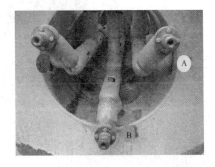

(b) 1274 刀闸气室 CT 侧动触头图 2

(c) 127C0 接地刀闸内部故障图 1

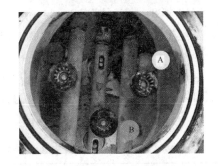

(d) 127C0 接地刀闸内部故障图 2

(e) 1274 刀闸内部故障图 1

(f) 1274 刀闸内部故障图 2

图 3 - 2 - 20 GIS 解体检查示意图

案例五：220kV 变电站开关雷击引起气体含量异常案例分析

2007 年 8 月 13 日，某 220kV 变电站开关保护动作，B 相开关跳闸，后重合成功，运行数十秒后开关再次发生跳闸故障。电气试验未发现明显放电及异常现象。经气体检测发现该开关 B 相 SF_6 气体中 SO_2 和 H_2S 的含量分别大于 $146\mu L/L$ 和 $46\mu L/L$，而 A 相和 C 相正常 SF_6 气体中 SO_2 和 H_2S 的含量都小于 $0.14\mu L/L$，由此判断该开关 B 相发生了故障。后经解体发现，该开关 B 相间隔由于雷击，导致内部绝缘击穿发生电弧放电故障，详见图 3 - 2 - 21。

图 3 - 2 - 21　开关雷击解体照片

案例六：广州供电局 220kV 罗涌站开关雷击引起气体含量异常案例分析

2012 年 8 月 21 日晚 19：44，广州供电局 220kV 罗涌站#3 变高 2203 开关遭受雷击，内部发生故障。试验人员随后开展了相关试验。

1. SF_6 气体组分分析

通过对罗涌站#3 变高 2203 开关进行 SF_6 气体组分测试，发现#3 变高开关 B 相气室 SO_2、H_2S 气体超标，南方电网《电力设备预防性试验规程》(Q/CSG 114002 —2011) 规定 SO_2 不大于 $3\mu L/L$，H_2S 不大于 $2\mu L/L$，开关的实际测量结果如表 3 - 2 - 19 所示。

表 3 - 2 - 19　B 相气体组分测试结果　　　　　　　　　　单位：μL/L

气室	CO	SO_2	H_2S
#3 变高开关 B 相	33.7	86.7	36.6

2. 解体情况

解体发现罗涌站#3 变高 2203 开关动触头侧法兰盘连接片内侧有放电烧蚀点。在圆锥形支撑绝缘子内侧和绝缘拉杆表面上均有大面积的烧黑痕迹，烧黑痕迹可能时由于短路时电弧能力所导致；在动静触头高压导体上发现了大量的白色粉末，在动触头法拉盘上发现大量灰色粉末。其详细解体图见图 3 - 2 - 22。

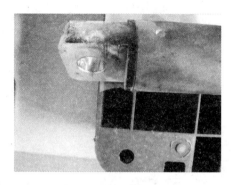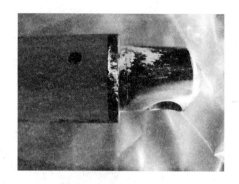

(a)绝缘拉杆高压端 　　　　　　　　　(b)绝缘拉杆低压端

图 3 - 2 - 22　开关解体示意图

四、简要总结

近年来，国内电力行业对气体成分检测技术做了大量的应用研究。通过对现场大量变电站气室设备进行的 SF_6 气体组分分析试验，发现了多起设备缺陷，有效避免了多起事故发生。

检测表明，多起故障设备在发现有较大量杂质气体之后，在随后的设备解体分析中同步证实了相应缺陷的存在。由此证明了，SF_6 气体组分分析测试方法有一定的有效性，实践证明，该技术对高能量放电比较敏感，但是受吸附剂、湿度影响较大，现场检测出现过多次设备内部已经发生严重故障但气体检测没有发现缺陷的案例。因此，该技术目前还不宜作为早期潜伏故障诊断手段，可以作为事故分析重要辅助手段。该方法目前仍在进一步完善中，需要尽快建立并制定统一的国家标准。

第四篇　化学试验安全管理

第一章　六氟化硫气体及毒性

SF_6 气体具有优异的绝缘和灭弧性能。迄今为止，还没有一种介质或混合介质有如此良好的绝缘性能从而完全取代它。

SF_6 气体已有百年历史，它是法国两位化学家 Moissan 和 Lebeau 于 1900 年合成的，1947 年提供商用。当前 SF_6 气体主要用于电力工业中，用于 4 种类型的电气设备作为绝缘或灭弧介质，即 SF_6 断路器及 SF_6 负荷开关设备、SF_6 绝缘输电管线、SF_6 变压器及 SF_6 绝缘变电站。从用气量讲，80% 用于高中压开关设备。

SF_6 气体之所以适用于电气设备，因其主要有如下特性：

(1)强负电性，具有优异的灭弧性能；

(2)绝缘强度高，在大气压力为空气的 3 倍；

(3)热传导性能好且易复合，特别是当 SF_6 气体由于放电或电弧作用出现离解时；

(4)可在小的气罐内储存，这是因为它在室温下加高压易液化的缘故。

第一节　六氟化硫气体与温室效应

1997 年发布的全球变暖《京都议定书》中，将 CO_2 及 SF_6 等 6 种气体列为温室效应气体。在这 6 种气体中，CO_2 对温室效应的影响最大，占 60% 以上。全球每年约排放 CO_2 气体 210 亿 t，而 SF_6 气体对温室效应的影响为最小，约占 0.1%。那么，为什么要将 SF_6 气体列为温室效应气体呢？主要是 SF_6 气体对温室效应有着巨大的潜在危险，其原因有二：一是 SF_6 分子对温室效应潜在影响大，一个 SF_6 分子对温室效应的影响相当于一个 CO_2 分子的 25000 倍；另一个是 SF_6 气体排放在大气中后，寿命特别长，约为 3200 年。这两条原因说明 SF_6 气体具有很大的潜在危险。SF_6 气体每年世界产量 5000 ~ 8000t，其中一半以上用于电力工业。

为了减小 SF_6 气体对温室效应的影响，应从三方面着手，首先 SF_6 开关设备产品在设计时，尽量减少 SF_6 气体的用量，同时要采取严格的密封措施，尽量减少因泄漏而向大气排放。对于用户来说，在设备寿命报废时，不能随意将设备内的 SF_6 气体排入大气，应由制造商回收。气体制造商要从用户那里回收用过的 SF_6 气体，对它加以处理并重新使用。这样形成三者为一体的良性循环系统，有助于减少 SF_6 气体的排放量，也就减少了 SF_6 气体对温室效应的影响。

SF_6 气体被列入温室效应气体，也引起国际电工委员会的极大关注。其实，国际电工委员会早在 1995 年的技术报告 IEC 1634(1994 – 04)中就提到 SF_6 气体对温室效应的影响问题。在高中压开关设备中，高压开关设备的用气量大，而中压 SF_6 开关设备用气量仅为高压设备的 1/10。在高压开关设备中又以 GIS 用气量最大。因此，IEC 要在标准中限制设备的漏气量。如 1999 年 IEC SC 17C/243/INF 文件正式提出了修订 IEC 60517(1990)《额定电压 72.5kV 及以上气体绝缘金属封闭开关设备》，标准修订草案相对 1990 年版本有许多变化。如，将 SF_6 气体密封的允许泄漏率从 3% 或 1% 降低为 0.5%。这就是说，若相对漏气率 1% 而言，修订后要求降低一半，对漏气率更加严格。漏气率的降低，意味着 SF_6 排气量的减少，这就减少了 SF_6 气体对温室效应的影响。如，假设目前气体开关设备现年漏气率为 1%，年排气量为 5000t，加上它一个分子影响倍数为 CO_2 分子的 25000 倍，则相当于 1.25 亿 t CO_2 的泄漏量。若 SF_6 年漏气率为 0.5%，显然将大大减少了 SF_6 气体排放量及对温室效应的影响。

由于各方的努力，SF_6 气体的排放量有了明显减少，根据 Max-Planck 研究所对 1995—1998 年间 SF_6 气体排放量的测定，此间 SF_6 气体排放量下降了 20%。

为了减少 SF_6 气体的用量和排放量，30 多年来人们一直寻找可替代 SF_6 气体的气体或液体介质。在这方面，国际大电网会议做出了努力。为此，1998 年，国际大电网会议就气体绝缘输电管线(GIL)问题，组织第 21/23/33 研究委员会共同讨论。在 2000 年国际大电网会议上又进一步指出，从环境、经济和绝缘观点看，GIL 的最佳气体绝缘为 N_2-SF_6 混合气体，其中 SF_6 占 20%。与纯 SF_6 气体相比，混合气体的雷电冲击耐受水平相同，而交流耐受电压提高了 10%。

在 2000 年国际大电网会议第 15 研究委员会(绝缘材料)也讨论到 SF_6-空气混合气体的使用问题。许多报告指出，用 20%～80% SF_6-空气混合气体作为纯绝缘任务是可行的，但对于断路器中的灭弧需要用纯 SF_6 气体。

因为 GIL 中仅要求绝缘性能，故使用 N_2-SF_6 混合气体占有优势。但在断路器中，用这种混合气体就不经济，因为开断能力会大大下降。目前，利用 20%～80% SF_6 混合气体，西门子公司已研制出 3000MW 以上的气体绝缘输电管线。

第二节 六氟化硫气体及分解物的毒性问题

一、六氟化硫气体的毒性来源

SF_6 气体的毒性主要来自 5 个方面：

(1)产品不纯。

出厂时含高毒性的低氟化硫、氟化氢等有毒气体。目前化工行业制造 SF_6 气体的方法主要是采用单质硫黄与过量气态氟直接化合反应而成：

$$S + 3F_2 \longrightarrow SF_6$$

在合成的粗品中含有多种杂质，其杂质的组成和含量因原材料的纯度、生产设备的材质、工艺条件等因素的影响而有很大差异。一般而言杂质总含量可达 5%，其组成包括：硫氟化合物，如 S_2F_2、SF_2、SF_4、S_2F_{10} 等；硫氟氧化合物，如 SOF_2、SO_2F_2、SOF_4、$S_2F_{10}O$ 等，以及原料中带入的杂质，如 HF、OF_2、CF_4、N_2、O_2 等。为了净化粗品中的杂质，合成后的 SF_6 气体还需要经过水洗、碱洗、热解(去除剧毒的十氟化物)、干燥、吸附、冷冻、蒸馏提纯等一系列净化处理过程才能得到纯度在 99.8% 以上的产品。然后再用压缩机加压，充入降温至 -80℃ 左右的钢瓶中，以液态形式存在。在使用时减压放出，呈气态冲入电气设备中。此外，在气体的充装过程中还可能混入少量的空气、水分和矿物油等杂质，这些杂质均带有或会产生一定的毒性物质。因此，为保证 SF_6 产品的纯度和质量，对出厂的 SF_6 产品国际电工委员会(IEC)及许多国家均制定了质量标准，并要求生产厂家在供货时提供生物试验无毒证明书。

(2)高压设备内的 SF_6 气体在高温电弧发生作用时而产生的某些有毒产物。

电弧作用下 SF_6 气体的分解物，如 SF_4、S_2F_2、S_2F_2、SOF_2、SO_2F_2、SOF_4 和 HF 等，它们都有强烈的腐蚀性和毒性。

(3)设备内的 SF_6 气体分解物与其内的水分发生化学反应而生成某些有毒产物。

(4)设备内的 SF_6 气体及分解物与电极(Cu－W 合金)及金属材料(Al，Cu)反应而生成某些有毒产物。

(5)设备内的 SF_6 气体及分解物与绝缘材料反应而生成某些有毒产物。如与含有硅成分的环氧酚醛玻璃兹布板(棒、管)等绝缘件，或以石英砂、玻璃作填料的环氧树脂浇注件、模压件以及瓷瓶、硅橡胶、硅脂等起化学作用，生成 SiF_4、$Si(CH_3)_2F_2$ 等产物。

SF_6 的化学性质比较稳定，故它的化学性质极不活泼，其惰性与氮气相似。纯 SF_6 在 $500 \sim 600℃$ 温度下亦不分解。

一般在 150℃ 以下，SF_6 不与电气设备中的材料起化学反应；温度超过 150℃ 时，硅钢会促使 SF_6 分解，并有微弱反应；在温度为 $180 \sim 200℃$ 时，SF_6 可与 $AlCl_3$ 生成 AlF_3；温度在 250℃ 左右时，SF_6 可与 SO_3 发生反应：

$$SF_6 + 2SO_3 \longrightarrow 3SO_2F_2$$

在室温下，SF_6 可被无水 HI 定量还原：

$$SF_6 + 8HI \longrightarrow H_2S + 6HF + 4I_2$$

在正常运行的设备中使用 SF_6，很少因 SF_6 的化学性质不稳定而造成事故。

二、六氟化硫气体的安全防护

纯净的 SF_6 气体一般认为无毒。检验方法是用 79% 的 SF_6 与 21% 的 O_2 混合，即用 SF_6 取代空气做动物实验，24h 后无中毒现象。

SF_6 在生产过程中会有少量生成物，其中 S_2F_{10} 认为是有剧毒的，但经过净化处理可以完全消除。纯净的 SF_6 气体虽然无毒，但工作中要防止 SF_6 气体浓度上升到缺氧的水平，即空气中 O_2 的比例不得低于 16%(20% SF_6 和 64% 氮气，16% 的氧气)。美国卫生标准建议，对于工作人员每天工作 8 小时的场所，SF_6 气体的极限浓度为 $1000\mu L/L$，比上面提到的数值(20% SF_6)低过两个数量级以上，是绝对安全的。实际上，其他各国标准中也有相应的规定。

SF_6 气体的密度大约是空气的 5 倍。如果气体有泄漏则将沉积于低洼处，如，在电缆沟等部位，当浓度过大会有使人窒息的危险，因此，在户内通风装置设计时要考虑到这一情况。另外，SF_6 气体通过对流能与空气混合，但速度很慢。气体一旦混合后就形成了 SF_6 气体和空气的混合气体，不会再次分离。

值得说明的是，电弧作用下 SF_6 气体的分解物，如 SF_4、S_2F_2、S_2F_2、SOF_2、SO_2F_2、SOF_4 和 HF 等，它们都有强烈的腐蚀性和毒性，详见表 4－1－1。其中，大多数有毒分解物，如 SOF_2、SOF_2 和 WF_6 等会转化成毒性较小的 HF、SO_2 和 SOF_2。这些气体在很低浓度下就因有刺激性气味而很易被察觉(只有 SO_2F_2 例外,但它总与有臭鸡蛋味的 SOF_4 在一起),加上这些气体能被嗅觉感觉到的浓度又比造成伤害的浓度低两个数量级,所以工作人员能轻易地得到警告,使危险性大为减小。当工作人员接近 SF_6 绝缘设备闻到有刺鼻性的气味时,应立即设法防止吸入气体并迅速离开。

表 4-1-1　SF_6 气体的毒性主要来源气体

化学品	理化性质	健康危害
SF_4	常温下 SF_4 为无色的气体,有类似 SO_2 的刺鼻气味,在空气中能与水分生成烟雾,产生 SOF_2 和 HF,SF_4 气体可用碱液或活性氧化铝(Al_2O_3)吸收	SF_4 气体对肺有侵害作用,影响呼吸系统,其毒性与光气相当。美国标准中(下同)规定空气中 SF_4 气体的极限浓度为 $0.1\mu L/L$
S_2F_2	常温下为无色气体,有毒,有刺鼻气味,通水分能完全水解形成 S、SO_2 和 HF	S_2F_2 对呼吸系统有类似光气的破坏作用。空气中的极限浓度为 $0.5\mu L/L$
SF_2	SF_2 的化学性能极不稳定,受热后性能更加活泼,易水解成 S、SO_2 和 HF。SF_2 气体可用碱液或活性氧化铝吸收	空气中的极限浓度为 $5\mu L/L$
SOF_2	SOF_2 为无色气体,有臭鸡蛋味,化学性能稳定。它与水分反应缓慢,并能快速地为活性氧化铝或活性炭吸附	SOF_2 为剧毒气体,可造成严重的肺水肿,使动物窒息死亡。空气中的极限浓度为 $0.6\sim1\mu L/L$
SO_2F_2	SO_2F_2 为无色无臭气体,化学性能极为稳定,加热到 150℃ 时也不会与水和金属反应。SO_2F_2 不易被活性氧化铝吸收,但可被 KOH 和 NH_4OH 缓慢吸收	SO_2F_2 是一种能导致痉挛的有毒气体。它的危险性在于无刺鼻性气味且不会对眼鼻黏膜造成刺激作用,故发现中毒后往往会迅速死亡。空气中的极限浓度为 $5\mu L/L$
SOF_4	SOF_4 为无色气体,有刺鼻性气味,能被碱液吸收,与水反应会生成 SO_2F_2	SOF_4 是有毒气体,对肺部有侵害作用。空气中的极限浓度为 $0.5\mu L/L$
HF	HF 是酸中腐蚀性最强的物质	对皮肤、黏膜有强烈刺激作用,并可引起肺水肿和肺炎等,空气中的极限浓度为 $1.8\sim3\mu L/L$
S_2F_{10}	常温常压下为无色易挥发液体,系剧毒物质,毒性约为 SOF_2 的 300 倍	S_2F_{10} 主要侵袭肺组织,引起肺出血和肺水肿
AlF_3	白色粉末状,通常吸附了大量的有毒气态分解产物,故应被视为具有强烈腐蚀性和毒性的物质	AlF_3 粉尘可刺激皮肤引起皮疹,对呼吸系统及肺部均有侵害作用
$S_2F_{10}O$	常温常压下为无色易挥发液体,系剧毒物质	剧毒物质,对肺组织强烈侵害作用

检修设备时，不可避免会接触到 SF_6 分解物。另外 SF_6 设备损坏时，如 GIS 由于内部电弧放电使压力释放装置动作或者外壳烧穿时，会有大量 SF_6 气体及其分解物排放到大气中。为了保证检修人员的安全及减少对周围环境造成的影响，应该采取一些必要的预防措施，主要包括：

(1)所有安装有 SF_6 设备的场所内应安装有合适的自然通风或强制通风装置。通风装置应能保证在最坏的条件下，例如有大量的 SF_6 气体及其分解物向外排出时，足以使有毒的分解物稀释到可以容许的程度。在安装场所的入口处，工作人员应能方便地启动通风装置。另外，也可利用 SF_6 的检测装置对部分通风装置实行自动启动。还要防止 SF_6 气体及其分解物进入其他没有通风装置的房间中。

(2)除对检修人员进行安全知识的培训外，还应给检修人员配备合适的保护衣服和鞋袜手套，化学型的工业防护眼镜、防毒面具、有活性过滤器的呼吸保护装置等。为安全起见，检修现场还应配备有氧气呼吸装置的急救设备。

(3)配备真空吸尘器以便清除 SF_6 设备内部存在的分解物。初步清理后，对残留的分解物可用干燥、不起毛的抹布来清除。清扫过程中已被污染的清扫材料及固态分解物都应放在双层的塑料袋中。未经处理不得任意抛弃，以免造成对环境的污染。

SF_6 设备的应用已近50年，国内外已经积累了大量 SF_6 气体方面的知识和经验。只要严格按照国家或制造厂的有关规程进行工作，就能确保设备安全可靠及工作人员人身安全。

第二章 变压器油的化学危害

变压器油主要是由链烷烃、环烷族饱和烃、芳香族不饱和烃等组成的化合物，是由石油经过蒸馏、精炼而获得的一种绝缘性好、冷却性好的碳氢化合物矿物油。

一、变压器油对环境的污染

对于我们赖以生存的环境来讲，1L 废变压器油可污染 100 万 L 的淡水，相当于 14 个人一年的饮水量。由于变压器油是由石油炼制而成，其组分中含有部分石油中携带的有毒物质，如果把变压器油直接倒入土壤，可导致植物死亡，被污染范围内的微生物灭绝。如果变压器油进入饮用水源，1t 废油可污染 1 万 t 饮用水，一大桶（200L）废油流入水体，能造成 3.5km^2 水面的污染。由于油膜的阻断，水中含氧量得不到补充，会直接导致水生动植物的死亡。变压器油中的含氯、含硫、含磷等有机化合物具有很强的毒性，它们残存在土壤或水体中，对人类、生物都将造成致命的危害。

二、变压器油对健康的危害

矿物变压器油中含有多种对于人类自身健康有毒性的物质，此外，还含有少量重金属等危害极大的物质。实验表明，这些有毒物质，通过人体和动物的表皮渗透到血液中，并在体内积累，会导致各种细胞丧失正常的功能，并致癌和致基因突变。

变压器油是一种有机化合物的混合物，其成分中的一些芳香族类化合物对身体有毒害作用，这些物质的蒸气被人吸入时进入人的呼吸道和肺中会导致慢性炎症，长此以往会引起肺纤维化、肺气肿等。通过皮肤接触还会进入血液运行全身，会干扰人的造血系统、神经系统等，导致贫血、血小板减少等，还会有头晕、恶心、食欲不振、乏力等症状，长期无防护措施地接触还可能会引起癌变。

第五篇　化学试验考评试题

第一章 化学基础水平测试

No. 1 试卷

（满分100分，时间2h）

一、填空题（40分，每空2分）

1. 一般化学试剂的品级有：一级试剂、二级试剂、三级试剂、四级试剂；国内标准名称：__优级纯（保证试剂）__、__分析纯__、__化学纯__、__实验试剂__。

2. 1%酚酞的配置方法是：将__1__g酚酞溶于60mL乙醇中，用水稀释至__100__mL，配置100mL甲基橙所用甲基橙质量为__0.1__g，溶剂为__蒸馏水__。

3. 配置500mL 1∶1的氨水，所用浓氨水量为__250__mL，用蒸馏水量为__250__mL；500mL 1∶1的盐酸，所用浓盐酸量为__250__mL，用蒸馏水量为__250__mL。

4. 分析人员在进行称量试样的工作前，必须穿戴好工作服和白细纱手套。称量时，不宜化妆。用电子天平__微量或痕量__称量时，试剂或待测样易受空气中水蒸气的影响或试样本身具有挥发性时，应采用__减量法__称量；待测样品为非吸湿或不变质试样，可采取__直接法__称量；要求准确称取某一指定质量的试样时，所采用的方法为__指定质量称量法__。

5. 待测的样品必须有样品标志，标志内容必须有样品的__编号（或批次）__、__名称__。

6. 分析室用水有三个级别，即一级水、二级水、三级水。用于一般分析化验的三级水可用__蒸馏__或__离子交换__等方法制取。

7. 我国的安全生产方针是安全第一，__预防为主__，综合治理。

8. 全国"安全生产月"是__6__月。

9. 一般灭火器材的使用方法是：__拔下栓子__，按下压把，对住火焰根部喷射。

10. 新员工上岗应掌握的"三会"知识是：（1）会报警；（2）__会使用灭火器__；（3）会逃生自救，掌握各种逃生路线，懂得自我保护。

11. 大多数油料具有易发挥、易流失、__易燃烧__、易爆炸、__有毒__的特性。

二、选择题（20分，每小题2分）

1. P507的化学名称为2－乙基己基膦酸单－2－乙基己基酯，分子式$C_8H_{17}OP(O)C_8H_{17}OH$，它的相对分子质量是（ B ）。

    A. 204　　　　　B. 306　　　　　C. 405　　　　　D. 507

2. EDTA的化学名称是（ A ）。

    A. 乙二胺四乙酸　　　　　　　　B. 乙二胺四乙酸二钠

C. 二水合乙二胺四乙酸二钠   D. 乙二胺四乙酸铁钠

3. 六次甲基四胺缓冲溶液 pH 值为 5.5 左右，其的质量分数为（ D ）。

  A. 5   B. 5%   C. 20   D. 20%

4. 在测定稀土含量时，加入抗坏血酸主要是为了掩蔽（ A ）。

  A. Fe^{3+} B. K^+ C. Ca^{2+} D. Cu^{2+}

5. 数据 2.2250 保留 3 位有效数字是（ A ）。

  A. 2.23   B. 2.33   C. 2.22   D. 2.24

6. 干燥玻璃器皿的方法有（ ABC ）。

  A. 晾干   B. 将外壁擦干后，用小火烤干

  C. 烘箱烘干   D. 用布或软纸擦干

7. 化验室用水稀释硫酸的正确方法是（ D ）。

  A. 将水缓慢加入硫酸中，并不断搅拌

  B. 将水和硫酸缓慢加入另一个容器中，并不断搅拌

  C. 将硫酸倒入水中，搅拌均匀

  D. 将硫酸沿敞口容器壁缓慢加入水中，并不断搅拌

8. 表示安全状态、通行的安全色是（ B ）。

  A. 蓝色   B. 绿色   C. 红色   D. 黄色

9. 适宜扑救液体、可熔固体和气体火灾，以及有机熔剂和设备初起火灾的灭火器种类为（ A ）。

  A. 干粉灭火器   B. 二氧化碳灭火器   C. 1211 灭火器

10. 物料溅在眼部的处理办法是（ C ）。

  A. 用干净的布擦   B. 送去就医   C. 立即用清水冲洗

三、计算题（20 分，每小题 10 分）

1. 配置 1mg/mL 钙标准溶液 1L，定容时过量 1mL 对最终结果的影响有多大？

  答：配置出的钙标准溶液质量浓度为：1000/（1000＋1）＝0.999mg/mL，故定容时过量 1mL 对最终结果的影响是配置的钙标准溶液的质量浓度比实际少 0.001mg/mL。

2. 配置 0.1mol/L 的盐酸标准溶液 10L，所用的盐酸质量分数为 37%，密度 1.19g/mL，理论上所需体积为多少毫升？

  解：设所需体积为 V mL，利用盐酸物质量守恒原理，有等式：

    $10 \times 0.1 = V \times 1.19 \times 37\% \div 36.5$

    解方程有 $V = 82.9$ mL。

  答：理论上所需体积为 82.9mL。

四、简答题（20 分，每小题 10 分）

1. 列举你所了解的分析室用玻璃器皿及基本操作。

  答：分析室用玻璃器皿按名称分类有量器（量杯、量筒、移液管、滴定管、烧杯）、容器（容量瓶、下口瓶、广口瓶）、三角瓶（锥形瓶、碘量瓶）、分离器皿（漏斗）、工具（玻璃棒、试管）等；基本操作有清洗、称量、移液、滴定、计算、记录、误差分析。

2. 度量仪器的洗净程度要求较高，有些仪器形状又特殊，不宜用毛刷刷洗，常用洗液进行洗涤，请简述移液管的洗涤操作步骤。

答：移液管的洗涤先用自来水冲洗，用洗耳球吹出管中残留的水，然后将移液管插入铬酸洗液瓶内，按移液管的操作，吸入约 1/4 容积的洗液，用右手食指堵住移液管上口，将移液管横置过来，左手托住没沾洗液的下端，右手食指松开，平转移液管，使洗液润洗内壁，然后放出洗液于瓶中。如果移液管太脏，可在移液管上口接一段橡皮管，再用洗耳球吸取洗液至管口处，以自由夹夹紧橡皮管，使洗液在移液管内浸泡一段时间，拔除橡皮管，将洗液放回瓶中，最后依次用自来水和纯水洗净。

No. 2 试卷

（满分 100 分，时间 2h）

一、选择题（注意选择题里有单选择和多选择答案，共计 40 分，每空 2 分）

1. 化验室（或实验室）的定义是（ D ）。
   A. 化验室是进行化学分析的场所
   B. 化验室是进行物理化学分析的场所
   C. 化验室是什么都能分析测试的场所
   D. 化验室是人类认识自然、改造自然，进行实验的场所

2. 已知某数据测量结果的绝对误差为 1g，测量结果的平均值为 20g，其结果的相对误差是（ A ）。
   A. 5%　　　　　　　B. 10%　　　　　　　C. 4%　　　　　　　D. 3%

3. 在进行仪器设备操作，还未做好以下哪项工作以前，千万不要开动机器（ B ）。
   A. 通知主管　　　　　　　　　　　B. 检查所有安全部位是否安全可靠
   C. 仪器清洁　　　　　　　　　　　D. 仪器设备摆放

4. 有些压力表常在刻度盘上刻有的红色标线是表示（ B ）。
   A. 最低工作压力　　　　　　　　　B. 最高工作压力
   C. 中间工作压力　　　　　　　　　D. 不表示什么意义

5. 气瓶在使用过程中，下列哪项操作是不正确的？（ A ）
   A. 当高压气瓶阀冻结时，用敲击或用火烤的方法将冻阀敲开或解冻
   B. 当瓶阀冻结时，可以用毛巾浸热水包裹瓶阀解冻
   C. 要慢慢开启瓶阀
   D. 当瓶阀冻结时，不能用火烤

6. 个体防护用品只能作为一种辅助性措施，不能被视为控制危害的（ B ）。
   A. 可靠手段　　　　　B. 主要手段　　　　　C. 有效手段　　　　　D. 无效手段

7. 精密仪器着火时，可以使用下列（ AB ）灭火。
   A. 四氯化碳灭火器　　　　　　　　B. 1211 和二氧化碳灭火器
   C. 水或泡沫灭火器　　　　　　　　D. 沙土

8. 化验室理化分析中经常有加热操作。实际工作中若不明了这些基本知识，必然出现差错，甚至造成化验事故。而使用的玻璃仪器有可加热的和不可加热的两类。请问下面

哪种玻璃仪器可在电炉上加热使用？（ CD ）

  A. 量筒、量杯
  B. 容量瓶、试剂瓶
  C. 烧杯、烧瓶
  D. 蒸馏瓶

9. 安全"四懂四会"的内容是（ AB ）。

  A. 一懂本岗位的火灾危险性，二懂预防火灾的措施，三懂灭火的方法，四懂自救逃生办法

  B. 一会报警，二会使用灭火器材，三会扑救初起火灾，四会组织疏散逃生

  C. 一懂本岗位安全操作规程，二懂预防火灾的措施，三懂灭火的方法，四懂自救逃生办法

  D. 一会报警，二会使用灭火器材，三会扑救初起火灾，四会脱离危险区

10. 氢气单独存在时比较稳定，但因相对分子质量和密度小，极易从微孔漏出。而且它漏气扩散速度很快，易和其他气体混合。因此，要检查氢气导管或连接部位是否漏气，最简便的检漏方法是用（ A ）检查漏气现象。

  A. 肥皂泡
  B. 水
  C. 明火
  D. 嗅觉

11. 用分析天平称量样品时，其称量误差来源有哪些？（ ABCD ）

  A. 称量时样品吸水，天平和砝码的影响
  B. 环境因素的影响
  C. 空气浮力的影响
  D. 操作者自身造成的影响

12. 容量分析方法主要误差来源是：（ AB ）

  A. 滴定误差
  B. 读数误差
  C. 水平误差
  D. 人为误差

13. 标准物质及标准溶液是（ A ）。

  A. "已确定其一种或几种特性，用于校准测量器具、评价测量方法或确定材料特性量值的物质"，"用标准物质标定或配制的已知浓度的溶液"

  B. "已确定其一种或几种特性，用于校准测量器具"，"用标准物质标定或配制的已知浓度的溶液"

  C. "用评价材料特性量值的物质"，"用标准物质标定或配制的已知浓度的溶液"

  D. "用于校准测量器具、评价测量方法或确定材料特性量值的物质"，"已知浓度的溶液"

14. 化验室中常用的分析天平是（ABC）的仪器。

  A. 利用杠杆原理
  B. 分度值在1mg以下
  C. 用于直接测量物质质量
  D. 确定物质含量

15. 实验中，误差的来源有（ AB ）几种。

  A. 系统误差，随机误差
  B. 方法误差，过失误差
  C. 外来误差
  D. 其他误差

16. 准确度及不确定度是（ A ）。

  A. "多次测量值的平均值与真值的接近程度"，"表征被测定的真值处在某个数值范围的一个估计"

  B. "一次测量值与真值的接近程度"，"表征被测定的真值处在某个数值范围的一个估计"

C. "测量值的平均值与真值的接近程度"，"表征被测定均值的一个估计"

D. "多次测量值的平均值与真值的差"，"表征被测定值处在某个数值范围的一个估计"

17. 精密度及重复性是（ A ）。

A. "在确定条件下重复测定的数值之间相互接近的程度"，"同一条件下相继测定的一系列结果之间相互接近的程度"

B. "在不同条件下重复测定的数值之间相互接近的程度"，"同一条件下相继测定的一系列结果之间相互接近的程度"

C. "重复测定的数值之间相互接近的程度"，"相继测定的结果之间相互接近的程度"

D. "两种重复测定的数值之间相程度"，"同一条件之间相互接近的程度"

18. 办公器具或家具的油漆和装修材料中的有机物挥发出的（ B ）气体对人体有害。

A. 烯、炔、氯化氢　　　　　　　　B. 苯、甲醛、酚

C. 醚、醇、二氧化碳　　　　　　　D. 乙醇、乙烷汽油

19. 化学药品溅在眼部的处理办法是（ C ）。

A. 用干净的布擦　　B. 送去就医　　C. 立即用清水冲洗

20. 任何电气设备在未验明无电之前，一律认为（ A ）。

A. 有电　　　　B. 无电　　　　C. 可能有电　　　　D. 可能无电

二、判断题（根据题面判断；正确的请在括号内打"√"，错误的打"×"，共计60分，每空3分）

21. 现代化实验室要具备实验教学功能、科学研究功能、技术开发和社会服务四大功能。（ √ ）

22. 有效数字的修约，要遵循"四舍六入五成双"规则。因此下面六组数据的数字修约的表示方法对吗？（ √ ）

(1)0.32554→0.3255；　　　　　　(2)0.6236→0.624；

(3)10.2150→10.22；　　　　　　(4)150.65→150.6；

(5)75.5→76；　　　　　　　　　(6)16.0851→16.08

23. 已知某数据测量结果的绝对误差为2g，测量结果的平均值为20g，则计算测量结果的相对误差是9%。（ × ）

24. 石油产品或化学试剂的闪点是指在规定条件下，加热到它的蒸气与火焰接触发生瞬间闪火时的最低温度。因此，一般将闪点在25℃以下的化学试剂被列入易燃化学试剂。（ √ ）

25. 化验用玻璃仪器在使用前和使用后，可以不用立即清洗，等待再使用时用蒸馏水冲洗几次就可以，这样不会对分析结果造成影响。（ × ）

26. 若化验品种多、项目杂，不可能每测一个指标固定使用一套专用仪器，往往交替使用，而对使用的仪器又不经过严格清洗或清洁度检验，必然引起试剂间的交替污染，从而影响检验结果的准确性。（ √ ）

27. 化验室中经常大量使用强酸或强碱试剂，在使用前一定要了解接触到这些腐蚀性化学试剂的急救处理方法。如酸或碱液溅到皮肤上或衣物上，就要马上用大量水冲洗等。（ √ ）

28. 化验室经常使用的压缩气体有氢气、氮气、氨气、氩气、氧气和压缩空气等。因气体压缩后贮于耐压钢瓶内，都不具有危险性。钢瓶在运输中不同气体钢瓶可以混装，受热或在太阳下曝晒甚至同库储存也是很安全的。（×）

29. 化验室经常使用易燃液体，按其性质其闪点有高有低之分。闪点＜28℃的有石油醚、汽油、甲醇、乙醇、苯、正乙烷等；而闪点为29～45℃有煤油等。一般闪点越低，危险性越小；闪点越高，危险性越大。（×）

30. 在操作氧气瓶时，要求氧气瓶禁止与油脂接触。操作者不能穿有油污过多的工作服，不能用手沾油、油手套和油工具接触氧气瓶及附件，减压器不能沾油或油污。（√）

31. 安全"三能、四知、五熟悉"的内容是：（√）
一能进行防火宣传；二能遵守各种防火安全制度，按照操作规章进行作业；三能及时扑救初起火灾。
一知本单位消防基本情况，二知本单位重点消防部位，三知火险隐患，四知消防责任制度。
一熟悉防火责任人，二熟悉专职防火员，三熟悉消防组织，四熟悉生产(储存)物品的性质，五熟悉火险隐患。

32. 通常情况下，在加热玻璃容器时，不将容器放在石棉网上，而直接将容器置于电炉上直接加热，将使容器受热不均匀，甚至于爆裂。（√）

33. 按试剂纯度来划分，化验室常用的试剂有基准试剂、优级纯试剂、分析纯试剂、化学纯试剂、实验试剂、高纯试剂和标准物质七种。（√）

34. 通常毒物侵入人体有三条途径，即通过呼吸道侵入人体、通过消化道侵入人体、通过皮肤和黏膜吸收侵入人体。（√）

35. 在化学分析中，常依照下面的规定来确定物质量范围：（√）
(1)常量分析：是对被测物质大于0.1g以上的试样进行的分析；
(2)半微量分析：是对被测物质在10～100mg范围试样进行的分析；
(3)微量分析：是对被测物质在1～10mg范围试样进行的分析；
(4)超微量分析：是对被测物质在1mg以下的试样进行的分析；
(5)痕量分析：是对被测组分的含量小于0.01%的分析；
(6)超痕量分析：是对被测组分的含量小于0.001%的分析。

36. 下面的几种分析方法是化验室经常使用的方法吗？（√）
(1)化学分析：是表示对物质的化学组成进行以化学反应为基础的定性或定量的分析方法；
(2)仪器分析：是表示使用声、光、电、电磁、热、电热、放射性等测量仪器进行的分析方法；
(3)定性分析：是表示为检测物质中原子、原子团、分子等成分的种类而进行的分析；
(4)定量分析：是表示为检测物质中化学成分的含量而进行的分析。

37. 分光光度计也是化验室常用仪器，其原理是利用光波测量介质对不同波长的单色光吸收程度的仪器。它是由光源、单色器、吸收池、接收器和测量系统五个部分组成。（√）

38. 用于测量压力的压力表(包括有真空压力表、标准压力表、电接点压力表和普通压力

268

表等)只要视值相对准确,指针不偏离零点时,压力表是可以不用每年检定的,其测量值对最终结果不会造成影响。(　✕　)

39. 计量器具是指可单独或与辅助设备一起,用以直接确定被测对象量值的器具或装置。(　✓　)

40. 容量分析方法主要误差来源是:滴定误差和读数误差。(　✓　)

No. 3 试卷
(满分 100 分,时间 2h)

一、选择题(每题 2 分,共计 30 分)

1. 滴定分析的相对误差一般要求达到 0.1%,使用常量滴定管耗用标准溶液的体积应控制在(　C　)。
   A. 5~10mL　　　　B. 10~15mL　　　　C. 20~30mL　　　　D. 15~20mL

2. 滴定分析中,若试剂含少量待测组分,可用于消除误差的方法是(　B　)。
   A. 仪器校正　　　　B. 空白试验　　　　C. 对照分析

3. 某产品杂质含量标准规定不应大于 0.033,分析 4 次得到如下结果:0.034、0.033、0.036、0.035,则该产品为(　B　)。
   A. 合格产品　　　　B. 不合格产品

4. $NaHCO_3$ 纯度的技术指标为≥99.0%,下列测定结果哪个不符合标准要求?(　C　)
   A. 99.05%　　　　B. 99.01%　　　　C. 98.94%　　　　D. 98.95%

5. 用 15mL 的移液管移出的溶液体积应记为(　C　)。
   A. 15mL　　　　B. 15.0mL　　　　C. 15.00mL　　　　D. 15.000mL

6. 某标准滴定溶液的浓度为 0.5010 $mol \cdot L^{-1}$,它的有效数字是(　B　)。
   A. 5 位　　　　B. 4 位　　　　C. 3 位　　　　D. 2 位

7. 物质的量单位是(　C　)。
   A. g　　　　B. kg　　　　C. mol　　　　D. mol /L

8. (　C　)是质量常用的法定计量单位。
   A. 吨　　　　B. 公斤　　　　C. 千克　　　　D. 压强

9. 配制 HCl 标准溶液宜取的试剂规格是(　A　)。
   A. HCl(AR)　　　　B. HCl(GR)　　　　C. HCl(LR)　　　　D. HCl(CP)

10. 各种试剂按纯度从高到低的代号顺序是(　A　)。
    A. GR > AR > CP　　　　　　　　B. GR > CP > AR
    C. AR > CP > GR　　　　　　　　D. CP > AR > GR

11. 直接法配制标准溶液必须使用(　A　)。
    A. 基准试剂　　　B. 化学纯试剂　　　C. 分析纯试剂　　　D. 优级纯试剂

12. 某溶液主要含有 Ca^{2+}、Mg^{2+} 及少量 Al^{3+}、Fe^{3+},今在 pH = 10 时加入三乙醇胺后,用 EDTA 滴定,用铬黑 T 为指示剂,则测出的是(　A　)。
    A. Mg^{2+} 的含量　　　　　　　　B. Ca^{2+}、Mg^{2+} 的含量
    C. Al^{3+} +、Fe^{3+} 的含量　　　　　D. Ca^{2+}、Mg^{2+}、Al^{3+}、Fe^{3+} 的含量

13. 标定盐酸标准溶液的基准物质是（ A ）。
    A. 无水碳酸钠　　　　B. 硼砂　　　　C. 草酸　　　　D. 邻苯二钾酸氢钾　　　　E. 氧化锌

14. 在滴定分析中，一般利用指示剂颜色的突变来判断化学计量点的到达，在指示剂颜色突变时停止滴定，这一点称为（ C ）。
    A. 化学计量点　　　　B. 理论变色点　　　　C. 滴定终点　　　　D. 以上说法都可以

15. 往 AgCl 沉淀中加入浓氨水，沉淀消失，这是因为（ D ）。
    A. 盐效应　　　　B. 同离子效应　　　　C. 酸效应　　　　D. 配位效应

二、填空题（每空 3 分，共计 30）

1. 酸性缓冲溶液一般是由　__弱酸__　和　__弱酸盐__　两种物质组成，碱性缓冲溶液一般由　__弱碱__　和　__弱碱盐__　两种物质组成。

2. 在常温时，常用酸碱指示剂中，甲基红变色范围（pH）为　__4.4 ～ 6.2__　，其酸色为　__红__　，碱色为　__黄__　。酚酞的变色范围（pH）为　__8.2 ～ 10.0__　，其酸色为　__无色__　，碱色为　__粉红色__　。

三、判断题（每题 4 分，共计 40 分）

1. 在酸碱滴定中，用错了指示剂，不会产生明显误差。（ × ）

2. EDTA 与金属离子配合时，不论金属离子是几价，大多数都是以 1:1 的关系配合。（ √ ）。

3. 从高温电炉里取出灼烧后的坩埚，应立即放入干燥器中予以冷却。（ × ）

4. H_2SO_4 是二元酸，因此用 NaOH 滴定有两个突跃。（ × ）

5. 盐酸和硼酸都可以用 NaOH 标准溶液直接滴定。（ × ）

6. 强酸滴定弱碱达到化学计量点时 pH > 7。（ × ）

7. 使用直接碘量法滴定时，淀粉指示剂应在近终点时加入；使用间接碘量法滴定时，淀粉指示剂应在滴定开始时加入。（ × ）

8. 汽油等有机溶剂着火时不能用水灭火。（ √ ）

9. 可在电烘箱中蒸发盐酸。（ × ）

10. 在实验室常用的去离子水中加入 1 ～ 2 滴酚酞，则呈现红色。（ × ）

No. 4 试卷

（满分 100 分，时间 2h）

一、选择题（每题 2 分，共计 30 分）

1. 使用碱式滴定管正确的操作是（ B ）。
   A. 左手捏于稍低于玻璃珠近旁　　　　B. 左手捏于稍高于玻璃珠近旁
   C. 右手捏于稍低于玻璃珠近旁　　　　D. 右手捏于稍高于玻璃珠近旁

2. 在 1mol/L HAc 的溶液中，欲使氢离子浓度增大，可采取（ D ）方法。
   A. 加水　　　　B. 加 NaAc　　　　C. 加 NaOH　　　　D. 0.1mol/L HCl

3. 用 25mL 吸管移出溶液的准确体积应记录为（ C ）。
   A. 25mL　　　　B. 25.0mL　　　　C. 25.00 mL　　　　D. 25.000mL

4. 酸碱质子理论中,碱定义为(C)。
   A. 凡是能提供质子的物质就是碱　　　　B. 凡是能接受质子的物质就是碱
   C. 凡是能提供电子的物质就是碱　　　　D. 凡是能接受电子的物质就是碱

5. 下列仪器中,使用前需用所装溶液润冲的是(B)。
   A. 容量瓶　　　B. 滴定管　　　C. 移液管　　　D. 锥形瓶

6. 指出下列滴定分析操作中,规范的操作是(A)。
   A. 滴定之前,用待装标准溶液润洗滴定管三次
   B. 滴定时摇动锥形瓶有少量溶液溅出
   C. 在滴定前,锥形瓶应用待测液淋洗三次
   D. 滴定管加溶液不到零刻度1cm时,滴加到弯月面最下端与"0"刻度相切

7. 原始记录中不应出现的内容之一是(D)。
   A. 唯一性编号　　B. 检验者　　　C. 复核者　　　D. 审批者

8. 下列气体中,既有毒性又具可燃性的是(C)。
   A. O_2　　　B. N_2　　　C. CO　　　D. CO_2

9. 在称量分析中,对于晶形沉淀,要求称量形式的质量一般为(C)。
   A. $0.1\sim0.2g$　　B. $0.2\sim0.3g$　　C. $0.3\sim0.5g$　　D. $0.5\sim0.6g$

10. 配制好的HCl需贮存于(C)中。
    A. 棕色橡皮塞试剂瓶　　　　B. 白色橡皮塞试剂瓶
    C. 白色磨口塞试剂瓶　　　　D. 塑料瓶

11. 将称量瓶置于烘箱中干燥时,应将瓶盖(C)。
    A. 横放在瓶口上　　B. 盖紧　　　C. 取下　　　D. 任意放置

12. 下列仪器中可在沸水浴中加热的有(D)。
    A. 容量瓶　　　B. 量筒　　　C. 比色管　　　D. 三角烧瓶

13. 在碘量法中,淀粉是专属指示剂,当溶液呈蓝色时,这是(C)。
    A. 碘的颜色　　　　　　　　B. I^-的颜色
    C. 游离碘与淀粉生成物的颜色　　D. I^-与淀粉生成物的颜色

14. 配制I_2标准溶液时,是将I_2溶解在(B)中。
    A. 水　　　B. KI溶液　　　C. HCl溶液　　　D. KOH溶液

15. 实验室安全守则中规定,严禁任何(B)入口或接触伤口,不能用(B)代替餐具。
    A. 食品,烧杯　　B. 药品,玻璃仪器　C. 用品,烧杯　　D. 食品,玻璃仪器

二、填空题(每空3分,共计30)

1. 影响沉淀纯度的因素有 <u>共沉淀现象</u> 和 <u>后沉淀现象</u> 。

2. 标定氢氧化钠标准溶液,工作基准品为 <u>邻苯二甲酸氢钾</u> ,需要在 <u>105</u> ℃温度下烘干至恒重。

3. 标定盐酸标准溶液,工作基准品为 <u>无水碳酸钠</u> ,需要在 <u>270～300</u> ℃温度下烘干至恒重。

4. 一般标准溶液常温下保存时间不超过 <u>2个月</u> ,当溶液出现浑浊、沉淀、颜色变化等现象时,应重新制备。

5. 化学试剂分为五个等级，其中 GR 代表__优级纯__，AR 代表__分析纯__，CP 代表__化学纯__。

三、判断题（每题 4 分，共计 40 分）

1. 由于 $KMnO_4$ 性质稳定，可作基准物直接配制成标准溶液。（ × ）

2. 由于 $K_2Cr_2O_7$ 容易提纯，干燥后可作为基准物直接配制标准液，不必标定。（ × ）

3. 玻璃器皿不可盛放浓碱液，但可以盛氢氟酸外的酸性溶液。（ √ ）

4. 分析天平的稳定性越好，灵敏度越高。（ × ）

5. 在记录原始数据的时候，如果发现数据记错，应将该数据用一横线划去，在其旁边另写更正数据。（ × ）

6. 碘量瓶主要用于碘量法或其他生成挥发性物质的定量分析。（ √ ）

7. 在酸性溶液中 H^+ 浓度就等于酸的浓度。（ × ）

8. 在滴定分析中，滴定终点与化学计量点是一致的。（ × ）

9. 变色范围全部在滴定突跃范围内的酸碱指示剂可用来指示滴定终点。（ × ）

10. 配制 NaOH 标准溶液时，所采用的蒸馏水应为去 CO_2 的蒸馏水。（ √ ）

第二章　电力化学试验技能测试

第一节　油务员初级工题库

一、判断题

1. 0.2430 是四位有效数字。（ √ ）

2. 影响溶液溶解度的因素有溶质和溶剂的性质、溶液温度。（ √ ）

3. 凡是有极性键的分子都是极性分子。（ × ）

4. 用质量浓度为 300g/L 的食盐溶液 A 和 100g/L 的食盐溶液 B 配制成 150g/L 的食盐溶液，所用的 A、B 两种溶液的质量比为 3:1。（ × ）

5. 烃是由碳、氢、磷、硫等元素组成的有机化合物。（ × ）

6. 含有 16 个及以上碳原子的烷烃为液体。（ × ）

7. 工业盐酸显淡黄色主要因为其中含有铁离子杂质。（ √ ）

8. 对于冷、热和含有挥发性及腐蚀性的物体，不可放在天平称量。（ √ ）

9. 氢氧化钠溶液应储存在塑料瓶中。（ √ ）

10. 干燥器的盖子放在台子上时，应当磨口向下。（ × ）

11. 被称药品可以直接放在天平上。（ × ）

12. 滴定管读数时，对于无色或浅色溶液，视线应与其弯月形液面下缘最低点成水平。（ √ ）

13. 倒取试剂时，应手握瓶签一侧，以免试剂滴流侵蚀瓶上标签。（ √ ）

14. 使用具塞滴定管，转动活塞时不要向外拉或往里推。（ √ ）

15. 滴定管读数时应双手持管，保持与地面垂直。（ × ）

16. 滴定分析中不一定需要标准溶液。（ × ）

17. 每瓶试剂必须标明名称、规格、浓度和配制时间。（ √ ）

18. 温度不是影响玻璃量器准确度的因素之一。（ × ）

19. 变压器油的牌号是根据倾点划分的。（ × ）

20. 从油桶中取样应从油桶的中部取样。（ × ）

21. 对桶装进口油与国产油在取样要求上无区别。（ √ ）

22. 采用真空滤油不能滤除油中的水分。（ × ）

23. 当浓酸溅到衣服上时，应先用水冲洗，然后用 20g/L 稀碱中和，最后再用水冲洗。（ √ ）

24. 氧气瓶用的减压器压力表应由两个表头组成，一个指示氧气瓶中的压力，一个指示氧

气减压后的压力。（ √ ）

25. 滴定管、移液管和容量瓶的标称容量一般是指 15℃时的容积。（ × ）

26. 在石油中，碳、氢两种元素主要以单质形式存在。（ × ）

27. 石油及石油产品的密度通常比 1g/L 大。（ × ）

28. 变压器油与断路器油的分类方法是相同的。（ × ）

29. 石油产品及石油的密度与其组成无关。（ × ）

30. 石油及石油产品的密度与相对密度无区别。（ × ）

31. 水分在变压器油中存在只有一种形式。（ × ）

32. 在常温常压下，纯净的 SF_6 气体是无色、无味、无毒的可燃气体。（ × ）

33. 油中烃类物质抗氧化能力最强的是环烷烃。（ × ）

34. 纯净的 SF_6 气体是有毒的。（ × ）

35. 黏度指数是衡量油品黏度随温度变化特性的一个恒定量。（ × ）

36. 石油产品的密度是根据阿基米德定律来测定的。（ √ ）

37. 油品的黏温特性是指油品的黏度随温度升高而降低，随温度降低而增高的性质。（ √ ）

38. 温度升高，油品密度增大。（ × ）

39. 动力黏度与运动黏度是同一数值的两种表述。（ × ）

40. 选用变压器时，对其黏度性质无要求。（ × ）

41. 环烷基油最显著的性能是黏温特性。（ × ）

42. 变压器油的防劣措施之一是添加"T501"抗氧化剂。（ √ ）

43. 随着油品的逐渐老化，油品的酸值将会上升，pH 值将会下降。（ √ ）

44. 在滴定试验中，滴定终点和理论终点并不一致。（ √ ）

45. 色谱仪长期不用时，不需要经常启动仪器，否则易造成仪器损坏。（ × ）

46. 测定油品闪点、燃点时，不需要进行大气压校正。（ × ）

47. 大气压对闪点的测定无影响。（ × ）

48. 恩氏黏度计的水值测定是在 25℃条件下测定的。（ × ）

49. 温度对击穿电压的影响不大。（ × ）

50. 只要是优级试剂都可作基准试剂。（ × ）

51. 油品的酸值就是油中水溶性酸的数值。（ × ）

52. 毛细管黏度计可以任意选用。（ × ）

53. 测定微量水分对实验室的湿度没有要求。（ × ）

54. 压力过滤机能有效地除去废油中的杂质、水分，并且还能脱除气体。（ × ）

55. 环境保护中的"三废"是指废水、废气、废渣。（ √ ）

56. 采用闭口杯法测定燃油闪点时，当试样的水分超过 0.05% 时，必须脱水。（ √ ）

57. 油品取样器皿必须清洁无杂质颗粒，如有可能至少用油样冲洗一次。（ √ ）

58. 油品闭口闪点测定过程中，点火器的火焰直径为 3～4mm。（ √ ）

59. 在油品酸值测定过程中，使用的氢氧化钾乙醇溶液 3 个月内不用标定。（ × ）

60. 测定油品运动黏度时，对毛细管的选择使用无要求。（ × ）

61. 测定油品的闪点时，应先点火而后观察温度计。（ × ）

62. 色谱仪的热导检测器是质量型检测器，而氢焰检测器为浓度型检测器。（ × ）

63. 更换微量水分电解液卡尔费休试剂的操作，可以不在通风柜内进行。（ × ）

64. 测定油中水分对环境温度与湿度无要求。（ × ）

65. 测定油品界面张力时，如果仪器清洗不干净或有外界污染物存在，则测得的界面张力值偏低。（ √ ）

66. 测定闭口闪点时，杯内所盛的油量多，测得结果偏高。（ × ）

67. 测定酸值的过程中，加入乙醇溶液的作用是萃取油中的酸性物质。（ √ ）

68. 测定油中水分时，为控制好回流速度，按要求使冷凝管斜口的液体滴下速度为每秒 4～6 滴。（ × ）

69. 测定黏度较大的渣油中水分前，为使油充分混匀，在试验前要将试样预先加热到 105～110℃，再摇匀。（ × ）

70. 油品进行闪点试验时，加热出的混合气体对人体无害。（ × ）

71. 测定燃油中水分时，可直接用普通电炉加热蒸馏瓶。（ × ）

72. 运行变压器油的酸值不应小于0.4。（ × ）

73. 电力工作人员接到违反《电业安全工作规程》的命令，应拒绝执行。（ √ ）

74. 发现有人触电，应立即进行急救。（ × ）

75. 当强酸、碱溅到皮肤上时，应先用大量清水冲洗，再分别用 0.5% 的碳酸氢钠或 1% 的稀醋酸清洗，然后送医院急救。（ √ ）

76. 化学试剂通常要按酸类、碱类、盐类和有机试剂分别存放。（ × ）

77. 使用电气工具时，不准提着电气工具的导线或转动部分。（ √ ）

78. 只有含有单独苯环的烃才是芳香烃。（ × ）

79. 机械设备使用了润滑油或润滑脂，就不会发生磨损了。（ × ）

80. 电荷有正负两种，带有电荷的两个物体之间有作用力，且同性相吸，异性相斥。（ × ）

81. 欧姆定律确定了电路中电阻两端的电压与通过电阻的电流同电阻三者之间的关系。（ √ ）

82. 绘图比例1:20，表示图纸上尺寸 20mm 长度在实际机件中长度为 400mm。（ √ ）

83. 取机械油的探油器可以接着取变压器油。（ × ）

84. 25 号变压器油的凝点不应高于 -25℃。（ √ ）

85. 柴油中混入汽油，则柴油的闪点温度降低。（ √ ）

86. SF_6 气体的压力变化是按理想气体的规律来变化的。（ × ）

87. SF_6 气体的化学性质非常稳定，在空气中不燃烧、不助燃，为惰性气体。（ √ ）

88. 变压器油在变压器与油开关中所起的作用是相同的。（ √ ）

89. SF_6 气体，具有优越的绝缘和灭弧性能。（ √ ）

90. 中华人民共和国计量法规定的计量单位是国际单位制计量单位和国家选定的单位。（ √ ）

91. 化验室内的一切用电设备的绝缘、线路、开关等，都应按期检查。（ √ ）

92. 蒸馏法测油中水分时，蒸馏瓶必须加入一些碎瓷片或玻璃珠。（ √ ）

二、单选题

1. 下列溶液中需要避光保存的是(B)。
   A. KOH   B. KI   C. KCl   D. KIO

2. 用元素符号表示物质分子组成的式子叫(B)。
   A. 化学式   B. 分子式   C. 方程式   D. 化合物

3. 有 $pH = 2.00$ 和 $pH = 4.00$ 的两种溶液等体积混合后，其 pH 是(A)。
   A. 2.3   B. 2.5   C. 2.8   D. 3.2

4. 使用分光光度法测定时，应选择(D)波长才能获得最高灵敏度。
   A. 平行光   B. 互补光   C. 紫外光   D. 最大吸收峰

5. 化学分析中的滴定终点是指滴定过程中(A)改变的点。
   A. 指示剂颜色   B. pH 值   C. 溶液浓度   D. 溶液电位

6. 在下列烃类中，化学稳定性最差的是(D)。
   A. 链烷烃   B. 芳香烃   C. 环烷烃   D. 不饱和烃

7. 在开启苛性碱桶及溶解苛性碱时均需戴(D)。
   A. 手套、口罩、眼镜   B. 口罩、眼镜
   C. 手套、眼镜   D. 橡胶手套、口罩、眼镜

8. 在使用有挥发性的药品时，必须在(A)进行，并应远离火源。
   A. 通风柜内   B. 室外   C. 化验室内   D. 通风处

9. 溶液的 pH 值每相差一个单位，相当于溶液中的氢离子浓度相差(A)倍。
   A. 10   B. 5   C. 1   D. 0

10. 适用于一般分析和科研工作的分析试剂的标签颜色为(B)。
    A. 绿色   B. 红色   C. 蓝色   D. 黄色

11. 使用分析天平时，为了(B)，加减砝码和取放物体必须停止天平。
    A. 防止天平盘的摆动   B. 减少玛瑙刀口的磨损
    C. 增加天平的稳定性   D. 使天平尽快达到平衡

12. 在用标称为 5.0mL 的移液管取溶液时正确的排液方法是(C)。
    A. 用嘴吹气加压排液   B. 移液管垂直，让其自然流出
    C. 让移液管尖端按规定等待时间顺沿流出   D. 任意流出

13. 容量瓶的用途为(C)。
    A. 贮存标准溶液   B. 量取一定体积的溶液
    C. 将准确称量的物质准确地配成一定体积的溶液   D. 转移溶液

14. 下面玻璃量器中属于量入式量器的是(D)。
    A. 滴定管   B. 吸管   C. 量筒   D. 容量瓶

15. 在 SF_6 被电弧分解的产物中，(B)毒性最强，其毒性超过光气。
    A. SF_4 B. S_2F_{10} C. S_2F_2 D. SO_2

16. 我国国家标准规定石油及其产品在(C)℃时的密度为标准密度。
    A. 0   B. 10   C. 20   D. 40

17. 石油主要由(C)两种元素组成。

　　A. 碳和氧　　　　　B. 碳和氮　　　　　C. 碳和氢　　　　　D. 氢和氮

18. 变压器油牌号分类，根据（ B ）的不同划分为 10 号、25 号、45 号三种牌号。

　　A. 运动黏度　　　　B. 凝固点　　　　　C. 闪点　　　　　　D. 界面张力

19. 下列项目中，（ A ）不是纯净的 SF_6 气体的特性。

　　A. 有毒　　　　　　B. 无色　　　　　　C. 无臭　　　　　　D. 无味

20. 下列不属于变压器油化学特性的性能是（ D ）。

　　A. 成分特性　　　　B. 中和值　　　　　C. 氧化稳定性　　　D. 凝固点

21. 下列因素中，（ C ）是影响变压器寿命的主要因素。

　　A. 铁芯　　　　　　B. 绕组　　　　　　C. 绝缘　　　　　　D. 油箱

22. 变压器油的牌号是根据（ C ）划分的。

　　A. 闪点　　　　　　B. 黏度　　　　　　C. 凝点　　　　　　D. 倾点

23. 下列项目中，（ C ）不是常温常压下 SF_6 的物理性质。

　　A. 无色　　　　　　B. 无味　　　　　　C. 有毒　　　　　　D. 密度比空气大

24. 在运行中变压器的绝缘油溶解气体分析中，氢气含量的注意值应不大于（ D ）μL/L。

　　A. 100　　　　　　　B. 50　　　　　　　C. 200　　　　　　　D. 150

25. 电解法测定油中微量水分的分析方法属于（ B ）。

　　A. 光电比色法　　　B. 库仑分析法　　　C. 电位分析法　　　D. 分光光度计法

26. 按照色谱固定相与流动相的不同状态，色谱分成（ B ）种类型。

　　A. 2　　　　　　　　B. 4　　　　　　　　C. 3　　　　　　　　D. 1

27. 用作色谱柱中的固定相"TDX"所代表的物质是（ D ）。

　　A. 分子筛　　　　　B. 硅胶　　　　　　C. 活性炭　　　　　D. 碳分子筛

28. 采集样品必须具有（ B ），这是保证结果真实的先决条件。

　　A. 多样性　　　　　B. 代表性　　　　　C. 合法性　　　　　D. 合理性

29. 对油质劣化产物及可溶性极性杂质反应敏感的检测项目是（ B ）。

　　A. 闪点　　　　　　B. 界面张力　　　　C. 凝固点　　　　　D. 密度

30. 对变压器油油中溶解气体浓度规定的状态是（ B ）。

　　A. 25℃、101.3kPa　　　　　　　　　　B. 20℃、101.3kPa

　　C. 50℃、101.3kPa　　　　　　　　　　D. 40℃、101.3kPa

31. 在变压器油色谱分析中，色谱峰半峰宽是以（ B ）作单位表示。

　　A. cm　　　　　　　B. min　　　　　　　C. mV　　　　　　　D. mA

32. 油品取样容器为（ A ）mL 磨口具塞玻璃瓶。

　　A. 500～1000　　　B. 250～500　　　　C. 1000～2000　　　D. 150～250

33. 采用为库仑分析法属于（ D ）分析法。

　　A. 化学　　　　　　B. 色谱　　　　　　C. 物理　　　　　　D. 电化学

34. 测定油品酸值的 KOH 乙醇标准溶液不应储存时间太长，一般不超过（ D ）。

　　A. 1 个月　　　　　B. 2 个月　　　　　C. 半年　　　　　　D. 3 个月

35. 采用闭口杯法测定变压器油闪点时，在试样温度到达预期闪点前 10℃时，对于闪点低于 104℃的试样每经（ A ）℃进行点火试验。

　　A. 1　　　　　　　　B. 2　　　　　　　　C. 4　　　　　　　　D. 5

36. 石油产品闭口闪点测定法中，油杯要用（ C ）洗涤，再用空气吹干。
　　A．柴油　　　　　B．煤油　　　　　C．无铅汽油　　　D．重油

37. 变压器油油中溶解气体分析用油样，在采集后在保存期一般不超过（ B ）天。
　　A．1　　　　　　B．4　　　　　　C．7　　　　　　D．10

38. 在油品开口闪点测定法中，点火器的火焰长度，应预先调整为（ B ）。
　　A．1～2mm　　　B．3～4mm　　　C．5～6mm　　　D．7～8mm

39. 测定油品酸值时，配制的氢氧化钾乙醇溶液用（ D ）标定。
　　A．硫酸　　　　　B．盐酸　　　　　C．磷酸　　　　　D．邻苯二甲酸氢钾

40. 从一批25桶变压器油中取样时，按规定应取（ B ）桶才有足够的代表性。
　　A．3　　　　　　B．4　　　　　　C．8　　　　　　D．10

41. 在水溶性酸比色测定法中，两个平行测定结果之差，不应超过（ B ）个 pH 值。
　　A．0.05　　　　B．0.1　　　　　C．0.2　　　　　D．0.3

42. 根据试验温度选用毛细管黏度计，对内径0.4mm的黏度计，试样流动时间不得少于（ A ）。
　　A．350s　　　　B．200s　　　　C．400s　　　　D．150s

43. 测试闪点时加热速度要严格控制，如果过快（ A ）。
　　A．测试结果偏高　　B．测试结果偏低　　C．测试结果变化不大

44. 同一种油品的开口闪点与闭口闪点相比（ A ）。
　　A．其闪点值高　　B．其闪点值低　　C．二者基本上相等

45. 测试击穿电压时，一般是电极距离越大，则击穿电压（ A ）。
　　A．越高　　　　　B．越低　　　　　C．不变

46. 在油中水分测定中，取样不得在相对湿度大于（ D ）的情况下进行。
　　A．40%　　　　　B．50%　　　　　C．60%　　　　　D．70%

47. 测定油品运动黏度时，要求温度变化范围不超过（ C ）℃。
　　A．±0.01　　　B．±0.05　　　C．±0.1　　　　D．±0.5

48. 试验绝缘油的绝缘强度所用的油杯两电极间的距离为（ B ）。
　　A．2mm　　　　　B．2.5mm　　　C．3mm　　　　　D．5.0mm

49. 在做油中酸值测定时，所用的溴百里香酚蓝（BTB）指示剂的加入量应为（ B ）mL。
　　A．0.1　　　　　B．0.2　　　　　C．0.5　　　　　D．1

50. 进行酸值测定煮沸5min的目的之一是将油中的（ C ）用乙醇萃取出来。
　　A．无机酸　　　　B．无机碱　　　　C．有机酸　　　　D．有机碱

51. 测定酸值应先排除（ B ）对酸值的干扰。
　　A．乙醇　　　　　B．二氧化碳　　　C．氧气　　　　　D．氮气

52. 测定运行中变压器油水溶性酸的试验用水必须是（ A ）。
　　A．除盐水　　　　B．蒸馏水　　　　C．纯净水　　　　D．自来水

53. 油品在使用过程中，油质劣化一般分为（ B ）阶段。
　　A．2　　　　　　B．3　　　　　　C．4　　　　　　D．5

54. 油品劣化的连锁反应一般分为（ B ）阶段。
　　A．2　　　　　　B．3　　　　　　C．4　　　　　　D．5

55. 下列项目中，能证明油品发生化学变化的项目是（ D ）。

    A. 密度 　　　　　 B. 闪点 　　　　　 C. 黏度 　　　　　 D. 酸值

56. 影响绝缘油击穿电压的主要因素是（ A ）。

    A. 油中含杂质或水分 　　　　　　　　 B. 油中含酸值高

    C. 油中含氢气偏高 　　　　　　　　　 D. 油中含一氧化碳偏高

57. 油中总烃的相对产气速率大于（ A ）时应引起注意。

    A. 0.1 　　　　　 B. 0.05 　　　　　 C. 0.15 　　　　　 D. 0.0785

58. 在变压器油油质劣化过程中起加速作用的影响因素是（ B ）。

    A. 水分 　　　　　 B. 震动与冲击 　　　　 C. 铜、铁 　　　　 D. 纤维素材料

59. 进行油泥析出试验所使用的正庚烷、石油醚，应保证其中不含有（ D ）烃。

    A. 烷 　　　　　 B. 环烷 　　　　　 C. 不饱和 　　　　 D. 芳香

60. 进入变电站，在运行中主变压器上取油样，应填写（ B ）工作票。

    A. 第一种 　　　　 B. 第二种 　　　　 C. 带电 　　　　 D. 不须填写工作票

61. 国标中规定，新变压器油的酸值不应大于（ A ）mg/g。

    A. 0.03 　　　　　 B. 0.1 　　　　　 C. 0.2 　　　　　 D. 0.3

62. 国家标准中规定运行中变压器油的酸值不高于（ A ）mg/g。

    A. 0.1 　　　　　 B. 0.3 　　　　　 C. 0.01 　　　　　 D. 0.03

63. 氮气瓶的颜色是（ B ）。

    A. 红色 　　　　　 B. 黑色 　　　　　 C. 白色 　　　　　 D. 蓝色

64. 下列不适合电气设备着火灭火的灭火器类型为（ B ）。

    A. 二氧化碳 　　　 B. 泡沫 　　　　　 C. 四氯化碳 　　　 D. 1211

65. 若发现有人触电，应立即（ B ）。

    A. 对触电者进行人工呼吸 　　　　　　 B. 切断电源

    C. 胸外心脏按压 　　　　　　　　　　 D. 将触电者送往医院

66. 若发现有人一氧化碳中毒，应立即（ A ）。

    A. 将中毒者移离现场至空气新鲜处 　　 B. 将中毒者送往医院

    C. 让病人吸氧 　　　　　　　　　　　 D. 打 120 报警

67. 安全带试验的时间为（ C ）min。

    A. 4 　　　　　　 B. 6 　　　　　　 C. 5 　　　　　　 D. 3

68. 下列用品中，（ A ）不属于一般安全用具。

    A. 手套 　　　　　 B. 安全带 　　　　 C. 护目眼镜 　　　 D. 标示牌

69. 浓酸一旦溅入眼睛内，首先应采取（ D ）办法进行急救。

    A. 0.5% 的碳酸氢钠溶液清洗 　　　　　 B. 2% 稀碱液中和

    C. 1% 醋酸清洗 　　　　　　　　　　　 D. 清水冲洗

70. 下列气体中，既有毒性又有具有可燃性的是（ C ）。

    A. O_2 　　　　　 B. N_2 　　　　　 C. CO 　　　　　 D. CO_2

71. 按照有效数字的规则，28.5 + 3.74 + 0.145 应等于（ D ）。

    A. 32.385 　　　　 B. 32.38; 　　　　 C. 2.39 　　　　　 D. 32.3

72. 下列变压器油溶解气体分析的组成中，不属于气态烃的是（ B ）。

    A. 甲烷 　　　　　 B. 一氧化碳 　　　 C. 乙烯 　　　　　 D. 乙烷

73. 在下列物质中，介电常数最高的是（ B ）。
    A. 空气　　　　　B. 纯水　　　　　C. 矿物油　　　　　D. 纸

74. 变压器油在下列设备中，主要起绝缘作用的设备是（ C ）。
    A. 变压器　　　　B. 电抗器　　　　C. 套管　　　　　D. 油开关

75. SF₆ 的灭弧能力约为空气的（ C ）倍。
    A. 10　　　　　　B. 50　　　　　　C. 100　　　　　D. 1000

76. 在交流电电路中，电压和电流的（ C ）随时间按一定的规律变化。
    A. 周期　　　　　B. 频率　　　　　C. 方向和大小　　D. 大小

77. 我们使用的照明电电压 220V，这个值是交流电的（ A ）。
    A. 有效值　　　　B. 最大值　　　　C. 恒定值　　　　D. 瞬时值

78. SF₆ 气体具有较高绝缘强度的原因之一是（ B ）。
    A. SF₆ 气体具有电负性弱，吸引电子能力不强
    B. SF₆ 气体具有很强的电负性，吸引电子的能力也强
    C. SF₆ 气体的电负性一般，吸引电子的能力也一般
    D. SF₆ 气体的电负性很强，但吸引电子的能力较弱

79. SF₆ 的击穿电压在均匀电场中比在不均匀电场（ A ）。
    A. 高　　　　　　B. 低　　　　　　C. 相等

80. SF₆ 气体中混有不纯或导电微粒时，其绝缘强度（ B ）。
    A. 不受影响　　　B. 降低　　　　　C. 升高

81. 在下列颜色中，不是安全色的颜色是（ D ）。
    A. 绿色　　　　　B. 黄色　　　　　C. 蓝色　　　　　D. 紫色

82. 压力的法定计量单位是（ B ）。
    A. atm(大气压)　　　　　　　　　B. Pa(帕)
    C. mmHg(毫米汞柱)　　　　　　　D. kgf/cm(千克力每平方厘米)

83. 用碱蓝 6B 法测定油品酸值时，每次滴定从停止回流至滴定完毕所用的时间不得超过（ B ）min。
    A. 1　　　　　　B. 3　　　　　　C. 5　　　　　　D. 8

三、简答题

1. 法拉第电解定律的内容是什么？
   答：(1)电流通过电解质溶液时，电极反应产物的质量与通过的电量成正比。(2)相同的电量通过各种不同的电解质溶液时，每个电极上电极反应产物的质量同它们摩尔质量成正比。

2. 天平的灵敏度与感量有什么区别与联系？
   答：(1)天平的灵敏度是指一盘中每增减 1mg 质量时，指针所位移的格数。(2)天平的感量是指指针每位移 1 格，盘中应增减的毫克数。(3)天平的灵敏度与天平的感量是互为倒数的关系。

3. 简述油品添加剂的种类。
   答：(1)抗氧化添加剂；(2)黏度添加剂；(3)降凝剂；(4)防锈添加剂；(5)抗泡沫添

加剂；(6)破乳化剂。

4. 变压器内热解气体传质过程包含几个方面？

答：(1)热解气体气泡的运动与交换；(2)热解气体的析出与逸散；(3)热解气体的隐藏与重现。

5. 变压器油的物理特性包括哪些？

答：(1)黏度；(2)密度；(3)凝固点；(4)闪点；(5)界面张力。

6. 在油质试验方法中，常规分析包含几种试验？各举出三例。

答：(1)物理性能试验，如闪点、苯胺点、密度等测定。(2)化学性质试验，如氧化安定性、酸值、苛性钠等试验。(3)电气性能试验，如析气性、体积电阻率、介质损耗因数等试验。

7. 变压器油的功能有哪些？

答：(1)绝缘作用；(2)散热冷却作用；(3)灭弧作用；(4)保护铁芯和线圈组件的作用；(5)延缓氧对绝缘材料的侵蚀。

8. 什么是烧伤，它有哪些危险性？

答：(1)被火烧伤、油品烫伤，以及接触高温物体、化学药品电流放射线及有毒气体等，从而引起的人体受伤，统称为烧伤。(2)主要危险性是使人体损失大量水分，烧伤后容易引发并发症。此外被化学品烧伤，可引发身体中毒等。

9. 什么叫可燃物的爆炸极限？

答：可燃气体或燃粉与空气混合，当可燃物达到一定浓度时，遇到明火就会发生爆炸。遇明火爆炸的最低浓度叫爆炸下限，最高浓度叫上限。浓度在爆炸上下限都能引起爆炸。这个浓度范围叫该物质的爆炸极限。

10. 油中水分常用的测定方法有哪些？

答：(1)水分定性测定法；(2)水分测定蒸馏法；(3)微量水分库仑法；(4)微量水分气相色谱法。

11. 常用油中含气量测定有哪些方法？

答：(1)二氧化碳洗脱法；(2)真空脱气法；(3)真空压差法；(4)薄膜真空脱气法；(5)气相色谱法。

12. 色谱分析中"三快""三防"指的是什么？

答：(1)"三快"是指进针要快、准，推针要快，取针要快。(2)"三防"是指防漏出气样、防样气失真、防操作条件变化。

13. 配制碱蓝 6B 指示剂应注意什么？

答：(1)指示剂要称准至 0.01g。(2)不得直接在电炉上加热回流。(3)回流时间不得超过 1h，且要经常搅拌。(4)回流冷却后，一定要过滤。(5)用盐酸中和一定要趁热。(6)酸、碱用量要掌握好。(7)注意指示剂颜色变化。

14. 色谱分析中进样操作有哪些注意事项？

答：(1)进样量：进样时应保持峰高或峰面积与进样量呈线性关系，因此进样量不能太大，否则会造成"超载现象"。(2)进样时间：进样时间过长，会降低柱效率，进样时间越短越好，注射器进样要做到"三快"。(3)进样装置：设计应合理，体积小，注意其气密性，防止漏出样品气。

15. 简述色谱分析进样用注射器的注意事项。
答：(1)注射器使用前要进行严密性检查。(2)要防止柱前压大冲出注射器芯。(3)避免视差影响，采用注射器定量卡子。(4)减少注射器死体积影响，用样气冲洗注射器。(5)防止进样后漏气，及时更换进样口硅胶垫。(6)进样时做到"三快"：进针快、推针快、取针快。

16. 何为油品的黏度？通常有几种表示方法？
答：液体受外力作用移动时，液体分子间产生内摩擦力的性质，称为黏度。黏度通常表示方法如下：(1)动力黏度；(2)运动黏度；(3)条件黏度。

17. 在哪些情况下必须进行滤油？
答：(1)新油在装入设备前。(2)运行油中发现水分和油泥。(3)新油或使用中的旧油注入油罐时。(4)用化学方法进行油再生前。(5)油再生前。

18. 什么叫试油的机械杂质？
答：指存在于油品中所有不溶于溶剂的沉淀状或悬浮状物质。这些物质多由砂子、黏土、铁屑粒子等组成，也包括一些不溶于溶剂的有机成分。

19. 石油产品的炼制工艺程序及目的是什么？
答：(1)原油的预处理：去除原油中的水分、机械杂质及盐类。(2)油的蒸馏与分馏：得到不同温度范围的馏分。(3)油的精制：去除油中有害成分。(4)脱蜡：改善油品低温流动性能。(5)油的调制：添加添加剂，改善油品特殊指标。

20. 我国在新变压器油方面有哪些标准？
答：(1)《变压器油标准》。(2)《超高压变压器油标准》。(3)《断路器油标准》。(4)《电容器油标准》。(5)《电缆油标准》。

21. 气相色谱分析对检测器有何要求？
答：(1)灵敏度高、线性范围宽。(2)工作性能稳定、重现性好。(3)对操作条件变化不敏感，噪声小。(4)死体积小、响应快，响应时间一般应小于1s。

22. 在色谱分析中，何谓分辨率与分离度？
答：(1)分辨率又称分辨度，它等于相邻两组分色谱峰保留值之差与此两峰峰底宽度总和之半的比值。(2)分离度是指相邻的两个色谱峰中，小峰峰高和两峰交点的高度之差与小峰峰高的比值。

23. 在色谱分析中，实现热导检测的条件有哪些？
答：(1)欲测物质具有与载气不同的热导率。(2)敏感元件(钨丝或半导体热敏电阻)的阻值与温度之间存在一定的关系。(3)利用惠斯通电桥测量。

24. 色谱分析具有哪些优点？
答：(1)分离效能高；(2)分析速度快；(3)样品用量少；(4)灵敏度高；(5)适用范围广。

25. 如何测定未知油样的凝固点？
答：(1)首先按预先假设的凝固点进行测定。(2)发现液面有移动现象时，采用比预定值低4℃重新测定。(3)发现液面没有移动现象时，采用比预定值高4℃重新测定。(4)找出凝固点范围后，就采用比移动点低2℃或比不移动点高2℃进行测定。(5)重复测定，直至某一点能使液面不移动，而提高2℃又能液面移动为止，确定此点即为凝固点。

26. 测定凝固点当温度达到预期的凝固点时应注意什么？

答：(1)冷却剂的温度必须恒定。(2)将仪器倾斜45°，须保证油应浸没在冷却剂内。(3)倾斜保持1min，迅速取出试管，用乙醇擦净外壁。(4)透过套管观察液面情况。

27. 在油品分析中，如何判定酸值的滴定终点？

答：(1)碱蓝6B法：加入指示剂后，试油呈蓝色，逐渐滴入氢氧化钾至快到终点时，在蓝色中出现红色，随着氢氧化钾的不断滴入，红色增多，试油呈蓝紫色，最后变成红色。判断时以蓝色刚消失显全红色为终点。对某些老化油，若蓝色消退后不显红色，则以滴定至蓝色明显消退时为终点。(2)BTB法：适用于颜色较深油的酸值测定。加入指示剂后，试油呈黄色，随着氢氧化钾的不断滴入，试油蓝色增多，最后变成蓝绿色。判断时以蓝绿色刚出现为终点(BTB指示剂在碱性溶液中为蓝色，因试油带色的影响，其终点颜色为蓝绿色)。

28. 在进行微量水分分析时，若阴极溶液失效，会发生什么情况？

答：(1)基准值不稳，重现性差。(2)达到终点需要的时间较长。(3)溶液变得发黑和黏稠，可能会黏附在阴极上。

29. 测定油品凝点时应注意哪些事项？

答：(1)严格控制冷却速度。(2)试油第一次实验后，必须重新预热至规定的温度。(3)控制冷却剂的温度，比试油预期的凝点低$7 \sim 8℃$。(4)测定凝点的温度计在试管内的位置必须固定牢靠。

30. 简述氢火焰检测器的检测过程？

答：燃烧用的氢气与柱出口流出物混合经喷嘴一道喷出，在喷嘴上燃烧，助燃用的空气由离子室下部进入，均匀分布于火焰周围。由于在火焰附近存在着由收集极和发射极所构成的静电场，当被测样品分子进入氢火焰时，燃烧过程生成的离子，在静电场作用下作定向移动形成离子流，通过高阻取出，经微电流放大，将信号送至记录仪记录。

31. 简述容量瓶如何检漏？

答：加水至刻度，将瓶口、瓶塞擦干，将塞塞紧，以手轻压瓶塞，反复颠倒10次，使瓶口向下，每次颠倒停留时间不少于10s，检查是否有水从瓶口渗出。

32. 如何安全使用酒精灯？

答：(1)不能在点燃的情况下添加酒精。(2)两个酒精灯不允许相互点燃。(3)熄灭时应用灯罩盖灭。(4)酒精注入量不得超过灯容积的2/3。

33. 使用甘汞电极应注意什么？

答：(1)甘汞电极下端瓷芯不能堵塞。(2)注意补充内参比溶液，使其不低于内参比电极的甘汞糊状物。

34. 使用玻璃电极应注意什么？

答：(1)必须在有效期内。(2)小心碰撞，以防破碎。(3)表面应无污物、锈点。(4)内电极与球泡之间不能有气泡存在。

35. 使用有毒、易燃或有爆炸性的药品应注意什么？

答：使用这类药品时要特别小心，必要时要戴口罩、防护镜及橡胶手套；操作时必须在通风良好的地方进行，并远离火源；接触过的器皿应彻底清洗。

36. 有毒、易燃、易爆物品如何存放？

答：凡是有毒、易燃、易爆的化学药品不准存放在化验室的架子上，应储放在隔离的房间和柜内，或远离厂房的地方，并有专人负责保管，易爆物品、剧毒药品应有两把钥匙分别由两人保管，使用和报废药品应有严格的管理制度。对有挥发性的药品也应存放在专门的柜内。

37. 色谱油样在保存和运输过程中有哪些要求？

答：(1)色谱样品保存不能超过 4 天。(2)油样和气样保存必须避光、防尘。(3)运输过程中应尽量避免剧烈震动。(4)空运时要避免气压变化。(5)保证注射器芯干净无卡涩、破损。

38. 酸值测定为什么要煮沸 5min 且滴定不能超过 3min？

答：(1)为了驱除二氧化碳的干扰。(2)趁热滴定可以避免乳化液对颜色变化的识别。(3)有利于油中有机酸的抽出。(4)趁热滴定为了防止二氧化碳的二次干扰。

39. 取色谱分析油样一般应注意什么？

答：(1)放尽取样阀中残存油。(2)连接方式可靠，连接系统无漏油或漏气缺陷。(3)取样前应将取样容器、连接系统中空气排尽。(4)取样过程中，油样应平缓流入容器。(5)对密封设备在负压状态取样时，应防止负压进气。(6)取样过程中，不允许人为对注射器芯施加外力。(7)从带电设备和高处取样，注意人身安全。

40. 测定油品水溶性酸碱的注意事项有哪些？

答：(1)试样必须充分摇匀，并立即取样。(2)所用溶剂、蒸馏水、乙醇都必须为中性。(3)所用仪器都必须保持清洁、无水溶性酸碱等物质残存或污染。(4)加入的指示剂不能超过规定的滴数。(5)pH 缓冲溶液应配制准确，且放置时间不宜过久。

41. 使用注射器做油(气)采样容器时应注意什么？

答：(1)一般选用 100mL 的全玻璃注射器。(2)选用时应通过严密性试验。(3)使用前注射器应清洗干净并烘干。(4)注射器芯能自由滑动，无卡涩。(5)取样后，保持注射器的清洁，注意防尘、破损。

42. 遇到有人触电应如何急救？

答：遇到有人触电时，应立即切断电源，使触电人脱离电源。如果开关不在近旁，应使用不导电的东西把触电人身上的电线拉开，使触电人脱离电源。如果在高空工作，抢救时必须注意防止高空坠落。

43. 遇到哪些情况不能用水灭火？

答：(1)没有切断电源的电器着火。(2)凡遇水分解，产生可燃气体和热量的物质着火。(3)比水轻且不与水混溶的易燃液体着火。

44. 电缆着火应如何扑救？

答：(1)首先立即切断电源。(2)救火人员应戴防毒面具、绝缘手套并穿绝缘靴。(3)防止空气流通。(4)使用干粉灭火器、1211 灭火器、二氧化碳灭火器。(5)也可用干沙、黄土灭火，用水时，应使用喷雾水枪。

45. 消防方面的"三懂""三会"具体内容是什么？

答：(1)懂本岗位的火灾危险性；懂预防火灾的措施；懂扑救火灾的方法。(2)会处理险肇事故；会扑救初级火灾；会报警。

46. 如何确定三极管的类型？

答：将万用表转换开关拨到电阻档，用其中的一只红表笔与其中的任意一角接触，另一只黑表笔与另外两角分别接触。如果两次电阻值很近，且很小时，表明为 PNP 管；如果两次电阻值很近，且很大时，表明为 NPN 管。

47. 触电人脱离电源后，应如何抢救？

答：(1)触电人神志清醒时，应将触电人抬到通风良好的地方观察。(2)触电人呼吸停止，应采用口对口、摇臂人工呼吸法。(3)触电人心跳停止时，采用胸外心脏按压人工呼吸法。(4)触电人呼吸、心跳都停止时，采用胸外心脏按压与口对口法联合抢救。

48. 如何正确使用和保管绝缘手套？

答：(1)使用前应检查有无漏气或裂口等。(2)应将外衣袖口放入手套的伸长部分。(3)使用后必须擦干净，单独存放。(4)每半年作一次试验，不合格的禁用。

49. 使用安全带有哪些注意事项？

答：(1)使用安全带前应进行外观检查，有无破损变形等情况。(2)安全带应高挂低用或平行拴挂。(3)安全带不宜接触高温、明火、酸类及有锐角的坚硬物质和化学药品。(4)每一年作一次试验，不合格的禁用。

50. 什么叫标准溶液？什么叫试油的闪点？

答：在分析化学中，滴定或比色所用的已经准确知道其浓度的溶液，称为标准溶液。试油在规定的条件下加热，直到它的蒸气与空气的混合气接触火焰发生闪火时的最低温度，称为闪点。

51. 什么叫试油的恩氏黏度？

答：试油在规定的条件下，以恩氏黏度计流出 200mL 与蒸馏水在 20℃ 流出 200mL 所需时间的比称为恩氏黏度。

52. 在滴定分析中，怎样正确读取滴定管的读数？

答：(1)在读数时，应将滴定管垂直夹在滴定管夹上，并将管下端悬挂的液滴除去。(2)透明液体读取弯月面下缘最低点处，深色液体读取弯月面上缘两侧最高点。(3)读数时，眼睛与液面在同一水平线上，初读与终读应同一标准。(4)装满溶液或放出溶液后，必须等一会在读数。(5)每次滴定前，液面最好调节在刻度 0 左右。

53. 滴定管使用前应做哪些准备工作？

答：(1)滴定管必须清洗干净。(2)仔细检查有无渗漏情况。(3)装入溶液前，先用蒸馏水清洗后用溶液清洗。(4)先放出部分溶液，而后检查滴定管内是否存在气泡。(5)调整液面至零点。

四、识绘图题

1. 绘出绝缘油密封取样冲洗连接管路示意图。

答：绝缘油密封取样冲洗连接管路示意图如下：

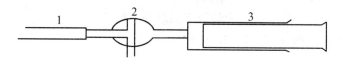

2. 绘出绝缘油密封取样排空注射器示意图。

答：排空注射器示意图如下：

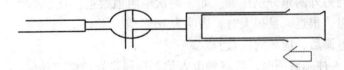

五、计算题

1. 90g 水相当于多少摩尔水？

解：$n(H_2O) = 90/18 = 5mol$

答：90g 水相当于 5mol。

2. 已知，绝缘油被击穿时的击穿电压为 4kV，电极间的距离为 0.1m，求该油样的绝缘强度。

解：$E = \dfrac{U}{100 \times d} = \dfrac{4}{100 \times 0.1} = 0.4kV/cm$

答：油样的绝缘强度为 0.4kV/cm。

3. 将 220V、100W 的两只灯泡串联，仍接在 220V 电路中，每只灯泡的功率是多少？

解：设灯泡电阻为 R，

则其功率为：$P = \dfrac{U^2}{R} = 100W$

串联后每只灯泡电压为：$U' = \dfrac{R}{(R+R) \times U} = \dfrac{1}{2}U$

串联后每只灯泡功率为：$P' = \dfrac{U'^2}{R} = \dfrac{1}{4R}U^2 = 25W$

4. 如图所示，已知电阻 $R_1 = 6\Omega$，$R_2 = 4\Omega$，$U = 100V$，求电阻 R_1、R_2 上的电压 U_1、U_2。

解：总电阻 $R = R_1 + R_2 = 10\Omega$

总电流 $I = \dfrac{U}{R} = \dfrac{100}{10} = 10A$

$U_1 = IR_1 = 10 \times 6 = 60V$

$U_2 = IR_2 = 10 \times 4 = 40V$

答：电阻 R_1、R_2 上的电压 U_1、U_2 分别是 60V、40V。

5. 计算 0.0121 + 25.64 + 1.05782 的结果。

解：(1) 首先以小数点后位数最少的数字为基准，修约。

(2) 原式变为 0.01 + 25.64 + 1.06 = 26.71

答：结果为 26.71。

6. 如图所示，已知三相负载阻抗相同，且 PV2 表读数 U_2 为 380V，那么 PV1 表的读数 U_1 是多少？

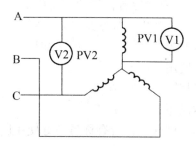

解：$U_1 = \dfrac{U_2}{\sqrt{3}} = \dfrac{380}{\sqrt{3}} = 220V$

答：电压表 PV1 的读数为 220V。

7. 某次试验测定一物质为 5.8540g，其真实数值为 5.8542g，求测定的相对误差。

解：相对误差 $= \dfrac{(5.8540 - 5.8542)}{5.8542} \times 100\% = -0.034\%$

答：测定的相对误差为 -0.034%。

8. 已知一个电阻丝的功率为 4kW，连接在 220V 电压上，现将该电阻丝对折并联起来，仍连接在原来的电路中，那么电路的中功率为多少？

解：设原来电阻值为 R，电路电压为 U，

则原电阻功率为 $P = \dfrac{U^2}{R}$

对折后的电阻值为 $R' = \left[\dfrac{R}{2}\right]^2 \dfrac{1}{R} = \dfrac{1}{4}R$

对折后的总功率为 $P' = \dfrac{U^2}{R'} = 4P = 16kW$

答：电路的总功率为 16kW。

第二节　油务员中级工题库

一、判断题

1. "物质的量"是量的名称，它的单位名称是摩尔(或毫摩、微摩)，单位符号用 mol 或 mmol、μmol 表示。（ √ ）

2. 分子和原子的主要区别是：分子可以构成物质，原子不行。（ × ）

3. 采用空白试验可以消除试剂和器皿带来杂质的系统误差。（ √ ）

4. 准确度是测定值与真实值之间相符合的程度，可用误差表示，误差越小准确度越高。（ √ ）

5. 精密度表示各次测定结果的平均值与真实值之间的相互接近程度。（ × ）

6. 随机误差的分布遵从正态分布规律。（ √ ）

7. 质量分析法不需要用标准试样或基准物质作比较。（ √ ）

8. 必须将热电偶定期送到计量部门进行检定，否则会引起测量误差。（ √ ）

9. 所有的天平和砝码都应定期强制检定合格后使用。（ √ ）

10. 干燥器上的磨口面要涂抹凡士林以增加密封性。（ √ ）

11. 容量瓶是用来做滴定反应的容器，可以直接用来加热。（ × ）

12. 容器瓶的口和塞可以互换使用。（ × ）

13. 重复测定与平行测定含义相同。（ × ）

14. 平行试验是为了消除偶然误差。（ √ ）

15. 为了减少误差，在进行同一试验时，所有称量最好使用同一天平。（ √ ）

16. 只要是优级纯试剂都可作基准物。（ × ）

17. 分析天平及其他精密仪器应定期校正。（ √ ）

18. 氢氧化钾乙醇溶液吸收空气中的二氧化碳生成碳酸钾沉淀，该沉淀可溶于水。（ √ ）

19. 试样中铁含量的两次平行测定结果是 0.045% 和 0.046%，则平均值为 0.045%。（ × ）

20. 毛细管黏度计的常数需要用已知黏度的标准液进行定期校正。（ √ ）

21. 沉淀过滤、洗涤采用倾泻法，洗涤的原则是少量多次，尽量沥干。（ √ ）

22. 使用酸度计测定油品的 pH 值，比目视比色测定的结果约偏高 0.2。（ √ ）

23. 用对照分析法可以校正由仪器不够准确所引起的误差。（ √ ）

24. 当表示温度间隔或温差时，摄氏度（℃）与开尔文（K）是一致的。（ √ ）

25. 配制溴甲酚绿的 pH 值为 5.4。（ √ ）

26. 凡是有极性键的分子都是极性分子。（ √ ）

27. 水分在变压器油中与绝缘纸中是一种平衡状态。（ √ ）

28. 非烃化合物的存在，可对设备产生腐蚀，或降低油品稳定性。（ √ ）

29. 变压器、断路器、汽轮机油同属于 L 类同一组类别中。（ × ）

30. 润滑油中含有单环环烷烃多，则黏温性能好。（ √ ）

31. 变压器油中芳香烃含量越多越好。（ × ）

32. 电力用油选用环烷基石油比较好。（ √ ）

33. 变压器油的运行温度越高，油中水分向纸中扩散得越多，因此油中含水量降低。（ × ）

34. 润滑油中的芳香烃的适量存在，能起到天然抗氧化剂的作用。（ √ ）

35. 油品中，各种烃类溶解水的能力不同，一般链烷烃、环烷烃溶解水的能力比芳香烃强。（ √ ）

36. 油品的颜色愈浅，说明其精制程度及稳定性愈好。（ √ ）

37. 机械杂质就是表征存在于油品中所有不溶于溶剂（如汽油、苯等）的沉淀状的或悬浮状的物质。（ √ ）

38. 运行温度是影响油品寿命的重要因素之一。（ √ ）

39. 油品中水分的含量与油品的温度无关。（ × ）

40. 油中的水分含量越大，油的击穿电压越高。（ × ）

41. 油品的表面张力随温度的升高而升高。（ × ）

42. 含烷烃多的原油，其密度比含芳香烃多的原油大。（ × ）

43. 石油产品的密度与质量成正比，与体积成反比。（ √ ）

44. 溶解水是呈分子状的水，靠分子间存在的诱导力与分散力溶解于油中。（ √ ）

45. 随着溶液浓度的提高，对某一波长范围的光吸收也越强。（ √ ）

46. 亨利定律阐明了气液平衡下，溶质气体的分压与溶液中气体浓度的关系。（ √ ）

47. 测定油品酸值时，指示剂的加入量无限制。（ × ）

48. 油品的电阻率随油品温度的升高而降低。（ √ ）

49. 变压器油的国际标准检验项目中以倾点值表示油品的低温性能。（ √ ）

50. 介质损耗随温度的变化与介质结构无关。（ × ）

51. 用比较溶液颜色的深浅来测定溶液中该种有色物质浓度的测定方法称为目视比色法。（ √ ）

52. 色谱是一种分离技术。（ √ ）

53. 测定酸值的氢氧化钾乙醇溶液变浑是因为氢氧化钾具有吸湿性，空气中的二氧化碳进入醇碱溶液而引起的。（ √ ）

54. 用气相色谱仪的氢焰检测器（FID）可以测出油中的微量水分。（ × ）

55. 试油的黏度指数越大，其黏温特性越好。（ √ ）

56. 电导率的大小通常用来比较各物质的导电能力，因为我们通常测定的电导率是电阻的倒数。（ × ）

57. 色谱定量时，用峰高乘以半峰宽为峰面积，则半峰宽是指峰底宽度的一半。（ × ）

58. 使用气相色谱仪时，应先通载气后接通电源。（ √ ）

59. 油品的黏温特性好，指油品的黏度不随油温的升降而明显变化。（ √ ）

60. 气相色谱仪可以测定油中微量水分的含量。（ √ ）

61. 从试油中测得的酸值，为有机酸和无机酸的总和，也叫总酸值。（ √ ）

62. 气相色谱最基本的定量方法是归一化法、内标法和外标法。（ √ ）

63. 用毛细管黏度计测量油品的黏度是一种相对测量法。（ √ ）

64. 闪点相当于加热油品使空气中油蒸气浓度达到爆炸下限时的温度。（ √ ）

65. 在气相色谱中，分离度 R 总是越大越好，R 越大，相邻两组分分离的会越好。（ × ）

66. 分光光度法的单色器，其作用是把光源发出的复合光分解成所需波长的单色光。（ √ ）

67. 色谱仪的热导检测器的桥电流高，灵敏度也高，因此使用的桥电流越高越好。（ × ）

68. 测定油品的界面张力，既可以鉴别新油的质量，又可以判断运行油的老化程度。（ √ ）

69. 热导池检测器的缺点是灵敏度较低，适用于常量分析以及含量在几十个 10^{-6} 数星级以上的组分分析。（ × ）

70. 三比值编码为 001 时，表示设备可能存在放电故障。（ × ）

71. 油水之间界面张力的测定是检查油中含有老化产生的可溶性极性杂质的一种间接有效的方法。（ √ ）

72. 色谱分析法根据色谱峰的保留时间定性，用峰面积或峰高定量。（ √ ）

73. 气相色谱仪色谱柱的作用是将混合物分离成单一组分。（ √ ）

74. 库仑分析仪的阳极液中含有碘。（ √ ）

75. 碘量法是利用碘的氧化还原性质来进行滴定的方法。（ √ ）

76. 测定闭口闪点时如升温速度过快，则测定值偏高。（ √ ）

77. 绝缘油介质损耗因数的相邻两次测定值之差不得大于较大值的35%。（ × ）

78. 取两次有效测定值中较小的值作为绝缘油介质损耗因数的测定结果。（ √ ）

79. 应在40℃±1℃条件下测定变压器油运动黏度。（ × ）

80. 气相色谱仪柱恒温箱温度过高，色谱柱分离效果变差。（ √ ）

81. 测定酸值必须使用2mL微量滴定管。（ √ ）

82. 套管对密封性没有要求。（ × ）

83. 当变色硅胶的颜色由浅红色变成淡蓝色时，表示硅胶已潮湿到饱和程度，须取出干燥。（ × ）

84. 油质深度劣化的最终产物是油泥。（ √ ）

85. 运行油接近极限值或不合格时，可以用补充新油的办法，以改善油质或提高优质合格率。（ × ）

86. 油品氧化后的主要表现之一是油的颜色逐渐变深。（ √ ）

87. 运行中变压器油生成油泥，标志着油的氧化过程已进行了很长时间。（ √ ）

88. 油中氧化产物含量越大，则界面张力越小。（ √ ）

89. 变压器油受到污染，界面张力值将变小。（ √ ）

90. 油中出现低分子有机酸，说明油品已经开始老化。（ √ ）

91. 投入运行前的变压器油，其pH值应小于4.2。（ × ）

92. 运行中变压器油的常规检验项目有10项。（ √ ）

93. 变压器油中乙炔含量不得大于$10\mu L/L$。（ × ）

94. 对变压器油进行色谱分析时，如果乙炔的含量较高且上升较快，则说明变压器存在放电故障。（ √ ）

95. 运行中油闪点降低的主要原因是设备内部产生故障造成局部过热引起油的分解。（ √ ）

96. 硫酸精制法主要适用于变压器油、机械油的精制。（ × ）

97. 深度精制过的油的抗氧化安定性会得到很大提高。（ × ）

98. 油泥是树脂状的部分能导电的物质，能适度溶解在油中。（ √ ）

99. 适当降低温度有利于滤除油中溶解水分。（ √ ）

100. 用真空滤油机去除油中的水分时，水的沸点与其真空度成正比。（ × ）

101. 变压器中油中芳香烃的存在，能改变变压器油的析气性能。（ √ ）

102. 新油在注入变压器前，不需要用真空滤油机进行滤油。（ × ）

103. 不准把氧化剂和还原剂及其他容易互相起反映的化学药品储放在相临近的地方。（ √ ）

104. 氧气瓶每隔一年应进行一次225个大气压的水压试验，过期未经水压试验或试验不合格者不能使用。（ × ）

105. 氧气瓶应涂黑色，用蓝色标签标明"氧气"字样。（ × ）

106. 当浓酸倾洒在室内时，应先用碱中和再用水冲洗。（ √ ）

107. 当强碱溅到眼睛时，应立即送医院急救。（ × ）

108. 可以采用直接用火加热的方法，蒸馏易挥发的液体物质。（ × ）

109. 化学试剂要分类放存，毒品要有专人管理并有领用制度。（ √ ）

110. 使用苯冲洗测定机械杂质残渣时，要在通风橱内进行，防止中毒。（ √ ）

111. 有机物着火可以用水扑灭。（ × ）

112. 可以用钢丝代替电气设备熔断器的熔丝。（ × ）

113. 没有减压器的氧气瓶可以使用。（ × ）

114. 化验员将汽油、石油醚、酒精等药品储存在工作场所。（ × ）

115. 氧气压力表和各连接部分如不慎沾染油脂，必须依次用苯和酒精清洗，并待风干后再用。（ √ ）

116. 配制有毒和腐蚀性气体的药品时，应在通风橱内进行。（ √ ）

117. 测定机械杂质使用的温热汽油，既可以在电炉上加热，也可以用水浴加热。（ × ）

118. 在化工容器或管道内作业时，空气中的氧含量必须在18%～21%之内，否则不准作业。（ √ ）

119. 使单色光通过有色溶液时，溶液浓度增加1倍时，透光度则减少1倍。（ × ）

120. 母线完全差动保护是将母线上所有的各连接元件的电流互感器按同名相、同极性连接到差动回路。（ √ ）

二、单选题

1. 下列物质中，属于两性氧化物的是（ C ）。
   A. SO_3 B. CaO   C. AL_2O_3 D. CO_2

2. 下列再生方法中，属于化学再生方法的是（ D ）。
   A. 吸附法   B. 硫酸、白土法   C. 渗滤法   D. 硫酸再生法

3. 氢氧化钾乙醇溶液放置一段时间后会有透明白色沉淀黏附于瓶壁四周，这是因为氢氧化钾溶液极易吸收空气中的（ D ），生成沉淀。
   A. 酸性物质   B. 氧气   C. 水分   D. 二氧化碳

4. 下列不能储放在相邻近地方的两种(类)药品是（ B ）。
   A. 盐酸和硫酸   B. 氧化剂和还原剂
   C. 氢氧化钠和碳酸钠   D. 四氯化碳和石油醚

5. 化学分析中，测定物质中有关组分含量的分析，称为（ C ）分析。
   A. 结构   B. 定性   C. 定量   D. 滴定

6. 常用酸、碱指示剂一般是弱的（ A ）。
   A. 有机酸或有机碱   B. 无机酸或无机碱
   C. 有机酸   D. 无机碱

7. 滴定管的准确度分 A、B 两级，A 级的容量（ B ）仅为 B 级的 1/2。
   A. 误差   B. 允许差   C. 偏差   D. 方差

8. 下列不属于分光光度计单色器的组成部分的是（ D ）。
   A. 棱镜   B. 狭缝   C. 光栅   D. 反光镜

9. 氢气的导热系数是（ C ）W/(m·c)。

　　A. 10　　　　　　　B. 25　　　　　　　C. 41　　　　　　　D. 32

10. 酒精灯灯焰分为(B)层。

　　A. 2 层　　　　　　B. 3 层　　　　　　C. 4 层　　　　　　D. 不分层

11. 当选用强碱滴定弱酸时，应选用(A)指示剂。

　　A. 酚酞　　　　　　B. 甲基橙　　　　　C. 甲基红　　　　　D. 百里酚酞

12. 下列不能加热的玻璃器皿是(C)。

　　A. 锥形瓶　　　　　B. 试管　　　　　　C. 称量瓶　　　　　D. 燃烧皿

13. 下列不可作为干燥剂的物质是(C)。

　　A. 变色硅酸　　　　　　　　　　　　　　B. 粒状无水氯化钙

　　C. 氯化钠　　　　　　　　　　　　　　　D. 浓硫酸

14. 试验过程中，通过(B)，主要可以检查试剂和器皿所引入的系统误差。

　　A. 对照试验　　　B. 空白试验　　　C. 回收试验　　　D. 增加试验次数

15. 玻璃器皿内壁洗净的标准是(D)。

　　A. 无污点　　　　　　　　　　　　　　　B. 无油渍

　　C. 透明　　　　　　　　　　　　　　　　D. 均匀、润湿、无水珠

16. 为了提高分析结果准确度，必须(A)。

　　A. 消除系统误差　　　　　　　　　　　　B. 增加测定次数

　　C. 多人重复　　　　　　　　　　　　　　D. 增加样品量

17. 进行油品老化试验时，烘箱的温度应控制在(B)。

　　A. 110℃　　　　　B. 115℃　　　　　C. 120℃　　　　　D. 100℃

18. SF_6 气体的密度比空气大，约为空气的(B)倍。

　　A. 3　　　　　　　B. 5　　　　　　　C. 10　　　　　　　D. 15

19. 磷酸酯抗燃油是一种(B)。

　　A. 合成烃　　　　　B. 合成液压油　　　C. 矿物油　　　　　D. 纯净有机物

20. 从变压器油国标中可以看出，45 号变压器油闪点比其他牌号低5℃，是因为(D)。

　　A. 加工工艺有别　　　　　　　　　　　　B. 精制程度较深

　　C. 添加剂不同　　　　　　　　　　　　　D. 原料种类有别

21. 化学通式为"R—COO—R"的化合物，属于(B)类化合物。

　　A. 醇　　　　　　　B. 醚　　　　　　　C. 酮　　　　　　　D. 酯

22. 根据石油中所含烃类成分的不同，可以分成(D)类。

　　A. 1　　　　　　　B. 2　　　　　　　C. 3　　　　　　　D. 4

23. 混入空气对 SF_6 绝缘强度的影响如何？(C)

　　A. 不影响　　　　　B. 升高　　　　　　C. 降低　　　　　　D. 不确定

24. 在变压器油中，下列烃类化合物抗氧化能力的正确顺序是(A)。

　　A. 芳香烃＞环烷烃＞链烷烃　　　　　　　B. 链烷烃＞芳香烃＞环烷烃

　　C. 芳香烃＞环烷烃＞链烷烃　　　　　　　D. 链烷烃＞环烷烃＞芳香烃

25. 在下列烃类化合物中，抗氧化能力最强的是(B)。

　　A. 环烷烃　　　　　B. 芳香烃　　　　　C. 链烷烃　　　　　D. 烯烃

26. 下列不属于条件黏度的是(C)。

A. 恩氏黏度　　　　B. 赛氏黏度　　　　C. 动力黏度　　　　D. 雷氏黏度

27. 闪点在（ D ）℃以下的液体叫作易燃液体。
A. 75　　　　　　　B. 60　　　　　　　C. 50　　　　　　　D. 45

28. 油品的氧化安定性用（ C ）表示。
A. 酸值　　　　　　　　　　　　　　B. 沉淀物含量
C. 酸值和沉淀物含量　　　　　　　　D. 水溶性酸

29. 测定油品运动黏度时，应保证油品在毛细管中的流动属于（ B ）。
A. 紊流　　　　　　B. 层流　　　　　　C. 层流、紊流　　　D. 其他

30. 对变压器油中溶解气体奥斯瓦尔德系数描述不正确的是（ D ）。
A. 溶解系数的一种
B. 以体积浓度表示的溶解系数
C. 是在20℃、101.3kPa平衡时单位体积液体内溶解气体体积数
D. 是在25℃、101.3kPa平衡时单位体积液体内溶解气体体积数

31. 运行变压器中，纸绝缘降解的最主要的特征产物是（ C ）。
A. 羧酸　　　　　　B. 醇　　　　　　　C. 糠醛　　　　　　D. 胶质

32. 油品运动黏度化验分析后，分析结果应保留（ C ）位有效数字。
A. 3　　　　　　　　B. 2　　　　　　　C. 4　　　　　　　D. 1

33. 电力变压器用油中含量最多的烃类组分是（ B ）。
A. 链烷烃　　　　　B. 环烷烃　　　　　C. 芳香烃　　　　　D. 不饱和烃

34. 在滴定分析中，若怀疑试剂已失效，可通过（ C ）方法进行验证。
A. 仪器校正　　　　B. 对照分析　　　　C. 空白实验　　　　D. 多次测定

35. 在用闭口杯测定变压器油的闪点时，试油的水分大于（ C ）时必须脱水。
A. 0.0001　　　　　B. 0.0002　　　　　C. 0.0005　　　　　D. 0.001

36. 测定油品水溶性酸的指示剂"BTB"，配制完成后，最终pH是（ A ）。
A. 5　　　　　　　　B. 5.5　　　　　　C. 4.5　　　　　　D. 4

37. 根据试验温度选择适当的黏度计，使用≥0.4mm的黏度计必须使试样流动时间不少于（ B ）s。
A. 150　　　　　　　B. 200　　　　　　C. 250　　　　　　D. 350

38. 检查油品凝固点是否符合技术标准，应采用比技术标准规定高（ C ）℃进行。
A. 4　　　　　　　　B. 3　　　　　　　C. 1　　　　　　　D. 2

39. 同一操作者、同一台仪器重复测定油品凝点的两次测定结果差不应超过（ A ）℃。
A. 2　　　　　　　　B. 2.5　　　　　　C. 3　　　　　　　D. 4

40. 测量变压器油的闪点，实际就是测量（ B ）。
A. 油的蒸发度　　　　　　　　　　　B. 油的蒸发度和油内挥发成分
C. 油的燃烧温度　　　　　　　　　　D. 油内的水分和挥发性成分

41. 判断变压器油产生油泥的指标是（ D ）。
A. 击穿电压　　　　B. 介质损耗因数　　C. 酸值　　　　　　D. 界面张力

42. 测定油品20℃的运动黏度时，黏度计在恒温浴中的恒温时间是（ D ）min。
A. 15　　　　　　　B. 20　　　　　　　C. 25　　　　　　　D. 10

43. 下列属于二类标准的运行变压器油是（ B ）。
    A. 满足变压器连续运行的油　　　　　B. 能连续运行仅需过滤的油
    C. 必须进行再生的油　　　　　　　　D. 多项指标不符合标准的油

44. 通过测定变压器油的介质损耗因数能判断（ C ）。
    A. 自由水分、杂质、导电颗粒　　　　B. 油品油泥产生趋势
    C. 油中是否含有极性物质　　　　　　D. 固体绝缘好坏

45. 水分对绝缘介质的电性能和理化性能有很大的危害性，它最主要影响是（ D ）。
    A. 击穿电压降低　　　　　　　　　　B. 介质损耗因数增大
    C. 油品水解加速　　　　　　　　　　D. 使纸绝缘遭到永久破坏

46. 对于从国外进口的变压器油进行验收时，应参考（ D ）。
    A. 国家标准　　　　　　　　　　　　B. 国家标准（ISO）标准
    C. 生产国标准　　　　　　　　　　　D. 国际电工委员会（IEC）296 标准

47. 变压器油做油中溶解气体分析的目的，是为了检查是否存在潜伏性（ A ）故障。
    A. 过热、放电　　　　B. 酸值升高　　　　C. 绝缘受潮　　　　D. 机械损坏

48. 2，6 - 二叔丁基对甲酚（T501）抗氧化剂防止油品氧化的原理是消耗了油在自动氧化过程中产生的（ A ）。
    A. 自由基　　　　　　B. 过氧化剂　　　　C. 酸性物质　　　　D. 其他

49. 下列措施中，不是变压器油的防劣措施是（ A ）。
    A. 添加 T746 防锈剂　　　　　　　　B. 安装热虹吸器
    C. 隔膜密封　　　　　　　　　　　　D. 充氮保护

50. 变压器油油中的故障气体可采用（ C ）法去除。
    A. 压力过滤　　　　　　　　　　　　B. 离心过滤
    C. 真空过滤　　　　　　　　　　　　D. 压力加离心过滤

51. 如果油品的闪点明显降低，则应该进行（ A ）。
    A. 真空滤油处理　　　　　　　　　　B. 压力式滤油处理
    C. 添加抗氧化剂　　　　　　　　　　D. 换油

52. 若运行中的变压器油混进少量水分时，该变压器油会（ D ）。
    A. 水分沉积在油箱底部　　　　　　　B. 闪点升高
    C. 酸值降低　　　　　　　　　　　　D. 加速劣化

53. 下列不能滤除油中水分的滤油措施是（ C ）。
    A. 真空滤油　　　　B. 离心滤油　　　　C. 精密滤芯滤油　　　　D. 压力滤油

54. 2，6 - 二叔丁基对甲酚（T501）抗氧化剂是烷基酚抗氧化剂的一种，外观为（ A ）。
    A. 白色粉状晶体　　　　　　　　　　B. 白色粉末
    C. 浅黄色颗粒　　　　　　　　　　　D. 无色液体

55. 色谱分析时，分离度 $R = 1.5$，意思是（ C ）。
    A. 两峰完全分离　　　　　　　　　　B. 分离程度可达98%
    C. 分离程度可达到99.7%，基本上可完全分离

56. 用 721 分光光度计测 T501 含量时，应选用的波长为（ B ）nm。
    A. 680　　　　　　　B. 700　　　　　　　C. 780　　　　　　　D. 800

57. 用气相色谱仪的测乙炔时，最小检知浓度不大于 0.1μL/L；测氢气，则不大于（ D ）。

    A．0.1μL/L   B．1μL/L   C．0.5μL/L   D．2μL/L

58. 密封式充油电气设备总烃绝对产气速率的注意值为（ C ）。

    A．6mL/d   B．120mL/d   C．12mL/d   D．240mL/d

59. 在变压器油中故障气体分析中，《电力设备预防性试验导则》推荐的"三比值"法使用的特征气体共有（ C ）种。

    A．3   B．6   C．5   D．7

60. 天平必须按规定时间由（ A ）进行检定。

    A．专业计量人员   B．仪器负责人   C．热工人员   D．化验员

61. 运行中的变压器的温升是指（ A ）。

    A．绕组温升   B．铁芯温升   C．绝缘介质温升   D．绝缘材料温升

62. 对运行中的 10kV 电气设备，变压器油的击穿电压不小于（ C ）。

    A．15kV   B．20kV   C．30kV   D．35kV

63. 用于 500kV 变压器的新油，其耐压值应大于（ C ）。

    A．1000kV   B．500kV   C．60kV   D．600kV

64. DL 429.9—91 规定，在绝缘强度测定中，试油注满油杯后，必须静止（ C ）min，方可升压试验。

    A．3～5   B．5～10   C．10～15   D．15～20

65. 在国家标准中，运行中变压器油的界面张力（25℃）的质量标准为（ C ）mN/m。

    A．≥35   B．≥30   C．≥19   D．≥25

66. 对密封式变压器，在色谱分析中，其绝对产气速率不得大于（ B ）mL/d。

    A．6   B．12   C．24   D．36

67. 触电人心脏停止跳动时，应立即采用（ B ）方法抢救。

    A．口对口人工呼吸   B．胸外心脏按压

    C．打强心针   D．摇臂压胸

68. 泡沫灭火器扑救（ A ）火灾效果最好。

    A．油类   B．化学药品   C．可燃气体   D．电气设备

69. 在没有脚手架或者在没有栏杆的脚手架上工作，高度超过（ B ）必须使用安全带。

    A．1m   B．1.5m   C．2m   D．2.5m

70. 在梯子上工作时，梯子与地面的斜角度应为（ C ）左右。

    A．30°   B．45°   C．60°   D．65°

71. 二甲基硅油是表示一种（ B ）。

    A．抗氧化剂   B．抗泡沫剂   C．防锈剂   D．降凝剂

72. 在 SF_6 气体分解产物中，对皮肤、黏膜有强烈刺激作用的气体是（ D ）。

    A．S_2F_{10} B．SF_4 C．S_2F_2 D．HF

73. 实践证明磁力线、电流方向和导体受力三者方向（ B ）。

    A．一致   B．互相垂直   C．相反   D．互相抵消

74. 国际电工委员会（IEC）296 技术规范中，油品的运动黏度的分类是以（ C ）为基准的分类。

A. 40℃　　　　　B. 50℃　　　　　C. 20℃　　　　　D. 25℃

75. 在下列物质中，不属于易燃品的是（ D ）。
    A. 石油醚　　　　B. 正庚烷　　　　C. 氢气　　　　D. 氮气

76. 变压器的额定容量单位是（ A ）。
    A. V·A 或 kV·A　　　　　　　　B. V 或 kV
    C. A 或 kA　　　　　　　　　　　D. kW·h 或 MW·h

77. 国际单位制共有（ C ）个基本单位。
    A. 5　　　　　　B. 3　　　　　　C. 7　　　　　　D. 6

78. 下列属于量器类的玻璃仪器的是（ C ）。
    A. 锥形瓶　　　B. 一般试管　　　C. 滴定管　　　D. 烧杯

79. 下列项目中，对变压器油绝缘强度影响最大的是（ B ）。
    A. 温度　　　　B. 水分　　　　C. 杂质　　　　D. 炼制精度

80. 变压器油在开关中主要起（ D ）作用。
    A. 冷却　　　　B. 绝缘　　　　C. 润滑　　　　D. 消弧

81. 运行中变压器油的界面张力值（25℃）在（ C ）mN/m 时，表明油中已有油泥生成的趋势。
    A. ≤19　　　　B. 19～25　　　C. 27～30　　　D. ≥35

82. 当浓酸溅到皮肤上时，应用（ B ）冲洗，再用0.5%的碳酸氢钠溶液清洗，而后立即送医务所急救。
    A. 少量的清水　　　　　　　　B. 大量的清水
    C. 适量的清水　　　　　　　　D. 直接用稀碱中和

83. 下列物质中，耐强酸、强碱、强氧化剂的材料是（ D ）。
    A. 硬聚氯乙烯塑料　　　　　　B. 玻璃钢
    C. 橡胶　　　　　　　　　　　D. 聚四氟乙烯

84. 使用游标卡尺，当尺框与尺身零刻度线对齐时，量爪之间的距离为（ C ）。
    A. 0.01　　　　B. 0.1　　　　C. 0　　　　D. 0.001

85. 用钢板尺测量工件读数时，视线必须与钢板尺尺面（ C ）。
    A. 相水平　　　B. 成一定角度　　C. 相垂直　　　D. 随便读

86. 当水银温度计破碎后，正确的做法是（ C ）。
    A. 用手清理　　　　　　　　　B. 把水银清理倒入地沟
    C. 在水银上撒硫黄粉　　　　　D. 置之不理

三、简答题

1. 稀释浓硫酸时，为何不准将水倒入浓硫酸中？
   答：因为浓硫酸溶解于水时，和水发生反应，生成水化物并放出大量的热。当水倒入时，水就浮在硫酸表面，并立即发生化学反应，造成局部热量集中，使水沸腾，易造成酸液飞溅，引起化学烧伤。

2. 在定量分析法中，使用外标法有哪些注意事项？
   答：(1)必须保持分析条件稳定，进样量恒定。(2)样品含量必须在仪器线性响应范围。(3)校正曲线应经常进行校准。(4)选取合适的峰面积测量方法。

3. 使用容量瓶时应注意哪些事项?

答: (1)在确定液面的位置是否正确时,应把容量瓶放到使观察者的视线和标线在同一水平位置上。(2)倒入液体必须达到凹形液面的下部和标线重合为止。(3)容量瓶不能长时间存放溶液。(4)容量瓶不能直接加热及烘烤。

4. 锥形瓶用于滴定时应注意什么?

答: (1)滴定管下端伸入瓶口约1cm。(2)滴定时左手操作滴定管,右手前三指拿住瓶颈。(3)锥形瓶一边滴一边向同一方向旋动。(4)滴定过程滴定管口勿要碰锥形瓶口。(5)锥形瓶不要前后振动或放在桌上前后推动。(6)使用带有磨塞的锥形瓶时,瓶塞应夹在右手中指和无名指之间。

5. 气相色谱分析中,判断变压器故障与发展趋势有哪些方法?

答: (1)国际电工委员会(IEC)三比值法。(2)瓦斯分析与判别法。(3)平衡判据法。(4)回归分析法。

6. 什么是离子选择性电极与参比电极?

答: (1)离子选择性电极是指具有将溶液中某种特定离子的活度转变成一定的电位功能的电极。(2)参比电极是指在一定温度、压力条件下,当被测溶液在成分改变时,电极电位保持不变的电极。

7. 如何测定油品的氧化安定性?

答: 将一定量的试油装入专用特制的玻璃氧化管内,向其中加入一定规格的金属作催化剂,在一定温度下,并不断的通入一定流速的氧气或空气,连续保持一定时间,即用人工的方法,加速油品的氧化,而后测定氧化油的酸值和沉淀物。

8. 测定油品机械杂质的注意事项有哪些?

答: (1)试样必须充分摇匀。(2)所用溶剂要经过过滤处理。(3)所用滤纸、溶剂相同。(4)过滤操作规范。(5)空白滤纸和试样滤纸分别干燥。(6)冷却后迅速称量。

9. 测定油品体积电阻率应注意哪些事项?

答: (1)必须使用专用的油杯使用前一定要清洗干净并干燥好。(2)计算油杯的值时,油杯的电容应减去屏蔽后有效电容值。(3)注入前油样应预先混合均匀,注入油杯不许有气泡,禁止游离水和颗粒杂质落入电极。(4)油样测试后,将内外电极短路5min,充分释放电荷后,再进行复试。

10. 气相色区分析中利用保留值定性应注意哪些问题?

答: (1)首先确认色谱图上色谱峰的真实性。(2)注意观察色谱峰的峰型。(3)注意保留测量的准确度与精密度。(4)对已定性的峰判断是单一组分还是多元组分。(5)利用检测器帮助定性。

11. 气相色谱仪的基本组成是什么。

答: (1)载气系统(气源、流量调节阀、流速计等)。(2)色谱柱。(3)温控系统。(4)检测器(TCD、FID等)。(5)记录设备(积分仪、计算机等)。

12. 气相色谱法的分离原理是什么?

答: 气相色谱法的分离原理是利用样品中各组分在流动相和固定相中吸附力和溶解度不同,即分配系数不同。当两相作相对运动时,样品各组分在两相间进行反复多次的分配，不同分配系数的组分在色谱柱中的运动速度就不同，滞留时间就不同，分配系数小的速度较快，反之则速度较慢。当样品流经一定的柱长后，样品的各组分就得到了分离。

13. 气相色谱仪热导检测器的特点与原理是什么？

答：热导检测器（TCD）是气相色谱法应用最广泛的一种检测器。对无机物及有机物均有响应，并具有结构简单、稳定性好、线性范围宽、操作方便、不破坏样品等特点。热导检测器是根据载气中混入其他气态的物质时，热导率发生变化的原理制成的。

14. 热导检测器的工作原理是什么？

答：在通入恒定的工作电流和恒定的载气流量时，敏感元件的发热量和载气带走的热量保持恒定，固使敏感元件的温度恒定，阻值不变，从而使电桥保持平衡，此时无信号输出；当被测物质与载气一同进入热导池测量臂时，由于混合气体的热导率与纯净载气不同，因此带走的热量也不同，使得敏感元件的温度发生改变，阻值也发生改变，使电桥产生不平衡电位，产生输出信号。

15. 气相色谱的检测器如何分类？

答：检测器是一种用于测量色谱流程中柱后流出组成变化和浓度变化的装置。一般可分为积分型和微分型两大类。其中，微分型检测器又分为浓度型和质量型两类。浓度型检测器（如热导检测器）测量的是载气中组分浓度的瞬间变化，质量型检测器（如氢焰检测器）测量的是载气中所携带的样品组分进入检测器的质量。

16. 水溶性酸比色测定法中与酸值测定中，所用溴百里香酚蓝指示剂有何区别？

答：（1）一个是水溶液，一个是乙醇溶液。（2）配成后，最终 pH 结果不一样。（3）指示剂颜色不同。（4）指示剂的变色范围发生了变化。

17. 为什么测定油的酸值采用乙醇而不用水做溶剂？

答：（1）乙醇是大部分有机酸的良好溶剂。（2）试验终点比水溶液敏锐清晰。（3）可以避免或降低某些化合物的干扰。（4）有助于矿物酸的溶解。（5）对指示剂影响甚小。

18. 测定油品界面张力对生产运行有何意义？

答：（1）可以鉴别新油的质量。（2）可以判断运行油老化的程度。（3）可以判断添加剂的消耗情况和监督变压器热虹吸器的运行情况。（4）可以判断固体绝缘材料的污染和劣化程度。

19. 测定油品界面张力时应注意哪些事项？

答：（1）试验前应将铂环和试验杯清洗干净。（2）铂环和试验杯的尺寸和规格应该符合要求。（3）试验采用中性纯净蒸馏水，试样按规定预先过滤。（4）必须固定一个恰当的测试周期。（5）注意测试环境、试样温度的恒定。

20. 测定油品闪点时应注意哪些事项？

答：（1）应注意所加试油的量要正好到试验杯刻度线。（2）点火焰大小直径调节为 3～4mm。（3）应注意火焰距液面的高低及在液面上停留时间。（4）以 5～6℃/min 的速率升温。（5）若试油中含有水分，测定之前必须脱水。（6）应注意先看温度后点火。（7）应注意测试结果进行大气压力校正。（8）与所用仪器的形式有关。

21. 离心分离法的原理是什么？

答：利用离心机在转动时，在所产生的离心力的作用下，油中密度较大的水分及机械杂质等，便沿着旋转中心向边缘方向以加速度进行沉降，于是与油分开。

22. 测定油品界面张力时应注意哪些事项？

答：(1)试验前应将铂环和试验杯清洗干净。(2)铂环和试验杯的尺寸和规格应该符合要求。(3)试验采用中性纯净蒸馏水，试样按规定预先过滤。(4)必须固定一个恰当的测试周期。(5)注意测试环境、试样温度的恒定。

23. 安全带的定期试验方法与周期是如何规定的？

答：(1)每6个月进行静荷重试验。(2)试验荷重225kg，试验时间为5min。(3)试验后检查是否有变形、破损等情况，并做好记录。

24. 表压力与绝对压力的区别与联系是什么？

答：(1)以完全真空为基准算起的压力是绝对压力，它的大小等于大气压与表压力之和。(2)用当地的大气压作为基准算起的压力是表压力。

25. 变压器在电力系统中的作用是什么？

答：(1)变压器是一个能量传递装置。(2)通过变压器可以实现低耗远距离输电。(3)实现电压转换，保障用电安全。

26. 用万用表如何检测晶体二极管的好坏？

答：(1)将万用表的功能开关拨到电阻档。(2)用万用表的两只表笔，接入二极管的两端。(3)如果出现阻值很小时，将表笔交换位置，进行测量。(4)如果阻值很大，表明二极管是好的，否则是坏的。

27. 游标卡尺如何读数？

答：(1)检查游标与主尺的零线重合情况。(2)用游标卡尺的相关部位，卡紧工件。(3)仔细寻找游标上哪条刻度线与主尺刻度线重合，并读数。(4)将主尺读数与游标读数相加即可。(5)注意游标读数只是主尺末位读数的修正值。

28. 系统误差产生原因有哪些？如何减小、消除系统误差？

答：系统误差是分析过程中的固定因素引起的，如：(1)方法缺陷。消除措施为采用标准方法校验原方法，确定方法误差并加以消除。(2)仪器未校准。消除措施为校准仪器使用校正值。(3)试剂不纯，或试剂失水、吸水、吸附二氧化碳等。消除措施为做空白、对照试验，采用纯度高的试剂。(4)操作者个人恒定误差。消除措施为严格训练，提高试验人员操作技术水平。

29. 分配定律与亨利定律有何区别与联系？

答：(1)分配定律是指气体组分在一定温度下的密闭系统内的气－液相达到分配平衡时，气体组分在气相的浓度与在液相的浓度间存在一定的比例关系。(2)亨利定律是指气－液平衡下溶质气体的分压与溶液中气体浓度的关系。(3)亨利定律与分配定律对气体在油中溶解原理上的实质表述是一致的。

30. 使用气瓶有哪些注意事项？

答：(1)避免阳光、明火、热辐射的作用，远离热源。(2)气瓶要固定牢靠。(3)气瓶使用时，一定要使用减压装置。(4)经常检查气路的严密性。(5)气瓶使用时，应辨明颜色、防止错用。(6)开启气瓶时不得过快、过猛，最好使用铜制工具。(7)瓶不得用空，应留有余压。(8)瓶的附件或瓶颈应避免油或油脂污染。

31. 化验室安全用电应注意哪些？

答：(1)仪器使用前，应仔细检查导线、接头、地线是否良好。(2)湿手不准去接触电灯开关及其他电气设备。(3)不准在潮湿的地方使用电器，仪器的导线不准放在潮湿的地上或与热体接触。(4)实验室电源应配有漏电保护器，不准私自乱接或改动电源配置。(5)仪器使用后，立即切断电源。(6)不准带电更换仪器保险。(7)烘箱、高温炉、电炉等长时间使用时，操作人员不得离开。

32. 超高压变压器油与普通变压器油的质量指标有何区别？

答：(1)超高压变压器油增加了色度、苯胺点、吸气性、比色散等项目。(2)对水分提出了具体要求。(3)用中和值代替酸值。(4)相同项目质量标准要求提高。(5)对运动黏度的要求，由 $-30℃$、$-10℃$、$40℃$ 变为 $0℃$、$40℃$、$100℃$ 的要求。

33. 测定变压器油体积电阻率对生产运行有何意义？

答：(1)可以判断变压器绝缘特性的好坏。(2)在某种程度上能反映油品的老化和受污染的程度。(3)能可靠而有效地监督油质。(4)体积电阻率的高低，可以间接准确反映其他电气性能指标的变化。(5)体积电阻率的高低，可以间接准确地反映其他电气性能指标的变化。

34. 简述 110kV 电力变压器绝缘油的常规检验周期和检验项目。

答：每年至少应取样化验一次，化验项目为色谱、水分；三年至少应取样化验一次的有外状、闪点、水溶性酸、酸值、介质损耗因数、界面张力、击穿电压。

35. 水在石油产品中有几种状态？

答：(1)悬浮状，水分以水滴形态悬浮于油中。(2)乳化状，指水分以极细小的水滴状均匀分散于油中。(3)溶解状，水分以溶解于油中的状态存在。

36. 为什么要对充有六氟化硫气体的设备进行检漏？

答：对充有六氟化硫气体的设备进行检漏的原因有：(1)六氟化硫气体的设备如有泄漏，将导致额定充气气压降低，影响设备正常运行。(2)泄漏出的六氟化硫气体中的电弧分解气含有有害杂质，对人体有害。(3)六氟化硫气体价格昂贵，一旦发生泄漏，应查找原因予以消除，避免浪费。

37. 电气设备绝缘油中的水分有何危害？

答：油中的水分和其他氧化产物同时存在，会加速绝缘材料的分解；水分本身也会导致绝缘材料物理化学性能的恶化；水分还会促进有机酸对铜铁的腐蚀，产生的金属氧化物会恶化油的介质损耗；对油的氧化起催化作用；严重的可能直接引起绝缘击穿，甚至导致设备爆炸。

38. 在化学分析中，储存和使用标准溶液应注意什么？

答：(1)容器上应有详细说明标签。(2)易受光线影响的溶液应置于棕色瓶中并避光保存。(3)易受空气影响的溶液应定期标定。(4)过期或外状发生变化的标准溶液不得使用。

39. 如何鉴别试剂瓶、烧瓶内容物的气味？

答：当鉴别试剂瓶、烧瓶内容物的气味时，须将试剂瓶远离鼻子，用手轻轻扇动，稍闻其味即可。严禁以鼻子接近瓶口鉴别，更不允许用口尝的方式来鉴别烧瓶或试剂瓶内容物。

40. 如何在瓦斯继电器上取气样？

答：在瓦斯继电器的放气嘴上套上一段乳胶管，乳胶管另一头接一个小型金属三通阀与注射器连接。各连接处密封良好，转动三通阀，用瓦斯继电器内的气体冲洗管路及注射器，转动三通阀排空注射器，再转动三通阀，取样。取样后关闭放气嘴，转动三通的方向，使之封住注射器口，取下三通及乳胶管，立即用胶帽封住注射器。

41. 色谱分析中，提高热导检测器灵敏度的方法有哪些？

答：（1）在允许的工作电流范围内加大桥流。（2）用热导系数较大的气体作载气。（3）当桥流固定时，在操作条件允许的范围内，降低池体温度。

四、计算题

1. 油样 11.5g 滴定时消耗 0.024mol/L KOH 乙醇溶液 1.2mL，求油样的酸值。（KOH 的相对分子质量为 56.1）

解：$w = \dfrac{cVM_r}{m} = \dfrac{0.024 \times 1.2 \times 56.1}{11.5} = 0.14 \mathrm{mg/g}$

答：油样的酸值为 0.14mg/g。

2. 有额定值为 220V、100W 和 110V、40W 的白炽灯泡各一只，并联后接到 48V 的电源上，问哪个灯泡暗些？

解：设 100W 灯泡的电阻为 R_1，40W 灯泡的电阻为 R_2。

$$R_1 = \frac{U^2}{P} = \frac{220^2}{100} = 484\Omega$$

$$R_2 = \frac{U^2}{P} = \frac{110^2}{40} = 302.5\Omega$$

因为 $R_1 > R_2$，根据 $P = \dfrac{U^2}{R}$，则 $P_2 > P_1$

答：100W 的灯泡暗。

3. 已知 NaOH 溶液的质量浓度为 400mg/L，求此溶液的 pH 值。

解：$[OH^-] = 400 \div 1000 \div 40 = 0.01\mathrm{mol/L}$

$pOH = -\log[OH^-] = -\log 0.01 = 2$

$pH = 14 - pOH = 12$

答：此溶液的 pH 值为 12。

4. 将 10g NaOH 溶于水中配成 250mL 溶液。试求该溶液摩尔浓度。

解：$c(\mathrm{NaOH}) = 10 \times \dfrac{1000}{40 \times 250} = 1\mathrm{mol/L}$

答：该溶液摩尔浓度为 1mol/L。

5. 准确称取草酸（$H_2C_2O_4 \cdot 2H_2O$）63g，溶于 10L 水中，求草酸标准溶液的浓度 $c(\frac{1}{2}H_2C_2O_4 \cdot 2H_2O)$。

解：$m(\frac{1}{2}H_2C_2O_4 \cdot 2H_2O) = 63g$

$c(\frac{1}{2} \cdot H_2C_2O_4 \cdot 2H_2O) = 63 \div 63 \div 10 = 0.1\mathrm{mol/L}$

6. 某油样，采用库仑法测定微量水分，进样量为 1mL，仪器显示的测定结果为 15μg，试样的密度为 $0.8650g/cm^3$，试计算此试样的水分质量分数。

解：$w = m_e/m_0 = 15/(1 \times 0.8650)$

$= 15/0.8650$

$= 17.34mg/kg$

答：此试样的水分质量分数为 17.34mg/kg。

7. 用分析天平称取 0.5032 某物质，计算它的相对精密度是多少？

解：它的相对精密度为 0.0001/0.5032 = 0.2%。

8. 计算配置 500mL 0.1mol/L 的 NaOH 溶液所需的 NaOH 质量。

解：所配置溶液含 NaOH 的摩尔数为：500/1000 × 0.1 = 0.05(mol)

答：所需 NaOH 的质量为 0.05 × 40 = 2g

9. 测定石油产品的运动黏度精确度规定：在测定黏度的温度为 100～10℃ 时，在两次测定中，每次测定结果与算术平均值和差数不超过 ±0.5%，实际测定结果是 $50.3m^2/s$ 和 $50.7m^2/s$，问有无超过允许的相对差数。

解：测定结果的算术平均值为 $(50.3 + 50.7)/2 = 50.5m^2/s$

相对差数分别为 $(50.3 - 50.5)/50.5 × 100\% = -0.4\%$

$(50.7 - 50.5)/50.5 × 100\% = 0.4\%$

答：此差数未超过允许的相对差数。

10. 配好的 NaOH 溶液的实际浓度为 0.200mol/L，体积为 100mL，预计稀释的浓度为 0.100mol/L，问需要加水多少毫升？

解：由公式 $V_1 × c_1 = V_2 × c_2$ 变形得

$V_2 = V_1 × c_1/c_2 = 0.200 × 100/0.100 = 200mL$

所以要加水为 200 - 100 = 100mL

答：需要加水 100mL。

11. 某电光分析天平的零点为 -2mg，在该天平一秤盘上加 10mg 标准砝码后，微分标尺上的读数为 97mg，问该天平的灵敏度与感量是多少？

解：$E = \dfrac{97 - (-2)}{10} = 9.9$ 格/mg

$S = \dfrac{1}{E} = \dfrac{1}{9.9} = 0.1$ mg/格

答：天平的灵敏度度为 9.9 格/mg，感量为 0.1mg/格。

12. 在 5mL 未知浓度的硫酸溶液中加入 95mL 水，用 0.1mol/L NaOH 标准溶液滴定时耗去 28.6mL，问硫酸的浓度 $c(1/2H_2SO_4)$ 等于多少？

解：0.1 × 28.6 ÷ 5 = 0.572mol/L

答：硫酸的物质的量的浓度 $c(1/2H_2SO_4)$ 等于 0.572mol/L。

13. 如果向 10mL、2mol/L 稀硫酸里滴入 30mL、1mol/L 的氢氧化钠溶液，所得溶液呈酸性，还是呈碱性？

解：现分别求出硫酸溶液和加入的氢氧化钠溶液中溶质的物质的量为

$n(H_2SO_4) = 2 × 10 × 10^{-3} = 0.02mol$

$$n(\text{NaOH}) = 1 \times 30 \times 10^{-3} = 0.03\text{mol}$$

$$2\,\text{NaOH} + \text{H}_2\text{SO}_4 =\!\!=\!\!= \text{Na}_2\text{SO}_4 + 2\text{H}_2\text{O}$$

理论量比：　　　2　　　　　　　1

实际量比：　　0.03　　　　0.02

H_2SO_4 过量，所以溶液呈酸性。

14. 一台单相变压器，已知一次电压 $U_1 = 220\text{V}$，一次绕组匝数 $N_1 = 500$ 匝，二次绕组匝数 $N_2 = 475$ 匝，二次电流 $I_2 = 71.8\text{A}$，求二次电压 U_2 及满负荷时的输出功率 P_2。

解：根据公式 $U_2 = \dfrac{U_1 N_2}{N_1} = \dfrac{220 \times 475}{500} = 209\text{V}$

$$P_2 = U_2 I_2 = 209 \times 71.8 = 15006\text{V} \cdot \text{A}$$

答：二次电压为 209V，满负荷时输出功率为 $15006\text{V} \cdot \text{A}$。

15. 某台变压器油重 25t，油中"T501"的含量已降至 0.12%，如需将其浓度提高到 0.4%，问需加"T501"多少？

解：$m = 25000 \times (0.4 - 0.12)\% = 70\text{kg}$

答：需加"T501"70kg。

16. 现有含"T501"0.5% 的标准油，欲配制 0.2% 含量的油 40g，需标准油多少？

解：$\dfrac{40 \times 0.2\%}{0.5\%} = 16\text{g}$

答：需要标准油 16g。

17. 一台电流互感器器身绝缘材料质量 m_1 为 2000kg，若其平均含水量百分数为 5%，干燥处理过程共收集水质量 m_2 为 90kg，求其绝缘材料内仍可能含水量的质量分数 w 是多少？

解：干燥后收集水占绝缘质量分数为

$w = m_2/m_1 \times 100\% = 90/2000 \times 100\% = 4.5\%$

干燥前含水量 5%，干燥后绝缘内部仍可能含水量为 5% − 4.5% = 0.5%（近似）

答：干燥后绝缘材料含水量可能为 0.5%。

18. 2mol/L NaOH 溶液的密度是 1.08g/cm^3，求其质量分数。

答：$w(\text{NaOH}) = \dfrac{M_r cV}{V\rho} \times 100\%$

$$= \dfrac{40 \times 2 \times 1}{1000 \times 1.08} \times 100\%$$

$$= 7.4\%$$

五、识绘图题

1. 绘出热虹吸器构造简图，并指出各部分名称。

答：热虹吸器构造简图如下，其中：1—放气阀，2—上盖，3—上部连接管道，4—吸附剂，5—立体法兰，6—下部连接管道，7—下堵板，8—放油阀。

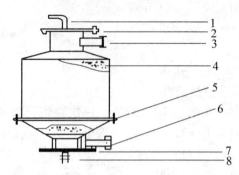

2. 画出以下电气设备的图形符号：双绕组变压器、自耦变压器、电抗器。

答：

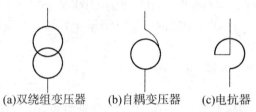

(a)双绕组变压器　　　(b)自耦变压器　　　(c)电抗器

3. 绘出绝缘油密封取样取下注射器示意图。

答：绝缘油密封取样取下注射器示意图如下：

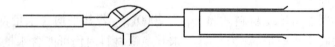

4. 作图示意色谱基线发生漂移时峰面积如何测量。

答：色谱基线发生漂移时峰面积测量示意图如下：

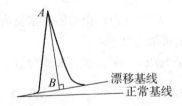

第三节　油务员高级工题库

一、判断题

1. 物质的溶解度只与溶质和溶液的性质有关，而与温度无关。（ × ）

2. 试验分析结果的精密度可以用误差来表示。（ × ）

3. 在量器分类方面，我国统一使用"In"表示量入，"Ex"表示量出。（ √ ）

4. 定性分析的任务是测定物质中有关组分的含量。（ × ）

5. 采样随机误差是在采样过程中由一些无法控制的偶然因素引起的误差。（ √ ）

6. 有色溶液的吸光度为 0 时，其透光度也为 0。（ × ）

7. 分光光度计都有一不定期的测量误差，吸光度越大时测量的相对误差越小。（ × ）

8. 地壳中含量最多的元素是氮元素。（ × ）

9. 分析天平在使用时，增、减砝码及样品一定要在天平关闭状态下进行。（ √ ）

10. 常用于标定氢氧化钠溶液的基准物质有邻苯二甲酸氢钾，所选用的指示剂为甲基橙。（ √ ）

11. 质量分析中必须选用滤纸灰分在0.2mg以下的定量滤纸。（ √ ）

12. 同级滴定管规格越大，容量允许差也越大。（ √ ）

13. 干燥容量瓶时通常用自然干燥法，不应放入烘箱烘烤。（ √ ）

14. 定量滤纸按孔隙大小分为快速、中速、慢速3种。（ √ ）

15. 定量滤纸也称无灰滤纸，只用于定量分析。（ √ ）

16. 使用各种不同的洗液洗涤仪器时，一定要把上一种洗液除去后再用另一种，以免相互作用生成的产物更难清洗。（ √ ）

17. 蒸馏易挥发和易燃液体时，应用小火加热。（ × ）

18. 溶液的pH值越高，溶液中氢离子的浓度越低。（ √ ）

19. 担体是用于涂渍液体固定相的固体支持物，一般为化学惰性的多孔性材料。（ √ ）

20. 变压器油样最多可保存7天。（ × ）

21. 抗燃油具有良好的阻燃性能及润滑性能。（ √ ）

22. 分光光度法是基于物质对光的选择性吸收而建立起来的分析方法，它服从朗伯－比尔定律。（ √ ）

23. 抗燃油是一种非矿物油，具有较强的溶剂效应。（ √ ）

24. 汽轮机油运行中油品与大量空气接触会被氧化。（ √ ）

25. 燃油中水分含量与油品种类、运输装卸过程是否采用蒸气加热及环境气候等有关。（ √ ）

26. 正常运行的变压器油中的水分来源主要是吸收空气中的潮气。（ √ ）

27. 氮气在油中的溶解度高于氧气在油中的溶解度。（ × ）

28. 油品在规定条件下失去流动性的最低温度称为凝点。（ × ）

29. 色谱仪中热导检测器最关键的元件是热丝。（ √ ）

30. 色谱仪热导检测器必须严格控制工作温度，而其他检测器则要求不太严。（ √ ）

31. 气相色谱分析可以准确判断变压器故障位置。（ × ）

32. 变压器导体材料中，铝的电阻率比铜的电阻率低。（ × ）

33. 变压器运行的各种故障都会导致油中氢含量增加。（ × ）

34. 油品自动氧化的两个阶段分别是开始阶段和迟滞阶段。（ × ）

35. 油温不会影响油与氧的化学反应的速度。（ × ）

36. 当变压器油温升高时绝缘纸中的水分进入变压器油中。（ √ ）

37. 变压器中的水分和铁、铜材料对油品劣化起催化剂的作用。（ √ ）

38. T501的学名为2，6—二叔丁基对甲酚。（ √ ）

39. 平衡判据是根据气液溶解平衡的原理提出的，可推断故障的持续时间与发展速度。（ √ ）

40. 气相色谱仪由气路单元、分析单元、检测器单元、温控单元和数据处理单元等组成。

（√）

41. 只要检测器种类相同，不论使用载气是否相同，相对校正因子必然相同。（×）

42. 色谱仪气路系统若漏气，则可能导致基线不稳。（√）

43. 变压器油中的糠醛含量可以反映纸绝缘的老化情况。（√）

44. 气相色谱分析时，用六通阀进样比用注射器进样准确。（√）

45. 用真空法脱气进行色谱分析时，须考察脱气装置的脱气效率。（√）

46. BTB 法测定的酸值比碱蓝 6B 法测定的酸值低。（√）

47. 地面上绝缘油着火应用干砂灭火。（√）

48. 可以使用导线或其他金属线作临时短路接地线。（×）

49. 对无论采用哪种方法再生的油品，都要按照运行油标准规定做全面分析。（×）

50. 变压器油油中溶解气体含量超过标准规定的注意值，可以认为设备无故障。（×）

51. 三比值编码分别为"102"和"022"代表的故障性质分别是高能量放电、高温过热。（√）

52. 户外设备充装六氟化硫气体时，工作人员应在上风方向操作。（√）

53. 变压器油介质损耗因数测量仪的检测周期是 1 年。（×）

54. 精密仪器应 1～2 年校正一次。（√）

55. 必须使用最新的有效标准方法进行油质分析。（√）

56. 试验方法更新后，原方法自行废止。（√）

57. 低压试电笔在使用前应在已知的带电体上进行安全检查，合格后再使用。（√）

58. 在 380V 设备上工作，即使是刀闸已拉开，也必须用验电器或绝缘杆进行充分验电。（√）

59. 禁止利用电器系统的任何管道悬挂重物。（√）

60. 静电或雷电能引起火灾。（√）

61. 能量既不能产生也不能消失，只能转换。（√）

62. 直流电流表也可以测交流电流。（×）

63. 兆欧表使用前应将指针调到零位。（×）

64. 未经检验的 SF_6 新气气瓶和已检验合格的气体气瓶应分别存放，不得混淆。（√）

65. 在一电阻电路中，如果电压不变，当电阻增加时，电流也就增加。（×）

66. 三相电源中，任意两根相线间的电压为线电压。（√）

67. 在直流电源中，把电流输出的一端称为电源的正极。（√）

68. 两交流电之间的相位差说明了两交流电在时间上超前或滞后的关系。（√）

69. 功率因数在数值上是有功功率和无功功率之比。（×）

70. 电流表应串联接入线路中。（√）

71. 设备的额定电压是指正常工作电压。（√）

72. 每当温度升高 8℃时，绝缘材料的使用寿命会减少一半。（√）

73. 色谱仪的色谱柱的寿命与操作条件有关，当分离度下降时说明柱子失效。（√）

74. 运行中的变压器油的酸值增大，说明该油开始老化。（√）

75. 分光光度计中的光电池、光电管是接受光的元件，因此绝对不怕光。（×）

76. 真空滤油机的净化效率主要取决于真空和油温。（√）

77. 变压器油的黏度越低，变压器的循环冷却效果越好。（ √ ）

78. 要求变压器油的黏温特性要好，即其黏度随温度的升降而急剧变化。（ × ）

79. 倾点又称流动点。油品在一定的标准条件下，由固体逐渐加温溶解成液体后，从特定容器中流出的最高温度称为倾点。（ × ）

80. 真空滤油机可以滤除含有大量机械杂质和游离水分的油品。（ × ）

81. 液体受外力作用时，液体分子间产生内摩擦力的性质，称为黏度。（ √ ）

82. 油品酸值上升是油初始劣化的标志。（ √ ）

83. 适当提高真空滤油时的油温降低油黏度，可加速传质过程，提高净化效率。（ √ ）

84. 随机误差是由分析人员疏忽大意，产生误操作引起的。（ × ）

85. 气固色谱用固体吸附剂作固定相，常用的固体吸附剂有活性炭、氧化铝、硅胶、分子筛和高分子微球。（ √ ）

86. 变压器的热虹吸器投运后，能很好地降低油品中溶解性气体的含量。（ × ）

87. 石油产品的分馏是按组分沸点的差别，用蒸馏装置把混合物分开的方法。（ √ ）

88. 工业石油醚是纯净物。（ × ）

89. 氯化氢分子是极性分子。（ √ ）

90. 气相色谱仪的色谱柱可用不锈钢或塑料制成。（ × ）

91. 秒表应 5～6 年校正一次。（ × ）

92. 变压器油的介质损耗因数和电阻率存在比例关系。（ × ）

93. 色谱分析的标准混合气可使用 1 年以上。（ × ）

94. 10 进位，英文 M 表示 10^6，G 表示 10^9，T 表示 10^{12}。（ √ ）

95. 电荷之间存在着作用力，同性相互排斥，异性相互吸引。（ √ ）

96. 金属导体电阻的大小与加在其两端的电压有关。（ × ）

97. 系统电压 220V 是指三相四线制接线中相线对地电压。（ √ ）

98. 电流在一定时间内所做的功称为功率。（ × ）

99. 串联回路中，各个电阻两端的电压与其阻值成正比。（ √ ）

100. 视在功率是指电路中电压与电流的乘积，它既不是有功功率也不是无功功率。（ √ ）

101. 通过电阻上的电流增大到原来的 2 倍时，它所消耗的功率也增大 2 倍。（ × ）

102. 两根同型号的电缆，其中较长者电阻较大。（ √ ）

103. 电压也称电位差，电压的方向是由低电位指向高电位。（ × ）

104. 电动势与电压的方向是相同的。（ × ）

105. 磁力线是闭合的曲线。（ √ ）

106. 力是物体间的相互作用，力的大小、方向和力臂称为力的三要素。（ × ）

二、单选题

1. 下列化合物中含有离子键的是（ A ）。
   A. NaOH　　　　　B. CH_3CL　　　　　C. CH_4　　　　　D. CO

2. 一组分析结果的精密度好，但准确度不好，是由于（ C ）。
   A. 操作失误　　　B. 记录错误　　　C. 试剂失效　　　D. 随机误差大

3. 45 号变压器油的闪点要比 25 号、10 号油低（ A ）。
    A. 5℃   B. 4℃   C. 2.5℃   D. 6℃

4. 可用（ D ）方法减小测定过程中的偶然误差。
    A. 对照试验   B. 空白试验
    C. 仪器校验   D. 增加平行试验的次数

5. 酸值测定用的 BTB 指示剂的变色范围在非水溶液中的 pH 值为 8.6～9.6，其颜色是由黄色变为（ B ）。
    A. 蓝色   B. 蓝绿色   C. 无色   D. 橙红色

6. 在对标准溶液标定时，一般应进行平行试验，当标定的相对偏差不大于（ B ）% 时，取平均值计算其浓度。
    A. 0.3   B. 0.4   C. 0.5   D. 1

7. 在下列溶液中，（ C ）不适合用碱式滴定管盛装。
    A. 氢氧化钠   B. 氯化钠   C. 硝酸银   D. 硫酸钡

8. 在下列量器中，不需要校准的是（ B ）。
    A. 高精确度定量分析工作用滴定管   B. 使用多年的量筒、量杯
    C. 长期使用受到侵蚀的容量瓶   D. 质量不甚可靠的吸量管

9. 滴定分析操作中出现下列情况，不会导致系统误差的是（ B ）。
    A. 滴定管未经校准   B. 滴定时有溶液溅出
    C. 指示剂选择不当   D. 试剂中含有干扰离子

10. 运行中高压抗燃油电阻率降低，主要是由于（ B ）污染造成的。
    A. 机械物质   B. 极性物质   C. 潮气   D. 矿物油

11. 运行中抗燃油的水分主要来源是（ A ）。
    A. 吸收空气中的潮气   B. 磷酸酯水解
    C. 系统漏气   D. 冷油器泄漏

12. 一般矿物油能溶解 6%～10%（体积分数）的空气，但当油品通过运行设备时，溶解的空气由于压力下降形成气泡，气泡滞留在油中与（ D ）无关。
    A. 油品氧化   B. 产生振动和噪声
    C. 降低汞出口压力   D. 产生油泥

13. 油库、油处理站的设计必须符合（ B ）的有关要求。
    A. 环境保护   B. 消防与工业卫生
    C. 安全方面   D. 消防规程

14. 在石油产品分类中，变压器油、汽轮机油属于（ C ）类。
    A. F   B. W   C. L   D. S

15. 石油中含有的（ D ）化合物越多，则油的颜色越深。
    A. 链烷烃   B. 不饱和烃   C. 环烷烃   D. 非烃化合物

16. 原油脱蜡的目的是使油品获得必要的（ C ），以满足产品低温性能的要求。
    A. 闪点和凝点   B. 闪点和露点
    C. 凝点和倾点   D. 露点和倾点

17. 变压器油中的（ A ）含量太高会降低绝缘和冲击强度。

A. 芳香烃 B. 链烷烃 C. 环烷烃 D. 非烷类

18. 下面属于降凝固点添加剂的是（ C ）。

    A. 硅油 B. 磺酸钠

    C. 聚甲基丙烯酸酯 D. 2，6—二叔丁基对甲酚

19. 变压器油中，"T501"抗氧化剂有效含量为（ C ）。

    A. 0.2%～0.3% B. 0.5%～0.8%

    C. 0.3%～0.5% D. 0.8%～1.0%

20. 下列因素中，（ C ）不是"T501"颜色发黄质量降低的原因。

    A. 见光 B. 受潮 C. 含有游离甲酚 D. 存放时间过长

21. 在变压器油中发生电弧故障的主要特征气体组成是（ C ）。

    A. 氢气 B. 甲烷、乙烯 C. 氢气、乙炔 D. 乙烷、乙烯

22. 随油品温度升高而溶解系数减小的气体是（ D ）。

    A. H_2 B. O_2 C. N_2 D. CO_2

23. 库仑法测定油中微水时，当在吡啶和甲醇的参与下，（ B ）被二氧化硫还原。

    A. 水 B. 碘 C. 氢 D. 吡啶

24. 测定油品微量水分时，电解液中的碘被（ C ）还原。

    A. 吡啶 B. 水 C. 二氧化硫 D. 甲醇

25. 在色谱分析操作条件中，对分离好坏影响最大的是（ A ）。

    A. 柱温 B. 载气流速 C. 进样量 D. 载气压力

26. 对于充油电气设备来说，油中的乙炔气体迅速增加，设备内主要存在（ A ）故障。

    A. 放电 B. 过热 C. 绝缘不良 D. 受潮

27. 变压器油的（ B ）高低可以反映出新油的纯净程度和运行油老化状况。

    A. 酸值 B. 界面张力值 C. 闪点值 D. 黏度值

28. 色谱分析进样标定重复性在（ B ）以内。

    A. ±1.0% B. ±1.5% C. ±2.0% D. ±3.0%

29. 火力发电机组，在生产过程中，热损失最大的一项是（ D ）。

    A. 化学不完全燃烧热损失 B. 机械不完全燃烧损失

    C. 锅炉散热损失 D. 排烟热损失

30. 石蜡基的变压器油在（ B ）以下会有蜡的结晶析出。既影响设备绝缘，又妨碍传热。

    A. −45℃ B. 0℃ C. −20℃ D. −10℃

31. 抗氧化剂的有效含量，对新油、再生油，应不低于规定 0.3%、0.5%；对运行油，应
    不低于（ B ），当其含量低于规定值时，应进行补加。

    A. 0.001 B. 0.0015 C. 0.002 D. 0.003

32. 运行油混油前，必须进行混合油样的（ B ）试验，无问题后，方可允许混合。

    A. 混油 B. 油泥析出 C. 老化 D. 黏度

33. 润滑油中（ B ）的适量存在能起到天然抗氧化剂作用，并能改善变压器的析气性。

    A. 环烷烃 B. 芳香烃 C. 不饱和烃 D. 链烷烃

34. 变压器油的击穿电压不能判断油中是否存在（ B ）。

    A. 水分 B. 酸性物质 C. 杂质 D. 导电颗粒

35. 运行中的变压器油补加抗氧化剂油的 pH 应不小于（ A ）。
    A. 5　　　　　　 B. 5.2　　　　　　 C. 4.8　　　　　　 D. 4.4

36. 采用真空滤油对某些（ B ）降低的油或严重乳化的油处理尤为必要。
    A. 凝点　　　　　 B. 闪点　　　　　　 C. 破乳化度　　　　 D. 界面张力

37. 运行油中，"T501"含量不低于0.15%时，应进行补加，补加时油品的 pH 值不应低于（ C ）。
    A. 4　　　　　　 B. 4.5　　　　　　 C. 5　　　　　　 D. 4.2

38. 下列测定油品机械杂质所使用的溶剂中，使滤纸质量增加的是（ A ）。
    A. 汽油　　　　　 B. 苯　　　　　　　 C. 石油醚　　　　　 D. 蒸馏水

39. 油品劣化的重要原因为（ C ）。
    A. 运行时间长　　　　　　　　　　　 B. 自身氧化
    C. 高温下氧化　　　　　　　　　　　 D. 运行条件差

40. 若变压器油水分超标，应采取（ C ）措施。
    A. 压力滤油　　　　　　　　　　　　 B. 离心滤油
    C. 真空滤油　　　　　　　　　　　　 D. 压力加离心

41. 防止变压器油劣化的关键在于（ C ）。
    A. 防止外界水分的渗入　　　　　　　 B. 加强滤油
    C. 隔绝空气　　　　　　　　　　　　 D. 控制油温

42. 水分在运行变压器油中与绝缘纸中为一种（ D ）状态。
    A. 游离　　　　　 B. 饱和　　　　　　 C. 溶解　　　　　　 D. 相对平衡

43. 变压器油系统中，安装连续再生装置，其吸附剂用量应为油量的（ D ）。
    A. 1%～2%　　　 B. 5%～7%　　　　 C. 5%～10%　　　 D. 0.5%～1.5%

44. 在变压器油循环系统中，安装（ D ）装置，是防止油质劣化的措施。
    A. 冷油器　　　　 B. 滤油　　　　　　 C. 净化　　　　　　 D. 连续再生

45. 变压器油再生器内添加的吸附剂形状应是（ C ）。
    A. 颗粒　　　　　 B. 粉末　　　　　　 C. 球状　　　　　　 D. 无要求

46. 在废油再生中，常作为吸附剂使用的硅胶是（ A ）。
    A. 粗孔硅胶　　　 B. 细孔硅胶　　　　 C. 变色硅胶　　　　 D. 无要求

47. 使用真空过滤机油温一般控制在（ B ）。
    A. 40～60℃　　　 B. 60～80℃　　　　 C. 80～100℃　　　 D. 100～110℃

48. 在300nm 波长进行分光光度测定时，应选用（ C ）比色皿。
    A. 硬质玻璃　　　 B. 软质玻璃　　　　 C. 石英　　　　　　 D. 透明塑料

49. 有色溶液的摩尔吸光系数越大，则测定时的（ A ）越高。
    A. 灵敏度　　　　 B. 准确度　　　　　 C. 精密度　　　　　 D. 对比度

50. 变压器油的电气性能可以用（ C ）来衡量。
    A. 闪点　　　　　 B. 黏度　　　　　　 C. 绝缘强度　　　　 D. 凝点

51. 在测定油品的界面张力时，测定用的试样皿要用（ C ）洗液浸泡。
    A. 盐酸　　　　　 B. 硫酸　　　　　　 C. 铬酸　　　　　　 D. 乙酸

52. 下列能作为气相色谱法的流动相是（ A ）。

    A. 载气   B. 色谱柱   C. 样品气   D. 吸附剂

53. 对过热故障按温度高低区分为低温、中温和高温，它们的温度分别为（ C ）℃。
    A. 100～300，300～700，>700   B. 200～500、500～700；>700
    C. 150～300，300～700，>700   D. 300～500，500～700，>700

54. 充油电气设备内部故障性质为高于700℃的高温过热，其"三比值"编码为（ B ）。
    A. "020"   B. "022"   C. "102"   D. "021"

55. 为了防止油老化过快，变压器上层油温不得经常超过（ C ）。
    A. 60℃   B. 75℃   C. 85℃   D. 100℃

56. 对某故障变压器油色谱分析，其成分中总烃含量（体积分数）不高，氢气大于100μL/L，甲烷为总烃含量的主要成分，用特征气体判断属于（ C ）。
    A. 一般性过热   B. 严重过热   C. 局部放电   D. 火花放电

57. 《电业安全操作规程》规定，二级高空作业的高度是（ C ）。
    A. 2～5m   B. 5～10m   C. 5～15m   D. 10～20m

58. 为了防止油过快老化，变压器上层油温不得经常超过（ C ）。
    A. 60℃   B. 75℃   C. 85℃   D. 100℃

59. 下列指标中，属于超高压变压器油和普通变压器油共同的检验项目是（ D ）。
    A. 比色散   B. 析气性   C. 苯胺点   D. 氧化安定性

60. 密封式充油电气设备总烃绝对产气速率的注意值为（ C ）。
    A. 6mL/d   B. 120mL/d   C. 12mL/d   D. 240mL/d

61. 充油设备在注油后应有足够的静止时间才可进行耐压试验，110kV及以下设备静止时间大于（ C ）。
    A. 72h   B. 48h   C. 24h   D. 12h

62. 在进行绝缘试验时，被试品温度不应低于（ B ）。
    A. 0℃   B. 5℃   C. 8℃   D. 10℃

63. 油品颗粒度报告为MOOG，6级，对应的ISO标准级别为（ C ）。
    A. 16/13   B. 17/14   C. 18/15   D. 12/15

64. GB 2536—9090中规定新变压器油的介质损耗因数（90℃）标准是小于（ C ）。
    A. 0.01   B. 0.001   C. 0.005   D. 0.002

65. 使用钻床时，不允许使用的安全用具是（ B ）。
    A. 眼镜   B. 手套   C. 工作帽   D. 安全带

66. 使用喷灯时，下列操作中（ D ）是正确的。
    A. 空气不流通的地方   B. 喷灯放在高温物体上
    C. 在点燃的情况下加温   D. 用毕冷却后存放

67. GB/T 19000系列标准是（ C ）。
    A. 推荐性标准   B. 强制性国家标准
    C. 推荐性的管理性的国家标准   D. 管理标准

68. 变压器油在绝缘套管中起主要作用是（ C ）。
    A. 散热作用   B. 灭弧作用   C. 绝缘作用   D. 绝缘、散热

69. 对变压器危害最大的气体放电是（ C ）放电。

A. 电晕   B. 气泡   C. 电弧   D. 沿面

70. 熔断器熔体应具有(D)。

 A. 熔点低，导电性能不良   B. 导电性能好，熔点高

 C. 易氧化，熔点低   D. 熔点低，导电性能好，不易氧化

71. 高压断路器的额定开断电流是指在规定条件下开断(C)。

 A. 最大短路电流最大值   B. 最大冲击短路电流

 C. 最大短路电流有效值   D. 最大负荷电流的 2 倍

72. 交流电路中电流比电压滞后 90°，该电路属于(C)电路。

 A. 复合   B. 纯电阻   C. 纯电感   D. 纯电容

73. 测量绕组直流电阻的目的是(C)。

 A. 保证设备的温升不超过上限   B. 测量绝缘是否受潮

 C. 判断接头是否接触良好   D. 判断绝缘是否下降

74. 变压器铭牌上的额定容量是指(C)功率。

 A. 有功   B. 无功   C. 视在   D. 最大

75. 我们把两点之间的电位之差称为(C)。

 A. 电动势   B. 电势差   C. 电压   D. 电压差

76. 电源电动势的大小表示(B)做功本领的大小。

 A. 电场力   B. 外力   C. 摩擦力   D. 磁场力

77. 力的三要素是指力的大小、方向和(D)。

 A. 强度   B. 单位   C. 合成   D. 作用点

78. 在 30Ω 电阻的两端加 60V 的电压，则通过该电阻的电流是(D)。

 A. 1800A   B. 90A   C. 30A   D. 2A

79. 一段导线，其电阻为 R，将其从中对折合并成一段新的导线，则其电阻为(D)。

 A. $2R$ B. R C. $R/2$ D. $R/4$

80. 避雷针的作用是(B)。

 A. 排斥雷电   B. 吸引雷电   C. 避免雷电   D. 削弱雷电

81. 万用表的转换开关是实现(A)的开关。

 A. 各种测量及量程   B. 电流接通

 C. 接通被测物实现测量   D. 电压接通

82. 万用表用完后，应将选择开关拨在(C)档上。

 A. 电阻   B. 电压   C. 交流电压   D. 电流

83. 变压器各绕组的电压比与它们的线圈匝数比(B)。

 A. 成正比   B. 相等   C. 成反比   D. 无关

84. 组成变压器的三个基本部件是一次绕组、二次绕组、(D)。

 A. 油箱   B. 套管   C. 冷却装置   D. 铁芯

85. 氮气的奥斯特瓦尔德系数是(B)。

 A. 0.07   B. 0.09   C. 0.1   D. 0.08

86. 下列气体中，能引起光化学烟雾的主要污染物是(B)。

 A. SO_2 B. NO_x C. CO_2 D. CO

三、简答题

1. 气瓶为什么不能放空？

答：(1)避免空气或其他气体渗入气瓶中。(2)便于确定气瓶中原来装何种气体。(3)余压可以检验气瓶的严密性。

2. 应用三比值法应注意哪些问题？

答：(1)对油中各种气体含量正常的变压器等设备，其比值没有意义。(2)只有油中气体各组分含量足够高，并经综合分析确定变压器内部存在故障后才进一步应用。(3)每一种故障对应一种比值，但对于存在多种故障的情况，将找不到对应的比值，应结合相关电气试验结果进行综合判断。(4)对设备的近期运行状况和结构要有所了解。(5)三比值法都适用于气体继电器里收集到的气体。

3. 气相色谱法的缺点？

答：气相色谱法的缺点是色谱峰不能直接给出定性的结果。必须有已知的纯物质作对照，才能确定色谱峰相应的物质。当没有纯物质对照时，定性就很困难，就需要借助质谱、红外光谱、化学分析等方法的配合来进行定性鉴定。

4. 气相色谱法分离原理是什么？

答：根据不同物质在两相——固定相和流动相中具有不同的分配系数，当两相作相对运动时物质随流动相运动，在两相间进行反复多次的分配，从而使得那分配系数只有微小差异的物质，在移动速度上产生很大的差别，因此使得各组分得到相互分离。

5. 应用"三比值"法判断变压器内部故障时，应注意什么？

答：(1)根据各组分含量注意值或产气速率注意值，判断可能存在故障时才能进一步使用。(2)具体情况具体分析，不能死搬硬套。(3)应注意设备结构与运行情况。(4)特征气体的比值应在故障下运行不断监视。

6. 变压器油油质劣化的基本因素有哪些？

答：(1)氧的存在。(2)催化剂的存在。(3)加速剂的影响。(4)运行温度的影响。(5)纤维素材料的作用。

7. 运行变压器油防劣化措施有哪些？

答：(1)加装油热虹吸器；(2)加 T501(2，6—二叔丁基对甲酚)抗氧化剂；(3)加装胶囊或隔膜及充氮气。

8. 何谓基准试剂？它应具备哪些条件？

答：在分析化验中，凡能够直接配制成标准溶液的纯物质或已经知道准确含量的物质称为基准试剂。它应具备如下条件：(1)具有高纯度(一般要求其纯度在99.9%以上)。(2)应具有较好的化学稳定性，在称量过程中不吸收空气中的水或二氧化碳。在放置或烘干时不发生变化或不分解。(3)较大的相对分子质量。(4)应易溶于水或易溶于单一的酸中。(5)在滴定前后，该物质最好无色。

9. 油品中的含水量与哪些因素有关？

答：(1)与油品的化学组成有关。(2)水在油中的溶解度和温度有很大关系。(3)与在空气中暴露的时间有关。(4)与油品的精制程度有关。(5)与油品的老化程度有关。

10. 影响油品界面张力的主要因素有哪些？

答：(1)表面活性物质的影响。(2)与物质本身的性质有关。(3)与其相接触的另一相物质的性质有关。(4)温度的影响。

11. 影响油品黏度的主要因素有哪些?

答:(1)与基础油的馏分有关。(2)与油品的化学组成有关。(3)油品的黏度与温度的关系较大。(4)作用于液体的压力及运动速度等也对黏度有一定影响。

12. 比色法测定水溶性酸的影响因素有哪些?

答:(1)试验用水的影响。(2)萃取温度的影响。(3)萃取过程中摇动时间的影响。(4)指示剂本身 pH 影响。

13. 实现氢焰检测有哪些条件?

答:(1)氢和氧燃烧生成的火焰为有机分子提供燃烧和发生电离作用的条件。(2)有机物分子在氢 - 氧火焰中的离子化程度比在一般条件下大得多。(3)有两个电极置于火焰附近,形成静电场,有机物分子在燃烧过程中生成的离子在静电场中作定向移动而形成离子流。

14. 六氟化硫气体中矿物油含量测定法原理是什么?

答:将定量的六氟化硫气体按一定流速通过两个装有一定体积四氟化碳的洗气管,使分散在六氟化硫气体中的矿物油被完全吸收,然后测定吸收液 $2930cm^{-1}$ 吸收峰的吸光度,从工作曲线查出吸收液中矿物油浓度,计算其含量。

15. 氢火焰点不着主要有哪些原因?

答:(1)空气流量太小或空气大量泄漏。(2)氢气漏气或流量太小。(3)喷口漏气。(4)点火极断路或碰圈。(5)点火电压不足。(6)离子室圆罩上方废气排出孔被堵塞。

16. 热导池信号基线呈无规则运动主要是哪些原因引起的?

答:(1)钨丝中间有异物。(2)桥电流过大,以致使钨丝呈灼热状态。(3)热导池体或钨丝沾污。(4)固定液进入检测器。(5)钨丝引出线接触不好。(6)载气已用完。(7)稳压电源失效。

17. 为什么测定不同石油产品馏程时冷凝器内的水温不同?

答:冷凝器中的水调节至一定温度,是为使油品沸腾后的蒸气在冷凝管中冷凝为液体,并使其在管内能正常流动,以冷凝液流入量筒的速度来检查及控制蒸馏速度。

18. 六氟化硫气体中酸度测定法的原理是什么?

答:利用稀碱标准溶液吸收 10L 六氟化硫气体中的酸和酸性物质,在以酸标准溶液滴定过量的碱。酸度以氢氟酸计,以 $\mu g/g$ 表示。

19. 对 TCD、FID 的总体要求有哪些?

答:(1)灵敏度高、线性范围宽。(2)工作性能稳定、重现性好。(3)对操作条件变化不敏感、噪声小。(4)死体积小、响应快。

20. 对测定油中含气量装置的基本要求有哪些?

答:在选择测定气量的方法和装量时,应满足下列基本要求:(1)完全地从油中脱出全部气体,一般要求脱气率应达到 97% ~ 99%。(2)装置应气密性好,有较高的真空度。一般要求真空系统的残压不大于 0.3mmHg(39.997Pa)。(3)应能准确地测出被脱气试油体积和脱出气体体积,要求体积测量最好能精确到两位有效数字。(4)气体从油中脱出后,应尽量防止气体对油的回溶。(5)脱气后能完全排净残油和残气。

21. 在色谱分析中,影响热导检测器(TCD)灵敏度的因素有哪些?

答:(1)桥电流大小。(2)载气种类。(3)热敏元件的电阻温度系数。(4)热导池的集几何因子及池体温度。

22. 引起容量计量的误差的因素有哪些？

答：(1)玻璃量器的洁净程度。(2)液面的调定和观察。(3)液体流出时间掌握不当。(4)操作时的液体的温度及环境温度的影响。

23. 影响油品体积电阻率测试的因素有哪些？

答：(1)温度的影响。(2)与电场强度有关。(3)与施加电压的时间有关。

24. 引起油品氧化的因素及生成物有哪些？

答：(1)油品与空气中的氧气接触是油品氧化的主要因素。(2)温度、水分、金属催化剂及其他杂质会加速油品的氧化。(3)油品中的烃类氧化初期产物是烃基过氧化物，而后分解成酸、醇、酮等继续氧化成树脂质、沥青质，进一步氧化成不溶于油的油泥。

25. 影响润滑油油质氧化的因素有哪些？

答：(1)温度的影响。(2)氧的压力影响。(3)润滑油与氧接触面的大小影响。(4)催化剂的影响。(5)精制深度的影响。

26. 变压器油补加 T501 抗氧化剂的步骤有哪些？

答：(1)感受性试验。(2)抗氧化剂有效剂量的确定。(3)添加前应清除设备内和油中的油泥、水分和杂质。(4)抗氧化剂的添加。(5)添加 T501 抗氧化剂油的维护和监督。

27. 添加抗氧化剂的油品维护和监督有哪些内容？

答：(1)定期测定油中抗氧化剂含量，必要时进行油的抗氧化安定性试验。(2)如补加不含抗氧化剂油时，应同时补加足量添加剂。(3)大修时，若发现大量油泥和沉淀物应加以分析，查找原因。(4)热虹吸器与变压器同时运行。(5)注意吸附剂的更换。

28. 如何清洗离子室？

答：拆下氢焰离子室的外罩，取下电极和绝缘垫圈，把外罩、电板和绝缘圈用丙酮或乙醚清洗，然后烘干再重新装配，装配时注意点火极圈与圈之间不得相碰，收集极与外罩的绝缘电阻必须大于 $1000M\Omega$，若喷口沾污也可做同样的清洗。

29. 试油的酸值为何用氢氧化钾毫克数表示？

答：油品中的酸性物质，并不是单体化合物，而是由酸性物质组成的混合物。所以不能根据反应中的等量关系直接求出某一被测物质的量，而是用中和 1g 试油所消耗的氢氧化钾毫克数来表示。

30. 对变压器油的补油、混油有什么具体要求？

答：(1)补加油品的各项特性指标不低于设备内的油。如果补加到已接近运行油质量要求下限的设备油中，有时会导致油中迅速析出油泥，故应预先进行混油样品的油泥析出和 tanδ 试验。试验结果无沉淀物产生且 tanδ 不大于原设备内油的 tanδ 值时，才可混合。(2)不同牌号新油或相同质量的运行中油，原则上不宜混合使用。如必须混合时，应按混合油实测的凝点决定是否可用。(3)对于国外进口油、来源不明以及所含添加剂的类型并不完全相同的油，如需要与不同牌号油混合时，应预先进行参加混合的油及混合后油样的老化试验。(4)油样的混合比应与实际使用的混合比一致，如实际使用比不详，则采用 1:1 比例混合。(5)如果补加新油量比例小于 5% 时，通常不会出现任何问题，可直接补入。

31. 气体继电器中自由气体的判断方法。

答：(1)分析油中气体和自由气体中的组分含量，用奥斯特瓦尔德系数计算出油中溶解气体的理论值。(2)如果理论值和油中溶解气体的实测值近似相等，可认为气体是在平衡条件下放出来的。这里有两种可能：一种是故障气体各组分浓度均很低，说明设备是正常的。另一种是溶解气体浓度略高于理论值则说明设备存在产生气体较缓慢的潜伏性故障。(3)如果气体继电器内的自由气体浓度明显超过油中溶解气体浓度，说明释放气体较多，设备内部存在产生气体较快的故障。(4)判断故障类型的方法，原则上和油中溶解气体相同，但是应将自由气体浓度换算为平衡状况下的溶解气体浓度进行。

32. 影响油品氧化安定性试验的因素及注意事项有哪些？

答：(1)温度的影响。(2)氧气通入量的影响。(3)金属催化剂的尺寸、大小、纯度及预处理。(4)所用仪器的清洁及干燥程度。(5)所用溶剂不允许含有芳烃。(6)测定酸值注意终点判断和指示剂的选择。(7)测定沉淀物时，应将滤斗和滤纸油痕清洗干净。

33. 六氟化硫气体中含水对设备及其安全运行有何危害？

答：(1)当六氟化硫气体含水超过一定限度时气体的稳定性会受到破坏，使六氟化硫其他耐压及击穿电压下降，对电气设备危害很大。(2)六氟化硫气体含水会使某些电弧分解气发生反应，产生腐蚀性极强的 HF 和 SO_2 等酸性气体，加速设备腐蚀。(3)由于六氟化硫水分解反应会阻碍六氟化硫分解物的复原，从而增加气体中的有毒有害杂质的组分和含量。

四、计算题

1. 在进行油的酸值分析中，消耗了 0.02mol/L 氢氧化钾乙醇溶液 4.2mL，共用试油 10g，求此油的酸值是多少？（空白值按 0 计算）

解：$X = (V - V_1) \times 56.1 \times M/m$

$\quad = (4.2 - 0) \times 56.1 \times 0.02/10$

$\quad = 0.47mg/g$

答：此油的酸值是 0.47mg/g。

2. 某台变压器油重 25t，油中"T501"的含量已降至 0.12%，如需将其浓度提高到 0.4%，问需加"T501"多少？

解：$m = 25000 \times (0.4 - 0.12)\% = 70kg$

答：需加"T501"70kg。

3. 现有含"T501"0.5%的标准油，欲配置 0.2%含量的油 40g，需标准油多少克？

解：$m = \dfrac{40 \times 0.2\%}{0.5\%} = 16g$

4. 饱和 NaOH 溶液的 NaOH 含量约为 52%，密度为 $1.56g/cm^3$，求其物质的量浓度？若配置 0.1mol/LNaOH 溶液 1L，应取饱和 NaOH 溶液多少？

解：饱和 NaOH 溶液的物质的量浓度为：

$c = (1.56 \times 1000 \times 52\%) \div (40 \times 1) = 20mol/L$

欲配置 1000mL 0.1mol/L NaOH 需取饱和 NaOH 溶液的体积为：

$V = 1000 \times 0.1 \div 20 = 5mL$

答：NaOH 物质的量浓度为 20mol/L，配置 1000mL 0.1mol/L NaOH 需取饱和 NaOH 溶液 5mL。

5. 取碱液（NaOH）5mL，用纯水稀释至 100mL，并用从 $c(1/2H_2SO_4)=0.1000mol/L$ 标准溶液滴定至终点，消耗标准液 14.0mL，计算该碱液的物质的量浓度。

解：设该碱液的浓度为 x mol/L

$$0.1 \times 14 = 5x$$

则　　　$x = 0.28mol/L$

答：该碱液的浓度为 0.28mol/L。

6. 已知 52.0% 的 NaOH 溶液的密度为 1.525g/cm³，计算它的物质的量浓度。配置 1.00mol/L 的 NaOH 溶液 200mL，需要用上述溶液多少毫升？

解：$c(NaOH) = 1.525 \times 1000 \times 52.0\% \div 40.4$

$$= 19.8mol/L$$

设需要 52.0% 的 NaOH 溶液 x mL，则

$$1.00 \times 200 = 19.8x$$

$$x = 10.1mL$$

答：该溶液的物质的量浓度为 19.8mol/L，配液时需用上述溶液 10.1mL。

7. 30.00mLHCl 溶液，用 $c(NaOH)=0.1072mol/L$ 的 NaOH 标准溶液滴定至终点，用去 31.43mL，求 HCl 溶液的物质的量浓度 $c(HCl)$。

解：$c(HCl) = \dfrac{c(NaOH) \cdot V(NaOH)}{V(HCl)}$

$$= \dfrac{0.1072 \times 31.43 \times 10^{-3}}{30.00 \times 10^{-3}}$$

$$= 0.1123mol/L$$

答：HCl 溶液的浓度 $c(HCl)$ 为 0.1123mol/L。

8. 求 0.2mol/L H_2SO_4 溶液的 pH 值。

解：0.2mol/L H_2SO_4 溶液的 $[H^+]$ 浓度为

$0.2 \times 2 = 0.4mol/L$

溶液的 pH 值计算如下：

$pH = -lg[H^+] = -lg0.4 = 0.40$

答：0.2mol/L H_2SO_4 溶液的 pH 值为 0.40。

9. 欲配置 0.0200mol/L 的重铬酸钾标准 250mL，应称取重铬酸钾（相对分子质量=294.2）多少克？

解：需重铬酸钾的质量为 $m = c \times V \times M = 0.02000 \times 250 \times 10^3 \times 294.2 = 1.471g$

10. 某一油样，在 40℃ 测定其运动黏度为 82.35mm²/s，此油样在 40℃ 与 20℃ 的密度分别为 432g/cm³、0.8856g/cm³，计算此油样 40℃ 的动力黏度是多少？

解：$\eta_t = V\rho_t = (82.35/100) \times 0.8432$

$$= 0.6944 \ g/cm^3$$

答：此油样 40℃ 的动力黏度是 0.6944g/cm³。

11. 已知一试样，40℃ 与 100℃ 的运动黏度分别为 73.30mm²/s 和 8.86mm²/s，与试样

100℃运动黏度相同，黏度指数为 0 和 100 的石油产品在 40℃的运动黏度分别为 119.94mm²/s 和 69.46mm²/s，计算该试样的黏度指数。

解：由公式 $VI = \dfrac{L - U}{L - H} \times 100$

$$= \left(\dfrac{119.94 - 73.30}{119.94 - 69.46}\right) \times 100$$

$$= 92.40$$

答：该试样的黏度指数为 92.40。

12. 测定变压器油的闪点，当时的大气压为 104.1kPa，试验结束时，温度计的读数 155℃，问此变压器油的闪点是多少？

解：由修正公式 $\Delta t = 0.25 \times (101.3 - p)$

$$= 0.25 \times (101.3 - 104.1)$$

$$= -0.7 \approx -1℃$$

$$t_0 = 155 + (-1) = 154℃$$

答：此变压器油的闪点是 154℃。

13. 欲配置 0.2mol/L HCl 溶液 1000mL，应取 1.2mol/L 的浓盐酸多少毫升？

解：$V_2 = \dfrac{M_1 V_1}{M_2} = \dfrac{0.2 \times 1000}{1.2} = 170mL$

答：应取 1.2mol/L 的浓盐酸 170mL。

14. 配 0.1mol/L 邻苯二甲酸氢钾 500mL，应取邻苯二甲酸氢钾(相对分子质量为 204.2)多少克？

解：$m = \dfrac{cVM_r}{1000} = \dfrac{0.1 \times 500 \times 204.2}{1000} = 10g$

答：取邻苯二甲酸氢钾 10g。

15. 配置 $c(1/6K_2Cr_2O_7) = 0.05000mol/L$ 的溶液 500.0mL，应准确称取基准 $K_2Cr_2O_7$ 多少克？

解：设应取 $K_2Cr_2O_7$ xg。

$$x = 0.5000 \times (500.0/1000) \times (294.2/6)$$

$$= 1.226g$$

答：应准确称取基准 $K_2Cr_2O_7$ 1.226g。

16. 某台变压器，油量为 20t，第一次取样进行色谱分析，乙炔含量为 4.0mg/kg，相隔 3 个月后又取样分析，乙炔含量为 5.5mg/kg。求此变压器乙炔含量的相对产气速率。

解：$\gamma_r = \dfrac{\varphi_{i,2} - \varphi_{i,1}}{\varphi_{i,1}} \times \dfrac{1}{\Delta t} \times 100\%$

$$= \dfrac{5.5 - 4.0}{4.0} \times \dfrac{1}{3} \times 100\%$$

$$= 12.5\%/月$$

答：此变压器乙炔含量的相对产气速率为 12.5%/月。

17. 用密度为 1.84g/cm³，浓度为 98% 的浓硫酸怎样配制 500mL 物质的量浓度 $c(1/2H_2SO_4) = 6mol/L$ 的稀硫酸溶液。

解：设取浓硫酸的体积 VmL，则

$$6 \times 0.5 = \frac{V \times 1.84 \times 98\%}{49}$$

$$V = 81.5\text{mL}$$

答：配制500mL物质的量浓度为6mol/L的稀硫酸溶液需要81.5mL浓硫酸。

18. 食盐在10℃时的溶解度是35.8g，计算在该温度时食盐的饱和质量分数。

解：$w(NaCl) = 35.8\text{g}/(100\text{g} + 35.8\text{g}) = 26.36\%$

19. 一表面式换热器，已知冷热流体的平均温差为33.3℃，换热面积为9.75m²，若传热系数为340W/（m²·℃），求换热量。

解：$Q = A \times K \times \Delta t$

$\quad\quad = 9.75 \times 340 \times 33.3$

$\quad\quad = 110389.5\text{W}$

答：换热量为110389.5W。

20. 已知一油样，其运动黏度40℃时为46mm²/s，现有系数为 C：0.2473 mm²/s；X：0.2359 mm²/s；Y：0.2190 mm²/s 三种毛细管黏度计，选择哪一种最合适？

解：三种毛细管黏度计的流动时间分别为：

$t_C = 46/0.2473 = 186.00\text{s}$

$t_X = 46/0.2359 = 195.00\text{s}$

$t_Y = 46/0.2190 = 210.04\text{s} > 200\text{s}$

答：所以选择系数为0.2190 mm²/s的毛细管黏度计最合适。

21. 将220V、100W的灯泡接在220V的电源上，允许电源电压波动±10%（即242～198V），求最高电压和最低电压时灯泡的实际功率。

解：$P = U^2/R$；$P_1/P_2 = U_1^2/U_2^2$

$P_{max} = 100 \times 242^2/220^2 = 121\text{W}$

$P_{min} = 100 \times 198^2/220^2 = 81\text{W}$

答：最高电压和最低电压时灯泡的实际功率分别为121W和81W。

22. 用微库仑仪测定变压器油中水分，其消耗电量为80mC，试油密度为0.8g/cm³，试油体积为1mL，求油品中含水量。

解：油品中含水量为：$w(H_2O) = \dfrac{Q}{K\rho V} = \dfrac{80 \times 10^3}{10722 \times 0.8 \times 1} = 9.3\mu\text{g/g}$

23. 有一30μF的电容器，加在两端的电压为500V，则该电容器板上储存的电荷量为多少？

解：$Q = UC = 500 \times 30 \times 10^{-6} = 0.015\text{C}$

答：该电容器板上储存的电荷量为0.015C。

24. 某次主变大修后，用压力管道补油，油箱油位由4.50m下降到2.85m。已知油箱内径为2.5m，油的密度为0.86g/cm³，试求此次补油多少。

解：油箱的截面积为 $A = \pi d^2/4 = 4.91\text{m}^2$

油位共下降： $4.50 - 2.85 = 1.65\text{m}$

共补油： $4.91 \times 1.65 \times 0.86 \times 10^3 = 6962\text{kg}$

25. 一台变压器需要注油量 m 为 50t，采用两真空净油机进行真空注油，注油速度 v 为 5.5m³/h，最快多长时间可以注满(油的密度 ρ 为 0.91t/m³)？

解：每小时注油的质量：$m = v\rho = 5.5 \times 0.91 = 5.005$t

注油的速度：　　　　　$v = 5.005$t/h

所需时间：　　　　　　$t = m/v = 50/5.005 \approx 10$h

答：最快 10h 可以注满。

26. 某油样，采用蒸馏法测定水分，试验结束后，收集器中共收集水分 13mL，此试样的密度为 0.9201g/cm³，求试油样的水分体积分数。

解：$\varphi = (V_s/V_m) \times 100\%$

$\quad\;\; = [13/(100/0.9201)] \times 100\%$

$\quad\;\; = 11.96\%$

答：油样的水分体积分数为 11.96%。

五、识绘图题

1. 指明气相色谱稳流阀的工作原理图各部分名称。

答：如图所示，1—硅橡胶，2—膜片，3—阀体，4—阀针。

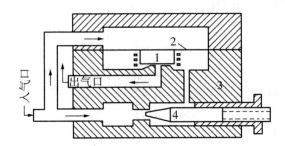

2. 指明气相色谱稳压阀的工作原理图各部分名称。

答：如图所示，1—阀针，2—连动杆，3—阀体，4—波纹管，5—压簧，6—滑板，7—滑杆，8—调节手柄。

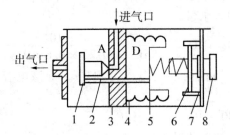

3. 指明隔膜式油枕结构示意图各部分名称。

答：如图所示，1—排气塞，2—手孔，3—油位计注油塞，4—油位计排气螺钉，5—浮球，6—油位计放油螺钉；7—连接管；8—压油袋；9—压油袋器壳；10—连接管；11—沉积器；12—隔膜袋；13—吸湿器；14—玻璃管；15—连接管。

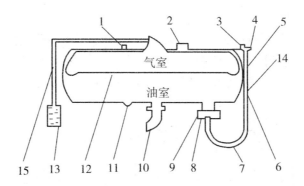

4. 绘出 SF_6 气体湿度测试示意图。

答：如下图，1—SF_6 设备(气瓶)；2—取样阀；3—减压阀；4—取样管；5—流量控制阀；6—仪器。

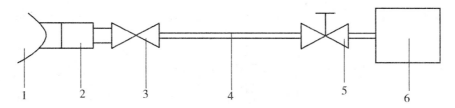

5. 画出四管式热导检测器的惠斯通电桥测量装置图并指明各部分名称。

答：如下图所示。

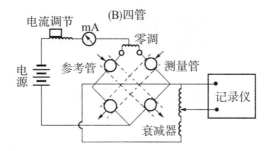

6. 画出色谱仪热导池构造示意图并指明各部分名称。

答：如图所示。

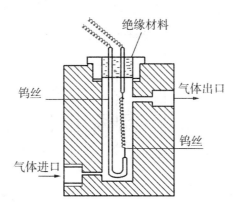

321

7. 指明气相色谱流程系统图各部分名称。

答：如图所示，1—载气瓶；2—减压阀；3—净化器；4—稳压阀；5—转子流量计；6—压力表；7—六通阀；8—定量管；9—气化器；10—色谱柱；11—检测器；12—微电流放大器；13—热导控制器；14—控制器；15—记录仪。

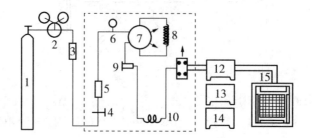

8. 指明减压阀的工作原理图各部分名称。

答：如图所示，1—输入口，2—安全阀，3—调节旋钮，4—输出口，5—流量表，6—高压表。

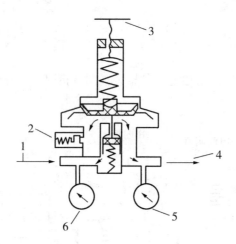

9. 指明氢焰检测器构造示意图各部分名称。

答：如图所示，1—氢气入口；2—空气入口；3—碟子；4—发射极（点火极）；5—废气出口；6—收集极；7—喷嘴；8—圆罩；9—底座；10—载气+样品组成分气。

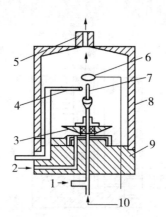

10. 画出变压器油中溶解气体组分含量测定气相色谱法中推荐的两次进样系统图，并指明各部分名称。

答：如图所示。

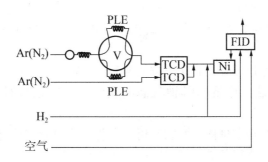

六、论述题

1. 论述真空滤油机停用保养注意事项。

答：(1)在运转的真空滤油机需要中断时，应在断开加热电源 5min 后才能停止油泵运转，以防油路中局部油品受热分解产生烃类气体。(2)室外低温环境工作结束后，必须将真空泵至冷凝器中的存水放干净，以防低温结冰损坏设备。(3)滤油机停置不用时，应将真空泵内的污油放尽并注入新油。(4)真空滤油机的冷凝器、加热器应定期清洁，否则会影响效率，缩短寿命。(5)定期更换罗茨泵的油、滤芯及滤网。(7)滤油机长时间不用时，放气阀必须处于打开状态。(8)滤油机应存放在干燥、清洁的场所，同时用防水布包裹。

七、多选题

1. 负荷功率因数低造成的影响是（ ABC ）。

A. 线路电压损失增大   B. 有功损耗增大

C. 发电设备未能充分发挥作用   D. 电压升高

第四节　化验员技师题库

一、判断题

1. 润滑油馏分中芳香烃含量最大，饱和烃次之。（ √ ）

2. 质量分析法的原理是往被测物中加入沉淀剂，使被测组分沉淀析出，最终根据沉淀的质量计算被测组分的含量。（ √ ）

3. 定量滤纸也称无灰滤纸，只用于定量分析。（ √ ）

4. 对含有少量杂质的固体样品最有效的纯化方法是选用适宜的溶剂进行重结晶。（ √ ）

5. "T746"防锈剂和强碱性物质作用生成不溶性皂类物质，会增加气泡稳定性。（ √ ）

6. 在设备更换用油品种时，只要黏度指标符合要求就可以了。（ × ）

7. 变压器油中的"T501"抗氧化剂的含量不会影响油的绝缘强度。（ × ）

8. 随着温度上升，变压器油裂解生成的烃类气体最大出现的顺序是：甲烷、乙烯、乙烷、乙炔。（ √ ）

9. 变压器油氧化安定性的诱导期测定法，是在 (100 ± 0.5)℃下，通入氧气，测定挥发性酸达到 $0.28mg/g$ 所需的时间（h）。（ × ）

10. "T501"抗氧化剂之所以能延缓油的氧化，主要是它先消耗了油中生成的自由基。（ √ ）

11. 废油再生法可以分为物理方法和化学方法两类。（ × ）

12. 热导检测器是根据载气中混入其他气态物质时，其热导率不发生变化的原理制成的。（ × ）

13. 气相色谱仪的分辨率是定量描述两相邻组分在色谱柱中分离情况的主要指标，它等于相邻色谱峰保留值之差与色谱峰基线宽度总和之半的比值。（ √ ）

14. 在气相色谱分析时，要保证两次或两次以上的标定重复性在0.5%以内。（ × ）

15. 色谱分析计算时，相对校正因子不受操作条件的影响，只随检测器的种类而改变。（ √ ）

16. 三比值用来判断变压器等电气设备的内部故障的类型。对气体含量正常的比值是没有意义的。（ √ ）

17. 变压器油中溶解气体含量的注意值：总烃为 $150\mu L/L$，乙炔为 $3\mu L/L$，氢 $100\mu L/L$。（ × ）

18. 因饱和醚的通式为 $C_nH_{2n+2}O$，故分子式为 C_2H_6O 的物质一定是醚。（ × ）

19. 郎伯 - 比耳定律是光吸收的基本规律，不仅适用于有色溶液，也适用于其他均匀的、非散射的吸光物质，包括固体、液体、气体。（ √ ）

20. 郎伯 - 比耳定律适用于原子吸光光谱法分析。（ √ ）

21. 机械设备对润滑油或润滑脂选用无要求。（ × ）

22. 糠醛是变压器中绝缘纸因降解而产生的最主要特征液体分子。（ √ ）

23. SF_6 气体的密度为 $6.139g/L(20$℃$)$，约为空气的 5 倍。（ √ ）

24. 聚合度的大小不直接反映绝缘纸的老化程度。（ × ）

25. 变压器油中水分的主要影响是使纸绝缘遭到永久性破坏。（ √ ）

26. 一个完整的尺寸应该包含尺寸界线、尺寸线及箭头和尺寸数字三个要素。（ √ ）

27. 汽轮机油系统的冷油器在运行中要保持水侧的压力大于油侧，以保证水不会漏入油内。（ × ）

28. 我国关于"质量管理和质量保证"的系列标准为"GB/T 19000"。（ √ ）

29. 系统误差是分析过程中的固定因素引起的。（ √ ）

30. 有效数字的位数是根据测定方法和选用仪器的准确度确定的。（ √ ）

31. SF_6 气体的化学性质极为稳定，纯 SF_6 是无毒的，但其分解产物是有毒的或剧毒的。（ √ ）

32. 对变压器进行色谱分析时，如果特征气体是氢气，则说明变压器内部存在放电故障。（ × ）

33. 用真空滤油机处理油品，真空度越高，水的汽化温度就越低，脱水效率也越差。（ × ）

34. 磷酸酯抗燃油对系统中油漆、普通橡胶、沉积物有溶剂效应。（ √ ）

35. 抗燃油对许多有机化合物和聚合材料油很强的溶解能力。（ √ ）

36. 硅油等油品添加剂、降凝剂对油品放气性影响不大。（ × ）

37. 抗燃油燃烧时会产生一氧化碳、五氧化二磷等有毒气体。（ √ ）

38. 用于汽轮机调速系统的油，是一种液压工质，能够经过调速系统传递压力，对汽轮机起到调速作用。（ √ ）

39. 原油常、减压蒸馏后经酸碱精制，如增加电场作用，可以促使酸渣沉降速度加快。（ √ ）

40. 看装配图的主要目的是要从装配图了解部件(或机器)的装配关系和工作原理。（ √ ）

41. 三相三线有功电能表，某相电压断开后，必定少计电量。（ × ）

42. 用作液相锈蚀用的试棒直径不得小于9.5mm。（ √ ）

43. 配制糠醛标准水样储备液，先取糠醛1g左右置于1L棕色容量瓶中，用蒸馏水稀释至1L摇匀，置于避光处放置2天后备用。（ × ）

44. 光声光谱是根据光声池的原理进行分析的。（ √ ）

45. 光声光谱是根据光学的原理进行分析的。（ × ）

46. 等离子体发射光谱(IPC)可测定绝缘油中的水分含量。（ × ）

47. 接地线是防止在未停电的设备或线路上意外地出现电压而保护工作人员安全的重要工具。（ × ）

48. 在交流电压下，两种不同介电系数的绝缘介质串联使用时，介电系数小的介质上承受的电压高。（ √ ）

49. 在交流电路中，把热效应与之相等的直流电的值称为交流电的有效值。（ √ ）

50. 当线圈加以直流电时，其感抗为零，线圈相当于"短路"。（ √ ）

51. 当电容器的电容值一定时，加在电容器两端的电压频率越大，容抗越小。（ √ ）

52. 绝缘体不导电是因为绝缘体中几乎没有电子。（ √ ）

53. 功率因数过低，电源设备的容量就不能充分利用。（ √ ）

54. 固态绝缘体内的少数自由电子或离子在电场作用下运动，逐渐形成大量有规律的电子流或离子流，这种现象称为电击穿。（ √ ）

55. 电气设备的瓷质部分可以视为不带电的部分。（ × ）

56. 一双绕组变压器工作时，电压较高的绕组通过的电流较小，而电压较低的绕组通过的电流较大。（ √ ）

57. 三相五柱式电压互感器有两个二次绕组，一个接成星形，另一个接成开口三角形。（ √ ）

58. 接地装置对地电压与通过接地体流入地中的电流的比值称为接地电阻。（ √ ）

59. 呼吸器油盅里装油不是为了防止空气进入。（ √ ）

60. 抗燃油的介电性能比矿物油差得多。（ √ ）

二、单选题

1. 下列烃类物质中，能改善变压器油油品析气性能的烃类是（ A ）。

A. 芳香烃　　　　B. 链烷烃　　　　C. 环烷烃　　　　D. 杂环烃

2. 配制糠醛标准水样储备液时，糠醛要求称准至（ C ）g。
　　A. 0.002　　　　　B. 0.00002　　　　C. 0.0002　　　　D. 0.0004

3. 光声光谱的分析原理是（ B ）。
　　A. 光学　　　　　B. 光声池　　　　　C. 声学　　　　　D. 电学

4. 等离子体发射光谱（ICP）可应用于测定变压器油中物质是（ D ）。
　　A. 溶解气体　　　B. 机械杂质　　　　C. 化学成分　　　D. 金属成分

5. 分光光度法测定矿物油中糠醛，以（ A ）作显色剂。
　　A. 醋酸苯胺　　　B. 醋酸　　　　　　C. 苯胺　　　　　D. 苯

6. 如果触电者心跳停止而呼吸尚存，应立即对其施行（ C ）急救。
　　A. 仰卧压胸法　　　　　　　　　　　B. 仰卧压背法
　　C. 胸外心脏按压法　　　　　　　　　D. 口对口呼吸法

7. 在（ B ）级及以上的大风、暴雨及大雾等恶劣天气，应停止露天高空作业。
　　A. 5　　　　　　　B. 6　　　　　　　C. 7　　　　　　　D. 4

8. 遇有电气设备着火时，应立即（ A ）进行救火。
　　A. 将有关设备电源切断　　　　　　　B. 用干式灭火器灭火
　　C. 联系调度停电　　　　　　　　　　D. 用1211型灭火器灭火

9. 变压器绕组最高温度为（ A ）℃。
　　A. 105　　　　　　B. 95　　　　　　C. 75　　　　　　D. 80

10. 取出 SF_6 断路器、组合电器中的（ B ）时，工作人员必须戴橡胶手套、护目镜及防毒口罩等个人防护用品。
　　A. 绝缘件　　　　B. 吸附剂　　　　　C. 无毒零件　　　D. 导电杆

11. 下列适宜扑救带电设备火灾的灭火器类型是（ C ）灭火器。
　　A. 泡沫　　　　　B. 二氧化碳　　　　C. 干粉　　　　　D. 1211

12. 下列适宜大型浮顶油罐和大型变压器灭火的灭火器类型是（ D ）灭火器。
　　A. 泡沫　　　　　B. 二氧化碳　　　　C. 干粉　　　　　D. 1211

13. 油箱、油罐及其连接管道应装有可靠的接地装置，其接地电阻不大于（ A ）。
　　A. 5Ω　　　　　　B. 10Ω　　　　　　C. 15Ω　　　　　D. 20Ω

14. 隔离开关的主要作用是（ C ）。
　　A. 断开电流　　　B. 拉合线路　　　　C. 隔断电源　　　D. 拉合空母线

15. 电力变压器中的铁芯接地属于（ B ）。
　　A. 工作接地　　　B. 防静电接地　　　C. 防雷接地　　　D. 保护接地

16. 变压器的功能是（ D ）。
　　A. 生产电能　　　　　　　　　　　　B. 消耗电能
　　C. 生产又消耗电能　　　　　　　　　D. 传递功率

17. 设备对地电压在（ B ）以上者为高压设备。
　　A. 380V　　　　　B. 250V　　　　　C. 10kV　　　　　D. 110V

18. 物体带电是由于（ A ）。
　　A. 失去电荷或得到电荷的缘故　　　　B. 既未失去电荷也未得到电荷的缘故
　　C. 由于物体是导体　　　　　　　　　D. 由于物体是绝缘体

19. 我们把提供电能的装置叫作（ A ）。

    A. 电源　　　　　　B. 电动势　　　　　　C. 发电机　　　　　　D. 电动机

20. 直流电路中，我们把电流流出的一端叫电源的（ A ）。

    A. 正极　　　　　　B. 负极　　　　　　C. 端电压　　　　　　D. 电动势

21. 电荷的基本特性是（ A ）。

    A. 异性电荷相吸引，同性电荷相排斥　　　　B. 同性电荷相吸引，异性电荷相排斥

    C. 异性电荷和同性电荷都相吸引　　　　　　D. 异性电荷和同性电荷都相排斥

22. 在电路中，电流之所以能流动，是由电源两端的电位差造成的，我们把这个电位差叫作（ A ）。

    A. 电压　　　　　　B. 电源　　　　　　C. 电流　　　　　　D. 电容

23. 在一恒压的电路中，电阻 R 增大，电流随之（ A ）。

    A. 减小　　　　　　B. 增大　　　　　　C. 不变　　　　　　D. 不一定

24. 几个电阻的两端分别接在一起，每个电阻两端承受同一电压，这种电阻连接方法称为电阻的（ B ）。

    A. 串联　　　　　　B. 并联　　　　　　C. 串并联　　　　　　D. 级联

25. 电容器中储存的能量是（ D ）。

    A. 热能　　　　　　B. 机械能　　　　　　C. 磁场能　　　　　　D. 电场能

26. 断路器采用多断口是为了（ A ）。

    A. 提高遮断灭弧能力　　　　　　　　B. 用于绝缘

    C. 提高分合闸速度　　　　　　　　　D. 使各断口均压

27. 变压器呼吸器作用是（ A ）。

    A. 用以清除吸入空气中的杂质和水分

    B. 用以清除变压器油中的杂质和水分

    C. 用以吸收和净化变压器匝间短路时产生的烟气

    D. 用以清除变压器各种故障时产生的油烟

28. 变压器上层油温要比中下层油温（ B ）。

    A. 低　　　　　　　　　　　　　　　B. 高

    C. 不变　　　　　　　　　　　　　　D. 不确定

29. 变压器温度计是指变压器（ D ）油温。

    A. 绕组温度　　　　B. 下层温度　　　　C. 中层温度　　　　D. 上层温度

30. 变压器注油时应使油位上升至与（ A ）相应的位置。

    A. 环境　　　　　　B. 油温　　　　　　C. 绕组温度　　　　D. 铁芯温度

31. 变压器正常运行时的声音是（ B ）。

    A. 时大时小的嗡嗡声　　　　　　　　B. 连续均匀的嗡嗡声

    C. 断断续续的嗡嗡声　　　　　　　　D. 咔嚓声

32. 把交流电转换为直流电的过程叫（ C ）。

    A. 变压　　　　　　B. 稳压　　　　　　C. 整流　　　　　　D. 滤波

33. 断路器之所以具有灭弧能力，主要是因为它具有（ A ）。

    A. 灭弧室　　　　　B. 绝缘油　　　　　C. 快速机构　　　　D. 并联电容器

34. 电气试验用仪表的准确度要求在（ A ）级。
    A. 0.5　　　　　B. 1　　　　　C. 0.2　　　　　D. 1.5

35. 变压器投入运行后，每隔（ C ）年需大修一次。
    A. 1～2　　　　B. 3～4　　　　C. 5～10　　　　D. 11～12

36. 电流通过人体最危险的途径是（ B ）。
    A. 左手到右手　　B. 左手到脚　　C. 右手到脚　　D. 左脚到右脚

37. 在一个由恒定电压源供电的电路中，负载电阻 R 增大时，负载电流（ B ）。
    A. 增大　　　　B. 减小　　　　C. 恒定　　　　D. 基本不变

38. 在废水的深度处理中常用的方法是（ D ）。
    A. 生物氧化法　　B. 中和法　　C. 化学混凝法　　D. 活性炭吸附

39. 变压器副线圈所感应的电势与线圈的匝数（ A ）。
    A. 成正比　　　　B. 成反比　　　　C. 无关

40. 在一定的温度下，导体的电阻与导体的长度成正比，与截面积成（ B ），与导体的材料有关。
    A. 正比　　　　B. 反比　　　　C. 无关

41. 分子间间隙最大的是（ A ）。
    A. 气体　　　　B. 固体　　　　C. 液体

42. 变压器铭牌上的额定容量是指（ C ）。
    A. 有功功率　　B. 无功功率　　C. 视在功率

43. 可以用来直接配制标准溶液或标定未知溶液浓度的物质是（ B ）。
    A. 标准物质　　B. 基准物质　　C. 标准液　　　D. 基准试剂

44. 配制好溴甲酚绿指示剂后，必须用酸度计测其 pH 应在（ B ）。
    A. 4.0～5.2　　B. 4.5～5.4　　C. 5.4～6.0　　D. 6.0～7.6

45. 电力变压器的隔膜式储油柜上的呼吸器的下部油碗中（ B ）。
    A. 放油　　　　　　　　　　　B. 不放油
    C. 放不放油都可以　　　　　　D. 无油可放

46. 户外断路器的绝缘油气温在 −10℃ 以下时一律用（ B ）变压器油。
    A. 25#　　　　B. 45#　　　　C. 30#　　　　D. 10#

47. 变压器经真空注油后，其补油应（ B ）。
    A. 从变压器下部阀门注入　　　　B. 经储油柜注入
    C. 通过真空滤油机从变压器下部注入　　D. 随时注入

48. 一台 SF_6 断路器需解体大修时，回收完 SF_6 气体后应（ B ）。
    A. 可进行分解工作
    B. 用高纯度 N_2 气体冲洗内部两遍并抽真空后方可分解
    C. 抽真空后分解
    D. 用 N_2 气体冲洗不抽真空

49. 变压器净油器中硅胶质量与变压器油质量之比是（ A ）。
    A. 0.01　　　　B. 0.005　　　　C. 0.1　　　　D. 0.05

50. 需要将运行中的变压器补油时应将重瓦斯保护改接（ A ）再进行工作。

A. 信号   B. 跳闸   C. 停用   D. 不用改

51. 库仑分析法的理论基础是（ B ）定律。

     A. 欧姆   B. 法拉第   C. 库仑   D. 郎伯 - 比耳

52. 油中微量水分测定用的电解液（卡氏试剂）的正确组成是（ C ）。

     A. 吡啶、无水甲醇、二氧化硫   B. 碘、无水甲醇、吡啶

     C. 吡啶、二氧化硫、无水甲醇，碘   D. 甲醇、吡啶

53. 分光光度法测定矿物油中糠醛是以（ D ）为萃取剂萃取油中糠醛。

     A. 苯   B. 汽油   C. 乙醇   D. 水

54. 当发现变压器本体油的酸价（ B ）时，应及时更换净油器中的吸附剂。

     A. 下降   B. 上升   C. 不变   D. 不清楚

55. 任何施工人员，发现他人违章作业时，应该（ B ）。

     A. 报告违章人员的主管领导予以制止   B. 当即予以制止

     C. 报告专职安全人员予以制止   D. 报告公安机关予以制止

56. 对 SF_6 断路器、组合电器进行充气时，其容器及管道必须干燥，工作人员必须（ A ）。

     A. 戴手套和口罩   B. 戴手套

     C. 戴防毒面具   D. 什么都不用

57. 现场触电抢救，对采用（ D ）等药物应持慎重态度。

     A. 维生素   B. 脑活素   C. 胰岛素   D. 肾上腺素

58. 在梯子上工作时，工作人员必须登在距梯顶不少于（ A ）的梯蹬上。

     A. 1m   B. 1.5m   C. 0.5m   D. 1.2m

59. 使用万用表时应注意（ C ）转换开关，弄错时易烧坏表计。

     A. 功能   B. 量程   C. 功能及量程   D. 位置

60. 线路的过电流保护是保护（ C ）的。

     A. 开关   B. 变流器   C. 线路   D. 母线

61. 装有气体继电器的油浸式变压器，联管朝向储油柜方向应有（ C ）的升高坡度。

     A. 1%   B. 2%   C. 1%～1.5%   D. 2.5%

62. 变压器温度计所指示的温度是（ A ）。

     A. 上层油温   B. 铁芯温度   C. 绕组温度   D. 中层油温

63. 变压器内部故障（ B ）动作。

     A. 瓦斯   B. 瓦斯差动   C. 距离保护   D. 中性点保护

64. 电流互感器的作用是（ D ）。

     A. 升压   B. 降压   C. 调压   D. 变流

65. 发现断路器严重漏油时，应（ C ）。

     A. 立即将重合闸停用   B. 立即断开断路器

     C. 采取禁止跳闸的措施   D. 不用采取措施。

66. 电压互感器与电力变压器的区别在于（ C ）。

     A. 电压互感器有铁芯，变压器无铁芯

     B. 电压互感器无铁芯，变压器有铁芯

     C. 电压互感器主要用于测量和保护，变压器用于连接两电压等级的电网

D. 变压器的额定电压比电压互感器高

67. 凡是不能应用（ A ）简化为无分支电路的电路，便是复杂直流电路。
    A. 串并联电路　　　　　　　　　　　　B. 欧姆定律
    C. 等效电流法　　　　　　　　　　　　D. 等效电压法

68. 主变压器重瓦斯动作是由于（ C ）造成的。
    A. 主变压器两侧断路器跳闸　　　　　　B. 220kV 套管两相闪络
    C. 主变压器内部高压侧绕组严重匝间短路　D. 主变压器大盖着火

69. 选择断路器遮断容量应根据其安装处（ C ）来决定。
    A. 变压器的容量　　　　　　　　　　　B. 最大负荷
    C. 最大短路电流　　　　　　　　　　　D. 最小短路电流

70. 变压器的最高运行温度受（ A ）耐热能力限制。
    A. 绝缘材料　　　B. 金属材料　　　C. 铁芯　　　　D. 电流

71. 电流互感器在运行中必须使（ A ）。
    A. 铁芯及二次绕组牢固接地　　　　　　B. 铁芯两点接地
    C. 二次绕组不接地　　　　　　　　　　D. 铁芯多点接地

72. 变压器的呼吸器中的硅胶受潮后影变成（ B ）。
    A. 白色　　　B. 粉红色　　　C. 蓝色　　　　D. 灰色

73. 导体电阻的大小与（ D ）无关。
    A. 导体的电阻率　　　　　　　　　　　B. 导体的截面和长度
    C. 导体的温度　　　　　　　　　　　　D. 导体电位的高低

74. 两只阻值不等的电阻并联后接入电路，则阻值大的发热量（ B ）。
    A. 大　　　　　　　　　　　　　　　　B. 小
    C. 等于阻值小的电阻发热量　　　　　　D. 与其阻值大小无关

75. 电源力将1C 正电荷从电源负极移到正极所做的功为1J 时，则电源的（ C ）。
    A. 电能是1kW·h　　　　　　　　　　B. 有功功率是1kW
    C. 电动势是1V　　　　　　　　　　　D. 电流是1A

76. 对分光光度计进行工作曲线标定时，工作曲线弯曲的原因可能是（ A ）。
    A. 溶液浓度太高　　　　　　　　　　　B. 溶液浓度太稀
    C. 参比溶液有问题　　　　　　　　　　D. 仪器有故障

三、简答题

1. 进行变压器油中溶解气体故障分析时，考查产气速率时应注意哪些事项？
   答：（1）考查期间尽量使负荷、散热条件保持稳定。（2）如考查产气速率与负荷的关系时，可有计划地改变负荷。（3）对于新设备及大修后的设备，要投运一段时间再考查。（4）对于气体浓度很高的设备或故障检修后的设备，应先进行脱气处理。（5）如果设备已脱气或运行时间不长，不宜考查。

2. 十二烯基丁二酸(T746)防锈剂的防锈机理是什么？
   答：T746 防锈剂含有非极性基团烃基和极性基团羧基，具有极性的基团羧基易被金属表面吸附，而烃基具有亲油性，易溶于水中，因此 T746 防锈剂在油中遇到金属就有可能在其表面规则地定向排列起来，形成致密的分子膜，有效地阻止了水、氧和其他侵蚀性介质的分子或离子侵入到金属表面，从而起到防锈作用。

3. 何谓变压器油的析气性？它是如何产生的？

答：变压器油的析气性又称气稳定性，是指油在高电场作用下，烃分子发生物理、化学变化时，吸收气体或放出气体的特性（称产气速率）。通常吸收气体以负号表示，放出气体以正号表示之。一般认为超高压用油的析气性较好。油的析气现象的发生，是溶解于油中的气泡，在高电场强度作用下，发生游离形成高能量的电子或离子。这些高能量质子与油分子发生剧烈碰击，使油分子的 C—H 键和部分 C—C 键断裂，产生活泼氢及活性烃基团，通过活泼氢对烃分子的作用，就发生吸气和放气现象。

4. 影响气相色谱定量分析准确度的原因有哪些？

答：(1)进样技术。(2)在色谱仪中，样品发生吸附或分解。(3)准确测定响应信号和校正因子值。(4)选用合适的定量计算方法。(5)记录仪性能。(6)取样环节。(7)脱气环节和脱气后气样的转移过程。(8)数据处理。

5. 气相色谱仪检测器的敏感度的定义是什么？

答：敏感度(D)又称为检测极限，指对检测器恰好产生能够鉴别的信号，即二倍噪声信号（峰高 mV）时，单位时间(s)或单位体积(mL)引入检测器的最小物质质量。

6. 为什么要对变压器油进行色谱分析？

答：色谱分析法是对运行中的变压器内部可能有局部过热或局部放电两种形式的故障进行分析的方法，故障时故障点周围的变压器油和绝缘材料因发热而产生气体，其中大部分气体不断溶入油中，用气相色谱分析的方法可把溶入油中的气体及含量分析出来，借此判断变压器内部潜在故障的性质和严重程度。

7. 气相色谱分析中常用的定量方法有哪些？

答：色谱分析法常用的定量分析方法有：归一化法、外标法、内标法。实践中，油中溶解气体分析的定量方法采用外标法。外标法指选取包含样品组分在内的已知浓度气体作为标准物，注入色谱仪，测量该已知浓度外标物的峰高或峰面积；然后再取相同进取量的被测样品，在同样条件下进行色谱试验，获得各组分的峰高或峰面积比较（在一定的浓度范围内，组分浓度与相应的峰面积呈线性关系），得出被测样品的浓度。

8. 什么是抗氧化添加剂？其基本特点是什么？

答：能改善油品抗氧化安定性的少量物质，称为油品抗氧化添加剂，简称抗氧化剂。其基本特点如下：(1)氧化能力强、油溶性好，挥发性小。(2)与油品组分起反应，长期使用不变质，不损害油品的优良性质和使用性能，不溶于水。(3)不腐蚀金属及设备中的有关材料，在用油设备的工作温度下不分解、不蒸发、不易吸潮等。(4)感受性好，能适用于各种油品。(5)易受日光的影响。(6)易受电场影响。(7)易受放射性物质的影响。

9. 影响奥斯瓦尔特系数的因素有哪些？

答：奥斯瓦尔特系数是指在特定温度(20℃或50℃)、特定分压(101.3kPa)下，气液平衡时单位体积内溶解气体的体积数。影响奥斯瓦尔特系数因素有：(1)与油中溶解气体组分的性质有关。(2)与温度有关。(3)与油品的化学组成及密度有关。

10. 2，6 – 二叔丁基对甲酚的作用机理是什么？

答：(1)能与油中自动氧化过程中生成的活性自由基和过氧化物发生反应，形成稳定的化合物，消耗了油中生成的自由基，阻止了油分子的自身氧化。(2)抗氧化剂自身的过氧化产物进一步联合及再氧化，最终形成稳定的芪醌产物。

11. 硫酸在硫酸–白土法中的作用是什么？

答：(1)对油中含氧、含硫和含氮等化合物，起磺化、氧化、脂化和溶解等作用。(2)对油中的沥青和胶质等氧化物主要起溶解作用，同时也发生磺化、氧化等复杂化学反应。(3)对油中的芳香烃起磺化作用。(4)与不饱和烃发生脂化、叠合等作用。(5)对油中各种悬浮的固体杂质起到凝聚作用。

12. 何谓油品的苯胺点，其测定方法的原理是什么？

答：油品的苯胺点是试油与同体积的苯胺混合，加热至两者能互相溶解，成为单一液相的最低温度，称为油品的苯胺点，以℃表示之。苯胺点的测定原理是基于油品中各种烃类在极性溶剂中，有不同的溶解度。当在油品中加入同体积苯胺时，两者在试管内分为两层，然后对混合物加热至层次消失，呈现透明，再冷却至透明溶液刚开始呈现混浊并不再消失的一瞬间，此时的温度即为所测得的苯胺点。

13. 解释油品的黏温特性及表示方法。

答：油品的黏度随温度的升高而降低，随温度的降低而升高，各类油品的黏度随温度的变化而变化的程度各不相同，通常把油品的黏度随温度变化的性质称为油品的黏温特性。黏温特性通常用黏度指数来表示，符号为"VI"。

14. 油中故障气体分析中平衡判据的判断原理是什么？

答：(1)平衡判据的原理是根据气液溶解平衡的原理。适用于带有气垫层的密封式油箱的充油电气设备。(2)首先对气垫层气体与油中溶解气体进行分析。(3)根据分配定律公式，计算出平衡条件下对应的理论值。(4)如果理论值与实验值相近，且油中气体浓度稍大于气相气体浓度，表明设备存在发展缓慢的故障，再根据产气速率进一步判断故障持续时间与发展趋势。(5)如果理论值与实际值相差较大，且气相气体浓度明显高于油中气体，表明设备存在较为严重的故障，再根据产气量与产气速率进一步估计故障严重程度与危害。

15. 何谓油品的馏程？其含义如何？

答：当油品在试验条件下进行加热蒸馏，流出第一滴油品时的温度称为初馏点；蒸馏到最后即将蒸干时，达到的最高温度称为终馏点；初馏点到终馏点这一温度范围称为油品的馏程。馏程用来判定石油产品轻重馏分的多少。馏出的温度低，表示轻质成分多，反之重质成分多。

16. 气相色谱的检测器如何分类？

答：检测器是一种用于测量色谱流程中柱后流出组成变化和浓度变化的装置。一般可分为积分型和微分型两大类。其中微分型检测器又分为浓度型和质量型两类。浓度型检测器(如热导检测器)测量的是载气中组分浓度的瞬间变化，质量检测器(如氢焰检测器)测量的是载气中所携带的样品组分进入检测器的质量。

17. 影响油品击穿电压的因素有哪些？

答：(1)水分是影响油品击穿电压的因素。(2)油中微量的气泡会使击穿电压明显下降。(3)油品温度对击穿电压也有影响。(4)油中含有游离碳及水分时，油的击穿电压随碳微粒量的增加而下降。

18. 变压器油在油开关中的灭弧机理是什么？

答：当油开关在切断电力负荷时，触头间会产生电弧，电弧产生的高温会使油发生剧烈的热分解，而产生大量的氢气，同时由于氢气的导热系数较大，此时可以吸收大量的热，并且将热量传导到油中，直到触头冷却，从而达到灭弧的目的。

19. 影响油品介质损耗因数的原因有哪些？

答：(1)与施加的电压值及频率有关。(2)与测定时的油品温度有关。(3)与测定时的空气湿度有关。(4)与油品的净化程度和老化深度有关。

20. 影响六氟化硫分解的主要因素有哪些？

答：(1)电弧能量的影响。(2)电极材料的影响。(3)水分的影响。(4)氧气的影响。(5)设备绝缘材料的影响。

21. 测定矿物油中糠醛含量有何要求？

答：(1)测试时室内温度波动不宜超过2℃，当条件变化时应重作工作曲线。(2)对蒸馏萃取液，特别是低含量的油样萃取液，放置时间最好不超过3h。(3)显色剂与水样混合后应充分振荡，使之完全混合。(4)将馏出液通过滤纸、脱脂棉过滤，以确保滤液清澈透明。(5)配制糠醛标准水样时，应充分振荡并于避光处放置2天，以保证混合均匀。(6)室温较高时，配制醋酸苯胺应浸在冰浴中进行。(7)被测油样中糠醛质量浓度应少于4mg/L，如油样中糠醛质量浓度过高，则应用新油稀释后再萃取。

22. 天平的灵敏度与感量有什么区别与联系？

答：(1)天平的灵敏度是指一盘中每增减1mg质量时，指针所位移的格数。(2)天平的感量是指指针每位移1格，盘中应增减的毫克数。(3)天平的灵敏度与天平的感量是互为倒数的关系。

23. 如何确定三极管的类型？

答：(1)将万用表转换开关放在电阻档。(2)用其中的一只红表笔与其中的任意一角接触，另一只黑表笔与另外两角分别接触。(3)如果两次电阻值很近，且很小时，表明为PNP管。(4)如果两次电阻值很近，且很大时，表明为NPN管。

24. 露点DP与霜点FP的关系？

答：(1)在镜面上形成水滴时温度高于0℃时称露点；(2)在镜面上形成冰珠时温度低于0℃时称霜点；(3)在恰好0℃时，露点和霜点温度相等；(4)由于液态水能够以0℃以下的过冷却形态存在，就可能有0℃以下的露点，其水蒸气压力与霜点不同。

25. 简单介绍气体吸附剂的两种吸附方式？

答：SF_6气体吸附方式分为两种：静吸附和动吸附。静吸附是靠分解气体的自然对流，扩散到达吸附剂的表面，该吸附方式所需设备的结构简单，但吸附速度较慢。由于分解气和水汽均比SF_6轻，因此吸附剂一般都要放在设备内，气流的通道上或容器的上方。动吸附是使分解气体在吸附层中形成强制流动，并循环通过吸附剂而被吸附的方式。其吸附速度较快，但设备较复杂，多用于双压式断路器。

26. 瓦斯保护是怎样对变压器起保护作用的？

答：(1)变压器内部发生故障时，电弧热量使绝缘油体积膨胀，并大量气化。(2)大量油、气流冲向油枕。(3)流动的油流和气流使气体继电器动作，跳开断路器，实现对变压器的保护。

27. 少油断路器油位太高或太低有什么害处？

答：(1)油位太高将使故障分闸时灭弧室内的气体压力增大，造成大量喷油或爆炸。(2)油位过低，使故障分闸时灭弧室内的气体压力降低，难以灭弧，也会引起爆炸。

28. 变压器在电力系统中的主要作用是什么？

答：变压器在电力系统中的作用是变换电压，以利于功率的传输。电压经升压变压器升压后，可以减少线路损耗，提高送电的经济性，达到远距离送电的目的；而降压变压器则能把高电压变为用户所需要的各级使用电压，满足用户需要。

29. 强迫油循环变压器停了油泵为什么不准继续运行？

答：原因是这种变压器外壳是平的，其冷却面积很小，甚至不能将变压器空载损耗所产生的热量散出去。因此，强迫油循环变压器完全停了冷却系统的运行是危险的。

30. 变压器的油枕起什么作用？

答：当变压器油的体积随着油温的变化而膨胀或缩小时，油枕起储油和补油作用，能保证油箱内充满油。同时由于装了油枕，使变压器与空气的接触面减小，减缓了油的劣化速度。油枕的侧面还装有油位计，可以监视油位的变化。

31. 变压器的净油器是根据什么原理工作的？

答：运行中的变压器因上层油温与下层油温的温差，使油在净油器内循环。油中的有害物质，如水分、游离碳、氧化物等随油的循环被净油器内的硅胶吸收，使油净化而保持良好的电气及化学性能，起到对变压器油再生的作用。

32. 有导向与无导向的变压器强油风冷装置的冷却效果如何？

答：装有无导向强油风冷装置的变压器的大部分油流通过箱壁和绕组之间的空隙流回，少部分油流进入绕组和铁芯内部，其冷却效果不高。而流入有导向强油风冷变压器油箱的冷却油流通过油流导向隔板，有效地流过铁芯和绕组内部，提高了冷却效果，降低了绕组的温升。

33. SF_6 气体有哪些良好的灭弧性能？

答：SF_6 气体有以下几点良好的性能：(1)弧柱导电率高，燃弧电压很低，弧柱能量较小。(2)当交流电流过零时，SF_6 气体的介质绝缘强度恢复快，约比空气快 100 倍，即它的灭弧能力比空气的高 100 倍。(3)SF_6 气体的绝缘强度较高。

34. 并联电抗器和串联电抗器各有什么作用？

答：线路并联电抗器可以补偿线路的容性充电电流，限制系统电压升高和操作过电压的产生，保证线路的可靠运行。母线串联电抗器可以限制短路电流，维持母线有较高的残压。而电容器组串联电抗器可以限制高次谐波，降低电抗。

35. 测量介质损耗角正切值有何意义？

答：测量介质损失角正切值是绝缘试验的主要项目之一。它在发现绝缘受潮、老化等分布性缺陷方面比较灵敏有效。在交流电压的作用下，通过绝缘介质的电流包括有功分量和无功分量，有功分量产生介质损耗。介质损耗在电压频率一定的情况下，与 $\tan\delta$ 成正比。对于良好的绝缘介质，通过电流的有功分量很小，介质损耗也很小，$\tan\delta$ 很小，反之则增大。因此，通过介质损失角正切值的测量就可以判断绝缘介质的状态。

36. 在色谱分析中，提高氢焰检测器（FID）灵敏度的方法有哪些？

答：（1）采用氮气作载气。（2）在一定范围内增加氢气和空气的流量。（3）将空气和氢气预混合，从火焰内部供氧。（4）收集级和喷嘴之间有合适的距离。（5）维持收集级表面清洁。

四、计算题

1. 某厂有酸性油 1t，酸值为 0.5mg/g（KOH），氢氧化钾的浓度为 4%，求中和需氢氧化钾的理论量为多少？

解：$m = \dfrac{1000 \times 0.5}{4\%} \div 1000 = 12.5\text{kg}$

答：中和需氢氧化钾的理论量为 12.5kg。

2. 已知一试样，40℃ 与 100℃ 的运动黏度分别为 73.30mm²/s 和 8.86mm²/s，与试样 100℃ 运动黏度相同，黏度指数为 0 和 100 的石油产品在 40℃ 的运动黏度分别为 119.94mm²/s 和 69.46mm²/s，计算该试样的黏度指数。

解：$\text{VI} = \dfrac{L - U}{L - H} \times 100$

$= \dfrac{119.94 - 73.30}{119.94 - 69.46} \times 100$

$= 92.40$

答：该试样的黏度指数为 92.40。

3. 1L 硫酸溶液中含纯硫酸 9.8g，求 $c(\text{H}_2\text{SO}_4)$。

解：$c(\text{H}_2\text{SO}_4) = \dfrac{m}{MV} = \dfrac{9.8}{98 \times 1} = 0.1\text{mol/L}$

答：$c(\text{H}_2\text{SO}_4)$ 为 0.1mol/L。

4. 某带有气垫层密封油箱的变压器的变压器油，经色谱分析测定油中含气中甲烷 995μL/L，二氧化碳 620μL/L，试计算在 20℃平衡下气相中的含气量分别为多少？甲烷、二氧化碳在 20℃ 的分配系数分别为 0.43、1.08。

解：由气体分配定律得：

$\varphi_{i,g1} = 995/0.43 \times 10^{-4} = 0.23\%$

$\varphi_{i,g2} = 620/1.08 \times 10^{-4} = 0.06\%$

答：20℃平衡下气相中的含气量（体积分数）分别为甲烷 0.23%，二氧化碳 0.06%。

5. 某变压器，油量 40t，油中溶解气体分析结果如下，请运用"三比值法"，判断可能存在何种故障。（油的密度为 0.895g/cm³）

分析日期	油中溶解气体组分浓度/（μL/L）							
	H₂	CO	CO₂	CH₄	C₂H₄	C₂H₆	C₂H₂	总烃
90/07	93	1539	2598	58	27	43	0	138
90/11	1430	2000	8967	6632	6514	779	7	13932

解：总烃相对产气速率 = [(13932 - 138)/138] × (1/5) = 19.99%，超过 10% 的注意值。

$\varphi(C_2H_2)/\varphi(C_2H_4) = 7/6514 \approx 0.001 < 0.1$

$\varphi(CH_4)/\varphi(H_2) = 6632/1430 \approx 4.64 > 3$

$\varphi(C_2H_4)/\varphi(C_2H_6) = 6514/779 \approx 8.36 > 3$

故三比值编码为"022"，三比值判断此故障属于高于 700℃ 的高温过热性故障。

6. 下表是一种油的样品由多人检验酸值结果，请用 D 检验法判断有无界外值。

试验人员	一次	二次	试验人员	一次	二次
1	0.315	0.320	8	0.280	0.271
2	0.234	0.246	9	0.474	0.470
3	0.284	0.287	10	0.351	0.335
4	0.295	0.309	11	0.322	0.328
5	0.278	0.317	12	0.305	0.292
6	0.285	0.278	13	0.362	0.356
7	0.329	0.308			

试验人数与显著性水平临界表如下：

人数	5%	1%
11	0.576	0.679
13	0.521	0.615

解：(1)计算每个人两次结果的平均值并按由小到大顺序排列如下：

0.2400、0.2755、0.2815、0.2855、0.2975、0.2985、0.3020、0.3175、0.3185、0.3250、0.3430、0.3590、0.4270。

(2)代入公式得：

检验最小值 $D_{21,min} = (X_3 - X_1)/(X_{12} - X_1) = 0.349$

检验最大值 $D_{21,max} = (X_{13} - X_{11})/(X_{13} - X_2) = 0.656$

(3)对应 13，显著性水平为 1% 和 5% 临界值分别为 0.615、0.521，由此判断 0.4270 为界外值，应舍弃。

(4)将剩余数值重新进行检验：

检验最小值 $D_{21,min} = (X_3 - X_1)/(X_{12} - X_1) = 0.403$

检验最大值 $D_{21,max} = (X_{13} - X_{11})/(X_{13} - X_2) = 0.407$

(5)对应 12，显著性水平为 1% 和 5% 临界值分别为 0.642、0.546，由此判断已经无界外值存在了。

7. 称取 1.721g 某种硫酸钙的结晶水合物($CaSO_4 \cdot nH_2O$)加热，使之失去全部结晶水，这时硫酸钙的质量是 1.361g，试计算 1mol 结晶水合物中含几摩尔结晶水。

解：硫酸钙的结晶水合物中含有硫酸钙的质量分数为

$w = 136/(136 + 18n)$

可得如下方程：

$$1.721 \times [136/(136 + 18n)] = 1.361$$

$$n = 2\text{mol}$$

答：1mol 硫酸钙结晶水合物中含 2mol 结晶水。

8. 已知凝汽器真空表的读数为 97.09kPa，大气压力计数值是 101.7kPa，求凝汽器的绝对压力。

解：设凝汽器的绝对压力为 p，真空表的读数为 p_c，大气压力计数值为 p_a

则：$p_c = 97.09\text{kPa}$

$p_a = 101.1\text{kPa}$

$p = p_a - p_c = 101.7 - 97.09 = 4.01\text{kPa}$

答：凝汽器的绝对压力为 4.01kPa。

9. 已知锅炉汽包压力表的读数为 9.61MPa，当大气压力为 101.7kPa，汽包内工质的绝对压力是多少？

解：设汽包内的绝对压力为 p，压力表的读数为 p_c，大气压力计数值为 p_a

则：$p_c = 9.61\text{MPa}$

$p_a = 101.7\text{kPa} \approx 0.1\text{MPa}$

$p = p_c + p_a = 9.61 + 0.1 = 9.71\text{MPa}$

答：汽包内工质的绝对压力为 9.71MPa。

10. 某电厂一台机组的功率为 200MW，锅炉燃煤平均发热量达 28000kJ/kg，若发电效率取 30%，试求：该电厂每昼夜要消耗多少煤，每发 1kW·h 的电量要消耗多少煤。

解：功率为 200MW 机组每小时所需的热量为：

$$Q = 200 \times 10^3 \times 3600 = 7.2 \times 10^8 \text{kJ}$$

每千克煤实际用于做功的热量为：

$$Q_{实} = 28000 \times 0.3 = 8400\text{kJ/kg}$$

则机组每小时耗煤量为：

$$m_h = 7.2 \times 10^8 / 8.4 \times 10^3 = 8.57 \times 10^4 = 85.7\text{t}$$

每昼夜耗煤量为 $m_{24h} = 85.7 \times 24 = 2056.8\text{t}$

每发 1kW·h 电量要消耗的煤量为 $1 \times 3600 / 8.4 \times 10^3 = 0.4289\text{kg}$

答：该电厂每昼夜要消耗 2056.8t 煤，每发 1kW·h 的电量要消耗 0.428kg 煤。

五、识绘图题

1. 画出二管式热导检测器的惠斯通电桥测量装置图并指明各部分名称。

答：如图所示。

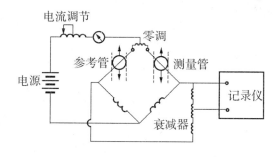

2. 画出气相色谱流程方框图。

答：如图所示。

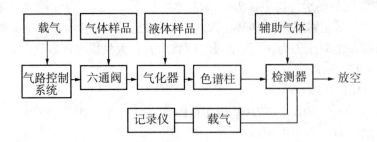

3. 画出油净化器结构图并指明各部分名称。

答：如图所示，1—真空泵，2—环网盘，3—喷油头，4—真空罐，5—潜油泵，6—逆止阀，7—过滤器，8—电热器。

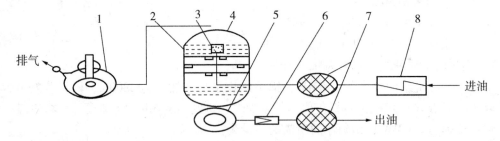

4. 画出气相色谱流出曲线，并在图上标明时间、峰高、半峰宽、基线及死时间。

答：如图所示。

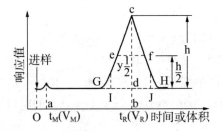

5. 画出甘汞电极的示意图，并指明各部分名称。

答：如图所示，1—导线，2—绝缘体，3—橡皮帽，4—纯汞，5—$Hg + Hg_2Cl_2$，6—多孔芯，7—KCl 饱和溶液，8—KCl 晶体。

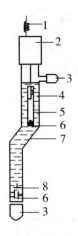

6. 画出冷镜测量露点工作图。

答：如图所示。

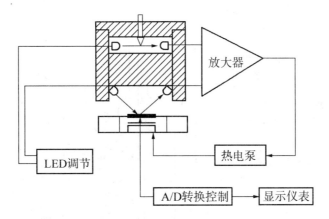

7. 作图示意色谱图上大峰上的小峰面积如何测量。

答：如图所示。

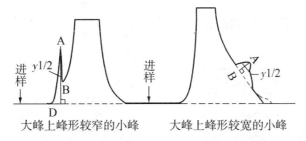

大峰上峰形较窄的小峰　　　大峰上峰形较宽的小峰

8. 画出变压器油中溶解气体组分含量测定气相色谱法中推荐的一次进样系统图并指明各部分名称。

答：如图所示。

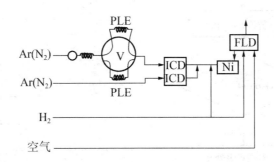

9. 画出毛细管黏度计示意图并指明各部分名称。

答：如图所示，1，6—管身，2，3，5—扩张部分，4—毛细管，a，b—标线。

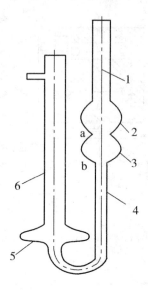

10. 试画出 SF$_6$ 电气设备气体回收处理工作流程图。

答：如图所示。

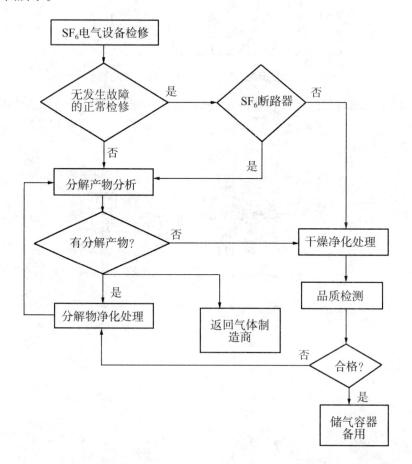

第三章 化学试验安全知识测试

No.1 试卷
（满分100分，时间2h）

一、填空

1. 分解试样常用的两种方法（溶解法）、（熔融法）。

2. 测定油样黏度必须先除去（机械杂质），因为杂质会影响样品在黏度计中的流动。

3. 化学试剂分为五个等级，其中 GR 代表优级纯，AR 代表（分析纯），CP 代表（化学纯）。

4. 人工呼吸常见的有（仰卧压胸式）、俯卧压背式、仰卧牵臂式、（口对口、口对鼻式）四种方式。

5. 溶解氢氧化钠、氢氧化钾等发热物质时，必须置于（耐热容器）内进行。

6. 甲醇液体误入眼内或误服进入口内，应立即用（20%碳酸氢钠）冲洗，并洗胃催吐送往医院。

7. 中毒的症状分为（轻度中毒）、（中度中毒）、（重度中毒）。

8. 心脏复苏术，现场中可应用（心前叩击术）、（胸外挤压术）。

二、判断题

1. 需要以鼻鉴别试样时，要用手轻轻煽动瓶口，稍闻气味即可，严禁以鼻子接近瓶口鉴别，以免中毒。（ √ ）

2. 在实验室中，皮肤溅上浓碱时，在用大量水冲洗后继而用5%小苏打溶液处理。（ × ）

3. 废酸、废碱必须倒在专门的缸子内，集中倒入下水道。（ × ）

4. 氩气不属于剧毒气体。（ √ ）

5. 采用微波消解处理样品时，可直接消解任何有机试剂及易挥发性的物质。（ × ）

6. 玻璃器皿不可盛放浓碱液，但可以盛酸性溶液。（ √ ）

7. 烘箱和高温炉内都绝对禁止烘、烧易燃、易爆及有腐蚀性的物品和非实验用品，更不允许加热食品。（ √ ）

8. 有爆炸性危险的药品，在实验室只许放一小部分，并应保存在干燥阴凉的地方。（ √ ）

9. 过滤式防毒面具严禁用于各种窒息性气体。（ √ ）

10. 危险目标是指因危险性质、数量可能引起事故的危险化学品所在场所或设施。（ √ ）

三、问答题

1. 取浓酸、浓碱样品应注意什么？

答：（1）正确穿戴防护用品，至少包括防护眼镜、耐酸碱工作服、耐酸碱手套。（2）尽量采用大口的取样器皿盛装。（3）不慎将浓酸碱溅到皮肤上，要用大量水冲洗15分钟以上。

2. 过滤式防毒面具怎样使用？

答：（1）按面具—道气管—过滤罐的顺序将面具连接好。（2）检查面具是否气密性良好，然后打开底塞。（3）将过滤罐放入面具袋内，扣上袋子盖，然后将面具左肋右肩背好，系上腰带。（4）按戴面罩的方法带上面罩，呼吸几次证明面具确无问题后方可进入毒区工作。

3. 相色谱仪分析室安全注意事项有哪些？

答：（1）定期检查载气管线各接头处和连接处，是否有漏气现象。（2）定期检查配备FID检测器色谱仪是否灭火，导致氢气排放到环境中。（3）定期检查电源各处是否有漏电或老化，避免引起火灾。（4）注意化验室的通风效果，避免引起室内氧含量过低或氢气聚集。

4. 消防设施包括哪些内容？

答：（1）消防站。（2）消防给水设施：消防给水管道、消火栓。（3）化工生产装置区的消防给水设施：消防供水监管、冷却喷淋系统、消防水雾、带架水枪。

No. 2 试卷

（满分100分，时间2h）

一、选择题（可多选）

1. 化验室（或实验室）的定义是（ D ）。
   A. 化验室是进行化学分析的场所
   B. 化验室是进行物理化学分析的场所
   C. 化验室是什么都能分析测试的场所
   D. 化验室是人类认识自然、改造自然进行实验的场所

2. 在进行仪器设备操作，还未做好以下哪项工作以前，千万不要开动机器？（ B ）
   A. 通知主管　　　　　　　　　　　B. 检查所有安全部位是否安全可靠
   C. 仪器清洁　　　　　　　　　　　D. 仪器设备摆放

3. 气瓶在使用过程中，下列哪项操作是不正确的？（ A ）
   A. 当高压气瓶阀冻结时，用敲击或用火烤的方法将冻阀敲开或解冻
   B. 当瓶阀冻结时，可以用毛巾浸热水包裹瓶阀解冻
   C. 要慢慢开启瓶阀
   D. 当瓶阀冻结时，不能用火烤

4. 精密仪器着火时，可以使用下列（ AB ）灭火。
   A. 四氯化碳灭火器　　　　　　　　B. 1211和二氧化碳灭火器

  C. 用水或泡沫灭火器　　　　　　　　　D. 沙土

5. 下面哪种玻璃仪器可在电炉上加热使用？（ CD ）

  A. 量筒、量杯　　　　B. 容量瓶、试剂瓶　　　C. 烧杯、烧瓶　　　　D. 蒸馏瓶

6. 电器设备必须要有（ABC）装置才能保证人和仪器设备的安全。

  A. 漏电断路器　　　　　　　　　　　　B. 保护性的接地

  C. 接零装置，并经常对其进行检查，保证连接的牢固

  D. 要有合适的操作台

7. 任何电气设备在未验明无电之前，一律认为（ A ）。

  A. 有电　　　　　　　B. 无电　　　　　　　C. 可能有电　　　　　　　D. 也可能无电

二、判断题（根据题面判断；正确的请在括号内打"√"，错误的打"×"）

1. 当仪器出现问题或不明故障时，千万不要在短时间内反复开关电源，至少要间隔 5～10s 以上，否则极容易损坏仪器电路或处理器等电子元件。（ √ ）

2. 国际规定，电压在 36V 以下时，可以不必考虑防止电击的危险保护措施。（ √ ）

3. 我们工作或生活中经常用到三线电缆，其中一根红色线代表的是零线。（ × ）

4. 几种酸混合时，可以将密度小的倒入密度大的酸中。（ × ）

5. 三相交流电是由三个频率相同、电势振幅相等、相位差互差 120°角的交流电路组成的电力系统。（ √ ）

6. 检测室内不得存放大量易燃药品，少量易燃药品应放在远离热源的地方。使用易燃药品时附近不得有明火，并随用随盖。（ √ ）

7. 玻璃器皿碎片、夹带滤渣的滤纸、碎瓷片、火柴棍等可作为一般的生活垃圾处理。（ √ ）

8. 在进行危险性操作时，自己一个人就可以了，有没有监督人员在场无所谓。（ × ）

三、简答题

1. 有害化学物质的基本处理原则是什么？

  答：基本原则是：不影响环境保护，不造成着火、爆炸。

2. 实验中人体不慎被烫伤，应如何处理？

  答：应用清水喷淋；有水泡者，不要弄破水泡，待去除创面污物后，均匀涂抹凡士林，再用纱布外加脱脂棉均匀加压包扎；伤重者应立即去医院就诊。

3. 简述用烧杯或烧瓶加热煮沸溶液应注意的事项。

  答：用烧杯或烧瓶加热煮沸溶液，盛满程度不得超过容器容量的 3/4，以防溅出。加热时容器口不能对着自己或他人，以免溶液喷溅烫伤人，在加热时应经常摇动或搅拌，防止局部过热溢溅。取下正在沸腾的水或溶液时，须用专用夹夹住摇动后取下，以防突然剧烈沸腾溅出溶液伤人。

4. 当发生火情时，检测人员应采取什么措施？

  答：（1）立即关闭电源、气源及通风机。（2）将火源附近的易燃、易爆物品小心搬离到室外，注意不可碰撞，以免引起更大火灾。（3）迅速用湿布或石棉布覆盖火源灭火；若火势较猛，应根据具体情况选用适当灭火器进行灭火，并立即与有关部门联系，请求

救援。注意不要用水来扑灭油类及有机溶剂等可燃物和电器着火。(4)身上衣服着火时，切不可慌张任意跑动，应用湿布或石棉布灭火，或躺在地上打滚。(5)遇电器设备着火，如计算机，即使关掉计算机，机内的元件仍然很热，仍会迸出烈焰并产生毒气，荧光屏、显像管也可能爆炸。遇到这种情况，应马上拔掉插头或关掉总开关，然后用湿物盖住电器设备，这样既可以阻止烟火蔓延，也可挡住荧光屏一类的玻璃碎片。切勿向着火的电器设备泼水。

附录　危险化学品安全管理规范

附一　危险化学品储存及仓库建设安全规范

危险化学品是指 GB 13690—1992 中的规定的第 2 类压缩气体和液化气体,第 3 类易燃液体,第 4 类易燃固体、自燃物品和遇湿易燃物品,第 5 类氧化剂和有机过氧化物,第 6 类有毒品,第 8 类腐蚀品等,一般不包括第 1 类爆炸品、第 7 类放射性物品。

危险化学品专业储存仓库是指专门储存危险化学品,自身不经营危险化学品的出租场地。对危险化学品一般有如下要求。

1. 危险化学品不得露天存放。

2. 危险化学品仓库防火间距应符合国家标准 GB 50016《建筑设计防火规范》的规定。

3. 建筑结构

(1)危险化学品仓库的墙体应采用砌砖墙、混凝土墙及钢筋混凝土墙。

(2)危险化学品仓库应设置高窗,窗上应安装防护铁栏,窗的外边应设置遮阳板或雨搭。窗户上的玻璃应采用毛玻璃或涂白色漆。

(3)仓库门应为铁门或木质外包铁皮,采用外开式。

(4)有爆炸危险的化学品仓库应设置泄压设施。泄压设施采用轻质屋面板、轻质墙体和易于泄压的门、窗等,不得采用普通玻璃。

(5)危险化学品仓库应独立设置,为单层建筑,并不得设有地下室。

4. 储存禁忌

根据危险化学品特性分区、分类、分库贮存。各类危险化学品不得与禁忌化学品混合贮存。危险化学品储存禁忌见附录 A。

5. 安防措施

(1)危险化学品仓库应设置防爆型通风机。

(2)危险化学品仓库内、外应设置视频监控设备。

(3)危险化学品仓库设置的灭火器数量和类型应符合 GBJ 140《建筑灭火器配置设计规范》的要求。

(4)仓库总面积大于 $500m^2$ 的危险化学品仓库应设置火灾自动报警系统和消防(安防)控制室及红外报警系统。

(5)储存易燃气体、易燃液体的危险化学品仓库应设置可燃气体报警装置。

6. 电气安全

(1)面积小于 $50m^2$ 的危险化学品仓库内不得设置照明装置,面积大于 $50m^2$ 的危险化学品仓库内可设置照明装置。照明装置应使用防爆型低温照明灯具。

（2）仓库内电气设备应为防爆型。配电箱及电气开关应设置在仓库外，并安装防雨、防潮保护设施。

7．危险告知

储存的危险化学品应有中文化学品安全技术说明书和化学品安全标签。

8．危险化学品生产单位

（1）小型企业危险化学品仓库内的危险化学品储存量不得大于国家标准 GB 18218《危险化学品重大危险源辨识》中危险化学品临界量的 50%。危险化学品临界量见附录 B 和附录 C（以下同）。

（2）小型企业的危险化学品仓库总面积不得大于 300m²。

9．危险化学品经营单位

（1）化工商店。

① 位于城市中心区的化工商店不得存放危险化学品实物。

② 位于城市中心区以外的化工商店不得设在居民楼和办公楼内，店面与自备危险化学品仓库应有实墙相隔。

店面内只许存放民用小包装的危险化学品，其存放总质量不得大于1t，自备危险化学品仓库存放总质量不得大于2t。

（2）建材市场。

① 建材市场的危险化学品经营场所内不得存放危险化学品。

② 经营危险化学品的建材市场应设立危险化学品仓库，仓库总面积不得大于 200m²。其中，每个经营单位（户）应设立不小于 10m² 的危险化学品备货仓库。

（3）气体经营单位。

① 仓库应为半封闭建筑，三面实墙，屋顶为轻质不燃材料。

② 仓库门前应设置装卸平台。装卸平台高度一般为 1.2m，宽度一般不小于 1.0m，并应在适当位置设置台阶。

③ 空瓶与实瓶应分区存放，并设置明显标志。气瓶区应设置防倾倒链。

④ 对储存相对密度小于1的气体的气瓶仓库，库顶部应设置有通风的窗口；对储存相对密度大于1的气体的仓库，库底部的墙体上应设置有通风的洞口。

⑤ 储存气体（不包括惰性气体和压缩空气）实瓶总数不得大于 300 瓶。

（4）自备储存仓库的危险化学品经营单位。

① 自备储存仓库内的危险化学品储存量不得大于 GB 18218 中所列的危险化学品临界量的 30%。

② 自备储存仓库总面积不得大于 500m²。

10．危险化学品使用单位

（1）小型企业的危险化学品储存量不得大于附表 1-1 中危险化学品的最大存储量。

附表1-1　危险化学品使用单位危险化学品存储限量表

危险化学品类别	危险化学品最大存储量
第2类　压缩气体和液化气体	50瓶
第3类　易燃液体	3t
第4类　易燃固体、自燃物品和遇湿易燃物品	1t
第5类　氧化剂和有机过氧化物	0.5t
第6类　有毒品	0.5t
第8类　腐蚀品	10t

（2）大中型企业的危险化学品储存量不得大于 GB 18218 中所列的危险化学品临界量的50%。

11. 危险化学品专业储存仓库

（1）大型危险化学品专业储存仓库（仓库总面大于10000m²）与周围公共建筑物、交通干线（公路、铁路、水路）、工矿企业等距离不得小于250m。

（2）中型危险化学品专业储存仓库（仓库总面积为1000～10000m²）与周围公共建筑物、交通干线（公路、铁路、水路）、工矿企业等距离不得小于200m。

（3）小型危险化学品专业储存仓库（仓库总面积小于1000m²）与周围公共建筑物、交通干线（公路、铁路、水路）、工矿企业等距离不得小于150m。

危险品类别、名称及临界量详见附表1-2和附表1-3。

附表1-2　危险化学品危险性类别及临界量

类别	危险性分类及说明	临界量/t
气体	易燃气体：危险性属于2.1项的气体	10
	氧化性气体：危险性属于2.2项非易燃无毒气体且次要危险性为5类的气体	200
	剧毒气体：危险性属于2.3项且急性毒性为类别1的毒性气体	5
	有毒气体：危险性属于2.3项的其他毒性气体	50
易燃液体	极易燃液体：沸点≤35℃且闪点＜0℃的液体；或保存温度一直在其沸点以上的易燃液体	10
	高度易燃液体：闪点＜23℃的液体（不包括极易燃液体）；液态退敏爆炸品	1 000
	易燃液体：23℃≤闪点＜61℃的液体	5 000
易燃固体	危险性属于4.1项目包装为Ⅰ类的物质	200
易于自燃的物质	危险性属于4.2项且包装为Ⅰ或Ⅱ类的物质	200

续附表 1-2

类别	危险性分类及说明	临界量/t
遇水放出易燃气体的物质	危险性属于 4.3 项且包装为 Ⅰ 或 Ⅱ 的物质	200
氧化性物质	危险性属于 5.1 项且包装为 Ⅰ 类的物质	50
	危险性属于 5.1 项且包装为 Ⅱ 或 Ⅲ 类的物质	200
有机过氧化物	危险性属于 5.2 项的物质	50
毒性物质	危险性属于 6.1 项急性毒性为类别 1 的物质	50
	危险性属于 6.1 项急性毒性为类别 2 的物质	500

注：以上危险化学品危险性类别及包装类别依据 GB 12268 确定，急性毒性类别依据 GB 20592 确定。

附表 1-3 危险化学品名称及临界量

序号	类别	危险化学品名称和说明	临界量/t
1	爆炸品	叠氮化钡	0.5
2		叠氮化铅	0.5
3		雷酸汞	0.5
4		三硝基苯甲醚	5
5		三硝基甲苯	5
6		硝化甘油	1
7		硝化纤维素	10
8		硝酸铵(含可燃物>0.2%)	5
9	易燃气体	丁二烯	5
10		二甲醚	50
11		甲烷，天然气	50
12		氯乙烯	50
13		氢	5
14		液化石油气(含丙烷、丁烷及其混合物)	50
15		一甲胺	5
16		乙炔	1
17		乙烯	50
18	毒性气体	氨	10
19		二氟化氧	1
20		二氧化氮	1
21		二氧化硫	20
22		氟	1

续附表 1 - 3

序号	类别	危险化学品名称和说明	临界量/t
23	毒性气体	光气	0.3
24		环氧乙烷	10
25		甲醛(含量 >90%)	5
26		磷化氢	1
27		硫化氢	5
28		氯化氢	20
29		氯	5
30		煤气(CO，CO 和 H₂、CH₄ 的混合物等)	20
31		砷化三氢(胂)	1
32		锑化氢	1
33		硒化氢	1
34		溴甲烷	10
35	易燃液体	苯	50
36		苯乙烯	500
37		丙酮	500
38		丙烯腈	50
39		二硫化碳	50
40		环己烷	500
41		环氧丙烷	10
42		甲苯	500
43		甲醇	500
44		汽油	200
45		乙醇	500
46		乙醚	10
47		乙酸乙酯	500
48		正己烷	500
49	易于自燃的物质	黄磷	50
50		烷基铝	1
51		戊硼烷	1
52	遇水放出易燃气体的物质	电石	100
53		钾	1
54		钠	10
55	氧化性物质	发烟硫酸	100
56		过氧化钾	20

序号	类别	危险化学品名称和说明	临界量/t
57	氧化性物质	过氧化钠	20
58		氯酸钾	100
59		氯酸钠	100
60		硝酸(发红烟的)	20
61		硝酸(发红烟的除外,含硝酸>70%)	100
62		硝酸铵(含可燃物≤0.2%)	300
63		硝酸铵基化肥	1 000
64	有机过氧化物	过氧乙酸(含量≥60%)	10
65		过氧化甲乙酮(含量≥60%)	10
66	毒性物质	丙酮合氰化氢	20
67		丙烯醛	20
68		氟化氢	1
69		环氧氯丙烷(3-氯-1,2-环氧丙烷)	20
70		环氧溴丙烷(表溴醇)	20
71		甲苯二异氰酸酯	100
72		氯化硫	1
73		氰化氢	1
74		三氧化硫	75
75		烯丙胺	20
76		溴	20
77		乙撑亚胺	20
78		异氰酸甲酯	0.75

附二 化学品安全说明书(MSDS)

一、乙醇

(一)物质的理化常数

国标编号: 32061　　　　　　　　　　　　CAS: 00064-17-5

中文名称: 乙醇

英文名称: ethyl alcohol；ethanol

别名: 酒精

分子式: C_2H_6O；CH_3CH_2OH　　　相对分子质量: 46.07

熔点: -114.1℃

沸点：　　　　78.3℃

密度：　　　　相对密度(水 = 1)0.79

蒸气压：　　　5.33kPa(19℃)

溶解性：　　　与水混溶，可混溶于醚、氯仿、甘油等多数有机溶剂

稳定性：　　　稳定

外观与性状：　无色液体，有酒香

危险标记：　　7(易燃液体)

用途：　　　　用于制酒工业、有机合成、消毒以用作溶剂

(二)对环境的影响

1. 健康危害

侵入途径：吸入、食入、经皮吸收。

健康危害：本品为中枢神经系统抑制剂。首先引起兴奋，随后抑制。

急性中毒：急性中毒多发生于口服。一般可分为兴奋、催眠、麻醉、窒息四阶段。患者进入第三或第四阶段，出现意识丧失、瞳孔扩大、呼吸不规律、休克、心力循环衰竭及呼吸停止。

慢性影响：在生产中长期接触高浓度本品可引起鼻、眼、黏膜刺激症状，以及头痛、头晕、疲乏、易激动、震颤、恶心等。长期酗酒可引起多发性神经病、慢性胃炎、脂肪肝、肝硬化、心肌损害及器质性精神病等。皮肤长期接触可引起干燥、脱屑、皲裂和皮炎。

2. 毒理学资料及环境行为

毒性：属微毒类。

急性毒性：LD_{50} 7060mg/kg(兔经口)；7340mg/kg(兔经皮)；LC_{50} 37620mg/m³，10h(大鼠吸入)；人吸入 4.3mg/L×50min，头面部发热，四肢发凉，头痛；人吸入 2.6mg/L×39min，头痛，无后作用。

刺激性：家兔经眼：500mg，重度刺激。家兔经皮开放性刺激试验：15mg/24h，轻度刺激。

亚急性和慢性毒性：大鼠经口 10.2g/(kg·天)，12周，体重下降，脂肪肝。

致突变性：微生物致突变：鼠伤寒沙门氏菌阴性。显性致死试验：小鼠经口 1～1.5g/(kg·天)，2周，阳性。

生殖毒性：大鼠腹腔最低中毒浓度(TDL_0)：7.5g/kg(孕9天)，致畸阳性。

致癌性：小鼠经口最低中毒剂量(TDL_0)：340mg/kg(57周，间断)，致癌阳性。

危险特性：易燃，其蒸气与空气可形成爆炸性混合物。遇明火、高热能引起燃烧爆炸。与氧化剂接触发生化学反应或引起燃烧。在火场中，受热的容器有爆炸危险。其蒸气比空气重，能在较低处扩散到相当远的地方，遇明火会引着回燃。

燃烧(分解)产物：一氧化碳、二氧化碳。

(三)现场应急监测方法

气体检测管法，便携式气相色谱法。

(四)实验室监测方法

气相色谱法，《空气和废气监测分析方法》，国家环保局编。

气相色谱法,《固体废弃物试验与分析评价手册》,中国环境监测总站等译。

重铬酸钾法,《化工企业空气中有害物质测定方法》,化学工业出版社。

(五)环境标准

车间空气中有害物质的最高容许浓度,1000mg/m³;大气质量标准,5.0mg/m³;嗅觉阈浓度,50μL/L。

(六)应急处理处置方法

(1)泄漏应急处理。

迅速撤离泄漏污染区人员至安全区,并进行隔离,严格限制出入,切断火源。建议应急处理人员戴自给正压式呼吸器,穿消防防护服。不要直接接触泄漏物。尽可能切断泄漏源,防止进入下水道、排洪沟等限制性空间。小量泄漏:用砂土或其他不燃材料吸附或吸收。也可以用大量水冲洗,洗液稀释后放入废水系统。大量泄漏:构筑围堤或挖坑收容;用泡沫覆盖,降低蒸气危害。用防爆泵转移至槽车或专用收集器内。回收或运至废物处理场所处置。

(2)防护措施。

呼吸系统防护:一般不需要特殊防护,高浓度接触时可佩戴滤式防毒面罩(半面罩)。

眼睛防护:一般不需特殊防护。

身体防护:穿防静电工作服。

手防护:戴一般作业防护手套。

其他:工作现场严禁吸烟。

(3)急救措施。

皮肤接触:脱去被污染的衣着,用流动清水冲洗。

眼睛接触:提起眼睑,用流动清水或生理盐水冲洗;就医。

吸入:迅速脱离现场至空气新鲜处;就医。

食入:饮足量温水,催吐;就医。

灭火方法:尽可能将容器从火场移至空旷处。喷水保持火场容器冷却,直至灭火结束。

灭火剂:抗溶性泡沫、干粉、二氧化碳、砂土。

二、石油醚

(一)物质的理化常数

国标编号:	32002	CAS:	8032 - 32 - 4
中文名称:	石油醚		
英文名称:	petroleun ether		
别名:	石油精		
分子式:	成分为戊烷、己烷		
熔点:	< -73℃		
沸点:	40～80℃		
密度:	相对密度(水 =1)0.64～0.66		
	相对密度(空气 =1)2.50		

蒸气压： 53.32kPa(20℃)

溶解性： 不溶于水，溶于无水乙醇、苯、氯仿、油类等多数有机溶剂

稳定性： 稳定

外观与性状： 无色透明液体，有煤油气

危险标记： 7(易燃液体)

用途： 主要用作溶剂及作为油脂的抽提用

(二)对环境的影响

1. 健康危害

侵入途径：吸入、食入。

健康危害：其蒸气或雾对眼睛、黏膜和呼吸道有刺激性。中毒表现可有烧灼感、咳嗽、喘息、喉炎、气短、头痛、恶心和呕吐。本品可引起周围神经炎。对皮肤有强烈刺激性。

2. 毒理学资料及环境行为

毒性：具强刺激性。

急性毒性：LD_{50}40mg/kg(小鼠静脉)；LC_{50}3400mg/L，4小时(大鼠吸入)。

危险特性：其蒸气与空气可形成爆炸性混合物。遇明火、高热能引起燃烧爆炸。燃烧时产生大量烟雾。与氧化剂能发生强烈反应。高速冲击、流动、激荡后可因产生静电火花放电引起燃烧爆炸。其蒸气比空气重，能在较低处扩散到相当远的地方，遇明火会引着回燃。

燃烧(分解)产物：一氧化碳、二氧化碳。

(三)现场应急监测方法

气体检测管法；便携式气相色谱法。

(四)实验室监测方法

气相色谱法，参照《分析化学手册》(第四分册，色谱分析)，化学工业出版社。

(五)环境标准

美　国	车间卫生标准	100mg/L

(六)应急处理处置方法

1. 泄漏应急处理

迅速撤离泄漏污染区人员至安全区，并进行隔离，严格限制出入。切断火源。建议应急处理人员戴自给正压式呼吸器，穿消防防护服。尽可能切断泄漏源。防止进入下水道、排洪沟等限制性空间。小量泄漏：用活性炭或其他惰性材料吸收。也可以用不燃性分散剂制成的乳液刷洗，洗液稀释后放入废水系统。大量泄漏：构筑围堤或挖坑收容；用泡沫覆盖，降低蒸气灾害。用防爆泵转移至槽车或专用收集器内，回收或运至废物处理场所处置。

2. 防护措施

呼吸系统防护：空气中浓度超标时，佩戴过滤式防毒面具(半面罩)。

眼睛防护：戴化学安全防护眼镜。

身体防护：穿防静电工作服。

手防护：戴橡胶耐油手套。

其他：工作现场禁止吸烟、进食和饮水。工作毕，淋浴更衣。注意个人清洁卫生。

3．急救措施

皮肤接触：立即脱去被污染的衣着，用肥皂水和清水彻底冲洗皮肤。

眼睛接触：立即提起眼睑，用大量流动清水或生理盐水彻底冲洗至少15分钟。就医。

吸入：迅速脱离现场至空气新鲜处。保持呼吸道通畅。如呼吸困难，给输氧。如呼吸停止，立即进行人工呼吸。就医。

食入：误服者用水漱口，给饮牛奶或蛋清。就医。

灭火方法：喷水冷却容器，可能的话将容器从火场移至空旷处。处在火场中的容器若已变色或从安全泄压装置中产生声音，必须马上撤离。

灭火剂：泡沫、干粉、二氧化碳、砂土。用水灭火无效。

三、乙腈

(一)物质的理化常数

国标编号：	32159	CAS：	1975 – 5 – 8
中文名称：	乙腈		
英文名称：	acetonitrile；methyl cyanide		
别名：	甲基氰		
分子式：	C_2H_3N；CH_3CN	相对分子质量：	41.05
熔点：	−45.7℃		
沸点：	81.1℃		
密度：	相对密度(水＝1)0.79		
蒸气压：	13.33kPa(27℃)		
溶解性：	与水混溶，溶于醇等多数有机溶剂		
稳定性：	稳定		
外观与性状：	无色液体，有刺激性气味		
危险标记：	7(易燃液体)，40(有毒品)		
用途：	用于制维生素 B_1 等药物，及香料、脂肪酸萃取等		

(二)对环境的影响

1．健康危害

侵入途径：吸入、食入、经皮吸收。

健康危害：乙腈急性中毒发病较氢氰酸慢，可有数小时潜伏期。主要症状为衰弱、无力、面色灰白、恶心、呕吐、腹痛、腹泻、胸闷、胸痛；严重者呼吸及循环系统紊乱，呼吸浅、慢而不规则，血压下降，脉搏细而慢，体温下降，阵发性抽搐，昏迷。可有尿频、蛋白尿等。

2．毒理学资料及环境行为

毒性：属中等毒类。

急性毒性：LD_{50} 2730mg/kg(大鼠经口)；1250mg/kg(兔经皮)；LC_{50} 12663mg/m³，8

小时(大鼠吸入)人吸入 $>500mg/L$，恶心、呕吐、胸闷、腹痛等；人吸入 $160mg/L \times 4h$，1/2 人面部轻度充血。

亚急性毒性：猫吸入其蒸气 $7mg/m^3$，4h/天，共 6 个月，在染毒后 1 个月，条件反射开始破坏。病理检查见肝、肾和肺病理改变。

致突变性：性染色体缺失和不分离：啤酒酵母菌 47600mg/L。

生殖毒性：仓鼠经口最低中毒剂量(TDL_0)：300mg/kg(孕 8 天)，引起肌肉骨骼发育异常。

危险特性：易燃，其蒸气与空气可形成爆炸性混合物。遇明火、高热或与氧化剂接触，有引进燃烧爆炸的危险。与氧化剂能发生强烈反应。燃烧时有发光火焰。与硫酸、发烟硫酸、氯磺酸、过氯酸盐等反应剧烈。

燃烧(分解)产物：一氧化碳、二氧化碳、氧化氮、氰化氢。

(三)现场应急监测方法：

直接进水样气相色谱法。

(四)实验室监测方法：

气相色谱法，《空气中有害物质的测定方法》《水质分析大全》，张宏陶等主编。

气相色谱法，《固体废弃物试验与分析评价手册》，中国环境监测总站等译。

纳氏试剂比色法，《化工企业空气中有害物质测定方法》《水质分析大全》，张宏陶等主编。

(五)环境标准：

中国(TJ36 - 79)	车间空气中有害物质的最高容许浓度	$3mg/m^3$
中国(待颁布)	饮用水源中有害物质的最高容许浓度	5.0mg/L
苏联(1975)	水体中有害物质最高允许浓度 嗅觉阈浓度	0.7mg/L $68mg/m^3$

(六)应急处理处置方法：

1. 泄漏应急处理

迅速撤离泄漏污染区人员至安全区，并进行隔离，严格限制出入。切断火源。建议应急处理人员戴自给正压式呼吸器，穿防毒服。不要直接接触泄漏物。尽可能切断泄漏源，防止进入下水道、排洪沟等限制性空间。小量泄漏：用活性炭或其他惰性材料吸收。也可用大量水冲洗，洗水稀释后放入废水系统。大量泄漏：构筑围堤或挖坑收容；喷雾状水冷却和稀释蒸气、保护现场人员、把泄漏物稀释成不燃物。用防爆泵转移至槽车或专用收集器内，回收或运至废物处理场所处置。

废弃物处置方法：用焚烧法。焚烧炉排出的氮氧化物通过洗涤器除去。

2. 防护措施

呼吸系统防护：可能接触毒物时，必须佩戴过滤式防毒面具(全面罩)、自给式呼吸器或通风式呼吸器。紧急事态抢救或撤离时，佩戴空气呼吸器。

眼睛防护：呼吸系统防护中已作防护。

身体防护：穿胶布防毒衣。

手防护：戴橡胶手套。

其他：工作现场禁止吸烟、进食和饮水。工作毕，彻底清洗。单独存放被毒物污染的衣服，洗后备用。车间应配备急救设备及药品。作业人员应学会自救互救。

3. 急救措施

皮肤接触：脱去被污染的衣着，用肥皂水和清水彻底冲洗皮肤。

眼睛接触：提起眼睑，用流动清水或生理盐水冲洗。就医。

吸入：迅速脱离现场至空气新鲜处。保持呼吸道通畅。如呼吸困难，给输氧。如呼吸停止，立即进行人工呼吸。就医。

食入：饮足量温水，催吐，用1:5000高锰酸钾或5%硫代硫酸钠溶液洗胃。就医。

灭火方法：喷水冷却容器，可能的话将容器从火场移至空旷处。灭火剂：抗溶性泡沫、二氧化碳、干粉、砂土。用水灭火无效。

四、乙酸乙酯

（一）物质的理化常数

国标编号：	32127	CAS：	141 – 78 – 6
中文名称：	乙酸乙酯		
英文名称：	ethyl acetate；acetic ester		
别名：	醋酸乙酯		
分子式：	$C_4H_8O_2$；$CH_3COOCH_2CH_3$	相对分子质量：	88.1
熔点：	$-83.6℃$		
沸点：	77.2℃		
密度：	相对密度（水 = 1）0.90		
蒸气压：	13.33kPa（27℃）		
溶解性：	微溶于水，溶于醇、酮、醚、氯仿等多数有机溶剂		
稳定性：	稳定		
外观与性状：	无色澄清液体，有芳香气味，易挥发		
危险标记：	7（易燃液体）		
用途：	用途很广，主要用作溶剂，及用于染料和一些医药中间体的合成		

（二）对环境的影响

1. 健康危害

侵入途径：吸入、食入、经皮吸收。

健康危害：对眼、鼻、咽喉有刺激作用。高浓度吸入可引起进行性麻醉作用，急性肺水肿，肝、肾损害。持续大量吸入，可致呼吸麻痹。误服者可产生恶心、呕吐、腹痛、腹痛、腹泻等。有致敏作用，因血管神经障碍而致牙龈出血；可致湿疹样皮炎。

慢性影响：长期接触本品有时可致角膜混浊、继发性贫血、白细胞增多等。

2. 毒理学资料及环境行为

毒性：属低毒类。

急性毒性：LD_{50} 5620mg/kg（大鼠经口）；4940mg/kg（兔经口）；LC_{50} 5760mg/m^3，8小时（大鼠吸入）；人吸入 2000mg/L×60min，严重毒性反应；人吸入 800mg/L，有病症；人

吸入400mg/L短时间，眼、鼻、喉有刺激。

亚急性和慢性毒性：豚鼠吸入2000mg/L，或7.2g/m³，65次接触，无明显影响；兔吸入16000mg/m³×1h/天×40天，贫血，白细胞增加，脏器水肿和脂肪变性。

致突变性：性染色体缺失和不分离：啤酒酵母菌24400ppm。细胞遗传学分析：仓鼠成纤维细胞9g/L。

危险特性：易燃，其蒸气与空气可形成爆炸性混合物。遇明火、高热能引起燃烧爆炸。与氧化剂接触会猛烈反应。在火场中，受热的容器有爆炸危险。其蒸气比空气重，能在较低处扩散到相当远的地方，遇明火会引着回燃。

燃烧(分解)产物：一氧化碳、二氧化碳。

(三)现场应急监测方法

气体检测管法；

气体速测管(北京劳保所产品、德国德尔格公司产品)。

(四)实验室监测方法

无泵型采样气相色谱法(WS/T 154—1999，作业场所空气)。

气相色谱法，《空气中有害物的测定方法》(第二版)，杭士平主编。

羟胺－氯化铁比色法，《空气中有害物的测定方法》(第二版)，杭士平主编。

(五)环境标准

中国(TJ36-79)	车间空气中有害物质的最高容许浓度	300mg/m³
苏联(1977)	大气质量标准	0.1mg/m³
苏联(1975)	水体中有害物质最高允许浓度	0.1mg/L
苏联(1975)	污水排放标准 嗅觉阈浓度	10mg/L 270mg/m³

(六)应急处理处置方法

1. 泄漏应急处理

迅速撤离泄漏污染区人员至安全区，并进行隔离，严格限制出入。切断火源。建议应急处理人员戴自给正压式呼吸器，穿消防防护服。尽可能切断泄漏源，防止进入下水道、排洪沟等限制性空间。小量泄漏：用活性炭或其他惰性材料吸收。也可以用大量水冲洗，洗水稀释后放入废水系统。大量泄漏：构筑围堤或挖坑收容；用泡沫覆盖，降低蒸气灾害。用防爆泵转移至槽车或专用收集器内，回收或运至废物处理场所处置。

2. 防护措施

呼吸系统防护：可能接触其蒸气时，应该佩戴自吸过滤式防毒面具(半面罩)。紧急事态抢救或撤离时，建议佩戴空气呼吸器。

眼睛防护：戴化学安全防护眼镜。

身体防护：穿防静电工作服。

手防护：戴橡胶手套。

其他：工作现场严禁吸烟。工作毕，淋浴更衣。注意个人清洁卫生。

3. 急救措施

皮肤接触：脱去被污染的衣着，用肥皂水和清水彻底冲洗皮肤。就医。

眼睛接触：提起眼睑，用流动清水或生理盐水冲洗。就医。

吸入：迅速脱离现场至空气新鲜处。保持呼吸道通畅。如呼吸困难，给输氧。如呼吸停止，立即进行人工呼吸。就医。

食入：饮足量温水，催吐，就医。

灭火方法：灭火剂：抗溶性泡沫、二氧化碳、干粉、砂土。用水灭火无效，但可用水保持火场中容器冷却。

五、正己烷

(一)物质的理化常数

| 国标编号： | 31005 | CAS： | 110 - 54 - 3 |

中文名称：　正己烷

英文名称：　n - hexane；hexyl hydride

别名：　己烷

分子式：　C_6H_{14}；$CH_3(CH_2)_4CH_3$　　相对分子质量：　86.17

熔点：　- 95.6℃

沸点：　68.7℃

密度：　相对密度(水 = 1)0.66

蒸气压：　13.33kPa(15.8℃)

溶解性：　不溶于水，溶于乙醇、乙醚等多数有机溶剂

稳定性：　稳定

外观与性状：　无色液体，有微弱的特殊气味

危险标记：　7(低闪点易燃液体)

用途：　用于有机合成，用作溶剂、化学试剂、涂料稀释剂、聚合反应的介质等

(二)对环境的影响

1. 健康危害

侵入途径：吸入、食入、经皮吸收。

健康危害：本品有麻醉和刺激作用。长期接触可致周围神经炎。

急性中毒：吸入高浓度本品出现头痛、头晕、恶心、共济失调等，重者引起神志丧失甚至死亡。对眼和上呼吸道有刺激性。

慢性中毒：长期接触出现头痛、头晕、乏力、胃纳减退；其后四肢远端逐渐发展成感觉异常，麻木，触、痛、震动和位置等感觉减退，尤以下肢为甚，上肢较少受累。进一步发展为下肢无力，肌肉疼痛，肌肉萎缩及运动障碍。神经 - 肌电图检查示感神经及运动神经传导速度减慢。

2. 毒理学资料及环境行为

毒性：属低毒类。

急性毒性：LD_{50}28710mg/kg(大鼠经口)；人吸入12.5g/m^3，轻度中毒、头痛、恶心、

眼和呼吸刺激症状。

亚急性和慢性毒性：大鼠吸入 2.76(g/m³)/天，143 天，夜间活动减少，网状内皮系统轻度异常反应，末梢神经有髓鞘退行性变，轴突轻度变化腓肠肌肌纤维轻度萎缩。

危险特性：极易燃，其蒸气与空气可形成爆炸性混合物。遇明火、高热极易燃烧爆炸。与氧化剂接触发生强烈反应，甚至引起燃烧。在火场中，受热的容器有爆炸危险。其蒸气比空气重，能在较低处扩散到相当远的地方，遇明火会引着回燃。

燃烧(分解)产物：一氧化碳、二氧化碳。

(三)现场应急监测方法

气体检测管法。

(四)实验室监测方法：

气相色谱法，《食品中添加剂的分析方法》，马家骧等译。

气相色谱法，《空气中有害物质的测定方法》(第二版)，杭士平主编。

(五)环境标准

苏联	车间空气中有害物质的最高容许浓度	300mg/m³
苏联(1978)	环境空气中最高容许浓度	60mg/m³(一次值)

(六)应急处理处置方法

1. 泄漏应急处理

迅速撤离泄漏污染区人员至安全区，并进行隔离，严格限制出入。切断火源。建议应急处理人员戴自给正压式呼吸器，穿消防防护服。尽可能切断泄漏源。防止进入下水道、排洪沟等限制性空间。小量泄漏：用砂土或其他不燃材料吸附或吸收。也可以用不燃性分散剂制成的乳液刷洗，洗液稀释后放入废水系统。大量泄漏：构筑围堤或挖坑收容；用泡沫覆盖，降低蒸气灾害。用防爆泵转移至槽车或专用收集器内，回收或运至废物处理场所处置。

2. 防护措施

呼吸系统防护空气中浓度超标时，佩戴自吸过滤式防毒面具(半面罩)。

眼睛防护：必要时，戴化学安全防护眼镜。

身体防护：穿防静电工作服。

手防护：戴防苯耐油手套。

其他：工作现场严禁吸烟。避免长期反复接触。

3. 急救措施

皮肤接触：脱去被污染的衣着，用肥皂水和清水彻底冲洗皮肤。

眼睛接触：提起眼睑，用流动清水或生理盐水冲洗。就医。

吸入：迅速脱离现场至空气新鲜处。保持呼吸道通畅。如呼吸困难，给输氧。如呼吸停止，立即进行人工呼吸。就医。

食入：饮足量温水，催吐，就医。

灭火方法：喷水冷却容器，可能的话将容器从火场移至空旷处。处在火场中的容器若已变色或从安全泄压装置中产生声音，必须马上撤离。灭火剂：泡沫、干粉、二氧化碳、砂土。用水灭火无效。

六、丙酮

(一)物质的理化常数

国标编号：　　　31025　　　　　　　　　CAS：　　　　67 – 64 – 1

中文名称：　　　丙酮

英文名称：　　　acetone

别名：　　　　　二甲(基)酮；阿西通

分子式：　　　　C_3H_6O；CH_3COCH_3　　　相对分子质量：　58.08

熔点：　　　　　– 94.6℃

密度：　　　　　相对密度(水 = 1)0.80

蒸气压：　　　　53.32kPa(39.5℃)

溶解性：　　　　与水混溶，可混溶于乙醇、乙醚、氯仿、油类、烃类等多种溶液

稳定性：　　　　稳定

外观与性状：　　无色透明易流动液体，有芳香气味，极易挥发

危险标记：　　　7(低闪点易燃液体)

用途：　　　　　基本的有机原料和低沸点溶剂

(二)对环境的影响

1. 健康危害

侵入途径：吸入、食入、经皮吸收。

健康危害：急性中毒主要表现为对中枢神经系统的麻醉作用，出现乏力、恶心、头痛、头晕、易激动。重者发生呕吐、气急、痉挛，甚至昏迷。对眼、鼻、喉有刺激性。口服后，口唇、咽喉有烧灼感，然后出现口干、呕吐、昏迷、酸中毒和酮症。

慢性影响：长期接触该品出现眩晕、灼烧感、咽炎、支气管炎、乏力、易激动等。皮肤长期接触可致皮炎。

2. 毒理学资料及环境行为

毒性：属低毒类。

急性毒性：LD_{50}5800mg/kg(大鼠经口)；20000mg/kg(兔经皮)；人吸入12000mg/L × 4h，最小中毒浓度。人经口200mL，昏迷，12h恢复。

刺激性：家兔经眼：3950μg，重度刺激。家兔经皮开放性刺激试验：395mg，轻度刺激。

致突变性：细胞遗传学分析：拷贝酒酵母菌200mmol/管。

对生物降解的影响：水中含量4g/L以上时污泥消化受到抑制。水中含量840mg/L时，活性污泥对氨氮的硝化作用降低75%。

危险特性：其蒸气与空气可形成爆炸性混合物。遇明火、高热极易燃烧爆炸。与氧化剂能发生强烈反应。其蒸气比空气重，能在较低处扩散到相当远的地方，遇明火会引着回燃。若遇高热，容器内压增大，有开裂和爆炸的危险。

燃烧(分解)产物：一氧化碳、二氧化碳。

(三)现场应急监测方法

气体检测管法；便携式气相色谱法；直接进水样气相色谱法。

快速比色法，《化工企业空气中有害物质测定方法》，化学工业出版社。

（四）实验室监测方法

气相色谱法，《空气和废气监测分析方法》，国家环保局编。

糠醛比色法，《空气和废气监测分析方法》，国家环保局编。

（五）环境标准

中国（TJ36—79）	车间空气中有害物质的最高容许浓度	400mg/m³
中国（TJ36—79）	居住区大气中有害物质的最高容许浓度 嗅觉阈浓度	0.80mg/m³（一次值） 1.2～2.44mg/m³

（六）应急处理处置方法

1. 泄漏应急处理

迅速撤离泄漏污染区人员至安全区，并进行隔离，严格限制出入。切断火源。建议应急处理人员戴自给正压式呼吸器，穿消防防护服。尽可能切断泄漏源。防止进入下水道、排洪沟等限制性空间。小量泄漏：用砂土或其他不燃材料吸附或吸收。也可以用大量水冲洗，洗水稀释后放入废水系统。大量泄漏：构筑围堤或挖坑收容；用泡沫覆盖，降低蒸气灾害。用防爆泵转移至槽车或专用收集器内，回收或运至废物处理场所处置。

废弃物处置方法：建议用焚烧法处置。

2. 防护措施

呼吸系统防护：空气中浓度超标时，佩戴过滤式防毒面具（半面罩）。

眼睛防护：一般不需要特殊防护，高浓度接触时可戴化学安全防护眼镜。

身体防护：穿防静电工作服。

手防护：戴橡胶手套。

其他：工作现场严禁吸烟。注意个人清洁卫生。避免长期反复接触。

3. 急救措施

皮肤接触：脱去被污染的衣着，用肥皂水和清水彻底冲洗皮肤。

眼睛接触：提起眼睑，用流动清水或生理盐水冲洗。就医。

吸入：迅速脱离现场至空气新鲜处。保持呼吸道通畅。如呼吸困难，给输氧。如呼吸停止，立即进行人工呼吸。就医。

食入：饮足量温水，催吐，就医。

灭火方法：尽可能将容器从火场移至空旷处。喷水保持火场容器冷却，直至灭火结束。处在火场中的容器若已变色或从安全泄压装置中产生声音，必须马上撤离。灭火剂：泡沫、干粉、二氧化碳、砂土。用水灭火无效。

七、甲苯

（一）物质的理化常数

国标编号：	32052	CAS：	108－88－3
中文名称：	甲基苯		
英文名称：	methylbenzene；toluene		

别名：　　　　　甲苯
分子式：　　　　C_7H_8；$CH_3C_6H_5$　　　　　　相对分子质量：　92.14
熔点：　　　　　−94.4℃
沸点：　　　　　110.6℃
密度：　　　　　相对密度（水 = 1）0.87
蒸气压：　　　　4.89kPa（30℃）
溶解性：　　　　不溶于水，可混溶于苯、醇、醚等多数有机溶剂
稳定性：　　　　稳定
外观与性状：　　无色透明液体，有类似苯的芳香气味
危险标记：　　　7（易燃液体）
用途：　　　　　用于掺和汽油组成及作为生产甲苯衍生物、炸药、染料中间体、药物的主要原料

（二）对环境的影响

1. 健康危害

侵入途径：吸入、食入、经皮吸收。

健康危害：对皮肤、黏膜有刺激性，对中枢神经系统有麻醉作用。

急性中毒：短时间内吸入较高浓度本品可出现眼及上呼吸道明显的刺激症状、眼结膜及咽部充血、头晕、头痛、恶心、呕吐、胸闷、四肢无力、步态蹒跚、意识模糊。重症者可有躁动、抽搐、昏迷。

慢性中毒：长期接触可发生神经衰弱综合征，肝肿大，女工月经异常等。皮肤干燥、皲裂、皮炎。

2. 毒理学资料及环境行为

毒性：属低毒类。

急性毒性：LD_{50}5000mg/kg（大鼠经口）；LC_{50}12124mg/kg（兔经皮）；人吸入71.4g/m³，短时致死；人吸入3g/m³ × 1 ～ 8h，急性中毒；人吸入0.2 ～ 0.3g/m³ × 8h，中毒症状出现。

刺激性：人经眼：300mg/L，引起刺激。家兔经皮：500mg，中度刺激。

亚急性和慢性毒性：大鼠、豚鼠吸入390mg/m³，8小时/天，90 ～ 127天，引起造血系统和实质性脏器改变。

致突变性：微核试验：小鼠经口200mg/kg。细胞遗传学分析：大鼠吸入5400μg/m³，16周（间歇）。

生殖毒性：大鼠吸入最低中毒浓度（TCL_0）：1.5g/m³，24h（孕1 ～ 18天用药），致胚胎毒性和肌肉发育异常。小鼠吸入最低中毒浓度（TCL_0）：500mg/m³，24h（孕6 ～ 13天用药），致胚胎毒性。

代谢和降解：吸收在体内的甲苯，80%在NADP（转酶Ⅱ）的存在下，被氧化为苯甲醇，再在NAD（转酶Ⅰ）的存在下氧化为苯甲醛，再经氧化成苯甲酸。然后在转酶A及三磷酸腺苷存在下与甘氨酸结合成马尿酸。所以人体吸收和甲苯16% ～ 20%由呼吸道以原形呼出，80%以马尿酸形式经肾脏而被排出体外，所以人体接触甲苯后，2小时后尿中马尿酸迅速升高，以后上升变慢，脱离接触后16 ～ 24小时恢复正常。一小部分苯

甲酸与葡萄糖醛酸结合生成无毒物。甲苯代谢为邻甲苯酚的量不到1%。在环境中，甲苯在强氧化剂作用或催化剂存在条件中与空气作用，都被氧化为苯甲酸或直接分解成二氧化碳和水。

残留与蓄积：据WHO1983年报道，甲苯约有80%的剂量经人和兔的尿口以马尿液（苯甲酰甘氨酸）形式被排泄，而剩余物的绝大部分则被呼出。这些作者还报告，0.4%～1.1%的甲苯以邻甲酸被排泄。加一研究表明，主要代谢产物马尿酸从尿中迅速排出，在通常职业性接触条件下，马尿酸在接触终止24小时后几乎全部被排出。但由于每天工作中要重复接触8小时，继以16小时的不接触间隙，在工作周中马尿酸可能有一些蓄积，周末以后，马尿酸的浓度恢复至接触前的水平。尿中马尿酸的浓度因食物种类的摄入量不同而变化颇大（0.3～2.5g），且有个体差异。因此，不能完全以尿中马尿酸浓度来推断甲苯的吸收量，但在群体调查中，对正确判别有无甲苯吸收有一定准确度。大鼠用苯巴比妥作预处理，可增加甲苯从血中的消失率（Ikeda和Ohtsuji，1971）缩短注射甲苯后的睡眠时间，因此肝微粒酶系统的诱发作用可能刺激甲苯的代谢。

迁移转化：甲苯主要由原油经石油化工过程而制行。作为溶剂它用于油类、树脂、天然橡胶和合成橡胶、煤焦油、沥青、醋酸纤维素，也作为溶剂用于纤维素油漆和清漆，以及用于照相制版、墨水的溶剂。甲苯也是有机合成，特别是氯化苯酰和苯基、糖精、三硝基甲苯和许多染料等有机合成的重要原料。它也是航空和汽车汽油的一种成分。甲苯具有挥发性，在环境中比较不易发生反应。由于空气的运动使其广泛分布在环境中，并且通过雨和从水表面的蒸发使其在空气和水体之间不断地再循环，最终可能因生物的和微生物的氧化而被降解。对世界上很多城市空气中的平均浓度进行汇总，结果表明甲苯浓度通常为$112.5\sim150\mu g/m^3$，这主要来自于与汽油有关的排放（汽车废气、汽油加工），也来自于工业活动所造成的溶剂损失和排放。

危险特性：易燃，其蒸气与空气可形成爆炸性混合物。遇明火、高热极易燃烧爆炸。与氧化剂能发生强烈反应。流速过快，容易产生和积聚静电。其蒸气比空气重，能在较低处扩散到相当远的地方，遇明火会引着回燃。

燃烧（分解）产物：一氧化碳、二氧化碳。

（三）现场应急监测方法

水质检测管法；气体检测管法；便携式气相色谱法；

快速检测管法，《突发性环境污染事故应急监测与处理处置技术》，万本太主编；

气体速测管（北京劳保所产品、德国德尔格公司产品）。

（四）实验室监测方法

监测方法	来源	类别
气相色谱法	GB11890—89	水质
气相色谱法	GB/T 14677—93	空气
无泵型采样气相色谱法	WS/T152—1999	作业场所空气
气相色谱法	《固体废弃物试验与分析评价手册》中国环境监测总站等译	固体废弃物
色谱/质谱法	美国EPA524.2方法	水质

（五）环境标准

中国(TJ36—79)	车间空气中有害物质的最高容许浓度	100mg/m³
中国(GB 16297—1996)	大气污染物综合排放标准	最高允许排放浓度(mg/m³)：40(表2)；60(表1) 最高允许排放速率(kg/h)：二级3.1～30(表2)；3.6～36(表1) 三级4.7～46(表2)；5.5～54(表1) 无组织排放监控浓度限值：2.4mg/m³(表2)；3mg/m³(表1)
中国(待颁布)	饮用水源中有害物质的最高容许浓度	0.7mg/L
中国(GHZB1—1999)	地表水环境质量标准(Ⅰ、Ⅱ、Ⅲ类水域)	0.1mg/L
中国(GB 8978—1996)	污水综合排放标准	一级：0.1mg/L 二级：0.2mg/L 三级：0.5mg/L
	嗅觉阈浓度	140mg/m³

（六）应急处理处置方法

1. 泄漏应急处理

迅速撤离泄漏污染区人员至安全区，并进行隔离，严格限制出入。切断火源。建议应急处理人员戴自给正压式呼吸器，穿消防防护服。尽可能切断泄漏源，防止进入下水道、排洪沟等限制性空间。小量泄漏：用活性炭或其他惰性材料吸收。也可以用不燃性分散剂制成的乳液刷洗，洗液稀释后放入废水系统。大量泄漏：构筑围堤或挖坑收容；用泡沫覆盖，降低蒸气危害。用防爆泵转达移至专用收集器内，回收或运至废物处理场所处置。如有大量甲苯洒在地面上，应立即用砂土、泥块阻断液体的蔓延；如倾倒在水里，应立即筑坝切断受污染水体的流动，或用围栏阻断甲苯的蔓延扩散；如甲苯洒在土壤里，应立即收集被污染土壤，迅速转移到安全地带任其挥发。事故现场加强通风，蒸发残液，排除蒸气。

2. 防护措施

呼吸系统防护：空气中浓度超标时，应该佩戴自吸过滤式防毒面罩(半面罩)。紧急事态抢救或撤离时，应该佩戴空气呼吸器或氧气呼吸器。

眼睛防护：戴化学安全防护眼镜。

身体防护：穿防毒渗透工作服。

手防护：戴乳胶手套。

其他：工作现场禁止吸烟、进食和饮水。工作毕，淋浴更衣。保持良好的卫生习惯。

3. 急救措施

皮肤接触：脱去被污染的衣着，用肥皂水和清水彻底冲洗皮肤。

眼睛接触：提起眼睑，用流动清水或生理盐水冲洗。就医。

吸入：迅速脱离现场至空气新鲜处。保持呼吸道通畅。如呼吸困难，给输氧。如呼吸停止，立即进行人工呼吸。就医。

食入：饮足量温水，催吐，就医。

灭火方法：喷水保持火场容器冷却。尽可能将容器从火场移至空旷处。处在火场中的容器若已变色或从安全泄压装置中产生声音，必须马上撤离。灭火剂：泡沫、干粉、二氧化碳、砂土。用水灭火无效。

八、甲醇

（一）物质的理化常数

国标编号：	32058	CAS：	67 – 56 – 1
中文名称：	甲醇		
英文名称：	methyl alcohol；methanol		
别名：	木酒精		
分子式：	CH_4O；CH_3OH	相对分子质量：	32.04
熔点：	– 97.8℃		
沸点：	64.8℃		
密度：	相对密度（水 = 1）0.79		
蒸气压：	16.9kPa（25°C）		
溶解性：	溶于水，可混溶于醇、醚等多数有机溶剂		
稳定性：	稳定		
外观与性状：	无色澄清液体，有刺激性气味		
危险标记：	7（易燃液体）		
用途：	主要用于制甲醛、香精、染料、医药、火药、防冻剂等		

（二）对环境的影响

1. 健康危害

侵入途径：吸入、食入、经皮吸收。

健康危害：对中枢神经系统有麻醉作用；对视神经和视网膜有特殊选择作用，引起病变；可致代谢性酸中毒。

急性中毒：短时大量吸入出现轻度眼及上呼吸道刺激症状（口服有胃肠道刺激症状）；经一段时间潜伏期后出现头痛、头晕、乏力、眩晕、酒醉感、意识朦胧、谵妄，甚至昏迷。视神经及视网膜病变，可有视物模糊、复视等，重者失明。代谢性酸中毒时出现二氧化碳结合力下降、呼吸加速等。

慢性影响：神经衰弱综合征，植物神经功能失调，黏膜刺激，视力减退等。皮肤出现脱脂、皮炎等。

2. 毒理学资料及环境行为

毒性：属中等毒类。

急性毒性：LD_{50}5628mg/kg（大鼠经口）；15800mg/kg（兔经皮）；LC_{50}82776mg/kg，4h（大鼠吸入）；人经口 5～10mL，潜伏期 8～36h，致昏迷；人经口 15mL，48h 内产生视网

膜炎，失明；人经口 30～100mL 中枢神经系统严重损害，呼吸衰弱，死亡。

亚急性和慢性毒性：大鼠吸入 50mg/m³，12 小时/天，3 个月，在 8～10 周内可见到气管、支气管黏膜损害，大脑皮质细胞营养障碍等。

致突变性：微生物致突变：啤酒酵母菌 12pph。DNA 抑制：人类淋巴细胞 300mmol/L。

生殖毒性：大鼠经口最低中毒浓度（TDL_0）：7500mg/kg（孕 7～19 天），对新生鼠行为有影响。大鼠吸入最低中毒浓度（TCL_0）：20000mg/L（7 小时），（孕 1～22 天），引起肌肉骨骼、心血管系统和泌尿系统发育异常。

危险特性：易燃，其蒸气与空气可形成爆炸性混合物。遇明火、高热能引起燃烧爆炸。与氧化剂接触发生化学反应或引起燃烧。在火场中，受热的容器有爆炸危险。其蒸气比空气重，能在较低处扩散到相当远的地方，遇明火会引着回燃。

燃烧（分解）产物：一氧化碳、二氧化碳。

（三）现场应急监测方法

气体检测管法；便携式气相色谱法；直接进水样气相色谱法

气体速测管（北京劳保所产品）

（四）实验室监测方法

监测方法	来源	类别
溶剂解吸气相色谱法	WS/T 143—1999	作业场所空气
气相色谱法	HJ/T 33—1999	固定污染源排气
变色酸比色法 气相色谱法	《空气中有害物质的测定方法》（第二版），杭士平编	空气
气相色谱法	《水质分析大全》张宏陶主编	水质
品红亚硫酸法	《化工企业空气中有害物质测定方法》，化学工业出版社	化工企业空气

（五）环境标准

中国（TJ36—79）	车间空气中有害物质的最高容许浓度	50mg/m³
中国（TJ36—79）	居住区大气中有害物质的最高容许浓度	3.00mg/m³（一次值） 1.00mg/m³（日均值）
中国（GB 16297—1996）	大气污染物综合排放标准	①最高允许排放浓度（mg/m³）：190（表2）；220（表1） ②最高允许排放速率（kg/h）：二级 5.1～100（表2）；6.1～130（表1）三级 7.8～170（表2）；9.2～200（表1） ③无组织排放监控浓度限值：12mg/m³（表2）；15mg/m³（表1）

苏联(1978)	地面水中有害物质最高允许浓度	3.0mg/L
苏联(1978)	渔业用水中最高允许浓度	0.1mg/L
苏联	污水中有害物质最高允许浓度 嗅觉阈浓度	20mg/L 140mg/m³

（六）应急处理处置方法

1. 泄漏应急处理

迅速撤离泄漏污染区人员至安全区，并进行隔离，严格限制出入。切断火源。建议应急处理人员戴自给正压式呼吸器，穿防毒服。不要直接接触泄漏物。尽可能切断泄漏源，防止进入下水道、排洪沟等限制性空间。小量泄漏：用砂土或其他不燃材料吸附或吸收。也可以用大量水冲洗，洗液稀释后放入废水系统。大量泄漏：构筑围堤或挖坑收容；用泡沫覆盖，降低蒸气危害。用防爆泵转移至槽车或专用收集器内。回收或运至废物处理场所处置。

2. 防护措施

呼吸系统防护：可能接触其蒸气时，应该佩戴过滤式防毒面罩（半面罩）。紧急事态抢救或撤离时，建议佩戴空气呼吸器。

眼睛防护：戴化学安全防护眼镜。

身体防护：穿防静电工作服。

手防护：戴橡胶手套。

其他：工作现场禁止吸烟、进食和饮水。工作毕，淋浴更衣。实行就业前和定期的体检。

3. 急救措施

皮肤接触：脱去被污染的衣着，用肥皂水和清水彻底冲洗皮肤。

眼睛接触：提起眼睑，用流动清水或生理盐水冲洗。就医。

吸入：迅速脱离现场至空气新鲜处。保持呼吸道通畅。如呼吸困难，给输氧。如呼吸停止，立即进行人工呼吸。就医。

食入：饮足量温水，催吐，用清水或1%硫代硫酸钠溶液洗胃。就医。

灭火方法：尽可能将容器从火场移至空旷处。喷水保持火场容器冷却，直至灭火结束。处在火场中的容器若已变色或从安全泄压装置中产生声音，必须马上撤离。灭火剂：抗溶性泡沫、干粉、二氧化碳、砂土。

九、硫酸

（一）物质的理化常数

国标编号：	81007	CAS：	7664－93－9
中文名称：	硫酸		
英文名称：	sulphuric acid		
别名：	磺镪水；铅室酸；蓄电池硫酸；三氧化硫；硫酸酐		
分子式：	H_2SO_4	相对分子质量：	98.08

熔点： 10.35℃（100%）

密度： 1.841（96%～98%）

稳定性： 340℃分解成三氧化硫和水

外观与性状： 透明、无色、无嗅的油状液体

（二）对环境的影响

1. 健康危害

侵入途径：吸入、食入、经皮吸收。

健康危害：对皮肤、黏膜等组织有强烈的刺激和腐蚀作用。蒸气或雾可引起结膜炎、结膜水肿、角膜混浊，以致失明；引起呼吸道刺激，重者发生呼吸困难和肺水肿；高浓度引起喉痉挛或声门水肿而窒息死亡。口服后引起消化道烧伤以致溃疡形成；严重者可能有胃穿孔、腹膜炎、肾损害、休克等。皮肤灼伤轻者出现红斑、重者形成溃疡，愈后瘢痕收缩影响功能。溅入眼内可造成灼伤，甚至角膜穿孔、全眼炎以至失明。慢性影响：牙齿酸蚀症、慢性支气管炎、肺气肿和肺硬化。

2. 毒理学资料及环境行为

毒性：属腐蚀品。

急性毒性：LD_{50}：2140 mg/kg（大鼠经口）；LC_{50}：510mg/m³，2h（大鼠吸入）；320mg/m³，2h（小鼠吸入）

危险特性：遇水大量放热，可发生沸溅。与易燃物（如苯）和可燃物（如糖、纤维素等）接触会发生剧烈反应，甚至引起燃烧。遇电石、高氯酸盐、雷酸盐、硝酸盐、苦味酸盐、金属粉末等猛烈反应，发生爆炸或燃烧。有强烈的腐蚀性和吸水性。

燃烧（分解）产物：二氧化硫。

（三）现场应急监测方法

气体检测管法。

（四）实验室监测方法

铬酸钡比色法（GB 4920—85，硫酸浓缩尾气）；

离子色谱法；

二乙胺分光光度法，《空气和废气监测分析方法》，国家环保局编。

（五）环境标准

中国（TJ36—79）	车间空气中有害物质的最高容许浓度	2mg/m³
中国（TJ36—79）	居住区大气中有害物质的最高容许浓度	0.30 mg/m³（一次值） 0.10 mg/m³（日均值）
中国（GB 16297—1996）	大气污染物综合排放标准（硫酸雾）	①高允许排放浓度（mg/m³）： 70～1000（表1）；45～430（表2） ②最高允许排放速率（kg/h）： 二级1.8～74（表1）；1.5～63（表2） 三级2.8～110（表1）；2.4～95（表2） ③无组织排放监控浓度限值（mg/m³）： 1.2（表2）；1.5（表1）
日本	对工业污水中使鱼类致死的有毒物浓度的规定（致死浓度）	6.25mg/L

（六）应急处理处置方法

1. 泄漏应急处理

疏散泄漏污染区人员至安全区，禁止无关人员进入污染区，建议应急处理人员戴好面罩，穿化学防护服。合理通风，不要直接接触泄漏物，勿使泄漏物与可燃物质（木材、纸、油等）接触，在确保安全情况下堵漏。喷水雾减慢挥发（或扩散），但不要对泄漏物或泄漏点直接喷水。用沙土、干燥石灰或苏打灰混合，然后收集运至废物处理场所处置。也可以用大量水冲洗，经稀释的洗水放入废水系统。如大量泄漏，利用围堤收容，然后收集、转移、回收或无害处理后废弃。

2. 防护措施

呼吸系统防护：可能接触其蒸气或烟雾时，必须佩戴防毒面具或供气式头盔。紧急事态抢救或逃生时，建议佩带自给式呼吸器。

眼睛防护：戴化学安全防护眼镜。

防护服：穿工作服（防腐材料制作）。

手防护：戴橡皮手套。

其他：工作后，淋浴更衣。单独存放被毒物污染的衣服，洗后再用。保持良好的卫生习惯。

3. 急救措施

皮肤接触：脱去污染的衣物，立即用水冲洗至少 15 分钟。或用 2% 碳酸氢钠溶液冲洗。就医。

眼睛接触：立即提起眼睑，用流动清水或生理盐水冲洗至少 15 分钟。就医。

吸入：迅速脱离现场至空气新鲜处。呼吸困难时给输氧。给予 2%～4% 碳酸氢钠溶液雾化吸入。就医。

食入：误服者给牛奶、蛋清、植物油等口服，不可催吐。立即就医。

灭火方法：砂土。禁止用水。

十、硝酸

（一）物质的理化常数

国标编号：	81002	CAS：	7697 - 37 - 2
中文名称：	硝酸		
英文名称：	nitric acid		
别名：	氢氮水；硝强水；aqua fortis；hydrogen nitrate；azotic acid		
分子式：	HNO_3	相对分子质量：	63
熔点：	-41.59℃		
沸点：	83℃		
密度：	1.41（20℃）（68% 硝酸）		
蒸气压：	4.4kPa（20℃）		
溶解性：	与水混溶		
稳定性：	遇潮气或受热分解而成有刺鼻臭味的二氧化氮		
外观与性状：	透明、无色或带黄色有独特的窒息性气味的腐蚀性液体		

危险标记：　　　20(酸性腐蚀品)

用途：　　　　　是一种用途极广的重要化工原料之一

(二)对环境的影响

1. 健康危害

侵入途径：吸入、食入。

健康危害：其蒸气有刺激作用，引起黏膜和上呼吸道的刺激症状。如流泪、咽喉刺激感、呛咳、并伴有头痛、头晕、胸闷等。长期接触可引起牙齿酸蚀症，皮肤接触引起灼伤。

口服硝酸，引起上消化道剧痛、烧灼伤以至形成溃疡；严重者可能有胃穿孔、腹膜炎、喉痉挛、肾损害、休克以至窒息等。

2. 毒理学资料及环境行为

毒性：属高毒类。

硝酸盐的工业污染来自肥料生产、有机合成、炸药等工业污水。水体中氮的浓度为 0.3mg/L 时会明显促进和加速浮游植物(主要是藻类)的增殖生长。它一方面消耗水中大量溶解氧，使水生生物呼吸困难，造成鱼类和其他水生生物因缺氧而死亡，水质变得黑臭；另一方面，浮游植物毒素积蓄到临界浓度，也会对人体产生危害。在硅、磷及微量元素的联合作用下，水体的"富营养化"现象更甚，可发生"水华"或"赤潮"现象。对人、畜饮水、水产养殖、食品生产等方面元气会带来严重问题。

危险特性：具有强氧化性。与易燃物(如苯)和有机物(如糖、纤维素等)接触会发生剧烈反应，甚至引起燃烧。与碱金属能发生剧烈反应。具有强腐蚀性。

燃烧(分解)产物：氧化氮。

(三)现场应急监测方法

速测管法；化学试剂测试组法；分光光度法，《突发性环境污染事故应急监测与处理处置技术》，万本太主编。

(四)实验室监测方法

二氯变色酸比色法，《作业环境空气中有毒物质检测方法》，陈安之主编。

变色酸比色法，《作业环境空气中有毒物质检测方法》，陈安之主编。

(五)环境标准

苏联	车间空气中有害物质的最高容许浓度	2mg/m^3

(六)应急处理处置方法

1. 泄漏应急处理

疏散泄漏污染区人员至安全区，禁止无关人员进入污染区，建议应急处理人员戴好防毒面具，穿化学防护服。不要直接接触泄漏物，勿使泄漏物与可燃物质(木材、纸、油等)接触，在确保安全情况下堵漏。喷水雾能减少蒸发但不要使水进入储存容器内。在地面洒上苏打灰，然后收集运至废物处理场所处置。也可以用大量水冲洗，经稀释的洗水放入废水系统。如大量泄漏，利用围堤收容，然后收集、转移、回收或无害处理后废弃。

2. 防护措施

呼吸系统防护：可能接触其蒸气或烟雾时，必须佩戴防毒面具或供气式头盔。紧急事态抢救或逃生时,建议佩带自给式呼吸器。

眼睛防护:戴化学安全防护眼镜。

防护服:穿工作服(防腐材料制作)。

手防护:戴橡皮手套。

其他:工作后,淋浴更衣。单独存放被毒物污染的衣服,洗后再用。保持良好的卫生习惯。

3. 急救措施

皮肤接触:立即用水冲洗至少15分钟。或用2%碳酸氢钠溶液冲洗。若有灼伤,就医治疗。

眼睛接触:立即提起眼睑,用流动清水或生理盐水冲洗至少15分钟。就医。

吸入:迅速脱离现场至空气新鲜处。呼吸困难时给输氧。给予2%~4%碳酸氢钠溶液雾化吸入。就医。

食入:误服者给牛奶、蛋清、植物油等口服,不可催吐。立即就医。

灭火方法:二氧化碳、砂土、雾状水、火场周围可用的灭火介质。

十一、次氯酸钠

(一)物质的理化常数

国标编号:	83501	CAS:	7681 - 52 - 9
中文名称:	次氯酸钠		
英文名称:	sodium hypochlorite solution		
别名:	漂白水		
分子式:	NaClO;NaOCl	相对分子质量:	74.44
熔点:	-6℃		
密度:	相对密度(水 =1)1.10		
溶解性:	溶于水		
稳定性:	不稳定		
外观与性状:	微黄色溶液,有似氯气的气味		
危险标记:	20(腐蚀品)		
用途:	用于水的净化,以及作消毒剂、纸浆漂白等,医药工业中用制氯胺等		

(二)对环境的影响

1. 健康危害

侵入途径:吸入、食入、经皮吸收。

健康危害:次氯酸钠放出的游离氯可引起中毒,亦可引起皮肤病。已知本品有致敏作用。用次氯酸钠漂白液洗手的工人,手掌大量出汗,指甲变薄,毛发脱落。

2. 毒理学资料及环境行为

急性毒性:LD_{50}5800mg/kg(小鼠经口)

危险特性:受高热分解产生有毒的腐蚀性气体。有腐蚀性。

燃烧(分解)产物:氯化物。

（三）现场应急监测方法

水质快速比色管法（日本制，次氯酸根）。

（四）实验室监测方法

气相色谱法，《食品中添加剂的分析方法》，马家骧等译。

（五）应急处理处置方法

1. 泄漏应急处理

疏散泄漏污染区人员至安全区，禁止无关人员进入污染区，建议就急处理人员戴好防毒面具，穿相应的工作服。不要直接接触泄漏物，在确保安全情况下堵漏。用沙土、蛭石或其他惰性材料吸收，然后转移到安全场所。如大量泄漏，利用围堤收容，然后收集、转移、回收或无害处理后废弃。

2. 防护措施

呼吸系统防护：高浓度环境中，应该佩带防毒口罩。紧急事态抢救或逃生时，建议佩带自给式呼吸器。

眼睛防护：戴化学安全防护眼镜。

防护服：穿工作服（防腐材料制作）。

手防护：戴橡皮手套。

其他：工作后，淋浴更衣。注意个人清洁卫生。

3. 急救措施

皮肤接触：脱去污染的衣着，用大量流动清水彻底冲洗。

眼睛接触：立即提起眼睑，用大量流动清水彻底冲洗。

吸入：脱离现场至空气新鲜处。必要时进行人工呼吸。就医。

食入：误服者给饮大量温水，催吐，就医。

灭火方法：雾状水、二氧化碳、砂土、泡沫。

十二、氢氧化钠

（一）物质的理化常数

国标编号：	82001	CAS：	1310－73－2
中文名称：	氢氧化钠		
英文名称：	sodiun hydroxide；caustic soda		
别名：	苛性钠；烧碱；火碱；固碱		
分子式：	NaOH	相对分子质量：	40.01
熔点：	318.4℃		
沸点：	1390℃		
密度：	相对密度（水＝1）2.12		
蒸气压：	0.13kPa（739℃）		
溶解性：	易溶于水、乙醇、甘油，不溶于丙酮		
稳定性：	稳定		
外观与性状：	白色不透明固体，易潮解		
危险标记：	20（碱性腐蚀品）		

| 用途： | 用于肥皂工业、石油精炼、造纸、人造丝、染色、制革、医药、有机合成等 |

(二)对环境的影响

1．健康危害

侵入途径：吸入、食入。

健康危害：本品有强烈刺激和腐蚀性。粉尘或烟雾刺激眼和呼吸道，腐蚀鼻中膈；皮肤和眼直接接触可引起灼伤；误服可造成消化道灼伤，黏膜糜烂、出血和休克。有毒，吸入、食入或皮肤接触可引起严重伤害或死亡。皮肤和眼睛接触熔融的物质可引起严重灼伤。避免皮肤接触。吸入或接触可引起迟发反应。可产生刺激、有毒或腐蚀性气体。

2．毒理学资料及环境行为

毒性：具有强腐蚀性。

危险特性：本品不会燃烧，遇水和水蒸气大量放热，形成腐蚀性溶液。与酸发生中和反应并放热。

燃烧(分解)产物：可能产生有害的毒性烟雾。

(三)现场应急监测方法

中和滴定法。

(四)实验室监测方法

酸碱滴定法，《空气中有害物质的测定方法》(第二版)，杭士平主编。

混合指示剂比色法，《空气中有害物质的测定方法》(第二版)，杭士平主编。

(五)环境标准

| 中国 | 车间空气中有害物质的最高容许浓度 | 0.5mg/m³ |

(六)应急处理处置方法

1．泄漏应急处理

隔离泄漏污染区，周围设警告标志，建议应急处理人员戴好防毒面具，穿化学防护服。不要直接接触泄漏物，用洁净的铲子收集于干燥洁净有盖的容器中，以少量加入大量水中，调节至中性，再放入废水系统。也可以用大量水冲洗，经稀释的洗水放入废水系统。如大量泄漏，收集回收或无害处理后废弃。

2．防护措施

呼吸系统防护：必要时佩带防毒口罩。

眼睛防护：戴化学安全防护眼镜。

身体防护：穿工作服(防腐材料制作)。

手防护：戴橡胶耐酸碱手套。

其他：工作场所禁止吸烟、进食和饮水，饭前要洗手。工作完毕，淋浴更衣。注意个人清洁卫生。

3．急救措施

皮肤接触：立即脱去污染的衣着，用大量流动清水冲洗至少15分钟。若有灼伤，就医治疗。

　　眼睛接触：立即提起眼睑，用大量流动清水或生理盐水彻底冲洗至少15分钟。或用3%硼酸溶液冲洗。就医。

　　吸入：迅速脱离现场至空气新鲜处。保持呼吸道通畅。如呼吸困难，给输氧。如呼吸停止，立即进行人工呼吸。就医。

　　食入：患者清醒时立即漱口，口服稀释的醋或柠檬汁，就医。

　　灭火方法：小火用干粉、CO_2、水幕。大火用干粉、CO_2、水幕或抗醇泡沫。储罐、公路/铁路槽车火灾尽可能远距离灭火或使用遥控水枪或水炮扑救。禁止将水注入容器。用大量水冷却容器，直至火灾扑灭。安全阀发出声响或储罐变色，立即撤离。切勿在储罐两端停留。泄漏处置消除所有点火源（泄漏区附近禁止吸烟，消除所有明火、火花或火焰）。未穿全身防护服时，禁止接触及毁损容器或泄漏物。在保证安全的情况下堵漏。防止泄漏物进入水体、下水道、地下室或密闭空间。用干土、砂或其他不燃性材料吸收或覆盖并收集于容器中。容器内禁止注水。

　　灭火剂：雾状水、砂土。

十三、氢氧化钾

（一）物质的理化常数

国标编号：	82002	CAS：	1310-58-3
中文名称：	氢氧化钾		
英文名称：	Potassium hydroxide；Caustic potash		
别名：	苛性钾		
分子式：	KOH	相对分子质量：	56.11
熔点：	360.4℃		
沸点：	1320℃		
密度：	相对密度(水=1)2.04		
蒸气压：	0.13kPa(719℃)		
溶解性：	溶于水、乙醇，微溶于醚		
稳定性：	稳定		
外观与性状：	白色晶体，易潮解		
危险标记：	20(碱性腐蚀品)		
用途：	用作化工生产的原料，也用于医药、染料、轻工等工业		

（二）对环境的影响

1. 健康危害

侵入途径：吸入、食入。

健康危害：本品具有强腐蚀性。粉尘刺激眼和呼吸道，腐蚀鼻中隔；皮肤和眼直接接触可引起灼伤；误服可造成消化道灼伤，黏膜糜烂、出血、休克。

慢性影响：肺损害。

2. 毒理学资料及环境行为

毒性：具有强腐蚀性。

急性毒性：LD_{50}273mg/kg(大鼠经口)。

刺激性：家兔经眼：1%重度刺激。家兔经皮：50mg(24h)，重度刺激。

危险特性：本品不会燃烧，遇水和水蒸气大量放热，形成腐蚀性溶液。与酸发生中和反应并放热。具有强腐蚀性。

燃烧(分解)产物：可能产生有害的毒性烟雾。

（三）现场应急监测方法

中和滴定法。

（四）实验室监测方法

混合指示剂法，《空气中有害物质的测定方法》(第二版)，杭士平主编。

（五）环境标准

美国	车间卫生标准	2mg/m^3

（六）应急处理处置方法

1. 泄漏应急处理

隔离泄漏污染区，限制出入。建议应急处理人员戴防尘面具(全面罩)，穿防酸碱工作服。不要直接接触泄漏物。小量泄漏：用洁净的铲子收集于干燥、洁净、有盖的容器中。也可以用大量水冲洗，洗水稀释后放入废水系统。大量泄漏：收集回收或运至废物处理场所处置。

2. 防护措施

呼吸系统防护：必要时佩带防毒口罩。

眼睛防护：戴化学安全防护眼镜。

身体防护：穿工作服(防腐材料制作)。

手防护：戴橡胶耐酸碱手套。

其他：工作场所禁止吸烟、进食和饮水，饭前要洗手。工作完毕，淋浴更衣。注意个人清洁卫生。

3. 急救措施

皮肤接触：立即脱去污染的衣物，用大量流动清水冲洗至少15分钟。若有灼伤，就医治疗。

眼睛接触：立即提起眼睑，用大量流动清水或生理盐水彻底冲洗至少15分钟。或用3%硼酸溶液冲洗。就医。

吸入：迅速脱离现场至空气新鲜处。保持呼吸道通畅。如呼吸困难，给输氧。如呼吸停止，立即进行人工呼吸。就医。

食入：患者清醒时立即漱口，口服稀释的醋或柠檬汁，就医。

灭火方法：用水、砂土扑救，但须防止物品遇水产生飞溅，造成灼伤。

灭火剂：雾状水、砂土。

参 考 文 献

[1] 能源部西安热工研究所. 热工技术手册 4：电厂化学[M]. 北京：水利电力出版社，1993.

[2] [德]联邦德国电业联合会. 油务手册 第一分册 润滑油[M]. 章德昌，译. 北京：水利电力出版社，1986.

[3] [德]联邦德国电业联合会. 油务手册 第二分册 绝缘油[M]. 王长海，译. 北京：水利电力出版社，1987.

[4] 何志. 电力用油[M]. 北京：水利电力出版社，1986.

[5] 温念珠. 电力用油实用技术[M]. 北京：中国水利电力出饭社，1998.

[6] 罗竹杰，杰殿平. 火力发电厂电力用油技术[M]. 北京：中国电力出版社，2006.

[7] 钱旭耀. 变压器油及相关故障诊断处理技术[M]. 北京：中国电力出版社，2006.

[8] 郝有明，温念珠，范玉华. 电力用油(气)实用技术问答[M]. 北京：中国电力出版社，2000.

[9] 孙坚明，李荫才. 运行变压器油维护与监督[M]. 北京：中国标准出版社，2006.

[10] 李一星. 电气实验基础[M]. 北京：中国电力出版社，2000.

[11] 李义山. 变配电实用技术[M]. 北京：机械工业出版社，2001.

[12] 关丽. 电厂化学分册[M]. 北京，中国电力出版，2005.

[12] 汪学勤，许书燕. 电气试验与油化试验(高级工)[M]. 北京：中国电力出版，1999.

[13] 汪学勤，许书燕. 电气试验与油化试验(初级工)[M]. 北京：中国电力出版，1999.

[14] 汪学勤，许书燕. 电气试验与油化试验(中级工)[M]. 北京：中国电力出版，1999.

[15] 雇志健，张一尘. 电气绝缘与过电压[M]. 北京：中国电力出版社，2005.

[16] 土先会. 润滑油脂生产技术[M]. 北京：中国石化出版社，2005.

[17] 陆国俊，王勇. 高压设备电气试验技能培训教程[M]. 广州：华南理工大学出版社，2012.

[18] 武汉大学化学系. 仪器分析[M]. 北京：高等教育出版社，2001.

[19] 吕健，詹怀宇，晋华春. 电力变压器绝缘纸的性能及其绝缘老化[J]. 中国造纸，2008，27(5)：54-58.

[20] 于敏潮，肖福明，胡秉海，等. 变压器油中颗粒度对变压器绝缘强度的影响[J]. 变压器，2000，37(12)：26-30.

[21] 王景儒. 吸附剂在六氟化硫净化中的应用[J]. 黎明化工，1996(2)：10-13.

[22] 李玉珊，卢佩章. 离子色谱法(IC)及其应用[J]. 色谱，1986，4(1，2)：49-53，67.

[23] 杨在塘. 变压器油流带电现象浅析[J]. 武警学院学报，1994(4)：11-13.

[24] 杜鹏，李伟，李国辉，等. 油流带电参数相关性及实验验证[J]. 哈尔滨理工大学学报，2005，10(1)：69-71，75.

[25] 王景儒. 六氟化硫中有毒杂质生成机理[J]. 低温与特气，1995(3)：54-57.

[26] 张云飞. 六氟化硫在断路器的应用及六氟化硫环保问题[J]. 精细化工原料及中间体，2009(2)：29-32.

[27] 王晶晶. 六氟化硫气体分解产物分析对气体绝缘开关设备(GIS)潜伏性故障判断的应用[J]. 山东电力高等专科学校学报，2010，13(4)：13-17.